Text

zu den

anatomischen Abbildungen

der

Haus-Säugethiere.

Von

Dr. E. F. Gurlt,

Professor an der Königlichen Thierarzneischule zu Berlin.

Zweite Auflage.

Berlin, 1844.

Gedruckt und verlegt

bei G. Reimer.

	Hund.		Katze.	
	Tab.	Fig.	Tab.	Fig.
Arterien der Augen	—	—	—	—
— — —	—	—	—	—
— der Bauch=	—	—	—	—
— der Brusth	—	—	—	—
— der Brust	—	—	—	—
— des Darmk	144	2	—	—
— der Darmz	107	6	—	—
— des Gehirn	—	—	—	—
— der Geschle	—	—	—	—
— der hinteren	146	10. 11.	—	—
— der vordere	146	7. 8.	146	9
— des Hinters	146	12	—	—
— am Kopfe	141	4. 5.	141	6
— des Magen	144	1	—	—
— der Milz	—	—	—	—
— der Nase	—	—	—	—
— der Niere	—	—	—	—
— des inneren	—	—	—	—
— der Ohrspei	—	—	—	—
— der Rippen	—	—	—	—
— des Rückenm	—	—	—	—
— des Vorders	—	—	—	—
— der Zähne	—	—	—	—
Bänder des Brustbei	17	7	17	6
	20	5.6.7.8.	—	—
— der Hinter=	20	1. 2.	—	—
— der Vorder=	19	3. 4.	—	—
— der hinteren	19	1. 2.	—	—
— der vorderen	18	1. 2. 3.	—	—
— der Halswirb	18	8. 9.	20	10. 11.
— des Kehlkopf	20	3. 4.	—	—
— des Kniegele				

Alphabetisches

	Pferd.		Ri
	Tab.	Fig.	Tab.
Arterien der Augen	99	1 bis 4	—
— — —	101	1. 2. 3. 5. 6.	—
— der Bauch- und Beckenhöhle	103	2	—
— der Brusthöhle . . .	96	2	—
— der Brust und Bauchdecken	102	2	—
— des Darmkanales . .	105	—	144
— der Darmzotten . .	107	5	—
— des Gehirns . . .	98	—	140
— der Geschlechtstheile . .	106 107	— 14	—
— der hinteren Gliedmaßen .	108 109	— 2	146
— der vorderen Gliedmaßen .	100	—	145
— des Hinterfußes . . .	109	A. 3. 4.	146
— am Kopfe	96 97	1 —	140
— des Magens, der Leber ꝛc.	104	—	142 143
— der Milz	107	2. 3. 4.	—
— der Nase	99	5. 6.	—
— der Niere	107	8	—
— des inneren Ohres . .	101	7. 8. 9.	—
— der Ohrspeicheldrüse . .	107	1	—
— der Rippen . .	103	1	—
— des Rückenmarkes . .	102	1	—
— des Vorderfußes . . .	99 107	7. 8. 9 b. 13.	145
— der Zähne	101	10 b. 14.	—
Bänder des Brustbeines . . .	17	1. 2.	17
— der Hinter-Fußwurzel .	14	3. 4.	11
— der Vorder- — . .	14	1. 2.	11
— der hinteren Gliedmaßen .	13	3. 4.	10
— der vorderen — . .	13	1. 2.	10
— der Halswirbel	12	1. 2. 3.	9
— des Kehlkopfes und Zungenbeines	14	9. 10.	11
— des Kniegelenkes . .	14	5. 6.	11

ltsverzeichniß.

Schaf und Ziege.		Schwein.		Hund.		Katze.	
ab.	Fig.	Tab.	Fig.	Tab.	Fig.	Tab.	Fig.
—	—	—	—	—	—	—	—
—	—	—	—	—	—	—	—
—	—	—	—	—	—	—	—
—	—	—	—	—	—	—	—
—	—	—	—	—	—	—	—
—	—	145	1	144	2	—	—
)7	7	—	—	107	6	—	—
—	—	141	3	—	—	—	—
—	—	—	—	—	—	—	—
—	—	146	4. 5. 6.	146	10. 11.	—	—
—	—	145	4	146	7. 8.	146	9
—	—	—	—	146	12	—	—
.0	4. 5.	141	1. 2.	141	4. 5.	141	6
—	—	143	2. 3.	144	1	—	—
—	—	—	—	—	—	—	—
)4	6	—	—	—	—	—	—
—	—	—	—	—	—	—	—
—	—	—	—	—	—	—	—
—	—	—	—	—	—	—	—
—	—	—	—	—	—	—	—
—	—	—	—	—	—	—	—
—	—	145	5. 6.	—	—	—	—
—	—	—	—	—	—	—	—
—	—	17	5	17	7	17	6
—	—	15	8 9.10.	20	5.6.7.8.	—	—
—	—	15	6. 7.	20	1. 2.	—	—
—	—	16	3. 4.	19	3. 4.	—	—
—	—	16	1. 2.	19	1. 2.	—	—
—	—	15	1. 2. 3.	18	1. 2. 3.	—	—
—	—	18	6. 7.	18	8. 9.	20	10. 11.
—	—	—	—	20	3. 4.	—	—

	Pferd.		Rind.	
	Tab.	Fig.	Tab.	Fi
Bänder der Rippen und Rückenwirbel	12	6. 7.	9	4.
— der Sesambeine . . .	14	8	—	—
Baucheingeweide, Lage der . .	64	2. 3.		
Blutadern s. Venen	65	2	—	—
Brusteingeweide, Lage der . .	88	1	—	—
Brustdrüse s. Thymus				
Brüste s. Euter.				
Darmkanal	56 59 61	5. 6. — 2. 3.	71	
Eier	—	—	—	—
Eihäute	79 80	2. 3. 1	79 80	4.
Euter	72	7	—	—
Foetus	80 81 82 87	1 — 1. 2. 5	80 82 83 84	2. 3. —
Gallenblase	—	—	—	—
Gebärmutter, trächtige . . .	77	1	77	
Gehirn	126 127	2—5 1—4	— —	— —
Gehörknöchel	131	9—11	—	—
Gerippe	1	—	2	—
Geschlechtstheile, männliche . .	69 70	1—5 4. 5.	73	1
— weibliche . .	70	1—3	74 75	1.
Harnwerkzeuge	64 69	1 1	73	
Herz	89	—	90	3
— des Foetus	95	1—3	—	—
Herzknochen	—	—	8	
Hoden	72	1—3	—	—
Kehlkopf und Luftröhre . . .	88	2. 3.	90	
Knochen des Kopfes	5	1—7	5 6	1
Leber	58 61	7. 8. 4. 5.	71	
Lungen	88	4	90	
Lymphgefäße der Brusthöhle . .	119	2	—	—
— des Darmkanales .	123	—	—	—
— der männl. Geschlechtstheile	126	1	—	—
— der weiblich. —	125	2. 3.	—	—
— der hinteren Gliedmaßen	115 116 124	— 1	—	—

zeichniß.

…f und …ege.	Schwein.		Hund.		Katze.	
Fig.	Tab.	Fig.	Tab.	Fig.	Tab.	Fig.
—	15	4. 5.	18	4. 5.	—	—
—	—	—	—	—	—	—
1. 2.	65	1	67	1. 2.	—	—
—	—	—	93	1	94	1
1 5	60 61	2 1	67	3. 4.	67	5
6	78 87	8 6	78	5	78	3. 4.
—	79	6	86	1.4.5.6.	79 87	1 3
—	72	8	72	9	—	—
1—7	85	—	86 87	— 1, 2.	79 87	1 3. 4.
—	—	—	62	6. 7.	—	—
3 7	—	—	78	1	78	2
—	—	—	—	—	—	—
—	—	—	—	—	—	—
—	—	—	—	—	—	—
2	3	1	4	2	4	1
4—6	75	1. 2.	76	5—7	76	3. 4.
3. 4.	75	3. 4.	—	—	76	1. 2.
4	75	1	76	5	76	1
3—6	92	3—6	93	3—6	94	3—6
—	—	—	—	—	—	—
12	—	—	—	—	—	—
5	72	4	72	6	—	—
1	92	1	93	2	94	2
6 1.2.6.9.	7	3. 4. 5. 7. 8.	8	4—9	8	1. 2.
1. 2.	63	6	62	4. 5.	63	4
2	92	2	—	—	94	7. 8.
—	—	—	—	—	—	—
—	—	—	—	—	—	—
—	—	—	—	—	—	—
—	—	—	—	—	—	—
—	—	—	—	—	—	—

	Pferd. Tab.	Pferd. Fig.
Lymphgefäße der vorderen Gliedmaßen	113	1
	120	—
	121	—
— des Herzens . .	122	2. 3.
— des Hodens . .	116	2
— des Kopfes und Halses	119	1
— des Körpers . .	118	1
— der Leber . . .	121	4
	122	4
— der Lungen . . .	121	2
	122	1
— des Magens . .	122	4
	125	1
— der Milz . . .	121	3
Magen	56	1—4
Milchbrustgang	119	2
Milz	62	1—3
Muskeln des Afters und der Geschlechtsthile	47	2
— des Antlitzes . . .	42	1—3
— der Augen	42	2
— der Brust	43	5
— des Brustbeines . .	43	4
— des Gaumensegels . .	42	4. 5.
— der hinteren Gliedmaßen .	43	7
	44	—
	45	—
	47	1. 3. 4.
— der vorderen —	44	—
	46	1—5
— des Halses	43	5. 6
— der Haut	41	—
— des Hinterfußes . . .	47	5—7
— des Kehlkopfes . . .	43	1—3
— des Nackens . . .	—	—
— der Ohren, äußeren . .	42	6—9
— — — inneren . .	131	9. 10.
— am Rumpfe . . .	44	—
	45	—
— des Schlundkopfes . .	42	5
— des Vorderfußes . .	46	6
— der Zunge und des Zungenbeines	42	4
	43	5
— Zwerchfell	43	7
Nackenband	1	—
Nebennieren	69	6. 7.

	Schaf und Ziege.		Schwein.		Hund.		Katze.	
ig.	Tab.	Fig.	Tab.	Fig.	Tab.	Fig.	Tab.	Fig.
—	—	—	—	—	—	—	—	—
—	—	—	—	—	—	—	—	—
—	—	—	—	—	—	—	—	—
—	—	—	—	—	—	—	—	—
—	—	—	—	—	—	—	—	—
—	—	—	—	—	—	—	—	—
—	—	—	—	—	—	—	—	—
—	—	—	—	—	—	—	—	—
—	—	—	—	—	—	—	—	—
—	57	1—3	57	4—6	58	3—5	58	1. 2.
—	—	—	—	—	—	—	—	—
3	63	3	63	7. 8.	62	8	63	5
3	—	—	40	1	—	—	26	5
—	33	2. 3.	36 37	5 1. 2.	26	6. 7.	22	1. 2.
. 6.	32	3	—	—	27	3	22	5—7
3	34	1	38	3	—	—	24	1
5	34	6	38	5	29	5	24	6
4	32	4	36	6	27	5	22	9
— 2.	34 35	5 7—10	37 38 40	— 6 3—7	29 30	4 8—12	24 25	4 10—12
— —3	33 35	1. 2. 1. 2.	37 39	1. 2. 1. 2.	28 30	1. 2. 1. 2.	23 25	1. 2. 1—4
3 1	34	1. 2.	38	1	29	6	24	1
—	31	1	31	2	21	2	21	1
—8	35	11—13	40	5. 6. 8. 9. 10.	30	9—11	26	1—4
8.	32	6—8	36	7—9	27	4. 7. 9. 10.	22	8.11.12.
4	34	3	38	1. 2.	29	2. 3.	24	3
2.	32	1. 2.	36	1—4	26 27	8 1	22	3. 4.
—	—	—	—	—	—	—	—	—
— 2.	33 34	— 4	37 38	— 1	28 29	— 1	23 24	— 2
4	32	4. 5.	36	6. 7.	27	7. 8.	22	9. 10.
—7	35	3—6	39	3—10	30	3—7	25	5—9
3	32	3	36 38	5 3	27	4. 6.	22	8
-	34	5	38	6	29	4	24	4
-	3	2	3	1	4	2	—	—
-	—	—	—	—	—	—	—	—

	Pferd.		Rind.	
	Tab.	Fig.	Tab.	Fig
Nerven =				
— Antlitz = ...	131	2	147	7
— Arm = ...	137	—	150	2
— Armgeflecht = . . .	137	—	—	—
— Augen = ...	128	2—5	147	1.
	129	1		
— Gaumen = ...	129	3	—	—
— Hals = ...	135	3. 4.		
	136	1	—	—
— Herz = ...	135	1. 2.	—	—
— Hinterschenkel = . . .	138	—	150	
— Hör = ...	131	6—8	—	—
— Kaumuskel = ...	129	4	—	—
— Kehlkopf = ...	132	2	—	—
— Kreuzgeflecht = . . .	138	—	—	—
— Lenden = ...	138	—	—	—
— Lippen = ...	131	1	147	
	132	1		
— Lungen = Magen = . . .	133	1	148	
	134	1		
— Nasen = ...	130	1. 2.	147	
— Ohrknoten = ...	131	4	150	
— Pauckensaiten = . . .	131	5	—	—
— Rachengeflecht = . . .	132	1	148	
— Riech = ...	128	1	—	—
— Rumpf = ...	136	2	—	—
	132	1		
— sympathischer, großer . .	133	—	148	
	134	—		
— Vidi'scher = ...	131	3	148	
— Wangen = ...	129	4	—	—
— Willis'sche Bei = . . .	135	3		
	136	2	148	
— Zahn = ...	129	2		
	130	3. 4.	—	—
— Zungen = ...	130	1	—	—
— Zwerchfells = ...	133	1	—	—
Rückenmark	127	5. 6.	—	—
Ruthenknochen	—	—	—	—
Schlüsselbein	—	—	—	—
Speicheldrüsen	54	1—3	54	4.
Skelet siehe Gerippe				
Thränenorgane	139	2—4		
Thymus	95	1	95	
Venen:				
— der Augen	101	4	—	—
— der Bauchhöhle	114	3	—	—
— der Brusthöhle	110	2	—	—

eichniß.

und ge.	Schwein.		Hund.		Katze.	
Fig.	Tab.	Fig.	Tab.	Fig.	Tab.	Fig.
8	148	1	148	2	—	—
—	150	3	150	4	—	—
—	—	—	—	—	—	—
—	147	3	147	4	147	5
—	—	—	—	—	—	—
—	—	—	—	—	—	—
—	—	—	—	—	—	—
—	—	—	150	5	—	—
—	—	—	—	—	—	—
—	—	—	—	—	—	—
—	—	—	—	—	—	—
—	—	—	—	—	—	—
—	—	—	—	—	—	—
8	148	1	148	2	—	—
—	148	4	148	5	—	—
—	—	—	—	—	—	—
—	—	—	—	—	—	—
—	—	—	—	—	—	—
—	148	4	148	5	—	—
—	—	—	—	—	—	—
—	—	—	—	—	—	—
3. 4. 6.	148	4	148	5	—	—
	149	2. 5.	149	1	—	—
—	148	4	148	5	—	—
—	—	—	—	—	—	—
—	148	4	148	5	—	—
—	—	—	—	—	—	—
—	—	—	—	—	—	—
—	—	—	149	1	—	—
—	—	—	—	—	—	—
—	—	—	8	10	—	—
—	—	—	—	—	20	9
3. 4.	55	5. 6.	55	1. 2.	55	3. 4.
—	95	7	95	6	—	—
—	—	—	—	—	—	—
—	—	—	—	—	—	—
—	—	—	—	—	—	—

	Pferd. Tab.	Pferd. Fig.
Venen:		
— des Gaumens	112	2
— des Gehirns	112	5. 6.
— der männlichen Geſchlechtstheile	115	1
— der weiblichen —	114	3
— der hinteren Gliedmaßen .	115	—
	116	1
— der vorderen — .	113	1. 2.
— des Hodens	116	2
— am Kopfe	110	1
	111	1—3
	112	1
— der Naſe	112	3. 4.
— der Ruthe	107	14
— der Verdauungsorgane . .	117	—
— des Vorderfußes . . .	114	1
— der Wirbel	111	4
Zwiſchenknorpel des Kniegelenkes .	14	7
— des Unterkiefergelenkes	12	4. 5.

Schaf und Ziege.		Schwein.		Hund.		Katze.	
Tab.	Fig.	Tab.	Fig.	Tab.	Fig.	Tab.	Fig.
—	—	—	—	—	—	—	—
—	—	—	—	—	—	—	—
—	—	—	—	—	—	—	—
—	—	—	—	—	—	—	—
—	—	—	—	—	—	—	—
—	—	—	—	—	—	—	—
—	—	—	—	—	—	—	—
140	4	—	—	141	4	141	6
—	—	—	—	—	—	—	—
—	—	—	—	—	—	—	—
—	—	—	—	—	—	—	—
—	—	—	—	—	—	—	—
—	—	—	—	—	—	—	—
—	—	—	—	—	—	—	—
—	—	—	—	—	—	—	—

Veränderungen und Verbesserungen im Text zu den anatomischen Abbildungen der Haus-Säugethiere.

2te Auflage.

Tabula 1.

An den vordern Gliedmaaßen (S. 3.) muß es:

5. dem halbmondförmigen und
6. dem dreieckigen oder unregelmäßigen Beine, so wie
7. dem Erbsen- oder Hakenbeine (os pisiforme) heißen.

Ferner ist zu lesen:

9. dem Kopfbeine oder ungleich vierseitigen (os capitatum);
10. dem kleinen vieleckigen oder kleinen keilförmigen Beine;
11. aus dem Hakenbeine oder großen keilförmigen Beine (os hamatum).

Tabula 2.

Zu ändern ist an den vordern Gliedmaaßen (S. 6.):

6. 8. in Kahnbein (statt: halbmondförmiges Bein).
9. bis 13 sind die Benennungen wie Tab. 1. zu ändern.
11b. (S. 8.) muß stehen: das zweite keilförmige Bein (os cuneiforme secundum), denn das Pyramidenbein oder erste keilförmige fehlt den Wiederkäuern.

Tabula 3. 4.

Auf beiden Tafeln sind die Namen der Vorderfußwurzel-Knochen eben so zu ändern, wie auf Tab. 1 u. 2.

Tabula 5. Figur 5.

(S. 26.) steht unrichtig: 7. der Hahnenkammfortsatz des Keilbeins, es muß vielmehr heißen: der Hahnenkammfortsatz des Siebbeines (crista galli ossis ethmoidei).

Tabula 6. Figur 4.

Tabula 7. Figur 8.

sind dieselben Aenderungen zu machen, wie bei Tab. 5.

Tabula 10. Figur 1. 2.

Tabula 11. Figur 5. 6.

Tabula 13. Figur 1. 2.

Tabula 14. Figur 1. 2.

Tabula 15. Figur 6. 7.

Tabula 20. Figur 1. 2.

Die hier vorkommenden Namen der Vorderfußwurzel-Knochen sind eben so zu ändern, wie bei Tab. 1 u. 2. angegeben ist.

Außerdem ist zu bemerken, daß auf Tab. 15. Fig. 9 u. 10. die Bänder der rechten Hinter-Fußwurzel, und auf Tab. 20. Fig. 7. die der linken Hinter-Fußwurzel dargestellt sind.

Tabula 21. Figur 1. 2.

Der Name: innere Hals-Hautmuskel ist in: Hals-Gesichts-Hautmuskel (musc. cutaneus colli et faciei) zu ändern, und statt: äußere Hals-Hautmuskel setze man: Hals-Hautmuskel (m. cutaneus colli).

Bei Fig. 2. muß statt: Antlitz-Hautmuskel, der äußere Wangenmuskel (m. malaris externus) gelesen werden.

Tabula 22. Figur 9.

13. Der Griffel-Zungenbeinmuskel heißt: m. masto-styloideus. (Ebenso Tab. 32. Fig. 3.)

Tabula 23. Figur 1.

1—1. Der gemeinschaftliche Muskel des Kopfes, Halses und Armes entspricht nicht nur dem m. deltoides, sondern auch dem cleido-mastoideus des Menschen.

4. Der obere Auswärtszieher des Armbeines heißt: pars anterior musculi deltoidei.

7. Der lange Auswärtszieher des Armbeines ist: pars posterior musc. deltoidei zu benennen. Ebenso: 3. Fig. 1. Tab. 25.

Figur 2.

1. 1. Der riemenförmige Kopfmuskel heißt m. splenius capitis et colli, und

2. 2. der lange Strecker des Halses: m. transversalis cervicis.

6. Der lange Stachelmuskel ist dem m. spinalis et semispinalis dorsi d. M. zu vergleichen.

Figur 3.

13. Der gerade Bauchmuskel ist auf der Zeichnung auch mit 8. 9. 9. bezeichnet, doch sind diese drei Zahlen zu streichen.
17. 17. Dieser Muskel heißt richtiger: der mittlere Rippenhalter (m. scalenus medius).

Tabula 24. Figur. 3.

3. Der hier genannte Muskel heißt nicht der kleine durchflochtene, sondern der große gerade Kopfmuskel (m. rectus capitis posticus major).

Figur 4.

10. Der Name: Psoasmuskel ist zu ändern in: kleiner Lendenmuskel (m. Psoas parvus), und
11. 11. der kleine oder dritte Lendenmuskel ist kein gesonderter, sondern ein Theil des großen Lendenmuskels (9. 9.).
23. 23. Die breiten Einwärtszieher der Schenkelbeine heißen: m. m. graciles, und
24. der dünne Einwärtszieher des Schenkelbeines heißt: m. sartorius.

Tabula 25. Figur 2.

8. 8. Der Speichenstrecker der Vorder-Fußwurzel ist doppelt, nämlich ein langer und kurzer (m. extensor carpi-radialis longus et brevis).

Figur 3.

2. Der kurze Auswärtszieher des Armbeines heißt: m. teres minor.

Figur 5.

5. Der Abzieher des Daumens oder Strecker der Vorder-Fußwurzel heißt: m. abductor pollicis longus.

Figur 6.

1. 1. Der Strecker der inneren Zehe besteht aus zwei Muskeln, die auf der Zeichnung nicht getrennt sind, nämlich aus: dem Strecker der ersten Zehe (m. extensor pollicis longus) und dem Strecker der zweiten Zehe (m. extensor indicis).

4. 4. Die vorderen oder äußeren Zwischenknochenmuskeln sind keine besondere Muskeln, sondern es sind die von hinten etwas durchtretenden Zwischenknochenmuskeln (4. Fig. 9.).
5. 5. Der Strecker der fünften Zehe oder der kürzere Zehenstrecker hat auf der Zeichnung nur eine Sehne, er muß aber drei haben, wie bei 2. Fig. 5.

Figur 10.

6a. Ist unrichtig als viereckiger Muskel bezeichnet, es ist der birnförmige, und
7. der als birnförmiger bezeichnete ist der viereckig Muskel des Oberschenkels. Dieselben Aenderungen sind auf Tab. 28. Fig. 2. bei 22 u. 24. zu machen.
11. 11. Der dicke Einwärtszieher des Schenkelbeins heißt: m. semimembranosus, und
12. 12. der lange Einwärtszieher: m. semitendinosus.
15b. Ist nicht der lange, sondern der dritte Wadenbeinmuskel (m. peroneus tertius), ebenso 4. Fig. 1. Tab. 26. — 5. Fig. 8. Tab. 30. und
19. ist die Sehne des langen Wadenbeinmuskels.

Figur 11.

1b. Statt viereckiger Muskel, muß stehen: birnförmiger Muskel.
9. 9. Ist der lange Wadenbeinmuskel (m. peroneus longus), ebenso: 1. Fig. 4. Tab. 26. — 6. Fig. 8. und 6. Fig. 9. Tab. 30.

Figur 12.

4. 4. Ist der innere Verstopfungsmuskel (m. obturator internus).
13. 13. Statt: hallelucis ist hallucis zu lesen.

Tabula 26. Figur 5.

4. Ist nicht der Muskel des Mittelfleisches, sondern nur ein Fortsatz des Schließers des Afters.

Tabula 28. Figur 3.

4. Der kurze Stachelmuskel heißt m. cervicalis descendens.
5. 6. 6. Ist der mittlere Rippenhalter.

Tabula 29. Figur 2.

3. Ist der große gerade Kopfmuskel.

Figur 3.

2. Der mittlere (statt große) gerade Kopfmuskel.

Figur 4.

18. Der dünne Einwärtszieher und
19. der Schneidermuskel bilden beide nur einen Muskel.

Tabula 30. Figur 12.

7. Ist der viereckige Oberschenkelmuskel (m. quadratus femoris).

Tabula 31. Figur 1.

1. Für Antlitz-Hautmuskel setze man: Hals-Gesichts-Hautmuskel (m. subcutaneus colli et faciei).

Figur 2.

1. Statt: der innere Hals-Hautmuskel ist: Hals-Gesichts-Hautmuskel zu lesen.
2. Für äußere Hals-Hautmuskel ist nur Hals-Hautmuskel zu setzen.

Tabula 33. Figur 2.

3. 3. Für Niederzieher des untern Augenliedes ist: der äußere Wangenmuskel (m. malaris externus) zu setzen.

17. 18. } s. die Aenderungen bei Tab. 23. Fig. 1.

33. 34. } vgl. Tab. 25. Fig. 10.

Figur 3.

8. s. die Aenderung bei Tab. 23. Fig. 3.
10. s. die Aenderung bei Tab. 23. Fig. 2.

Tabula 34. Figur 3.

2. Statt: der große ist zu lesen: der mittlere gerade Kopfmuskel.

Figur 4.

3. Ist der große gerade Kopfmuskel (m. rectus capitis posticus major).
7. Der kurze Stachelmuskel heißt: m. cervicalis descendens.

Figur 5.

8. Der kleine Lendenmuskel (m. Psoas tertius) ist kein eigener Muskel, sondern ein Theil des Darmbeinmuskels.

9. Statt: Psoasmuskel ist kleiner Lendenmuskel (m. Psoas parvus) zu setzen.
12. Der dünne Einwärtszieher ist m. sartorius, und
13. der breite Einwärtszieher m. gracilis.

Dieselben Aenderungen sind Tab. 43. Fig. 7. u. Tab. 53. Fig. 2. zu machen.

Tabula 35. Figur 1.

3. Ist m. teres minor. (Ebenso Tab. 46. Fig. 1.)

Figur 7.

13. Der dritte (statt lange) Wadenbeinmuskel.

Figur 8.

3. der lange (statt dritte) Wadenbeinmuskel (m. peroneus longus).

Figur 9.

1. Ist der innere Verstopfungsmuskel (m. obturator internus).
4. Ist der viereckige Oberschenkelmuskel (m. quadratus femoris).

Figur 10.

1. Wie 13. Fig. 7.

Tabula 37. Figur 3.

8. Der mittlere Rippenhalter.
24. Die kleinen Zwillingsmuskeln.
25. Der viereckige Muskel des Oberschenkels.

Tabula 38. Figur 2.

2. Der große gerade Kopfmuskel.
5. Der mittlere gerade Kopfmuskel.

Figur 6.

8. 8. Die kleinen Lendenmuskeln.
9. Ein Theil des Darmbeinmuskels.

Tabula 40. Figur 3.

4. Der viereckige Oberschenkelmuskel.
5. Der seitliche Strecker der Zehen oder lange Wadenbeinmuskel.

Figur 5.

1. Der dritte Wadenbeinmuskel.

Figur 7.

2. 2. Der innere Verstopfungsmuskel.

Tabula 42. Figur 1.

9. Der äußere Wangenmuskel (m. malaris externus).

Figur 4.

7. Der Griffel-Zungenbeinmuskel heißt: m. masto-styloideus.

Tabula 43. Figur 7.

S. die Aenderungen bei Tab. 34. Fig. 5.

Tabula 44. Figur 2.

12. Der lange Auswärtszieher des Armes heißt: pars posterior musculi deltoidei.

21. u. 16. Fig. 1. heißt: m. semitendinosus.

Tabula 45. Figur 1.

1. (Der nicht abgeschnittene) ist der Nacken-Warzenmuskel (m. trachelo-mastoideus).

3. Der lange Strecker des Halses heißt: m. transversalis cervicis.

24. Ist der viereckige Oberschenkelmuskel (m. quadratus femoris).

26. Heißt: m. semimembranosus.

Figur 2.

2. Ist der große gerade Kopfmuskel (m. rectus capitis posticus major).

6. Heißt: m. cervicalis descendens.

Tabula 47. Figur 1.

4. 4. Heißt innerer Verstopfungsmuskel (m. obturator internus).

6—6. Ist der äußere Verstopfungsmuskel (m. obturator externus).

8. Der viereckige Oberschenkelmuskel. (Ebenso 3. Fig. 3.)

9. Die kleinen Zwillingsmuskeln (musculi gemelli).

Figur 6.

2. Der lange Wadenbeinmuskel (m. peroneus longus).

Figur 7.

1. Ist der dritte Wadenbeinmuskel (m. preroneus tertius). Ebenso Tab. 53. Fig. 6.

Tabula 51. Figur 1.

10. Ist der mittlere Rippenhalter (m. scalenus medius).
23. Der viereckige Oberschenkelmuskel. (Ebenso 3. Fig. 4. Tab. 53.)

Figur 2.

2. Der große gerade Kopfmuskel.

Figur 4.

2. 2. Der mittlere gerade Kopfmuskel (m. rectus capitis posticus medius).

Tabula 53. Figur 2.

2—6. Sind die Namen wie bei Tab. 34. Fig. 5. zu ändern.

Tabula 54. Figur 1. 4.

1. Ist die obere Backendrüse (gland. buccalis superior); die untere, viel größere, ist nicht gezeichnet.

Tabula 55. Figur 1. 3.

1. Hier ist die untere Backendrüse (gl. buccalis inferior) dargestellt, denn die Fleischfresser haben die Augenhöhlendrüse für die fehlende obere Backendrüse.

Figur 2.

8. Die Augenhöhlendrüse hat gewöhnlich mehre Ausführungsgänge, welche ductus Nuckiani heißen.

Figur 5.

3. Ist auch die obere Backendrüse.

Tabula 57. Figur 5.

7. Der größere Wirsungsche Gang mündet 5—7 Zoll weiter hinten in den Zwölffingerdarm und ist auf der Zeichnung nicht angedeutet.

Tabula 66. Figur 3.

4. Die untere Backendrüse.

Tabula 68. Figur 2.

Die linke Niere des Pferdes ist nur $\frac{2}{3}$ der Naturgröße.

Tabula 70. Figur 4.

1. Die gemeinschaftliche Scheidenhaut ist keine besondere Haut,

sondern das äußere, fibröse Blatt der Scheidenhaut des Hodens und Saamenstranges. Daher ist
2. nur das innere, seröse Blatt dieser Scheidenhaut. Diese Bemerkung gilt auch bei den Hoden der übrigen Thiere.

Tabula 71. Figur 2.

Die Leber des Rindes, von hinten gesehen.

Figur 3.

Die Milz des Rindes, von der inneren Seite gesehen.

Tabula 79. Figur 1.

1. Die innere Fläche der Harnhaut (allantois), welche nach außen mit der Lederhaut, nach innen mit der Schafhaut (4. 4.) verbunden ist, und zwischen diesen beiden Lagen das Nabelbläschen (2. 2.) enthält.

Figur 2.

1. Die äußere Fläche der Lederhaut;
2. die innere Fläche der Harnhaut, von welcher das äußere Blatt mit der Lederhaut innig verbunden ist.

Tabula 80. Figur 1.

1. Die Lederhaut mit dem äußern Blatte der Harnhaut.
3. Das innere Blatt der Harnhaut; zwischen diesen beiden, jedoch durch ein Mittelstück verbundenen, Blättern liegt das Nabelbläschen (2.).

Tabula 81. Figur 1.

Der Fötus ist ungefähr 8 (statt 7) Wochen alt.

Figur 3.

Der Fötus ist über 10 Wochen alt.

Tabula 84. Figur 2.

Fötus von der Ziege, ungefähr 8 Wochen alt.

Figur 3.

Der Fötus ist ungefähr 9 Wochen alt.

Figur 5.

Ungefähr 11 Wochen ist dieser Fötus alt.

Figur 8.

Ein ungefähr 11 Wochen alter Rindsfötus.

Tabula 85. Figur 1.

Der Fötus ist ungefähr 13 Wochen alt.

Figur 3.

Dieser Schweine-Fötus ist ungefähr 15 Wochen alt.

Tabula 86. Figur 1.

5. Ist nicht die Lederhaut allein, sondern mit dem äußern Blatte der Harnhaut verbunden.

Figur 4.

2. Hier gilt das bei Fig. 1. Gesagte auch.

Tabula 87. Figur 3.

2. Wie vorstehend bei Tab. 86. Fig. 4.

Figur 6.

Der in den Eihäuten enthaltene Fötus ist ungefähr 10 Wochen alt.

Tabula 88. Figur 3.

Die Schilddrüse ist einfach und unpaarig, daher muß es heißen: glandula thyreoidea.

Tabula 89. Figur 6.

Das Tuberculum Lowcri ist an der Figur nicht bezeichnet (auch nicht an den Herzen der übrigen Thiere); es befindet sich über dem Herzknorpel (2) und zwischen der Mündung der hintern (5) und vordern Hohlvene (4).

Tabula 92. Figur 1.

3. Das Schnäuzchen wird nicht durch die Gießkannenknorpel sondern durch die (beim Schweine verschmolzenen) Santorini'schen Knorpel gebildet.

Tabula 93. Figur 1.

9. An der Schilddrüse ist der sehr dünne Isthmus, welcher gewöhnlich hinter dem 6ten oder 7ten Luftröhren-Ringe liegt, nicht gezeichnet. Er fehlt auch bei Fig. 1. Tab. 94.

Tabula 95. Figur 2.

Es fehlt die Bezeichnung des Tuberculum Lowcri, welches zwischen 1 und 3 liegt.

Figur 6.

Die Schilddrüse des Schweines liegt in der Mittellinie an der Luftröhre und ist kaum in zwei seitliche Hälften getheilt.

Tabula 96. Figur 1.

17. Die Arterie des falschen Nasenloches heißt richtiger: Seitenarterie der Nase (art. nasi lateralis).
    Die Arterie des Nasenrückens (art. nasi dorsualis) ist nicht bezeichnet; sie entspringt mit 19. zusammen, und geht am Nasenrücken herab.

Figur 2.

8. Ist die querlaufende Nackenarterie (art. transversa cervicis).
12. Ist nur ein Ast der tiefen Nackenarterie, ohne eigenen Namen.
22. Die vereinigte untere Halsarterie und querlaufende Schulterarterie (art. cervicalis adscendens et transversa scapulae).

Tabula 97. Figur 1.

14. Ist die Arterie des Knopffortsatzes (art. condyloidea).
22. Statt: eigentliche Schläfenarterie ist zu lesen: querlaufende Gesichtsarterie.

Figur 2.

24. Das Wort: secunda ist zu streichen.
26. Der Ast der Augenarterie, welcher zur Thränendrüse (p.) hingeht und Thränenarterie (art. lacrymalis) heißt, ist nicht bezeichnet.
32. Heißt nicht Thränenarterie, sondern Unteraugenliedarterie (art. malaris).

Tabula 99. Figur 1.

2. 2. Ist die Thränenarterie.

Figur 7.

1. Heißt: die Arterie des hintern Netzes der Vorder-Fußwurzel (art. rete carpi volaris).
4. Der Querast bildet den tiefen Gefäßbogen (arcus volaris profundus).
7. Ist nicht der tiefe Bogen (s. 4.).

Figur 8.

1. Ist das vordere Netz der Vorder-Fußwurzel (rete carpi dorsuale).

Tabula 100. Figur 3.

7. 7. Die Ellenbogenarterie fehlt dem Pferde, die so bezeichnete ist die untere Seitenarterie der Speiche (art. collateralis radialis inferior).

Tabula 103. Figur 2.

11. 11. Ist die Baucharterie (art. abdominalis), denn die umschlungene Darmbeinarterie fehlt dem Pferde.

Tabula 104. Figur 1.

3—3. Ist der obere Ast der linken Kranzarterie des Magens (ramus superior art. coronariae ventriculi sinistrae).

Tabula 108. Figur 1.

3. Heißt: Baucharterie; ebenso 21. Fig. 2.

Figur 2.

Der Kniekehlenmuskel ist mit l, und der dünne Beuger des Hufbeines mit k bezeichnet.

Tabula 109. Figur A.

2. Ist keine zurücklaufende Arterie, sondern ein Zweig der innern Sprunggelenkarterie, welcher an der Sehne des Hufbeinbeugers herabgeht und in der innern Seitenarterie der Zehe endigt, also eine Collateral-Arterie.

Figur 2.

Die Arterien sind an der rechten (statt linken) hintern Gliedmaaße dargestellt.

8. Die große Schienbeinarterie heißt: art. interossea dorsualis externa.

Figur 3. 4.

Beide Figuren stellen den rechten Hinterfuß dar.

Tabula 110. Figur 1.

7. Statt: eigentliche Schläfenvene ist querlaufende Gesichtsvene zu setzen. Ebenso bei 7. Fig. 1. Tab. 111.

Figur 2.

4. Ist die querlaufende Nackenvene (vena transversa cervicis) und die mit
6. als querlaufende Nackenvene bezeichneten sind nur Aeste der tiefen Nackenvene.
8. Statt: äußere Wirbelvene ist immer blos Wirbelvene (vena vertebralis) zu lesen; auch ist auf der Zeichnung der obere Rippenhalter mit b, der untere mit c bezeichnet.

Figur 4.

1. 3—3. Statt: innere Wirbelvenen muß es heißen: Wirbelblutleiter (sinus columnae vertebralis).

Tabula 112. Figur 2.

Es ist nur das aus stärkeren Venen und größeren Maschen gebildete Netz dargestellt, und die oberflächlicher, in den Wülsten und Furchen der Gaumenhaut liegenden kleinen Netze sind entfernt worden.

Figur 6.

Die innere Fläche der rechten Halbkugel des großen Gehirns ist mit a, das knöcherne Zelt mit k bezeichnet.

Tabula 113. Figur 1.

Die Hautvenen und Lymphgefäße sind am linken Vorderschenkel dargestellt; die übrigen Figuren stellen alle den rechten Vorderschenkel vor.

Figur 2.

11. Ist die untere Seitenvene der Speiche (vena collateralis radialis inferior), denn die Ellenbogenvene fehlt dem Pferde. Ebenso 4. Fig. 4.

Tabula 114. Figur 3.

11. Die Bauchhautvene heißt: vena subcutanea abdominis.
17. 17. Sind die Bauchvenen (venae abdominales), denn die umschlungenen Darmbeinvenen fehlen dem Pferde.

Tabula 116. Figur 1.

Die Venen und Lymphgefäße sind am rechten Hinterschenkel dargestellt.

Figur 2.

In der Scheidenhaut des Saamenstranges sind nur einige Lymphgefäße gezeichnet, denn die Zahl der Stämmchen ist viel größer.

Tabula 117.

19. Ist die untere Magenvene (vena ventriculi inferior).

Tabula 118. Figur 1.

Die Haut-Lymphgefäße am Pferde sind von der rechten Seite gezeichnet.

Tabula 119. Figur 2.

Die Anmerkung im Text ist zu streichen, weil in der zweiten Auflage die Figur richtig dargestellt ist.

g. Ist die vordere Hohlvene.

Tabula 121. Figur 1.

Die tiefen Lymphgefäße sind am rechten Vorderschenkel des Pferdes dargestellt.

Tabula 124. Figur 2.

3. Statt: Hodensackdrüsen muß es heißen: Schaamdrüsen (glandulae pubis). Ebenso 2. Fig. 1. Tab. 126.

Tabula 131. Figur 2.

12. Der Hals-Hautnerv verbindet sich mit dem unteren Aste des zweiten Halsnervens.
16. Der obere Backennerv macht die zweite Schlinge (wie die erste) mit dem untern Backennerven. Uebrigens kommen in den Verbindungen der beiden Backenäste verschiedene Abweichungen vor.
18. Der oberflächliche Schläfennerv weicht in seiner Verästelung immer zugleich mit dem Antlitznerven ab.

Tabula 134. Figur 1.

8. Statt: mit dem linken, ist zu setzen: mit den unteren Aesten und
9. statt: mit dem rechten, mit den oberen Aesten der Lungen-Magen-Nerven.

Tabula 136. Figur 1.

3. Der vordere Zweig vom untern Aste des ersten Hals-Nervens verbreitet sich im Schulter-, Brust- und Schild-Zungenbein-Muskel und im Brust-Schildmuskel.

Figur 2.

4. 5. 6. Hautzweige vom untern Aste des Speichennervens.

Tabula 137. Figur 1.

13. 15. Statt: Speichennerv muß überall Mittelnerv gesetzt werden (auch 6. Fig. 3.).
19. Der äußere Hautnerv (nerv. subcutaneus externus).
29. Entspricht dem innern Hautnerven (nerv. subcut. internus) d. M.
30. Statt: Mittelnerv ist überall Speichennerv zu lesen (auch 3. Fig. 3. und 1. 2. Fig. 4.).
33. Ist der Athmungsnerv (nerv. respiratorius).

Figur 2.

2. Der innere Hautnerv.
3. Der äußere Hautnerv.

Tabula 140. Figur 4.

9. Ist das vordere Ende der Unteraugenlied-Arterie (art. malaris); die Thränenarterie endigt in der Thränendrüse und im obern Augenliede. Ueberhaupt ist immer jener Name für diesen zu setzen, auch 12. Fig. 2. Tab. 141.

Tabula 141. Figur 1.

3. Statt: eigentliche Schläfenarterie, ist immer: querlaufende Gesichtsarterie (art. transversa faciei) zu setzen; also auch bei 2a. Fig. 4.

Figur 4.

2b. Für hintere Schläfenarterie ist hier, und überall wo der Name vorkommt, Schläfenarterie (art. temporalis) zu lesen.

Tabula 143. Figur 3.

4. Ist der untere Ast der linken Kranzarterie des Magens.

Tabula 145. Figur 2.

1. Die Armarterie (art. brachialis).
3. Die Speichenarterie (ebenso 1. Fig. 3., Fig. 5. u. 6.).
4. 4. Die Ellenbogenarterie (auch 2. Fig. 3., Fig. 5. u. 6.).

Figur 3.

3. Der hintere tiefe Gefäßbogen (arcus volaris profundus).

Tabula 146. Figur 7.

1. Die Armarterie (statt Speichenarterie).
4. Die Speichenarterie.
5. Die Ellenbogenarterie.

Figur 8.

1. Die Armarterie.
2. Ein Ast der Ellenbogenarterie, der mit dem innern Aste der äußern Zwischenknochenarterie bei
4. anastomosirt.

Figur 9.

1. Die Armarterie.
2. Der Mittelnerv.

Tabula 150. Figur 2.

1. Ist der Mittelnerv.
5. Der äußere Hautnerv vom Mittelnerven.
6. Der Hautast vom Speichennerven.

Figur 3.

1. Der Mittelnerv.

Figur 4.

1. Der untere Ast des Speichennervens.

Berlin, im März 1844.

Dr. Gurlt.

Tabula 1.

Das Gerippe des Pferdes, mit dem Nackenbande, von der linken Seite gesehen.

Das Gerippe (sceleton) wird in die Knochen des Kopfes, des Rumpfes und der Gliedmaaßen eingetheilt.

Am Kopfe (caput)

ist das kleine oder Zwischenkieferbein (os intermaxillare) mit

1. bezeichnet, in dessen Körper
2.2. der linke Eck- und Mittel-Schneidezahn (dentes incisorii) sichtbar sind;
2.2. am Unterkiefer (15) bezeichnen die gleichnamigen Zähne.
3. Das große oder Oberkieferbein (os maxillare superius) hat an seiner Gesichtsfläche
4. das Unter-Augenhöhlenloch (foramen infraorbitale), durch welches der Unter-Augenhöhlennerv und die obere Zahn-Arterie heraustreten.
5.5. Die linken Hakenzähne (dentes canini) des Ober- und Unterkiefers, die nur beim männlichen Geschlechte vollkommen sind.
6—6. Die sechs Backenzähne (dentes molares) des Oberkiefers, die des Unterkiefers werden durch jene fast ganz verdeckt.
7. Nasenbein (os nasi),
8. Thränenbein (os lacrymale),
9. Jochbein (os zygomaticum), sie sind alle drei mit dem Oberkieferbein durch Näthe verbunden.

10. Der Augenbogenfortsatz des Stirnbeins (processus orbitalis ossis frontis) verbindet sich mit
12. dem Jochfortsatze des Schläfenbeins (processus zygomaticus) und hat über sich
11. das Scheitelbein oder Seitenwandbein (os bregmatis s. parietale) und
12. den Schuppentheil des Schläfenbeins (pars squamosa ossis temporum).
13. Der äußere Gehörgang (meatus auditorius externus),
14. des Hinterhauptsbeins (os occipitis) und
15. der Unterkiefer (maxilla inferior).

Der Rumpf (truncus)

besteht aus

1—7. sieben Halswirbeln (vertebrae colli), von welchen 1. der Atlas oder Träger (atlas), 2. die Achse (epistropheus) genannt wird. Ferner aus

8—25. achtzehn Rücken- oder Brustwirbeln (vertebrae dosi); von welchen die Dornfortsätze (processus spinosi) des 3ten bis 6ten (10—13.) den Widerrüst bilden.

26.—31. Sechs Lendenwirbel (vertebrae lumborum);

32. das Kreuzbein oder Heiligbein (os sacrum), aus 5 Wirbeln bestehend und

33.33. achtzehn Schwanzwirbel (ossa coccygis). Alle Wirbelbeine zusammen bilden die in der Mittellinie des Körpers liegende Wirbelsäule (columna vertebrarum).

Mit den achtzehn Rückenwirbeln sind

a—s. achtzehn Paar Rippen (am Bilde sind nur die der linken Seite deutlich sichtbar) verbunden, von welchen die vordern acht Paar

a—h. wahre (costae verae), die mit dem Brustbeine durch die unteren Knorpel verbunden sind, und die hintern zehn Paar

i—s. falsche Rippen (costae spuriae), deren Knorpel nur unter einander verbunden sind, genannt werden. Alle Rippen bilden mit den Rückenwirbeln und

t. dem Brustbeine (sternum) den Brustkasten (thorax).

Zum Rumpfe gehören noch

34.34. das linke (und rechte) Beckenbein oder Unbenannte Bein (ossa pelvis s. innominata).

Der Kopf wird mit der Wirbelsäule, und die Wirbel werden unter einander durch

A. A. A. den Nacken- und Rückentheil, und

B. den Halstheil des Nackenbandes (ligamentum nuchae) verbunden.

Jede vordere Gliedmaaße (extremitas anterior) besteht aus

1. dem Schulterblatt (scapula), welches einen Winkel von 45° mit
2. dem Armbeine (os brachii s. humeri) bildet.
3. 3. Die Speiche oder der Kegel (radius) und
4. das Ellenbogenbein oder die Keule (ulna) bilden den Vorderarm, welcher senkrecht auf der Vorder-Fußwurzel oder dem Vorderknie (carpus) steht. Diese besteht aus 7 Knochen, nämlich
5. dem dreieckigen Beine (os semilunare),
6. dem unregelmäßigen Beine (os triquetrum),
7. dem Hakenbeine (os hamatum) (welche an der linken Gliedmaaße sichtbar sind); ferner aus
8. dem halbmondförmigen oder Kahnbeine (os naviculare),
9. dem ungleich vierseitigen (os multangulum majus),
10. dem kleinen keilförmigen Beine (os multangulum minus) (die an der rechten Gliedmaaße sichtbar sind) und
11. aus dem großen keilförmigen Beine (os capitatum) (an der linken Gliedmaaße sichtbar).

Der Vorder-Mittelfuß (metacarpus) enthält 3 Knochen, nämlich

12. 12. das Schienbein (os metacarpi medium),
13. das innere Griffelbein (os metac. internum) und
14. das äußere Griffelbein (os metac. externum). Am Schienbeine, an der hintern Fläche des untern Endes, liegen
15. 16. die Sesam- oder Gleichbeine (ossa sesamoidea superiora).

Der Vorderfuß (pes anterior) (eigentlich der Mittelfinger, digitus medius) welcher schräg nach vorn gerichtet ist,
besteht aus

17. 17. dem Fesselbeine (phalanx prima digiti),
18. 18. dem Kronenbeine (phalanx secunda),

19. 19. dem Hufbeine (phalanx tertia) und
20. 20. aus dem Strahlbeine (os sesamoideum inferius).

Jede hintere Gliedmaaße (extremitas posterior) wird eingetheilt in den Oberschenkel (femur), welchem
1. 1. das Backen- oder Oberschenkelbein (os femoris) und
2. 2. die Kniescheibe (patella), die dem Ellenbogenhöcker der vordern Gliedmaaße entspricht, zur Grundlage dienen. Ferner wird sie eingetheilt in den Unterschenkel (crus), der aus
3. 3. dem Schenkel- oder Schienbeine (tibia) und
4. dem Wadenbeine (fibula) besteht; in das Sprunggelenk oder die Hinter-Fußwurzel (tarsus) in welcher 6 Knochen enthalten sind, nämlich:
5. das Sprungbein (calcaneus s. os calcis),
6. 6. das Rollbein (astragalus s. talus),
7. 7. das große schifförmige Bein (os naviculare),
8. 8. das kleine schifförmige oder dritte keilförmige Bein (os cuneiforme tertium),
9. das Würfelbein (os cuboideum),
10. das Pyramidenbein oder erste keilförmige Bein (os cuneiforme primum) (das zweite keilförmige Bein fehlt dem Pferde). Der Hinter-Mittelfuß (metatarsus) besteht wie der vordere, aus
11. 11. dem Schienbeine (os metatarsi medium),
12. dem innern Griffelbeine (os metat. internum),
13. aus dem äußern Griffelbeine (os metat. externum) und endlich
14. 15. aus den Sesambeinen. Der Hinterfuß (pes posterior) oder eigentlich die Mittelzehe (digitus medius pedis) hat dieselbe Zahl von Knochen wie der Vorderfuß, nämlich
16. 16. das Fesselbein (phalanx prima),
17. 17. das Kronenbein (phalanx secunda),
18. 18. das Hufbein (phalanx tertia) und
19. 19. das Strahlbein (os sesamoideum inferius).

Tabula 2.

Das Gerippe eines ostfriesischen Ochsen, mit dem Nackenbande, von der linken Seite gesehen.

Am Kopfe.

1. Das kleine oder Zwischenkieferbein (os intermaxillare), welches keine Schneidezähne hat.
2.2. Das große Oberkieferbein (os maxillare superius), an welchem das Unter=Augenhöhlenloch sehr weit nach vorn und unten liegt.
3. Das Nasenbein (os nasi);
4. Thränenbein (os lacrymale),
5.5. Jochbein (os zygomaticum), beide sind größer als bei dem Pferde, auch
6.6. das Stirnbein (os frontis), welches weiter nach oben reicht und den gekrümmten
7.7. Stirnzapfen (processus ossis frontis pro cornu) trägt, der dem Horn zur Grundlage dient.
8. Die Schläfengrube (fossa temporum) wird von
9. dem Jochfortsatze des Schläfenbeins (processus zygomaticus ossis temporum) begränzt, welcher sich mit dem Jochbeine (5.) zum Jochbogen (arcus zygomaticus) verbindet.
10. Das Hinterhauptsbein (os occipitis) hat zur Seite
11. den Griffelfortsatz (processus styloideus); vor diesem liegt
12. der äußere Gehörgang (meatus auditorius externus) an welchen die Ohrmuschel befestigt ist.
13. Der rechte und
14.14. der linke Ast des Unterkiefers (ramus dexter et sinister maxillae inferioris) treffen vorn im Körper zusammen, welcher
17.17. die acht Schneidezähne enthält.
15. Die sechs Backenzähne des Oberkiefers, und
16. dieselbe Zahl im Unterkiefer.

Am Rumpfe.

I. Träger oder erster Halswirbel (atlas),
II. Achse oder zweiter Halswirbel (epistropheus),

III—VII. dritter bis siebenter Halswirbel (vertebrae colli). Alle Halswirbel sind im Verhältniß kürzer, als die des Pferdes, aber mit längeren Dornfortsätzen versehen.
1—13. Dreizehn Rückenwirbel (vertebrae dorsi),
14—19. sechs Lendenwirbel (vertebrae lumborum),
20.20. das aus 5 Wirbeln bestehende Kreuzbein (os sacrum) und
21.21. achtzehn Schwanzwirbel (vertebrae caudae) bilden mit den sieben Halswirbeln die Wirbelsäule. Diese ist mit dem Kopfe durch
A. A. A. A. A. das Nackenband (ligamentum nuchae) verbunden, welches aus dem breiten Halstheile und dem Nacken= und Rückentheile besteht, der letztere hat zwei breite Seitentheile und einen schmaleren mittleren Theil.
22.22. Das linke und
23.23. das rechte Beckenbein (ossa pelvis) bilden zusammen mit dem Kreuzbein (20.20.) das Becken.

Der Brustkasten (thorax)

besteht außer den Rückenwirbeln aus
a—h. acht Paar wahren Rippen (costae verae),
i—n. fünf Paar falschen Rippen (costae spuriae) und
o. dem Brustbeine (sternum).

An den vordern Gliedmaaßen

bezeichnet
1. das Schulterblatt (scapula), welches breiter als das des Pferdes ist,
2. das Armbein (os humeri s. brachii),
3.3. 5.5. die linke und rechte Speiche (radius),
4. das linke Ellenbogenbein (ulna), welches bis zur Vorder=Fußwurzel herabreicht. Diese besteht hier nur aus 6 Knochen in zwei über einander liegenden Reihen. Die obere Reihe enthält 4, nämlich
6. 8. das halbmondförmige Bein (os naviculare),
9. das dreieckige (os semilunare),
10. das unregelmäßige (os triquetrum), und
11. das Hakenbein (os hamatum). In der untern Reihe liegen nur
7. 12. das ungleich vierseitige (os multangulum majus) und

13. das großе keilförmige Bein (os capitatum); es fehlt also gegen das Pferd das kleine keilförmige Bein (os multangulum minus).

Der Vorder-Mittelfuß besteht bei dem Rinde nur aus 2 Knochen, nämlich

14. 16. dem Schienbeine (os metacarpi medium), dessen unteres Ende in zwei Fortsätze ausgeht, dann aus

15. dem äußern (unvollkommenen) Griffelbeine (os metacarpi externum).

17. 18. Das innere und äußere Paar der Sesam- oder Gleichbeine (ossa sesamoidea); hinter jedem Fortsatze des Schienbeins liegt ein Paar, welches mit

19. 19. 23. 23. dem Fesselbeine oder erstem Zehengliede (phalanx prima) verbunden ist.

20. 20. 24. 24. Das Kronenbein oder zweite Zehenglied (phalanx secunda),

21. 21. 25. 25. das Hufbein oder Nagelglied (phalanx tertia) und

22. 26. das Strahlbein (os sesamoideum inferius) gehören noch zu jeder Zehe.

Die hintern Gliedmaaßen

sind immer länger, als die vordern, daher sind sie auch in den Gelenken stärker gebogen. Der Oberschenkel hat

1. 5. das Backen- oder Oberschenkelbein (os femoris) und

2. 6. die Kniescheibe (patella) zur Grundlage. Der Unterschenkel besteht nur aus

3. 3. 7. 7. dem Schenkel- oder Schienbeine (tibia), und

4. dem unteren Wadenbein-Ende oder dem kronenförmigen Beine (extremitas fibulae inferior), welches (an der linken Gliedmaaße sichtbar) auf

8. 18. dem Sprungbeine (calcaneus) ruht. Außer dem Sprungbeine besteht die Hinter-Fußwurzel oder das Sprunggelenk nur noch aus 4 Knochen, indem das große schiffförmige und das Würfelbein verwachsen sind; es sind folgende:

9. 19. das Rollbein (astragalus),

10. 21. das vereinigte große schifförmige und Würfelbein (os naviculare et cuboideum),

11. 20. das kleine schiffförmige oder dritte keilförmige Bein (os cuneiforme tertium) und

11b. das Pyramidenbein oder erste keilförmige Bein (os cuneiforme primum). Der Hinter=Mittelfuß enthält nur sechs Knochen, nämlich
12b. das Rudiment eines inneren Griffelbeines,
12. 22. das Schienbein oder der Hinter=Mittelfußknochen (os metatarsi medium) und
13. 23. zwei Paar Sesambeine. Jede Zehe besteht (wie am Vorderfuße) aus
14.14. 24.24. dem Fesselbeine,
15.15. 25.25. dem Kronenbeine,
16.16. 26.26. dem Hufbeine und
17. 27. dem Strahlbeine (zwei Strahlbeine sind an der Figur nicht sichtbar).

Tabula 3.

Figur 1. Das Gerippe des Schweines, von der linken Seite.

Am Kopfe

sind sichtbar:
1. der Rüsselknochen (os proboscidis),
2.2. das Nasenbein (os nasi),
3. das kleine Kiefer= oder Zwischenkieferbein (os intermaxillare),
4.4. das große Kieferbein (os maxillare superius), welches an der äußern Fläche ausgehöhlt ist,
5. das Thränenbein (os lacrymale), auch mit einer Grube versehen.
6. Das Jochbein (os zygomaticum) hat einen kleinen Kinnbackenfortsatz, aber einen großen Schläfenfortsatz, welcher sich mit
7.7. dem Jochfortsatze des Schläfenbeins (processus zygomaticus ossis temporum) zum Jochbogen verbindet.
8. Die Augenhöhle (orbita) ist nach außen nicht geschlossen, weil der Stirnfortsatz am Jochbeine und am Schläfenbeine fehlt.

9. Das **Stirnbein** (os frontis) ist vorn flach, wie
10. das **Scheitelbein** (os bregmatis); dieses hat an der Seite eine Grube.
11. 11. Das **Hinterhauptsbein** (os occipitis) mit den langen und graden Griffelfortsätzen.
12. 13. Der rechte und linke Ast des **Unterkiefers** (maxilla inferior).
14. Drei, von einander entfernt stehende **Schneidezähne** (dentes incisorii) im kleinen Kieferbeine, und
15. drei mehr genäherte Schneidezähne im Körper des Unterkiefers, welcher auch
16. den **Hakenzahn** oder **Hauer** (dens caninus) enthält.
17. Der **Hakenzahn** des Oberkiefers liegt im großen Kieferbeine und ist daher von den Schneidezähnen mehr entfernt, als der des Unterkiefers.
18. 18. Sieben **Backenzähne** (dentes molares) des Unterkiefers, von welchen der erste und kleinste von dem zweiten entfernt steht.
19. 19. Sieben **Backenzähne** im Oberkiefer, die aber alle zusammenstehen.

Der Rumpf.

Der kurze **Hals** (collum) des Schweines besteht aus

I—VII. sieben **Halswirbeln** (vertebrae colli), deren Dornfortsätze schräg nach vorn gerichtet sind; der Dornfortsatz des 7ten Halsw. ist so lang, wie der eines hinteren Rückenwirbels.

Der **Rücken** (dorsum) besteht aus

1—14. Vierzehn **Rücken- oder Brustwirbeln** (vertebrae dorsi); die Lenden aus

15—21. sieben **Lendenwirbeln** (vertebrae lumborum); das **Kreuzbein** (os sacrum) aus

22. 22. vier (falschen) Wirbeln, und der **Schwanz** (cauda) aus

23. 23. ein und zwanzig bis zwei und zwanzig (falschen) Wirbeln.

Zum **Becken** (pelvis) gehören

24. 24. die beiden **Beckenbeine** (ossa pelvis) und das Kreuzbein (22. 22.).

Mit den vierzehn Rückenwirbeln sind

a—g. sieben Paar **wahre Rippen** (costae verae) und

h—o. sieben Paar falsche Rippen (costae spuriae) verbunden. (Das Brustbein ist an der Figur nicht sichtbar.)

A. A. A. Das Nackenband (ligamentum nuchae) fängt hier erst am 2ten Halswirbel an und endigt am letzten Rückenwirbel; es hilft also den Kopf nicht tragen.

Die vorderen Gliedmaaßen

werden eingetheilt: in die Schulter (humerus), welche nur aus

1. dem Schulterblatte (scapula) besteht; in den Oberarm (brachium), zu dem

2. 2. das Armbein (os humeri s. brachii) gehört; ferner in den Unter- oder Vorderarm (antibrachium), welcher zwei Knochen enthält, nämlich

3. 3. 5. 5. die Speiche (radius) und

4, 4. 6. das Ellenbogenbein (ulna). Jede vordere Gliedmaaße wird noch in die Vorder-Fußwurzel oder das Vorderknie (carpus), in den Vorder-Mittelfuß oder die Schienbeine (metacarpus) und in die Zehen (digiti) eingetheilt. Die Vorder-Fußwurzel besteht bei dem Schweine (wie bei dem Pferde) aus sieben Knochen, in zwei Reihen, die obere Reihe enthält, von innen nach außen:

23. das halbmondförmige Bein (os naviculare) (s. rechte Gliedmaaße),

7. 22. das dreieckige Bein (os semilunare) (s. beide Gliedm.)

8. das unregelmäßige Bein (os triquetrum) } (s. linke
9. das Hakenbein (os hamatum). } Gliedm.)

In der untern Reihe liegt:

25. das kleine keilförmige Bein (os multangulum minus), } (s. rechte
24. das ungleich vierseitige Bein (os multangulum majus), } Gliedm.)

10. das große keilförmige Bein (os capitatum) (siehe linke Gliedm).

Der Vorder-Mittelfuß besteht aus vier Mittelfußknochen oder Schienbeinen, nämlich

11. 11. 26. den Schienbeinen der beiden wahren Zehen oder des 2ten und 3ten Fingers (ossa metacarpi digiti secundi et tertii) (s. beide Gliedm.),

12. dem Schienbeine der äußern Afterzehe oder des 4ten Fingers (os metacarpi digiti quarti) (s. linke Gliedm.),
27. dem Schienbeine der innern Afterzehe oder des 1sten Fingers (os metacarpi digiti primi) (s. rechte Gliedm.) und aus
13. 18. 28. vier Paar Sesambeinen (ossa sesamoidea superiora), die aber an der Figur nicht alle sichtbar sind. Jede Zehe besteht aus drei Knochen, nämlich
14. 17. 29. 32. dem Fesselbeine oder ersten Gliede (phalanx prima),
15. 19. 30. 33. dem Kronenbeine oder zweiten Gliede (phalanx secunda),
16. 20. 31. 34. dem Hufbeine oder dritten Gliede (phalanx tertia) und jede der mittlern (wahren) Zehen noch aus
21. 35. dem Strahlbeine (os sesamoideum inferius).

Die hintern Gliedmaaßen

werden in den Oberschenkel (femur), den Unterschenkel (crus), die Hinter-Fußwurzel (tarsus), den Hinter-Mittelfuß (metatarsus) und in die Zehen (digiti pedis) eingetheilt.

Der Oberschenkel enthält zwei Knochen, nämlich
1. 1. das Backenbein (os femoris) und } (s. beide Gliedmaaßen).
2. 2. die Kniescheibe (patella) }

Der Unterschenkel besteht auch aus zwei Knochen, sie heißen
3. 3. 3. 3. Schenkelbein (tibia) (s. beide Gliedm.) und
4. 4. Wadenbein (fibula) (s. linke Gliedm.). Die Hinter-Fußwurzel enthält beim Schwein sieben Knochen, dahin gehören:

5. 5. 5. das Sprungbein (calcaneus), }
4. 6. das Rollbein (astragalus), }
6. 7. das große schiffförmige Bein (os naviculare), } (s. beide Gliedm.)
7. 8. das kleine schiffförmige Bein (os cuneiforme tertium s. maximum), }

8. das zweite keilförmige Bein (os cuneiforme secundum s. minimum), } (s. rechte Gliedm.)
9. das Pyramidenbein (erste keilförmige) (os cunei forme primum s. medium), }

9. das Würfelbein (os cuboideum) (s. linke Gliedm.).

Die Knochen des Hinter-Mittelfußes und der Zehen verhalten sich, in Hinsicht der Zahl und Benennung, ganz so, wie die des Vorder-Mittelfußes und der Zehen. Es sind bezeichnet:

10. 10. 11. die mittleren Schienbeine (os metatarsi digiti secundi et tertii) (s. beide Gliedm.),
11. Schienbein der äußern Afterzehe (os metatarsi digiti quarti) (das der innern Afterzehe an der rechten Gliedmaaße ist nicht bezeichnet),
12. 12. Sesambeine der Afterzehen (ossa sesamoidea superiora),
13. 13. Fesselbeine,
14. 14. Kronenbeine,
15. 15. Hufbeine der Afterzehen,
16. Sesambeine der äußern wahren Zehe (s. linke Gliedm.),
16. 16. 17. Fesselbeine,
17. 17. 18. 18. Kronenbeine,
18. 18. 19. 19. Hufbeine,
19. 20. Strahlbeine der wahren Zehen.

Figur 2. Das Gerippe eines spanischen Schafes, von der linken Seite gesehen.

Der Kopf.

1. Das kleine oder Zwischen-Kieferbein (os intermaxillare), welches keine Schneidezähne enthält.
2. Das Nasenbein (os nasi) reicht nicht so weit herab, wie bei dem Schweine, daher ist der Eingang zur Nase weiter.
3. Das große Kieferbein (os maxillare superius) ist auch im Verhältniß kürzer, als das des Schweines; dagegen sind
4. das Thränenbein (os lacrymale) und
5. 5. das Jochbein (os zygomaticum) beträchtlich größer, besonders das erstere, als bei jenem Thiere.
6. Die Augenhöhle (orbita) ist nach außen geschlossen, indem der Stirnfortsatz des Jochbeins, den Augenhöhlenfortsatz des
7. Stirnbeins (os frontis) erreicht.
8. 8. Jeder Stirnzapfen (processus ossis frontis pro cornu) ist hier (bei dem spanischen Schafe) nach hinten und au=

ßen gekrümmt, und verdeckt in der Figur das Scheitel= und Hinterhauptsbein; nur.

9. 9. das Schläfenbein (os temporum) mit seinem Joch=fortsatze ist noch sichtbar.

10. 10. Der Unterkiefer (maxilla inferior), mit seinem langen Kronenfortsatze (processus coronoideus, hinter der Augenhöhle sichtbar), hat im Körper

11. acht Schneidezähne (dentes incisorii), von welchen aber nur vier von der Seite gesehen werden können.

12. 12. Die sechs Backenzähne (dentes molares) des Unterkiefers sind weniger deutlich, als

13. die sechs Backenzähne des Oberkiefers zu sehen, weil diese über jene nach außen hervorragen.

Am Rumpfe

sind alle Theile in der Bezeichnung der des Rindes gleich, daher vergleiche man die Beschreibung des Rumpfes von Tab. 2., nur das Brustbein (V.) ist hier nicht sichtbar.

Die vordern Gliedmaaßen

enthalten eben so viele und so benannte Knochen, wie die des Rindes (Tab. 2). Es sind bezeichnet

an der linken Gliedmaaße mit	an der rechten Gliedmaaße mit	
1.		das Schulterblatt (scapula),
2. 2.		das Armbein (os humeri s. brachii),
3. 3.	1. 1.	die Speiche (radius),
4. 4.		das Ellenbogenbein (ulna),
	2.	das halbmondförmige Bein (os naviculare),
5.		das dreieckige Bein (os semilunare),
6.		das unregelmäßige Bein (os triquetrum),
7.		das Hakenbein (os hamatum),
8.	3.	das ungleich vierseitige Bein (os multangulum majus),
9.		das große keilförmige Bein (os capitatum),
10.	4. 4.	das Schienbein (os metacarpi),
11.		das unvollkommene äußere Griffelbein (rudimentum ossi metacarpi externi),

an der linken	an der rechten	
bezeichnet		
12.	5.	die Sesambeine (ossa sesamoidea superiora),
13. 13.	6. 6.	die Fesselbeine (phalanges primae),
14. 14.	7. 7.	die Kronenbeine (phalanges secundae),
15. 15.	8. 8.	die Hufbeine (phalanges tertiae),
16.	9.	das Strahlbein (os sesamoideum inferius).

An den hintern Gliedmaaßen.

an der linken	an der rechten	
bezeichnet		
1. 1.	1. 1.	das Backenbein (os femoris),
2.	2.	die Kniescheibe (patella),
3. 3.	3. 3.	das Schenkelbein (tibia).
4.		das untere Wadenbeinende (extremitas fibulare inferior),
5.	4.	das Sprungbein (calcaneus),
6.	5.	das Rollbein (astragalus),
8.	6.	das vereinigte große schiffförmige und Würfelbein (os naviculare et cuboideum),
7.	7.	das kleine schiffförmige Bein (os cuneiforme tertium),
	8.	das Pyramidenbein (os cuneiforme primum),
	9.	das unvollkommene innere Griffelbein (rudimentum ossis metatarsi interni),
9. 9.	10. 10.	das Schienbein (os metatarsi),
10.	11.	die Sesambeine (ossa sesamoidea superiora),
11. 11.	12. 12.	die beiden Fesselbeine (phalanges primae),
12. 12.	13. 13.	die beiden Kronenbeine (phalanges secundae),
13. 13.	14. 14.	die beiden Hufbeine (phalanges tertiae),
14.	15.	das Strahlbein (os sesamoideum inferius).

Tabula 4.

Figur 1. Das Gerippe der Katze, von der linken Seite gesehen.

Figur 2. Das Gerippe eines großen Fleischerhundes, von der linken Seite gesehen.

Der Kopf

der Katze ist im Verhältniß kürzer und mehr gerundet, als der des Hundes. Bei beiden Figuren bezeichnet:

1. das kleine oder Zwischen-Kieferbein (os intermaxillare),
2. das Nasenbein (os nasi),
3.3. das große Kieferbein (os maxillare superius), welches bei der Katze kurz, aber hoch, bei dem Hunde lang, aber niedriger ist.
4. Das Thränenbein (os lacrymale) liegt fast ganz in der Augenhöhle;
5. das Jochbein (os zygomaticum) hat nur bei der Katze einen Stirnfortsatz, der aber das Stirnbein nicht erreicht, daher ist
6. die Augenhöhle (orbita) nach außen nicht geschlossen,
7. das Stirnbein (os frontis) hat bei der Katze einen längeren, bei dem Hunde einen sehr kurzen Augenhöhlenfortsatz.
8. Das Scheitelbein (os parietale s. bregmatis),
9.9. Fig. 1. } das Schläfenbein (os temporum) mit
10.10. Fig. 2. } dem sehr kurzen äußern Gehörgange; der Jochfortsatz bildet mit dem Schläfenfortsatze des Jochbeins den stark nach außen und oben gewölbten Jochbogen.
10.10. Fig. 1. } das Hinterhauptsbein (os occipitis),
9.9. Fig. 2. }
11.11. der Unterkiefer (maxilla inferionr) mit starkem Kronenfortsatze und mit dem nach hinten in einen Fortsatz verlängerten Winkel.
12. Fig. 1. Drei Backenzähne des Unterkiefers (dentes molares),
12. Fig. 2. Sieben — — —

13. Fig. 1. Vier Backenzähne des Oberkiefers,
13. Fig. 2. Sechs — — — ; die Katze hat in beiden Kiefern überhaupt 14, der Hund 26 Backenzähne.

14. Fig. 1.} drei Schneidezähne des Oberkiefers (dentes incisorii),
15. Fig. 2.}

15. Fig. 1.} drei Schneidezähne des Unterkiefers; jedes dieser Thiere hat überhaupt 6 Schneidezähne.
16. Fig. 2.}

16.17. Fig. 1.} Zwei Haken- oder Eckzähne (dentes canini s. laniarii) in beiden Kiefern; im Ganzen hat sowohl die Katze, als auch der Hund 4 Hakenzähne.
14. Fig. 2.}

Der Rumpf

besteht bei jedem dieser Thiere aus:

I—VII. sieben Halswirbeln (vertebrae colli),
1—13. dreizehn Rückenwirbeln (vertebrae dosi),
14—20. sieben Lendenwirbeln (vertebrae lumborum),
21.21. dem Kreuzbeine oder Heiligbeine (os sacrum), welches nur drei falsche Wirbel enthält, und aus
22.22. zwanzig bis zwei und zwanzig Schwanzwirbeln (vertebrae caudae).

Ferner gehören noch zum Rumpfe
23.23. das linke,
24. das rechte Beckenbein (ossa pelvis),
a—i. neun Paar wahre Rippen (costae verae),
k—n. vier Paar falsche Rippen (costae spuriae) und
o.o.o. das Brustbein (sternum).
Fig. 2. a.a.a. das Nackenband (ligamentum nuchae).

An den vordern Gliedmaaßen (bei Fig. 1)

an der linken	an der rechten	
bezeichnet:		
1.	—	das Schulterblatt (scapula),
2.2.	—	das Armbein (os humeri s. brachii).

Das bei der Katze vorkommende Rudiment eines Schlüsselbeins ist an der Figur nicht sichtbar.

3.3. 1.1. die Speiche (radius),
4.4. 2.2. das Ellenbogenbein (ulna), beide Knochen sind beweglich unter sich verbunden. Die darauf folgende Vorder-Fußwurzel (carpus) enthält bei der Katze und bei dem Hunde in der obern Reihe drei, in der untern vier Knochen; nämlich:

an der | an der
linken | rechten
bezeichnet:

5. 3. das halbmondförmige Bein (os naviculare),
6. — das unregelmäßige Bein (os triquetrum) und
7. — das Hakenbein (os hamatum) in der obern Reihe;
— 5. das kleine keilförmige Bein (os multangulum minus),
— 4. das ungleich vierseitige Bein (os multangulum majus),
9. — das dreieckige Bein (os semilunare), welches bei den vorher beschriebenen Thieren in der obern Reihe liegt,
8. — das große keilförmige Bein (os capitatum) in der untern Reihe. Der Vorder-Mittelfuß (metacarpus) besteht aus fünf Schienbeinen oder Mittelfußknochen, und aus fünf Paar Sesambeinen.
— 6. Das Schienbein der ersten Zehe oder des Daumens (os metacarpi pollicis),
13. 7. das Schienbein der zweiten Zehe (os metacarpi digiti secundi),
12. — das Schienbein der dritten Zehe (os metacarpi digiti tertii),
11. — das Schienbein der vierten Zehe (os metac. digiti quarti),
10. — das Schienbein der fünften Zehe (os metac. digiti quinti).

Jede Zehe hat drei Glieder, mit Ausnahme des Daumens, welcher nur zwei hat.

— 8. Das erste Glied (Fesselbein) des Daumens (phalanx prima pollicis),
14. 9. die ersten Glieder der übrigen vier Zehen (phalanges primae digitorum),
15. 10. die zweiten Glieder derselben (phalanges secundae digitorum),
16. 11. die dritten Glieder derselben (phalanges tertiae digitorum),
17. — das letzte Glied des Daumens (phalanx ultima pollicis).

An den hinteren Gliedmaaßen (bei Fig. 1.)

an der linken	an der rechten	
bezeichnet:		
1.1.	1.1.	das Backenbein (os femoris),
2.	2.	die Kniescheibe (patella),
3.3.	—	das Schenkelbein (tibia),
4.4.	—	das Wadenbein (fibula),
		Die Hinter-Fußwurzel oder das Sprunggelenk (tarsus) enthält bei dem Hunde und der Katze sieben Knochen, nämlich:
5.5.	3.	das Sprungbein (calcaneus),
6.	—	das Rollbein (astragalus), auf welchem das Schenkelbein ruht;
7.	—	das Würfelbein (os cuboideum),
8.	4.	das große schiffförmige Bein (os naviculare),
9.	7.	das kleine schiffförmige oder dritte keilförmige Bein (os cuneiforme tertium s. maximum),
—	6.	das zweite keilförmige Bein (os cuneiforme secundum s. minimum),
—	5.	das Pyramidenbein oder erste keilförmige (os cuneiforme primum s. medium).
		Der Hinter-Mittelfuß besteht bei beiden Thieren aus vier Schienbeinen, vier Paar Sesambeinen und
—	8.	aus dem Schienbein-Rudiment der innersten oder der großen Zehe (rudimentum ossis metatarsi hallucis).
10.	9.	Das Schienbein der vierten Zehe (os metat. digiti quarti),
11.	—	das Schienbein der dritten Zehe (os metat. digiti tertii),
12.	—	das Schienbein der zweiten Zehe (os metat. digiti secundi),
13.	—	das Schienbein der ersten Zehe (os metat. digiti primi).
14.	—	Erste Glieder der Zehen (phalanges primae digitorum),
15.	—	zweite Glieder der Zehen (phalanges secundae digitorum),
16.	10.	dritte Glieder der Zehen (phalanges tertiae digitorum).

An den vorderen Gliedmaaßen (bei Fig. 2.)

an der linken	an der rechten	
bezeichnet:		
1.	—	das Schulterblatt.
2.2.	—	das Armbein, welches im Verhältniß lang ist;
3.3.	1.1.	die Speiche,
4.4.	2.2.	das Ellenbogenbein, am Vorderarme.
5.	4.	Das halbmondförmige Bein,
6.	3.	das unregelmäßige Bein, und
7.	—	das Hakenbein in der oberen Reihe der Vorder-Fußwurzel.
—	7.	Das kleine keilförmige Bein,
—	6.	das ungleich vierseitige Bein,
8.	5.	das dreieckige Bein, und
9.	—	das große keilförmige Bein liegen in der unteren Reihe.
—	8.	das Schienbein des Daumens,
—	9.	das Schienbein der zweiten Zehe,
10.	—	— — — dritten —,
11.	—	— — — vierten —,
12.	—	— — — fünften —.
—	10.	Das erste Glied des Daumens,
13.13.	—	die ersten Glieder der andern Zehen,
14.14.	—	— zweiten — — — —,
15.15.	—	— dritten — — — —,
—	11.	das letzte Glied des Daumens.
16.	—	Sesambeine.

An den hintern Gliedmaaßen (bei Fig. 2.)

an der linken	an der rechten	
bezeichnet:		
1.1.	1.1.	das Backenbein,
2.	2.	die Kniescheibe,
3.3.	3.3.	das Schenkelbein,
4.4.	—	das Wadenbein,
5.	4.4.	das Sprungbein,
6.	5.	das Rollbein,
7.	7.	das große schiffförmige Bein,
8.	9.	das Würfelbein,
9.	10.	das kleine schiffförmige oder dritte keilförmige Bein,

an der linken	an der rechten bezeichnet:	
—	11.	das zweite keilförmige Bein,
—	8.	das Pyramidenbein oder erste keilförmige Bein.
—	12.	Unvollkommenes Schienbein der großen Zehe,
10.	—	Schienbein der vierten Zehe,
11.	15.	— — dritten —,
12.	14.	— — zweiten —,
13.	13.	— — ersten —.
14.	16.	Die ersten Zehenglieder,
15.	17.	— zweiten —,
16. 16.	18.	— dritten —,
17.	19.	— Sesambeine.

Tabula 5.

Figur 1. Der Kopf des Pferdes (ohne Unterkiefer), von oben gesehen.

1. Der Kamm des Hinterhauptsbeines (crista ossis occipitis), welcher zur Anheftung mehrerer Kopfstrecker dient, ist unpaar und mit

2. 2. den Scheitelbeinen (ossa bregmatis s. parietalia) durch die Lambda- oder Winkel-Naht (sutura lambdoidea s. angularis) verbunden.|

Die Scheitelbeine sind in der Mittellinie durch die Pfeil-Naht (sutura sagittalis) verbunden und haben zur Seite

3. 3. die Schuppentheile der Schläfenbeine (partes squamosae ossium temporum), von welchen jedes mit dem Scheitelbeine seiner Seite durch die Schuppen-Naht (sutura squamosa) verbunden ist.

4. 4. Die Schläfengänge (meatus temporales) liegen am Grunde

5. 5. der Jochfortsätze der Schläfenbeine (processus zygomatici) und dienen zum Austritt der obern Gehirnvenen.

6.6. Die Stirnbeine (ossa frontis) sind durch die Stirn-Naht (sutura frontalis) in der Mittellinie unter sich, und mit den Scheitelbeinen (2. 2.) durch die Kranz-Naht (sutura coronalis) an den hintern Rändern verbunden. Jedes hat in dem nach außen gerichteten Augenhöhlen-Fortsatze (processus orbitalis),

7.7. das Ober-Augenhöhlenloch (foramen supraorbitale), durch welches die Stirn-Arterie und der Stirn-Nerv (vom 5ten Nerven) aus der Augenhöhle tritt.

8.8. Die Augenhöhle (orbita) ist bei dem Pferde im Umkreise geschlossen.

9.9. (10.) Die Nasenbeine (ossa nasi) sind mit den Stirnbeinen (6. 6.) durch eine Blatt-Naht (sutura lamellosa), unter sich durch eine falsche Naht (harmonia) und mit

10.10. den Thränenbeinen (ossa lacrymalia) durch eine wahre Naht (sutura vera) verbunden. Jedes Thränenbein ist durch den Antlitztheil (pars facialis) mit dem Stirnbeine, mit

11.11. dem Jochbeine (os zygomaticum) und mit

12.12.12.12. dem großen Kieferbeine (os maxillare superius) seiner Seite, durch Nähte verbunden. Die Jochbeine bilden durch die Jochleiste (crista ossis zygomatici) die Seitengränzen, und die großen Kieferbeine die Grundlage des Antlitztheiles vom Kopfe. Diese haben an der Antlitzfläche (superficies facialis)

13.13. die Unter-Augenhöhlenlöcher oder Kieferkanäle (foramina infraorbitalia) durch welche der Unter-Augenhöhlennerv und die obere Zahnarterie an das Antlitz treten.

14.14.14.14. Die kleinen Kiefer- oder Zwischenkieferbeine (ossa intermaxillaria) sind jedes durch den Nasenfortsatz mit dem großen Kieferbeine und dem Nasenbeine, und durch den Körper unter sich verbunden. Zwischen beiden Körpern ist

15. das Schneideloch oder vordere Gaumenloch (foramen incisivum s. palatinum anterius), zum Durchgange der vereinigten Gaumenarterien bestimmt. An dem vorderen Ende eines jeden großen Kieferbeines liegt bei männlichen Thieren

16.16. der Hakenzahn (dens caninus s. laniarius). In den Körpern der kleinen Kieferbeine liegen

17.17. die Eckzähne (dentes incisorii externi),

18.18. die Mittelzähne (dentes incisorii medii), und
19.19. die Zangen (dentes incisorii interni).

Figur 2. Der Kopf des Pferdes (ohne Unterkiefer), von unten gesehen.

1. Der Genickfortsatz des Hinterhauptsbeines (protuberantia occipitalis externa) dient zur Anheftung des Nackenbandes und der kleineren Kopfstrecker.
2. Das große Hinterhauptsloch (foramen magnum occipitis) ist zum Durchtritt des verlängerten Markes bestimmt, und an den Seiten von
3.3. den Knopffortsätzen (processus condyloidei) des Hinterhauptsbeines begrenzt, welche zur Verbindung mit dem ersten Halswirbel dienen.
4.4. Die Griffelfortsätze (processus styloidei) gehören auch noch zum Hinterhauptsbeine, eben so
5. das Grundstück oder der Keilbeinfortsatz (pars basilaris), welcher mit dem Keilbeine (12.) in der Jugend durch Knorpel verbunden ist.
6.6. Die Felsentheile der Schläfenbeine (partes petrosae ossium temporum) enthalten das Gehörorgan; jeder hat an der Pauke
7.7. den Griffelfortsatz (processus styloideus) welcher der Ohrtrompete und zwei kleinen Gaumen-Muskeln zur Anheftung dient. Die Schuppentheile der Schläfenbeine haben an ihren Jochfortsätzen
8.8. die Zitzenfortsätze oder Gelenkhügel (tubercula articularia) und vor diesen
10.10. die Gelenkgruben (foveae articulares) für den Unterkiefer; jeder Schuppentheil begränzt von außen
9.9. das gerissene Loch (foramen lacerum), durch welches der 9te, 10te und 11te Nerve, und die untere Gehirnvene herausgehen, die Drossel-Arterie aber in die Schädelhöhle hinein geht.
11.11. Die kleinen Flügel (alae parvae) und
12. der Körper des Keilbeins (corpus s. diaphysis ossis sphenoidei) bilden einen Theil der Grundfläche des Hirnschädels. Am Grunde eines jeden Flügelfortsatzes des Keilbeins befindet sich
13.13. das Flügelloch (foramen pterygoideum), zum

Durchgange der innern Kinnbacken-Arterie bestimmt. In der Mittellinie liegt das unpaare

14. Pflugschaarbein (vomer), welches zur Scheidung der beiden Nasenhöhlen und der hinteren Nasenöffnungen (19. 19.) beiträgt.

15. 15. Die Augenhöhlenfortsätze der Stirnbeine;

16. 16. die Jochbeine, welche sich mit

17. 17. den hintern Enden der großen Kieferbeine verbinden.

18. 18. Die Flügelbeine (ossa pterygoidea) sind mit den Flügelfortsätzen des Keilbeins verbunden.

19. 19. Die hinteren Nasenöffnungen (choanae) werden nach vorn durch

20. 20. die Gaumenbeine (ossa palatina) begränzt. Zwischen diesen Knochen und den großen Kieferbeinen liegen

21. 21. die Gaumenkanäle (canales pterygopalatini anteriores), durch welche die Gaumen-Arterie und der Gaumen-Nerve an jeder Seite hervorkommt.

22. 22. 22. 22. Die Gaumenfortsätze der großen Kieferbeine (pcocessus palatini) haben kleine Löcher, die zu den Nasenhöhlen führen, und bilden zusammen mit

23. 23. den Gaumenfortsätzen der Zwischenkieferbeine (proc. palatini ossium intermaxillarium) den Boden der Nase.

24. 24. Die Körper der Zwischenkieferbeine (corpora oss. intermax.), mit

25. dem Schneideloch (foramen incisivum) in der Mitte, enthalten die sechs Schneidezähne, deren Kronen mit den Reibeflächen hier sichtbar sind, nämlich

28. 28. die Eckzähne (dentes incisorii externi),

29. 29. die Mittelzähne (— — medii), und

30. 30. die Zangen (— — interni). Die großen Kieferbeine enthalten

26. 26. 26. 26. zwölf Backenzähne oder Stockzähne (dentes molares) und

27. 27. zwei Hakenzähne (dentes canini s. laniarii).

Figur 3. Die rechte Hälfte des senkrecht der Länge nach durchschnittenen Pferdekopfes, ohne Nasenscheidewand, von der innern Seite.

1. Der Körper,
2. der Nasenfortsatz des kleinen Kieferbeins,

3. 3. Nasenbein,
4. die innere oder Nasenfläche des großen Kieferbeins (superficies nasalis maxillae superioris).
5. Der untere Nasengang (meatus narium infimus), liegt zwischen
6. dem Gaumenfortsatze des großen Kieferbeins und
8. 8. der untern Nasenmuschel (concha nasalis infima). Zwischen ihr und
7. 7. der oberen (mittleren) Nasenmuschel (concha media) bleibt der mittlere Nasengang (meatus narium medius), und über dieser ist der obere Nasengang (m. n. supremus).
9 a. Die oberste Muschel (concha suprema) und
9 b. 9 b. das Labyrinth (labyrinthus) gehören zum Siebbeine (os ethmoideum).
10. Das Gaumen-Nasenloch (foramen sphenopalatinum) dient zum Durchgange des hinteren Nasen-Nerven und der hinteren Nasen-Arterie.
11. Die Kieferhöhle (sinus maxillaris s. antrum Highmori),
12. 12. die Keilbeinhöhle (sinus sphenoidalis) und
15. die Stirnhöhle (sinus frontalis) stehen mit der Nasenhöhle in Verbindung.
13. Das Häkchen (hamulus) und
14. der Körper des Flügelbeins (corpus ossis pterygoidei).
16. Das Scheitelbein,
17. 17. das Hinterhauptsbein bilden mit dem hinteren Theile des Stirnbeins die obere, hintere und Seitenwand
18. 18. der Schädelhöhle (cavitas cranii), welche durch
19. das knöcherne Zelt (tentorium osseum) in eine vordere größere Hälfte, für das große, und in eine hintere kleinere Hälfte, für das kleine Gehirn, getheilt ist.
19 b. Der Schläfengang (meatus temporalis),
20. 20. die innere Fläche des Felsenbeins (superficies interna partis petrosae) mit
21. dem innern Gehörgange (meatus s. porus acusticus internus).
22. Das gerissene Loch (foramen lacerum),
23. das Knopffortsatzloch (foramen condyloideum anterius) dient dem 12ten Nerven zum Durchtritt.
24. Körper des Kielbeins.

25. Grundtheil des Hinterhauptsbeines.
26. Schneidezähne.
27. Hakenzahn.
28. 28. Backenzähne.

Figur 4. Die rechte Hälfte des senkrecht der Länge nach durchschnittenen Pferdekopfes, mit der Nasenscheidewand, von der innern Seite.

1. Körper des kleinen oder Zwischen-Kieferbeins,
2. Nasenbein,
3. Stirnbein,
4. Scheitelbein,
5. 5. Hinterhauptsbein.
6. 6. Scheidewand der linken und rechten Stirnhöhle (septum sinuum frontalium).
7. 7. Die knorpelige Scheidewand der Nase (septum narium cartilagineum) ist nach hinten an
8. die senkrechte Platte des Siebbeins (lamina perpendicularis ossis ethmoidei), nach unten in der Furche
9. 9. des Pflugschaarbeins (vomer) und an die Gaumenfortsätze der großen und kleinen Kieferbeine, nach oben an die Nasenbeine (2.2.) befestigt. Nach vorn ist die Scheidewand frei.
10—19. bezeichnen dieselben Theile, wie 12—25. bei Fig. 3.
20. Die hintere Nasenöffnung (choana).
21. Gaumenfortsatz des großen Kieferbeins.
22—24. Die Zähne, wie 26—28. bei Fig. 3.

Figur 5. Der Hirnschädeltheil des Pferdekopfes, mit geöffneter, und von oben (und hinten) gesehener Schädelhöhle.

1. 1. Nasentheile der Stirnbeine (partes nasales ossium frontis).
2. 2. Augenhöhlenfortsätze derselben,
3. 3. Obere Augenhöhlenlöcher.
4. 4. Die Jochfortsätze der Schläfenbeine verbinden sich bei dem Pferde mit den Stirnbeinen und Jochbeinen.

5.5. Die Schläfengruben (fossae temporales) werden von den Schläfenmuskeln ausgefüllt.

6.6. Die Stirnhöhlen (sinus frontales),

7. der Hahnenkammfortsatz des Keilbeins (crista galli ossis sphenoidei) hat an jeder Seite

8.8. die Siebplatte des Siebbeins (lamina cribrosa ossis ethmoidei), durch deren Löcher die Zweige des Riechnerven in die Nasenhöhle treten. An der obern Fläche des Keilbeins liegen:

9.9. die Sehnervenlöcher (foramina optica), zum Durchgange der Sehnerven in die Augenhöhlen bestimmt; an jeder Seite

10.10. ein kleines Loch für den Rollnerven (foramen pro nervo trochleari), dann

11.11. die Augenhöhlenspalten (fissurae orbitales superiores), durch welche der 3te, 6te und erste Ast des 5ten Nerven gehen; unter ihnen liegen die runden Löcher (foramina rotunda), die zum Durchgange des 2ten Astes vom 5ten Nerven bestimmt sind. In der Mitte des Keilbeinkörpers ist eine Grube, welche

12. der Türkensattel (sella turcica s. equina) genannt wird und zur Aufnahme der Schleimdrüse des Gehirns dient.

13.13. Die Felsenbeine,

14.14. die gerissenen Löcher,

15. die obere Fläche des Grundfortsatzes vom Hinterhauptsbeine,

16.16. die Knopffortsatzlöcher desselben Knochens,

17.17. die äußern Gehörgänge.

18.18. Die Warzenfortsätze (processus mastoidei) der Schläfenbeine,

19.19. Griffelfortsätze und

20.20. Knopffortsätze des Hinterhauptsbeines.

Figur 6. Querdurchschnitt des hinteren Theiles vom Hirnschädel des Pferdekopfes.

1. Der Hinterkopf (occiput),

2.2. das knöcherne Zelt (tentorium osseum), welches nur bei dem Pferde, dem Hunde und der Katze vorkommt, zur

Anheftung des häutigen Gehirnzeltes dient, und das große von dem kleinen Gehirn scheidet, so daß hinter ihm

3. die Höhle für das kleine Gehirn (cavitas pro cerebello) und vor ihm
4.4. die Höhle für die Halbkugeln des großen Gehirns (cavitas pro cerebro) liegt.
5. Das große Hinterhauptsloch (foramen magnum occipitis),
6.6. die quer durchgeschnittenen Jochfortsätze der Schläfenbeine,
7.7. die Griffelfortsätze des Hinterhauptsbeines,
8.8. die Griffelfortsätze der Felsenbeine,
9.9. die Felsenbeine,
10. der Grundfortsatz des Hinterhauptsbeines und
11. der quer durchgeschnittene Körper des Keilbeins.

Figur 7. Der Unterkiefer (oder Hinterkiefer) des Pferdes, von oben gesehen.

Der Unterkiefer (maxilla inferior) wird in den Körper (4.) und in die beiden Aeste (rami) eingetheilt; an diesen befinden sich

1.1. die Gelenk- oder Knopffortsätze (processus condyloidei), welche mit den Gelenkgruben an den Schläfenbeinen verbunden werden,
2.2. die Kronenfortsätze (proc. coronoidei), an welche sich die Schläfenmuskeln anheften,
3.3.3.3. die innern Flächen der Aeste (superficies internae) die zum Theil von den innern Kaumuskeln bedeckt werden; der Raum zwischen den inneren Flächen der beiden Aeste nimmt die Zunge auf.
4. Der Körper des Unterkiefers (corpus maxillae inferioris) geht nach hinten in
5.5. die Zwischenzahnränder oder Laden (limbi alveolares inter dentes caninos et molares) über. Die Zahnhöhlenränder der Aeste enthalten
6.6. zwölf Backenzähne, deren Kronen mit den Reibeflächen nur sichtbar sind. Im Körper des Unterkiefers liegen
7.7. die Hakenzähne,
8.8. die Eckzähne,
9.9. die Mittelzähne und
10.10. die Zangen.

Figur 8. Der Unterkiefer des Rindes, von oben gesehen.

1.1. Die Gelenk- oder Knopffortsätze,
3.3. die hinteren Kinnbackenlöcher (foramina maxillaria posteriora), durch welche an jeder Seite der Unter-Zahnnerve und die Unter-Zahnarterie in den Zahnhöhlenkanal (canalis alveolaris) treten.
4.4.4.4. Die inneren Flächen der Aeste,
5.5. die äußeren Flächen derselben.
6. Der Körper, bleibt bei dem Rinde bis zum höheren Alter getrennt.
7. Der Zwischenzahnrand,
8.8.8.8. die 12 Backenzähne. Die Schneidezähne des Rindes sind schaufelförmig und heißen:
9.9. die Eckzähne (dentes incisorii externi),
10.10. die äußern Mittelzähne (dent. inc. medii externi),
11.11. die innern Mittelzähne (dent. inc. medii interni) und
12.12. die Zangen (dentes incisorii medii).

Tabula 6.

Figur 1. Der Kopf des Rindes (ohne Unterkiefer), von oben gesehen.

1.1. Die Hornzapfen der Stirnbeine (processus ossium frontis pro cornibus) sind bei den verschiedenen Rindvieh-Raçen verschieden lang und auch in der Richtung verschieden.
2.2.2.2. Die Stirnbeine (ossa frontis) sind breit und lang, denn sie reichen bis so weit nach hinten, wo bei den andern Thieren der Kamm des Hinterhauptsbeines liegt. An denselben liegen
3.3. die Ober-Augenhöhlenlöcher (foramina supraorbitalia) sehr entfernt von den
4.4. Augenhöhlen (orbitae). Sehr groß, im Verhältniß, sind
5.5. die Thränenbeine (ossa lacrymalia), welche mit ihrem Antlitztheile bis zur Mitte der Nasenbeine reichen. Von

6.6. den **Jochbeinen** (ossa zygomatica) wird bei dieser Ansicht nur wenig gesehen.
7.7. die **Nasenbeine** (ossa nasi) sind an beiden Enden spitz, überhaupt schmal, nur mäßig gewölbt.
8.8. Die **großen Kieferbeine** (ossa maxillaria superiora) sind stark gewölbt, daher werden die Unter-Augenhöhlenlöcher nicht gesehen.
9.9. Die **Nasenfortsätze der Zwischenkieferbeine** (processus nasales ossium intermaxillarium) sind kürzer,
10.10. die **Körper** (corpora) derselben sind dünner, als die des Pferdes, und ohne Schneidezähne;
11.11. die **Gaumenfortsätze** (processus palatini) dieser Knochen bilden mit den Nasenfortsätzen große Spalten, durch welche zwei Fortsätze der knorpeligen Nasenscheidewand an den harten Gaumen treten.

Figur 2. Der Kopf des Rindes (ohne Unterkiefer) von unten.

1.1. Die Hornzapfen der Stirnbeine,
2. das (unpaare) **Scheitelbein** (os bregmatis), welches ganz hinten liegt, aber an jeder Seite bis in die Schläfengrube reicht (s. 10. Fig. 5.).
3.3. Die **Knopffortsätze** (processus condyloidei),
4. Das **große Loch des Hinterhauptsbeines** (foramen magnum occipitis).
5.5. Die **Griffelfortsätze** (processus styloidei) dieses Knochens sind kurz und nach innen gekrümmt. Zwischen ihnen und den Knopffortsätzen liegen
6.6. die **Gruben der Knopffortsätze** (fossae condyloideae), welche bei der Beugung des Kopfes den vordern Rand des ersten Halswirbels aufnehmen.
7. Das **Grundstück** (pars basilaris) des Hinterhauptsbeines ist kurz, aber breit und hat
8.8. zwei **Erhabenheiten** zur Anheftung der Kopfbeuger (eminentiae ad insertionem muscul. rectorum).
9.9. Die **Schuppentheile der Schläfenbeine** (partes squamosae ossium temporum) haben unter sich
10.10. die **äußern Gehörgänge** (meatus auditorii externi), und an den Jochfortsätzen
11.11. die **Gelenkgruben** (foveae articulares) für den Unterkiefer, die aber eher gewölbt, als ausgehöhlt sind.

12. 12. Die Warzenfortsätze der Schläfenbeine (processus mastoidei) sind groß und bilden bei dem Rind zugleich den Paukenknochen, sie enthalten
13. 13. die Grifelfortsätze (proc. styloidei ossium petrosorum), welche zur Anheftung der Eustach'schen Trompeten und der Gaumensegelmuskeln dienen.
14. 14. Augenhöhlenfortsätze der Stirnbeine.
15. 15. Siebbein- oder Augenhöhlenlöcher (foramina ethmoidalia), welche zum Durchgange des Nasenastes vom 5ten Nerven, der obern Nasenarterie und Vene an jeder Seite dienen.
16. 16. Die senkrechten oder aufsteigenden Theile der Gaumenbeine (partes perpendiculares s. adscendentes ossium palatinorum) sind bei dem Rinde an beiden Flächen frei, d. h. von den Oberkieferbeinen entfernt, und unter sich sehr genähert, weshalb
18. 18. die hinteren Nasenöffnungen (choanae) sehr eng sind und durch
17. das Pflugschaarbein (vomer) noch mehr beengt werden.
19. 19. Die Jochbeine (ossa zygomatica) haben bei dem Rinde keine solche Jochleiste, wie bei dem Pferde, dagegen sind hier die hintern Enden
20. 20. der Thränenbeine mit großen Knochenblasen (bullae osseae) versehen, welche dem Pferde fehlen.
21. 21. Die hinteren Enden der großen Kieferbeine,
22. 22. die Gaumen-Nasenlöcher (foramina sphenopalatina) zum Durchtritt des hintern Nasen-Nerven, der hintern Nasen-Arterie und Vene,
23. 23.} die Gaumenkanäle (canales pterygopalatini),
24. 24.} die hier nur den Gaumenbeinen angehören und den Gaumen-Nerven, die Gaumen-Arterien aufnehmen.
25. 25. Die horizontalen oder Gaumentheile der Gaumenbeine (partes horizontales s. palatinae) sind beträchtlich größer, als die des Pferdes.
26. 26. 26. 26. Die Gaumenfortsätze der großen Kieferbeine,
27. 27. die Körper und
28. 28. die Nasenfortsätze der kleinen oder Zwischen-Kieferbeine.
29. 29. 29. 29. Zwölf Backenzähne des Oberkiefers,
30. 30. ein Theil der Antlitzfläche der großen Kieferbeine.

Figur 3. Die linke Hälfte des senkrecht durchschnittenen Kopfes (ohne Unterkiefer) des Rindes, von der innern Seite.

1. Der aufgeschnittene Hornzapfen des Stirnbeins,
2. das Stirnbein selbst, an welchem
3.3.3.3. die Stirnhöhle (sinus frontalis), die sich bis in die Hornzapfen und bis in das Scheitelbein erstreckt, sichtbar ist.
4. Das Hinterhauptsbein,
5. die Schädelhöhle (cavitas cranii), welche im Verhältniß klein ist.
6. Felsentheil des Schläfenbeines (pars petrosa ossis temporum) mit
7. dem innern Gehörgange (meatus s. porus acusticus internus).
8.8. Das gerissene Loch (foramen lacerum) ist hier nur eine schmale Spalte,
9. das eirunde Loch (foramen ovale), welches dem Pferde fehlt, dient dem dritten Aste des 5ten Nerven zum Durchgange.
10. Das vordere Knopfloch (foramen condyloideum anterius),
11. das hintere Knopfloch (foramen condyl. posterius).
12. Grundtheil des Hinterhauptsbeines.
13. Körper des Keilbeins mit
14. dem Hahnenkammfortsatze.
15. Keilbeinhöhle (sinus sphenoidalis).
16. Das Flügelbein (os pterygoideum) ist bei dem Rinde sehr groß, eben so
17. die senkrechte Platte des Gaumenbeines (pars penpendicularis ossis palatini) und
18. das Gaumen-Nasenloch (foramen sphenopalatinum).
19.19. Das Nasenbein hat an seiner innern Fläche
20.20. die obere Nasenmuschel (concha media), welche klein ist. Vom Siebbeine macht
21. die oberste Muschel (concha suprema) den größten Theil aus, da
22. das Labyrinth desselben nur klein ist; sehr groß ist
23. die untere Nasenmuschel (concha infima).
24.24. Die Oberkieferhöhle (sinus maxillaris s. antrum Highmori) nimmt nicht blos das ganze große Kieferbein ein, sondern reicht bis in das Gaumenbein.

25. Der untere Nasengang (meatus narium infimus).
26. 26. Gaumenfortsatz des großen Kieferbeines,
27. 27. Backenzähne,
28. Kleines oder Zwischen-Kieferbein.

Figur 4. Der Schädeltheil des Rindskopfes mit geöffneter, und von oben (und hinten) gesehener Schädelhöhle.

1.1. Stirnbeine,
2.2. Augenhöhlenfortsätze derselben,
3.3. Stirnhöhlen,
4.4. Knochenblasen der Thränenbeine (bullae ossium lacrymalium).
5.5. Die Schädelhöhle (cavitas cranii) ist im Verhältniß klein,
6.6. die Siebplatten des Siebbeines (laminae cribrosae ossis ethmoidalis) werden durch
7. den Hahnenkammfortsatz des Keilbeines (crista galli) geschieden und liegen beträchtlich tiefer, als der sie umgebende Rand. An der oberen Fläche des Keilbeins, welche fast allein die innere Grundfläche des Schädels (basis cranii interna) bildet, bemerkt man
8.8. die Sehnervenlöcher (foramina optica);
9.9. die Augenhöhlenspalten oder hinteren Augenhöhlenlöcher (fissurae orbitales superiores) sind bei dem Rinde mit den runden oder Kinnbackenlöchern an jeder Seite in eine große Oeffnung vereinigt, durch welche der 3te, 4te, 5te, (erste und zweite Ast) und 6te Gehirn-Nerve hindurch treten.
Hinter ihnen liegen
10.10. die eirunden Löcher (foramina ovalia), durch welche der 3te Ast des 5ten Nerven hindurchgeht.
11. Der Türkensattel oder die Keilbeingrube (sella turcica) ist tief und zur Aufnahme der Schleimdrüse bestimmt, wird nach hinten durch
12. die Sattellehne (processus clinoidei s. inclinati posteriores) begränzt.
13.13. Die Felsentheile der Schläfenbeine mit
14.14. den innern Gehörgängen. Die Seitenränder
15. des Grundstückes vom Hinterhauptsbeine begrenzen

16.16.

16.16. die gerissenen Löcher.
17.17. Die vorderen und
18.18. die hinteren Knopffortsatzlöcher, ferner
19.19. die Knopffortsätze und
20.20. die Griffelfortsätze gehören zum Hinterhauptsbeine. An den Seiten liegen
21.21. die Jochfortsätze der Schläfenbeine.

Figur 5. Der Kopf eines erwachsenen Rindes, von einer Rage ohne Hörner; von der linken Seite gesehen.

1. Der Körper,
2. der Nasenfortsatz des kleinen oder Zwischen-Kieferbeines,
3. das große oder Ober-Kieferbein hat an der äußern Fläche
4. das Unter-Augenhöhlenloch (foramen infraorbitale), welches sehr weit nach vorn liegt, und das vordere Ende eines langen Kanals ist, in welchem der Unter-Augenhöhlenast des 5ten Nerven liegt.
5. Das Nasenbein,
6. der Antlitztheil des Thränenbeines ist bei dem Rinde sehr groß,
7.7. das Jochbein verbindet sich durch seinen Augenhöhlenfortsatz mit dem Augenhöhlenfortsatze
8.8.8. des Stirnbeines, an welchem die Hornzapfen fehlen, und
9. die Augenhöhle ist nach außen geschlossen.
10. Der Seitentheil des Scheitelbeines bildet mit
11. dem Schuppentheile des Schläfenbeines die Schläfengrube, welche vom Schläfenmuskel zum Theil ausgefüllt wird;
12. der Jochfortsatz dieses Knochens verbindet sich (durch Harmonie) nur mit dem Schläfenbeine (nicht mit dem Stirnbeine, wie bei dem Pferde).
13. Knopffortsatz,
14. Griffelfortsatz des Hinterhauptsbeines;
15. Warzenfortsatz des Schläfenbeines und
16. der äußere Gehörgang.
17. Der Kronenfortsatz des Unterkiefers ist von
18. dem Knopf- oder Gelenkfortsatze durch
19. den halbmondförmigen Ausschnitt (incisura sigmoidea) geschieden.

20 20. Die äußere Fläche des linken Unterkiefer-Astes,
21. die untere Fläche des Körpers dieses Knochens;
22. das Kinnloch (foramen mentale) ist das vordere Ende des Zahnhöhlen-Kanals (calanis alveolaris) und dient der Kinn-Arterie und dem Kinn-Ast des unteren Zahnhöhlen-Nerven zum Austritt.
23. 23. 23. 23. Zwölf Backenzähne des Ober- und Unterkiefers,
24. Schneidezähne des Unterkiefers.

Figur 6. Der Kopf des Zackelschafes (Ovis Aries strepsiceros), von oben gesehen.

1. 1. Die Hornzapfen der Stirnbeine sind bei diesem Thiere sehr lang, spiralförmig gewunden und nach oben und außen stehend.
2. 2. — 8. 8. bezeichnen dieselben Knochen wie bei Fig. 1.
9. 9. Die Unter-Augenhöhlenlöcher der großen Kieferbeine,
10. 10. die Nasenfortsätze,
11. 11. die Körper und
12. 12. die Gaumenfortsätze der Zwischenkieferbeine.

Figur 7. Der Kopf der Ziege (mit Hörnern), von der linken Seite gesehen.

1—7. 7. bezeichnen dieselben Knochen wie bei Fig. 5.
8. Die Augenhöhle,
9. das Stirnbein mit
10. dem aufwärts gerichteten Stirnzapfen.
11. Das Scheitelbein (os bregmatis) ist unpaar, hat die Form eines halben Gürtels nnd verbindet sich nach außen mit
12. dem Schuppentheile des Schläfenbeines, von welchem
13. der Jochfortsatz nach vorn abgeht.
14. Der Genickfortsatz (protuberantia occipitalis externa),
15. der Knopffortsatz und
16. der Griffelfortsatz des Hinterhauptsbeines.
17. Der Paukentheil (pars tympanica) des Felsenbeines mit
18. dem äußern Gehörgange. Durch
19—26. sind dieselben Theile, wie durch 17—24 bei Fig. 5. bezeichnet.

Tabula 7.

Figur 1. Der Kopf des Schafes ohne Hörner, von oben gesehen.

1. Der Genickfortsatz des Hinterhauptsbeines (protuberantia occipitalis externa),
2. das Scheitelbein (os bregmatis), welches unpaar ist, indem die beiden Seitenhälften sehr früh verwachsen;
3.3. die Schuppentheile der Schläfenbeine (partes squamosae ossium temporum), welche mit dem Scheitelbeine
4.4. die Schläfengänge (meatus temporales) bilden, durch welche die obere Gehirnvene an jeder Seite heraustritt.
5.5. Die Stirnbeine (ossa frontis) sind stark gewölbt und haben an der obern Fläche
6.6. die Ober-Augenhöhlenlöcher (foramina supraorbitalia), die zum Durchgange der Stirnerven und Stirnarterien dienen.
7.7. Die Augenhöhlen (orbitae) sind, wie bei dem Pferde und Rinde, nach außen geschlossen.
8.8. Die Jochbeine (ossa zygomatica) sind wegen der Wölbung des Kopfes nur wenig zu sehen;
9.9. die Thränenbeine (ossa lacrymalia) haben jedes an dem Antlitztheile eine Grube (fossa lacrymalis externa), die zur Aufnahme eines blinden Sackes der Haut dient, aber der Ziege fehlt.
10.10. Die Nasenbeine (ossa nasi) sind (wie bei dem Pferde) an den oberen Enden breiter, als an den unteren;
11.11. die großen Kieferbeine (ossa maxillaria superiora) mit
12.12. den Unter-Augenhöhlenlöchern (foramina infraorbitalia);
13.13. die Nasenfortsätze (processus nasales),
14.14. die Gaumenfortsätze (proc. palatini),
15.15. die Körper der Zwischenkieferbeine (corpora ossium intermaxillarium).

Figur 2. Der Kopf des Schafes ohne Hörner, von unten gesehen.

1. Das große Hinterhauptsloch (foramen magnum occipitis), zum Durchgange des verlängerten Markes bestimmt,
2.2. die Knopffortsätze des Hinterhauptsbeines (processus condyloidei ossis occipitis), zur Gelenkverbindung mit dem ersten Halswirbel,
3.3. die Griffelfortsätze dieses Knochens (processus styloidei ossis occipitis), zur Anheftung von Muskeln und Bändern, und
4.4. die Gruben der Knopffortsätze (fossae condiloideae) zur Aufnahme des vordern Randes vom ersten Halswirbel, bei der Beugung des Kopfes, dienend.
5. Das Grundstück oder der Keilfortsatz (pars basilaris) des Hinterhauptsbeines;
6.6. die Paukentheile der Felsenbeine (partes tympanicae ossium petrosorum), welche die hier ganz einfachen, zellenlosen Paukenhöhlen bilden; an ihnen finden sich auch
8.8. die Griffelfortsätze der Felsenbeine (processum styloidei ossium petrosorum), die zur Befestigung der Eustach'schen Trompeten und der Gaumensegelmuskeln bestimmt sind. An der untern Fläche jedes Jochfortsatzes des Schuppentheils liegt
7.7. eine Gelenkgrube für den Unterkiefer (fovea articularis maxillae inferioris), hinter welcher das Gelenkhöckerchen mit dem untern Ende
9.9. des Schläfenganges (meatus temporalis) liegt. An der untern Fläche des Keilbeins sind zu bemerken:
10.10. die eirunden Löcher (foramina ovalia), durch welche die 3ten Aeste des 5ten Nerven-Paares heraustreten,
11.11. die Flügelfortsätze (processus pterygoidei) mit den Flügelbeinen (ossa pterygoidea) zur Befestigung der innern Kaumuskeln, und die Häkchen der Flügelbeine zur Unterstützung der Sehnen der Spannmuskeln des Gaumens bestimmt;
12. der Körper des Keilbeines (corpus ossis sphenoidei).
13.13. Die gerissenen Löcher (foramina lacera) sind nur schmale Spalten, durch welche die Drossel-Arterien

eintreten, und das 9te, 10te und 11te Hirn-Nervenpaar heraustreten.

14.14. Die Augenhöhlenfortsätze der Stirnbeine sieht man durch die Jochbogen.

15. Das Pflugschaarbein (vomer) scheidet

18.18. die hinteren Nasenöffnungen (choanae) und ist nur theilweise sichtbar.

16.16. Die Jochbeine,

17.17. die Gaumen-Nasenlöcher (foramina spheno-palatina), durch welche der hintere Nasennerve und die hintere Nasenarterie an jeder Seite in die Nasenhöhle treten.

19.19. Die horizontalen Theile der Gaumenbeine (partes horizontales ossium palatinorum) sind, wie bei dem Rinde, im Verhältniß groß, und enthalten

20.20. die Gaumenkanäle (canales pterygopalatini), zum Durchtritt der Gaumennerven und Gaumenarterien.

21.21. Die Gaumenfortsätze der großen Kieferbeine (processus palatini ossium maxillarium superiorum) mit den horizontalen Theilen der Gaumenbeine und

22.22. den Gaumenfortsätzen der Zwischenkieferbeine bilden den knöchernen Gaumen.

23.23. Die Körper dieser Knochen enthalten keine Schneidezähne, aber in jedem der großen Kieferbeine liegen

24.24.24.24. sechs Backenzähne (dentes molares), die von vorn nach hinten an Größe zunehmen.

Figur 3. Der Kopf des Schweines (ohne Unterkiefer), von oben gesehen.

Der Kopf des Schweines ist einer vierseitigen, liegenden Pyramide nicht unähnlich; es bezeichnen:

1.1. den Kamm des Hinterhauptsbeines (crista ossis occipitis),

2.2. die Scheitelbeine (ossa bregmatis), welche an den Seiten ausgehöhlt, oben flach sind und mit den Stirnbeinen (6. 6.) und den Nasenbeinen (12. 12.) eine Ebene bilden. Jeder der

3.3. Schuppentheile der Schläfenbeine enthält

4.4. den äußern Gehörgang, welcher bei dem Schweine sehr lang ist, und ihre

5.5. Jochfortsätze stehen beträchtlich nach außen hervor, verbinden sich aber nicht mit
6.6. den Stirnbeinen, deren
7.7. Ober-Augenhöhlenlöcher von den Augenhöhlenrändern entfernt liegen und in Rinnen ausgehen.
8.8. Die Jochbeine verbinden sich auch nicht mit den Stirnbeinen, daher sind die Augenhöhlen (17.17.) nach außen nicht geschlossen;
9 9. die Thränenbeine sind am Antlitztheile, so wie
10.10. die großen Kieferbeine an der äußern Fläche ausgehöhlt, in den Gruben liegen die Lippen- und Rüsselmuskeln.
11.11. Die Unter-Augenhöhlenlöcher sind groß und liegen näher an den Augenhöhlen, als bei den Wiederkäuern;
12.12. die Nasenbeine sind lang, oben flach und reichen weit nach vorn, daher bleiben nur kleine Räume für die Nasenlöcher.
13.13. Die Nasenfortsätze der kleinen oder Zwischen-Kieferbeine sind auf einer größeren Strecke mit den Nasenbeinen verbunden, als bei den andern Hausthieren,
14.14. die Körper dieser Knochen enthalten Schneidezähne.
15.15. Die **starken Hauer oder Hundszähne** (dentes canini s. laniarii) sind nach außen gekrümmt;
16. der **Rüsselknochen** (os proboscidis) ist fast würfelförmig und liegt zwischen den Körpern der Zwischenkiefer- und ben Spitzen der Nasenbeine.
17.17. Die Augenhöhlen sind klein und werden nach außen durch ein Band geschlossen.

Figur 4. Der Kopf des Schweines (ohne Unterkiefer), von unten gesehen.

1.1. Der Kamm des Hinterhauptsbeines,
2.2. die Knopffortsätze desselben,
3. das große Hinterhauptsloch,
4. das Grundstück und
5.5. die Griffelfortsätze dieses Knochens, die hier in der Verkürzung zu sehen sind.
6.6. Die vordern Knopffortsatzlöcher,
7.7. die Gelenkgruben für den Unterkiefer;
8.8. die **Warzenfortsätze der Felsenbeine** (processus mastoidei ossium petrosorum) sind groß und hel-

sen hier die Paukenhöhlen bilden, indem die eigenen Paukentheile fehlen.

9. 9. Die gerissenen Löcher sind auch hier beengt,
10. 10. die Flügelfortsätze des Keilbeines,
10 b. das Pflugschaarbein,
11. 11. die Flügelbeine,
11 b. 11 b. die hinteren Nasenöffnungen,
12. 12. die horizontalen Theile der Gaumenbeine.
13. 13. Die Jochbeine,
14. 14. die Augenhöhlenfortsätze der Stirnbeine,
15. 15. die hinteren Enden der großen Kieferbeine, mit
16. 16. den hintern Enden der Oberkiefer- oder Unteraugenhöhlenkanäle (canales infraorbitales).
17. 17. Die Gaumenkanäle liegen hier in
18. 18. den Gaumenfortsätzen der großen Kieferbeine, die bei dem Schweine lang sind, indem es die Kieferbeine auch sind.
19. 19. 19. Die Körper der kleinen oder Zwischen-Kieferbeine,
20. 20. die Gaumenfortsätze dieser Knochen.
21. 21. 21. 21. Vierzehn Backenzähne des Oberkiefers,
22. 22. die beiden Hauer, Haken- oder Hundszähne,
23. 23. 23. Sechs Schneidezähne, die von einander entfernt stehen.

Figur 5. Der Unterkiefer des Schweines, von oben gesehen.

1. 1. Die Knopf- oder Gelenkfortsätze (processus condyloidei), welche zur Verbindung mit den Gelenkgruben (7. 7. Fig. 4.) bestimmt sind,
2. 2. die Kronenfortsätze (proc. coronoidei) sind bei dem Schweine kurz und dienen den Schläfenmuskeln zur Anheftung,
3. 3. die äußern Flächen der Aeste (superficies externae ramorum),
4. der Körper des Unterkiefers (corpus maxillae inferioris) ist sehr lang. In beiden Aesten befinden sich
5. 5. 5. 5. vierzehn Backenzähne (dentes molares), von welchen die vorderen am kleinsten sind; im Körper liegen
6. 6. zwei Hauer oder Hakenzähne (dentes canini s. laniarii) und
7. 7. 7. sechs Schneidezähne (dentes incisorii), welche nahe zusammen und fast wagerecht stehen.

Figur 6. Die linke Hälfte eines der Länge nach durchschnittenen Schafkopfes mit Hörnern, von der innern Seite.

Die knorpelige Nasenscheidewand und das Pflugschaarbein sind entfernt, um die innere Fläche der Nasenhöhle zu sehen.

1. Der Hornzapfen des Stirnbeines (processus ossis frontis pro cornu) ist nach außen gekrümmt; am Grunde ist er aufgeschnitten, um
2.2.2. die Stirnhöhle (sinus frontalis), welche bis in diesen Fortsatz reicht, zu sehen.
3. Die Schädelhöhle (cavitas cranii), welche von hinten und unten durch
4.4. das Hinterhauptsbein, von oben durch
5. das Scheitelbein und Stirnbein (bei 2.2.) gebildet wird. In dem Hinterhauptsbeine ist
6. das hintere und
7. das vordere Loch des Knopffortsatzes;
8. die innere Fläche des Felsenbeines (superficies interna ossis petrosi) mit
9. dem innern Gehörgange (meatus s. porus acusticus internus).
10. das gerissene,
11. das eirunde,
12. das Sehnerven-Loch.
13.13. Der Körper des Keilbeins,
14. das Nasenbein,
15. das Siebbein-Labyrinth (labyrinthus ossis ethmoidei) mit
16. der obersten Muschel (concha suprema); diese liegt zwischen
17. der oberen (mittleren) Muschel (concha media) und
18. der unteren Muschel (concha infima).
19. Das Flügelbein,
20. das Gaumen-Nasenloch,
21. der untere Nasengang (meatus narium infimus), durch welchen die Luft beim Athmen in die Rachenhöhle gelangt;
22.22. die Backenzähne im großen Kieferbeine und
23. das Zwischenkieferbein.

Figur 7. Die rechte Hälfte des der Länge nach durchschnittenen Schweinkopfes, von der innern Seite gesehen.

1. Das Zwischen-Kieferbein,
2.2. das Nasenbein,
3. der untere Nasengang,
4. die untere Muschel,
5. die obere (oder mittlere) Muschel,
6. die oberste Muschel mit
7. dem Siebbein-Labyrinth.
8.8. Das Stirnbein mit
9. der Stirnhöhle,
10. das Scheitelbein,
11. der Kamm und
12. der Knopffortsatz des Hinterhauptsbeines.
13.13. Die Schädelhöhle ist bei dem Schweine im Verhältniß unter allen Hausthieren am kleinsten. In derselben sieht man
14. das Sehnervenloch,
15. die Augenhöhlenspalte oder das hintere Augenhöhlenloch (fissura orbitalis superior),
16. das eirunde Loch,
17. die innere Fläche des Felsenbeines mit
18. dem innern Gehörgange,
19. das vordere und
20. das hintere Knopffortsatzloch.
21. Der Griffelfortsatz des Hinterhauptsbeines ist grade und länger, als bei einem andern Thiere, auch
22. der Warzenfortsatz des Schläfenbeines ist groß und ragt bei dem Schweine am meisten hervor.
23. Der Körper des Keilbeins mit
24.24. der Keilbeinhöhle (sinus sphenoidalis);
25. das Gaumen-Nasenloch,
26. der Flügelfortsatz des Keilbeines, verbunden mit
27. dem senkrechten Theile des Gaumenbeines (pars perpendiculalis ossis palatini).
28.28. Der Gaumenfortsatz des großen Kieferbeines ist in der Verkürzung zu sehen,
29.29. die Backenzähne,
30. der Hauer oder Hakenzahn,
31.31.31. die Schneidezähne.

Figur 8. Der geöffnete Hirnschädel des Schweines, von oben und hinten gesehen.

1. 1. 1. Stirnbeine,
2. 2. 2. die Schädelhöhle (cavitas cranii), zur Aufnahme des Gehirns bestimmt;
3. 3. die Siebplatten des Siebbeines (laminae cribrosae ossis ethmoidei) nehmen die Riechnerven-Knollen auf und durch die Löcher gehen die Riechnerven in die Nasenhöhlen, sie sind durch
4. den Hahnenkammfortsatz des Keilbeines (crista galli ossis sphenoidei) von einander getrennt. Am Keilbeine bemerkt man noch
5. 5. die Sehnervenlöcher (foramina optica), sie dienen den Sehnerven zum Durchtritt in die Augenhöhlen; hinter ihnen liegen
6. 6. die Augenhöhlenspalten oder die hintern Augenhöhlenlöcher (fissurae orbitales superiores), durch welche das 3te, 4te, 6te Paar und der erste Ast des 5ten Gehirnnerven-Paares hindurchgeht; sie sind hier mit den runden oder Kinnbackenlöchern, durch welche der 2te Ast des 5ten Nervenpaares tritt, vereinigt; ferner
7. 7. die eirunden Löcher (foramina ovalia) sie lassen den 3ten Ast des 5ten Paares hindurch und haben hinter sich
8. 8. die gerissenen Löcher (foramina lacera), welche bei dem Schweine eng sind und dem 9ten, 10ten und 11ten Nervenpaare, so wie der innern Kopfarterie zum Durchgange dienen; endlich noch
9. die Lehne des Türkensattels (processus clinoidei posteriores), vor welcher der Gehirn-Anhang seine Lage hat.
10. 10. Die Felsentheile der Schläfenbeine, von welchen jeder
11. 11. einen innern Gehörgang enthält, in den der 7te und 8te Gehirnnerve eintreten;
12. 12. die vorderen Löcher der Knopffortsätze,
13. 13. die Knopffortsätze, und
14. 14. die (graden und langen) Griffelfortsätze gehören dem Hinterhauptsbeine an.
15. 15. Die Jochbogen,
16. 16. die Jochbeine.

Figur 9. Die geöffnete Schädelhöhle des Schafkopfes von oben und hinten gesehen.

1.1.1. Stirnbeine, mit den geöffneten
2.2. Stirnhöhlen; durch
3.3—7.7. sind hier dieselben Theile bezeichnet, wie durch 2.2—6.6. bei Fig. 8.
8. Der Türkensattel oder die Keilbeingrube, in welcher der Gehirn-Anhang liegt,
9.9. die eirunden Löcher,
10. die Sattellehne,
11. die gerissenen (hier sehr kleinen) Löcher,
12.12. die vordern,
13.13. die hintern Löcher der Knopffortsätze,
14.14. die Knopf-
15.15. die Griffelfortsätze des Hinterhauptsbeines,
16.16. die Jochbogen,
17.17. die Felsentheile der Schläfenbeine,
18.18. die innern Gehörgänge.

Tabula 8.

Alle Figuren auf dieser Tafel sind in natürlicher Größe dargestellt.

Figur 1. Der Katzenschädel von oben.

Der Katzenschädel ist im Verhältniß kurz und mehr gerundet, als der eines der übrigen Hausthiere, daher sind auch

1. das Hinterhauptsbein (os occipitis),
2.2. die Scheitelbeine (ossa bregmatis) und
3.3. die Schuppentheile der Schläfenbeine (partes squamosae ossium temporum) stark gewölbt, und wegen der großen Schläfenmuskeln stehen auch
4.4. die Jochbogen (arcus zygomatici) stark nach außen hervor.
5.5. Die Stirnbeine (ossa frontis) haben zwar deutliche Augenhöhlenfortsätze, aber sie erreichen die Jochbeine nicht, daher sind auch

7.7. die Augenhöhlen (orbitae) nicht geschlossen;
6.6. die Jochbeine (ossa zygomatica) sind nach außen gewölbt und haben nur kurze Augenhöhlenfortsätze.
8.8. Die großen Kieferbeine (ossa maxillaria superiora) sind hier mit den Stirnbeinen verbunden, weil die Thränenbeine (14. 14.) nicht dazwischen geschoben sind, und nicht bis an
9.9. die Nasenbeine (ossa nasi) reichen, diese sind hinten schmaler, als vorn, was bei den Pflanzenfressern umgekehrt ist.
10.10. Die Nasenfortsätze der Zwischenkiefrbeine (processus nasales ossium intermaxillarium) stehen bei der Katze sehr steil,
11.11. die Körper (corpora eorum) dieser Knochen enthalten
13.13. Sechs Schneidezähne (dentes incisorii), von welchen die mittleren die kleinsten sind;
12.12. die beiden Haken- oder Eckzähne sind lang und spitzig;
14.14. die (kleinen) Thränenbeine (ossa lacrymalia).

Figur 2. Der Katzenschädel von unten.

1. Das Hinterhauptsbein,
2. das große Hinterhauptsloch (foramen magnum occipitis),
3.3. die Knopffortsätze (processus condyloidei),
3 b. die Griffelfortsätze (proc. styloidei), welche sehr kurz sind und
4. das Grundstück des Hinterhauptsbeines (pars basilaris oss. occip.).
5.5. Die gerissenen Löcher (foramina lacera) sind hier nur schmale Spalten, und werden von
6.} den Paukentheilen (partes tympanicae) oder knö-
7.} chernen Blasen der Schläfenbeine begrenzt. (Der linke — 6. — ist geöffnet und man sieht noch eine kleinere Knochenblase in demselben, welche die Gehörknöchel einschließt.) Zu diesen führen
8.8. die äußern (sehr kurzen) Gehörgänge (meatus auditorii externi).
9.9. Die Gelenkgruben (foveae articulares) für den Unterkiefer,

10. 10. die eirunden Löcher (foramina ovalia),
11. 11. ein Theil der Scheitelbeine,
12. 12. 12. 12. die Jochbeine,
13. 13. die Augenhöhlenfortsätze der Stirnbeine (processus orbitales ossium frontis).
14. 14. Die Flügelbeine (ossa pterygoidea) sind dünn und klein,
15. der Körper des Keilbeines (corpus oss. sphenoidei) ist breit;
16. 16. die hintern Nasenöffnungen (choanae) sind wenig geräumig, indem
17. 17. die Gaumenbeine (ossa palatina) von oben nach unten platt sind, die horizontalen Theile dieser Knochen bilden fast die Hälfte des knöchernen Gaumens;
18. 18. die Gaumenkanäle (canales pterygopalatini) liegen zwischen ihnen und
19. 19. den Gaumenfortsätzen der großen Kieferbeine (processus palatini),
20. 20. die Gaumenfortsätze der Zwischenkieferbeine (proc. palat. oss. intermaxillarium) bilden den vordern Theil des Gaumengewölbes;
21. 21. die Körper dieser Knochen enthalten
22. 22. Sechs Schneidezähne und in den vordern Enden der großen Kieferbeine liegen
23. 23. die beiden (spitzigen) Eck- oder Hakenzähne,
24. 24. 24. 24. acht Backenzähne von verschiedener Größe.

Figur 3. Der Unterkiefer der Katze, von oben gesehen.

1. 1. Die Gelenkfortsätze (processus condyloidei),
2. 2. die Kronenfortsätze (proc. coronoidei), zur Befestigung der Schläfenmuskeln dienend. In
3. 3. die Unterkieferkanäle (canales alveolares) treten die untern Zahnnerven, Arterien und Venen,
4. 4. die innere Fläche der Aeste wird von den innern Kaumuskeln und breiten Zungenbeinmuskeln, und
5. die obere Fläche des Körpers von der Zungenspitze bedeckt. Der Unterkiefer enthält, nur
6. 6. 6. 6. sechs Backenzähne, aber wie der obere
7. 7. zwei Eck- oder Hakenzähne und
8. sechs Schneidezähne.

Figur. 4 Der Hundeschädel von oben gesehen.

Bei den verschiedenen Hunde-Raçen ist zwar der Schädel verschieden gestaltet, indeß ist er bei allen in seinem Antlitztheile verhältnißmäßig länger, als bei der Katze.

1. Hinterhauptsbein,
2.2. Scheitelbeine,
3.3. Jochbogen,
4.4. Jochbeine,
5.5. Stirnbeine, deren Augenhöhlenfortsätze unvollkommen sind, daher werden
6.6. die Augenhöhlen durch Bänder von oben geschlossen.
7.7. Den Thränenbeinen fehlt die Antlitzfläche, daher sind auch
8.8. die großen Kieferbeine mit den Stirnbeinen verbunden;
9.9. die Unter-Augenhöhlenlöcher (foramina infraorbitalia) oder Oberkieferkanäle, liegen bei dem Hunde mehr von den Augenhöhlen entfernt, als bei der Katze.
10.10. Die Nasenbeine,
11.11. Nasenfortsätze,
12.12. Körper und
13.13. Gaumenfortsätze der Zwischenkieferbeine;
14.14.14.14. die Backenzähne sind zum Theil sichtbar,
15.15. die Hakenzähne und
16.16. die Schneidezähne deutlicher.

Figur 5. Der Hundeschädel von unten.

1—5. wie 1—4. bei Fig. 2;
6.6. die vordern Knopffortsatzlöcher (foramina condyloidea anteriora),
7.7. die gerissenen Löcher,
8.8. die Warzenlöcher (foramina stylo-mastoidea), durch welche das 7te Nervenpaar heraus- und die Paukenarterie hineingeht.
9.9. Die Paukentheile der Schläfenbeine sind bei dem Hunde nur einfache Knochenblasen,
10.10. die äußern Gehörgänge auch sehr kurz; durch
11.11. die Schläfengänge (meatus temporales) treten die obern Gehirnvenen aus der Schädelhöhle.
12.12. Die Gelenkgruben für den Unterkiefer,
13.13. die Drosseladerlöcher (canales carotici), zum Eintritt der innern Kopfarterien bestimmt;

14. 14. die eirunden Löcher,
15. der Körper des Keilbeines;
16. 16. die Flügelbeine,
17. 17. die Augenhöhlenspalten oder hintern Augenhöhlenlöcher,
18. 18. die Sehnervenlöcher;
19. 19. die von unten sichtbaren Theile der Stirn- und Scheitelbeine,
20. 20. die Jochbeine,
21. 21. 21. 21. die Gaumenbeine,
22. 22. die hintern Nasenöffnungen,
23. 23. die Gaumenkanäle,
24. 24. die Gaumenfortsätze der großen Kieferbeine,
25. 25. die Gaumenfortsätze und
26. 26. Körper der Zwischenkieferbeine. Der Oberkiefer enthält bei dem erwachsenen Hunde
27. 27. zwölf Backenzähne von verschiedener Gestalt und Größe,
28. 28. zwei Haken- und
29. 29. sechs Schneidezähne.

Figur 6. Der Unterkiefer des Hundes, von oben gesehen.

1. 1. Die Gelenkfortsätze,
2. 2. die Kronenfortsätze,
3. 3. die innern Flächen der Aeste,
4. die obere Fläche des Körpers; im Unterkiefer kommen
5. 5. vierzehn Backenzähne, von verschiedener Gestalt und Größe,
6. 6. zwei Haken- und
7. 7. sechs Schneidezähne vor.

Figur 7. Die linke Hälfte des senkrecht durchschnittenen Hundekopfes, von der innern Seite gesehen.

1. 1. Hinterhauptsbein,
2. das knöcherne Zelt (tentorium osseum),
3. Scheitel-, 4. Stirnbein;
5. Stirnhöhle (sinus frontalis).
6. 6. 6. Die Schädelhöhle (cavitas cranii) ist verhältnißmäßig groß, daher ist es auch das Gehirn; in ihr sind zu bemerken:

7. das hintere und
8. das vordere Knopffortsatzloch,
9. die innere Fläche vom Felsentheile des Schläfenbeines mit
10. dem innern Gehörgange (porus acusticus internus),
11. das Drosseladerloch.
12. Der Paukentheil des Schläfenbeines,
13. der (durchschnittene) Körper des Keilbeines,
14. das Flügelbein,
15. der Flügelfortsatz des Gaumenbeines (processus pterygoideus ossis palatini),
16. die Augenhöhlenspalte oder das hintere Augenhöhlenloch,
17. das Sehnervenloch,
18. die Siebplatte des Siebbeines.
19. Die innere Fläche des Nasenbeines, an deren Stelle bei den Pflanzenfressern nur ein schmaler Rand vorhanden ist;
20. das Labyrinth des Siebbeines (labyrinthus ossis ethmoidei),
21. die oberste Muschel (concha suprema) desselben Knochens;
22. die obere (oder mittlere) und
23. die untere Nasenmuschel (concha nasalis media et infima);
24. der untere Nasengang (meatus narium infimus); durch
25. das Gaumen-Nasenloch (foramen sphenopalatinum) geht der hintere Nasennerv, die Arterie und Vene.
26. 26. Backenzähne, 27. Hakenzähne, 28. Schneidezähne,
29. das Zwischenkieferbein.

Figur 8. Der hintere Theil des senkrecht durchschnittenen Hirnschädels vom Hunde, von vorn gesehen.

1. 1. 1. Der Raum vor dem Zelte, in welchem das große Gehirn liegt,
2. das knöcherne Zelt,
3. das große Hinterhauptsloch,
4. der Raum hinter dem knöchernen Zelt, welcher das kleine Gehirn aufnimmt.
5. 5. Die Felsentheile der Schläfenbeine,
6. die Lehne des Türkensattels (processus clinoidei posteriores),

7.

7. der Körper des Keilbeines (Durchschnitt),
8. 8. Jochfortsätze der Schläfenbeine.

Figur 9. Die geöffnete Schädelhöhle des Hundekopfes, von oben und hinten gesehen.

1.1. Stirnbeine,
2.2. Jochbogen,
3.3. die Schädelhöhle,
4.4. die Siebplatten des Siebbeines,
5. die obere Fläche des Keilbeines,
6.6. die Sehnervenlöcher, zum Durchgang des 2ten Nervenpaares,
7.7. die Augenhöhlenspalten oder hinteren Augenhöhlenlöcher, für das 3te, 4te, den ersten Ast des 5ten, und für das 6te Nervenpaar; durch
8.8. die runden oder Kinnbackenlöcher (foramina rotunda) geht der 2te Ast, und durch
9.9. die eirunden Löcher der 3te Ast des 5ten Paares.
10. Die Lehne des Türkensattels,
11.11. die Schläfengänge,
12.12. die Felsenbeine und
13.13. die innern Gehörgänge;
14. die obere Fläche des Grundtheiles vom Hinterhauptsbeine, auf welcher der Hirnknoten und das verlängerte Mark liegen.
15.15. die gerissenen Löcher,
16.16. die Griffelfortsätze und
17.17. die Knopffortsätze des Hinterhauptsbeines;
18.18. die vordern } Knopffortsatzlöcher, durch welche die un-
19.19. die hintern } teren Hirnhautarterien und das 12te Nervenpaar hindurchgehen.

Figur 10. Der Ruthenknochen (os penis) des Hundes, von unten gesehen.

1. Knorpel am vordern Ende, welcher von der Eichel bedeckt wird; an
2. das hintere Ende ist der schwammige Körper der Ruthe befestigt, und
3.3. die tiefe Rinne nimmt die Harnröhre auf.

Figur 11. Der größere Herzknochen (os cordis) des Rindes, von der rechten Seite gesehen.

Er liegt in der Scheidewand der Vorkammern.

1. Der vordere, 2. 2. die hintern Winkel,
3. die rechte Fläche, 4. der untere und 5. der obere Rand.

Figur 12. Der größere Herzknochen des Schafes, von der rechten Seite.

Die Bezeichnung wie bei Figur 11.

Tabula 9.

Figur 1. Der hintere Theil des Kopfes und die drei ersten Halswirbel mit den Bändern, vom Rinde; von oben und hinten gesehen

Am Kopfe

sind bezeichnet:

1. 1. der hinterste Theil der Stirnbeine mit
2. 2. den Hornzapfen,
3. 3. das Scheitelbein,
4. 4. die Schläfengruben,
5. 5. der hintere Theil der Schläfenbeine,
6. 6. der Genickfortsatz des Hinterhauptsbeines,
7. 7. die Griffelfortsätze desselben. An den Wirbeln bezeichnet
8. 8. die Flügel des Trägers (processus transversi s. alae atlantis), auf welchen die dicken Strecker des Halses liegen,
9. 9. die äußern vordern Löcher des ersten Halswirbels oder des Trägers (foramina antica externa atlantis), durch welche die Hinterhauptsarterie aufwärts geht,
10. 10. die innern vordern Löcher desselben (foramina antica interna atlantis), zum Durchgange des ersten Halsnerven-Paares dienend;

11. die obere Erhabenheit des Bogens, welche die Stelle des Dornfortsatzes vertritt.
12.12. Der Bogen des zweiten Halswirbels oder der Achse (arcus epistrophei), von welchem sich
13. der Kamm (crista) erhebt, der die Bedeutung eines Dornfortsatzes hat und zur Anheftung der Halsmuskeln dient;
14.14. die Wirbellöcher (foramina vertebralia), durch welche die Halswirbel-Arterie heraustritt;
15.15. die Querfortsätze (processus transversi) zur Muskel-Anheftung,
16.16. die hintern schiefen Fortsätze (proc. obliqui posteriores), zur Gelenkverbindung mit dem dritten Halswirbel dienend.
17.17. Der Bogen,
18. der Dornfortsatz (processus spinosus),
19.19. die Querfortsätze und
20.20. die hintern schiefen Fortsätze des dritten Halswirbels.

Von den Bändern (ligamenta) ist

a.a. das obere oder hintere bedeckende (lig. obturatorium superius s. posterius), ein fibrös-häutiges Band, welches das verlängerte Mark bedeckt;
b.b. die Seitenbänder des Trägers (ligamenta lateralia) verhindern die Ausweichung nach den Seiten.
c. Das Zwischendornband des ersten und zweiten Halswirbels (ligam. interspinale atlantis et epistrophei) liegt über
d.d. dem Zwischenbogenbande (ligam. intercrurale) des zweiten Halswirbels; beide halten die Wirbel zusammen, und das letztere Band schließt den Wirbelkanal von oben; dasselbe geschieht durch
e. das Zwischenbogenband des 3ten Halswirbels, welches an jeder Seite mit
f.f. dem Kapselbande der schiefen Fortsätze (lig. capsulare) verbunden ist.

Figur 2. Der hintere Theil des Kopfes und die drei ersten Halswirbel mit den Bändern, vom Rinde; von unten gesehen.

Knochen:

1.1. Der hintere Theil des Keilbeinkörpers,

2. das Grundstück des Hinterhauptsbeines,
3.3. Erhabenheiten zur Anheftung der langen und kurzen Beuger des Kopfes,
4.4. Griffelfortsätze,
5.5. Warzenfortsätze der Schläfenbeine,
6.6. Gelenkgruben für den Unterkiefer,
7.7. Fortsätze für die großen Zungenbeinäste,
8.8. die äußern Gehörgänge,
9.9. die Schuppentheile der Schläfenbeine,
10.10. die Griffelfortsätze des Hinterhauptsbeines,
11.11. Gruben an den Knopffortsätzen des Hinterhauptsbeines,
12.12. die Hornzapfen der Stirnbeine.
13.13. Die Flügelgruben des Trägers,
14.14. die äußern vorderen Löcher,
15. der Körper dieses Knochens;
16.16. der Körper, 17.17. die Querfortsätze des zweiten,
18. der Körper, 19.19. die Querfortsätze des dritten Halswirbels.

Bänder:

a.a. das untere oder vordere bedeckende Band (ligamentum obturatorium inferius s. anterius) verschließt den Raum zwischen dem hintern Rande des Hinterhauptsbeines und dem vordern Rande des Trägers, und bedeckt die Kapselbänder der Knopffortsätze;
b.b. ein Theil des Kapselbandes des Zahnfortsatzes vom zweiten Halswirbel;
c. das untere (äußere) Band des Zahnfortsatzes (lig. processus odontoidei inferius), welches das Zurückweichen dieses Fortsatzes verhindert;
d. das Zwischenwirbelband (lig. intervertebrale) der Körper des 2ten und 3ten Halswirbels.

Figur 3. Die drei ersten Halswirbel vom Rinde, an welchen die Bogen entfernt sind, um die Bänder im Wirbelkanale zu sehen.

Knochen:

1.1. Flügel oder Querfortsätze des Trägers,
2.2. vordere äußere,
3.3. vordere innere Löcher desselben;

4.4. die Gelenkfortsätze (entsprechend den vordern schiefen Fortsätzen der übrigen Wirbel) der Achse,
5.5. die Seitenränder des Zahnfortsatzes (proc. odontoideus) der Achse,
6.6. Wirbellöcher, 7.7. Querfortsätze und
8.8. die obere Fläche des Körpers vom zweiten Halswirbel;
9.9. die obere Fläche des Körpers und 10.10. die Querfortsätze des dritten Halswirbels.

Bänder:

a. das obere (innere) Band des Zahnfortsatzes (ligamentum suspensorium epistrophei) gestattet nur die Bewegung des Trägers im Halbkreise,
b.b. das obere lange Band (lig. longitudinale superius s. posterius) geht durch den ganzen Wirbelkanal und unterstützt die Vereinigung der Wirbelkörper.

Figur 4. Die fünf letzten Rückenwirbel und vier letzten Rippen mit den Bändern, vom Rinde; von der linken Seite gesehen.

Knochen:

1.1.1.1.1. die linke Fläche der Dornfortsätze,
2.2.2.2.2. die Querfortsätze,
3.3.3.3.3. die Seitenlöcher der Bogen, welche die Stelle der Zwischenwirbellöcher vertreten, und die Rückenmarks-Nerven durchlassen,
4.4.4.4.4. die untere Fläche der Wirbelkörper,
5.5.5.5. die äußere Fläche der Rippen.

Bänder:

a.a. ein Theil des Nackenbandes (ligamentum nuchae);
b.b.b.b. die Zwischendornbänder (ligamenta interspinalia) verhindern die zu starke Entfernung der Dornfortsätze unter sich;
c. Faserknorpel oder Zwischenwirbelknorpel;
d.d.d. die Kapselbänder der Rippenköpfchen (ligamenta capsularia capitulorum costarum) verbinden das Köpfchen mit zwei Wirbelkörpern;
e.e.e. die äußern vordern Bänder der Rippen (lig. colli costarum externa);

f. f. f. die Kapselbänder der Rippenhöcker (ligam. capsularia tuberculorum costarum) verbinden jeden Rippenhöcker mit dem Querfortsatze des gleichzähligen Wirbels;
g. g. g. die äußern hintern Bänder der Rippen (lig. transversaria externa);
h. das runde Band des Rippenköpfchens (ligamentum teres) wird vom Kapselbande eingeschlossen.

Die Kapselbänder d. f. sondern Gelenkfeuchtigkeit ab, die faserigen Bände e. g. h. erhalten die Rippen in der Lage, und widerstehen der von oben her wirkenden Gewalt.

Figur 5. Dieselben Knochen (wie bei Fig. 4.) mit den untern Bändern.

Knochen:

1.1.1.1.1. die untere Fläche der Wirbelkörper,
2.2.2.2.2. die Dornfortsätze,
3.3.3.3.3. die Seitenlöcher der Wirbelbogen,
4.4.4.4. die innere Fläche der Rippen.

Bänder:

a. a. das untere lange Band (ligamentum longitudinale inferius s. anterius) bedeckt zum Theil
b. b. b. b. die Zwischenwirbelbänder (ligamenta intervertebralia);
c. c. c. c. Kapselbänder der Rippenköpfchen;
d. d. d. d. die innern vordern Bänder der Rippen (lig. colli costarum interna);
e. e. e. e. Kapselbänder der Rippenhöcker;
f. f. f. f. die innern hintern Bänder der Rippen (lig. transversaria interna).

Figur 6. Der erste Lendenwirbel vom Rinde, von vorn.

1. Der Dornfortsatz (processus spinosus),
2.2. der Bogen (arcus),
3.3. die vordern schiefen Fortsätze (processus obliqui anteriores),

4.4. die hintern schiefen Fortsätze (proc. obliq. posteriores),
5.5. die Querfortsätze (proc. transversi),
6. das große Wirbelloch (foramen pro medulla spinali),
7.7. Faserknorpel oder Zwischenwirbelknorpel (cartilago intervertebralis).

Tabula 10.

Figur 1. Die Knochen und Bänder der linken vordern Gliedmaaße des Rindes, von der äußern Seite gesehen.

Knochen:

a. der Schulterblattknorpel,
b. die äußere Fläche des Schulterblattes,
c. das Armbein,
d. die Speiche,
e. das Ellenbogenbein,
f. die Knochen der vordern Fußwurzel oder des Vorderknie's,
g. das Hakenbein,
h. der Vorder-Mittelfußknochen oder das Schienbein,
i. die Sesam- oder Gleichbeine,
k.k. die ersten Glieder oder Fesselbeine,
l.l. die zweiten Glieder oder Kronenbeine,
m.m. die dritten Glieder oder Hufbeine,
n. das Strahlbein.

Bänder:

1. das Kapselband (ligamentum capsulare) ist das einzige Band am Armgelenk, und die Verbindung des Schulterblatts mit dem Armbeine wird hauptsächlich durch die beiden Grätenmuskeln an der äußern, durch den Unterschultermuskel an der innern Seite, vorn durch die Sehne des langen Vorarmbeugers und hinten durch den dicken Strecker des Vorarms bewirkt.

Am Vorarmgelenk kommen 3 Bänder vor, nämlich
2. das Kapselband,

3. das äußere Seitenband (lig. laterale externum) und (3. Fig. 2.) das innere Seitenband.
4. Das Zwischenknochenband (lig. interosseum) verbindet das Ellenbogenbein (e.) mit der Speiche (d.), und an dem Gelenk der Vorder-Fußwurzel (f.) verbinden die hier dargestellten gemeinschaftlichen Bänder die beiden Reihen mit dem Vorderarm und dem Vorder-Mittelfuß, nämlich
5. das Kapselband, welches drei Kapseln bildet, und
6. das äußere Seitenband der Vorder-Fußwurzel (lig. carpi laterale externum);
7. das hintere grade Band des Hakenbeines (lig. volare rectum ossis pisiformis s. hamati) verbindet diesen Knochen mit dem Schienbeine.

Am Fesselgelenk ist für jede Zehe

8. 8. ein Kapselband, und zwei Seitenbänder, von welchen hier
9. das äußere Seitenband des Fesselbeines (lig. lateris ulnaris phalangis primae) an der äußern Zehe zu sehen ist. Die Sesambeine (i.) sind mit dem Fesselbeine durch
10. das äußere Seitenband der Gleichbeine (lig. lateris ulnaris ossium sesamoideorum superiorum) verbunden;
11. das hintere Band des Kronenbeines (lig. volare phalangis secundae) und
12. das äußere Seitenband des Kronenbeines (lig. lateris ulnaris phalangis secundae) verbinden (nächst dem innern Seitenbande und dem Kapselbande 17.) das Fessel- und Kronenbein. Von den Bändern des Strahlbeines ist nur
13. das äußere Seitenband des Strahlbeines (lig. lat. uln. ossis sesamoidei inferioris) sichtbar, welches am Fesselbeine entspringt.

Die drei Zehenglieder sind unter einander verbunden durch

14.} 15.} das äußere gemeinschaftliche Band des Kronen- und Hufbeins (lig. later. ulnar. commune phalangis secundae et tertiae), welches hier an beiden Zehen sichtbar ist; das Kronen- und Hufbein noch durch
16. das äußere Seitenband des Hufbeines (ligam. lat. uln. phalangis tertiae). An allen Gelenken der Zehen finden sich noch
17. 17. 17. 17. die Kapselbänder.

Figur 2. Die Knochen und Bänder der rechten vordern Gliedmaaße des Rindes, von der innern Seite gesehen.

Die Bezeichnung der Knochen von
a — e. ist wie bei Fig. 1.,
f — m. verhalten sich wie g — n bei Fig. 2.

Bänder:

1. das Kapselband des Armgelenkes,
2. das Kapselband des Vorarmgelenkes, welches Armbein, Speiche und Ellenbogenbein vereinigt,
3. das innere Seitenband (ligamentum laterale internum), welches kürzer ist, als das äußere (3. Fig. 1.);
4. das innere Querband des Ellenbogens und der Speiche (lig. transversum internum radii et ulnae) bewirkt mit dem äußern Querbande (welches nicht gezeichnet ist) und dem Zwischenknochenbande (4. Fig. 1.) eine unbewegliche Verbindung dieser Knochen.
5. Das Kapselband der Vorder-Fußwurzel,
6. das innere vordere Seitenband (lig. carpi lateris radialis anticum) und
7. das innere hintere Seitenband (lig. carpi lateris radialis posticum) sind die gemeinschaftlichen Bänder des Gelenkes an dieser Seite;
8. das hintere Band des Hakenbeines ist schon ein besonderes Band.

Die Bänder am Fesselgelenk und an den Zehengliedern sind so wie an der äußern Seite, nämlich

9. das Kapselband des Fesselbeines (lig. capsulare phalangis primae),
10. das innere Seitenband desselben (lig. lateris radialis phalangis primae),
11. das innere Seitenband der Gleichbeine (lig. lat. rad. ossium sesamoideorum superiorum),
12. das hintere Band des Kronenbeines (lig. volare phalangis secundae),
13. das innere Seitenband desselben (lig. lateris radialis phal. sec.),
14.} 18.} das innere gemeinschaftliche Band des Kronen- und Hufbeines (lig. lat. rad. commune phalangis secundae tertiaeque),

15. das innere Seitenband des Strahlbeines (lig. lat. rad. ossis sesamoidei inferioris),
16. das innere Seitenband des Hufbeines (ligam. lat. rad. phalangis tertiae),
17.17. Kapselbänder des Kronen- und Hufbeines (ligamenta capsularia phalangis secundae tertiaeque).

Figur 3. Knochen und Bänder der linken hintern Gliedmaaße des Rindes, von der äußern Seite.

Knochen:

a. a. a. das Becken- oder unbenannte Bein, welches aus dem Darmbeine, Schaambeine und Sitzbeine besteht,
b. b. das Kreuz- oder Heiligbein, aus 5 falschen Wirbeln zusammengesetzt,
bb. der erste Schwanzwirbel,
c. das Backen- oder Oberschenkelbein,
d. die Kniescheibe,
e. e. das Schenkel- oder Unterschenkelbein,
f. die Knochen der Hinter-Fußwurzel oder des Sprunggelenkes, wozu auch
g. das Sprungbein gehört,
h. das Schienbein oder der Hinter-Mittelfußknochen,
i. die Sesambeine,
k. k. die Fesselbeine,
l. l. die Kronenbeine,
m. m. die Hufbeine,
n. das Strahlbein (der äußern Zehe).

Bänder:

1. 1. das Kreuz-Sitzbeinband (ligamentum spinoso-et tuberoso-sacrum) schließt das Becken von oben und zur Seite,
2. das hintere Kreuz-Darmbeinband (lig. ilio-sacrum longum) und
3. das vordere Kreuz-Darmbeinband (lig. ilio-sacrum breve) verbinden das Darmbein mit dem Kreuzbeine fast unbeweglich;
4. das Kapselband des Oberschenkels (lig. capsulare femoris),
5. das Kapselband der Kniescheibe (lig. capsulare patellae),

6. das Kapselband des Unterschenkels (ligam. caps. cruris). Die Kniescheibe ist mit dem Ober- und Unterschenkel verbunden, mit dem ersteren durch
7. das äußere Querband der Kniescheibe (ligam. patellae transversum externum) und durch das innere Querband (8. Fig. 4.); mit dem Unterschenkel durch
8. das äußere grade Band (lig. patellae rectum externum),
9. das vordere grade Band (lig. patellae rectum anticum) und durch das innere grade Band (9. Fig. 4.). Der Ober- und Unterschenkel werden durch gekreuzte Bänder (Tab. 11. Fig. 1 und 2.) und durch Seitenbänder vereinigt, nämlich durch
10. das äußere Seitenband (lig. laterale cruris externum) und durch das innere Seitenband (11. Fig. 4.). Statt des Wadenbeins kommt bei den Wiederkäuern
11. ein Band (lig. fibulae loco) vor. Am Sprunggelenk sind hier die gemeinschaftlichen Bänder dargestellt, nämlich:
12. das Kapselband (lig. capsulare tarsi), welches vier Kapseln bildet,
13. das äußere Seitenband (lig. tarsi laterale externum), und
15. das hintere Band des Sprunggelenkes (lig. tarsi plantare);
14. das äußere Band des Sprung- und Würfelbeines (lig. tarsi dorsale calcaneo-cuboideum) ist schon ein besonderes.

Der Fuß hat eben so viele Gelenke und Bänder wie an den vordern Gliedmaaßen, nämlich

16. das Kapselband des Fesselbeines (lig. capsulare phalangis primae),
17. das äußere Seitenband desselben (ligam. lateris fibularis phal. prim.),
18. das äußere Seitenband der Gleichbeine (lig. lat. fibul. ossium sesamoideorum superiorum),
19. das hintere Band des Kronenbeines (lig. plantare phal. secundae),
20. das äußere Seitenband des Kronenbeines (lig. lateris fibularis phal. secundae),
21. das äußere Seitenband des Strahlbeines (lig. lat. fibul. ossis sesamoidei inferioris),
22. das äußere Seitenband des Hufbeines (lig. lat. fibul. phal. tertiae),

23.} das äußere gemeinschaftliche Band des Kro-
24.} nen- und Hufbeines (lig. lat. fibul. commune phal. secundae et tertiae),

25. 25. 25. Kapselbänder der Kronen- und Hufbeine (ligamenta capsularia phalangium).

Figur 4. Die Knochen und Bänder der rechten hintern Gliedmaaße des Rindes, von der innern Seite.

Knochen:

a — m. wie bei Figur 3.

Bänder:

1. das hintere Kreuz-Darmbeinband (ligamentum ilio-sacrum longum),
2. das untere Kreuz-Darmbeinband (lig. ilio-sacrum inferius s. laterale anticum hominis),

3. 3. das Kreuz-Sitzbeinband (lig. spinoso- et tuberoso sacrum),

4. das Verstopfungsband (lig. obturatorium), sind die Bänder am Becken. Der Oberschenkel wird, außer dem Kapselbande (4. Fig. 3.) noch durch
5. das runde Band (lig. teres), welches erst nach Entfernung des Kapselbandes sichtbar wird, mit dem Becken verbunden; am Kniegelenk ist
6. das Kapselband der Kniescheibe (lig. capsulare patellae),
7. das Kapselband des Unterschenkels (lig. capsulare cruris),
8. das innere Querband der Kniescheibe (lig. patellae transversum internum),
9. das innere grade Band (lig. patellae rectum internum),
10. das vordere grade Band der Kniescheibe (lig. patellae rectum anticum) und
11. das innere Seitenband des Unterschenkels (lig. cruris laterale internum).

Am Sprunggelenk sind sichtbar:

12. das Kapselband (lig. tarsi capsulare),
13. das innere lange Seitenband (lig. tarsi laterale internum),

14. das innere kurze Seitenband (lig. deltoideum),
15. das innere Band des Roll- und großen schiffförmigen Beines (lig. dorsale talo-naviculare),
16. das vordere Band des großen und kleinen schiffförmigen Beines (lig. dorsale ossis navicularis et cuneiformis tertii).

Am Fuße sind die Bänder an der innern Seite eben so, wie an der äußern, (16 — 25. Fig. 3.) nämlich

17. das Kapselband,
18. das innere Seitenband des Fesselbeines (lig. lateris tibialis phalangis primae),
19. das innere Seitenband der Sesambeine (lig. lateris tibialis ossium sesamoideorum superiorum) u. s. f.

Tabula 11.

Figur 1. Die Knochen, Knorpel und Bänder des rechten Kniegelenkes vom Rinde, von vorn gesehen.

A. Das untere Ende des Backenbeines,
B. das obere Ende des Schenkelbeines,
C. der äußere halbmondförmige Knorpel (cartilago semilunaris externa),
D. der innere halbmondförmige Knorpel (cart. semil. interna).

Die Kapselbänder, der Kniescheibe und des Unterschenkels sind entfernt, daher sieht man an der Figur:

1. das äußere,
2. das innere Seitenband des Unterschenkels,
3. das Band statt des Wadenbeines;
4. das vordere gekreuzte Band (ligamentum cruciatum anticum),
5. das hintere gekreuzte Band (lig. cruciat. posticum), welche beide das Backen- und Schenkelbein verbinden; ferner
6. das vordere Band des äußern halbmondförmigen Knorpels (lig. cartilaginis semilunaris externae anticum) und

7. das vordere Band des innern halbmondförmigen Knorpels (lig. cartilag. semilun. internae anticum durch welche beide Knorpel mit dem Schenkelbeine verbunden werden.

Figur 2. Dieselben Theile von hinten gesehen.

A — D. und 1 — 3. wie bei Fig. 1.
4. Das hintere gekreuzte Band,
5. das hintere obere Band und
6. das hintere untere Band des äußern halbmondförmigen Knorpels (lig. cartil. semilun. externae posticum superius et inferius),
7. das hintere Band des innern halbmondförmigen Knorpels (lig. cartil. semilun. internae posticum).

Figur 3. Die Knochen und Bänder des linken Sprunggelenkes vom Rinde, von der innern Seite.

Knochen:

a. das untere Ende des Schenkelbeines,
b. Sprungbein,
c. Rollbein,
d. d. das große schiffförmige Bein,
e. das kleine schiffförmige oder dritte keilförmige Bein,
f. das pyramidenförmige oder erste keilförmige Bein,
g. das obere Ende des Schienbeines,
h. das hintere Sesambein.

Bänder:

1. das innere lange Seitenband (ligamentum tarsi laterale internum),
2. das innere kurze Seitenband (ligam. deltoideum), durch welche das Schenkelbein mit den Knochen des Sprunggelenkes verbunden wird. Die Knochen des Sprunggelenkes sind unter sich und mit dem Schienbein sehr fest verbunden, so daß die Bewegung derselben nur gering sein kann, daher die Benennung: straffe Gelenke. Die besondern Bänder sind:

3. das vordere Band des kleinen und großen schiffförmigen Beines (lig. tarsi dorsale ossis navicularis et cuneiformis primi),
4. das innere Band des Roll- und großen schiffförmigen Beines (lig. dorsale talo-naviculare),
5. das vordere Band des kleinen schiffförmigen und Schienbeines (lig. dorsale ossis cuneiformis primi et metatarsi),
6. das innere Band des großen schiffförmigen und Schienbeines (lig. dorsale ossis navicularis et metatarsi),
7. das innere Band des großen schiffförmigen und pyramidenf. Beines (ligam. dorsale oss. navic. et cuneiformis primi),
8. das innere Band des pyramidenf. und Schienbeines (lig. dorsale oss. cuneif. primi et metatarsi),
9. das besondere Band des hintern Sesambeines und Schienbeines (lig. dorsale proprium ossis sesamoidei posterioris),
10. das hintere Band des hintern Sesambeines (lig. plantare ossis sesamoidei posterioris),
11. das hintere Band des Sprung- und großen schiffförmigen Beines (lig. plantare calcaneo-naviculare).

Figur 4. Dieselben Theile von der äußern Seite.

Knochen:

a. das untere Ende des Schenkelbeines,
b. das untere Eude des Wadenbeines, kronenförmiges Bein genannt,
c. das Rollbein,
d. Sprungbein,
e. das große schiffförmige mit
f. dem Würfelbein verwachsene Bein,
g. das kleine schiffförmige Bein,
h. das obere Ende des Schienbeines.

Bänder:

Indem die Kapselbänder und das äußere lange Seitenband entfernt sind, bemerkt man

1. das untere Band des Schenkel- und Wadenbeines (lig. malleoli externi),

2. das hintere Band des Waden- und Rollbeines (lig. fibulare tali posticum),
3. das äußere kurze Seitenband (lig. fibulare calcanei et astragali); durch diese zwei letzteren Bänder (und durch das äußere lange Seitenband) wird der Unterschenkel mit den Knochen des Sprunggelenkes an der äußern Seite verbunden. Zur Verbindung dieser Knochen unter sich und mit dem Schienbeine dienen:
4. das vordere äußere Band des Sprung- und Würfelbeines (lig. dorsale calcaneo-cuboideum),
5. das hintere Band des Sprung- und Würfelbeines (lig. plantare calcaneo-cuboideum),
6. das hintere Band des Würfel- und Schienbeines (lig. plantare ossis cuboidei et metatarsi),
7. das vordere Band des kleinen schiffförmigen und Schienbeines (lig. dorsale ossis cuneiformis tertii et metatarsi) und
8. das vordere (Quer-) Band des kleinen schiffförm. und Würfelbeines (lig. dorsale ossis cuneiformis tertii et cuboidei).

Figur 5. Knochen und Bänder der rechten Vorder-Fußwurzel und des Fußes vom Rinde, von vorn gesehen.

Knochen:

a. das untere Ende des Vorarmes,
b. das halbmondförmige,
c. das dreieckige,
d. das unregelmäßige,
e. das Haken-Bein, in der obern Reihe;
f. das ungleich vierseitige und
g. das große keilförmige Bein, in der untern Reihe;
h. das Schienbein,
i. i. die Fesselbeine,
k. k. die Kronenbeine,
l. l. die Hufbeine.

Bänder:

Von den Bändern, welche den Vorarm mit der Vorder-Fußwurzel und dem Mittelfuß verbinden sind hier nur zwei

zwei zu sehen (1. 5.), die übrigen sind die besondern Bänder (ligamenta propria) der Vorder=Fußwurzel.

1. Das vordere (schiefe) Band der Speiche und des unregelmäßigen Beines (lig. rhomboideum),
2. das äußere Band des Ellenbogens und des unregelm. Beines (funiculus ligamentosus s. lig. dorsale ulnae et ossis triquetri),
3. das vordere Querband des unregelmäßigen und dreieckigen Beines (lig. dorsale transversum ossis triquetri et semilunaris),
4. das vordere Band des dreieckigen und halbmondförmigen Beines (lig. dors. trans. ossis semilunaris et navicularis);
5. das innere vordere Seitenband (lig. carpi lateris radialis anticum),
6. das vordere Band des ungleich vierseitigen und großen keilförmigen Beines (lig. dorsale transv. ossis multanguli majoris et capitati),
7. das vordere Band des unregelmäßigen und großen keilförm. Beines (lig. dorsale ossis triquetri et capitati),
8. das äußere Band des Haken= und großen keilförm. Beines (lig. dorsale ossis pisiformis et capitati),
9. das vordere Band des großen keilförmigen und Schienbeines (lig. dorsale ossis capitati et metacarpi),
10. das vordere Band des Haken= und Schienbeines (lig. dorsale ossis pisiformis et metacarpi).

Am Fuß sind sichtbar:

11. 12. die Kapselbänder der Fesselbeine,
13. 14. das innere und äußere Seitenband derselben (Tab. 10. Fig. 1 und 2.),
15. das besondere Band der Fesselbeine (lig. laterale proprium digitorum),
16. 17. die Kapselbänder der Kronenbeine (das.),
18. 19. das innere und äußere Seitenband der Kronenbeine (das.),
20. 21. das innere und äußere Seitenband der Strahlbeine (das.),

22.} das innere und äußere gemeinschaftliche Band der Kro-
23.} nen- und Hufbeine (das.),
24.} das innere und äußere Seitenband der Hufbeine (das.),
25.}
26.} das äußere und innere gemeinschaftliche Band der Kro-
27.} nen- und Hufbeine (das.),
28. das besondere Querband der Zehen (lig. transversum digitorum proprium),
29.} die Kapselbänder der Hufbeine.
30.}

Figur 6. Dieselben Theile von hinten gesehen.

Knochen:

a — l. wie bei Fig. 5.,
h h. das unvollkommene Griffelbein,
m. m. m. m. die Sesambeine,
n. n. die Strahlbeine.

Bänder:

1. das hintere innere Seitenband (lig. carpi lateris radialis posticum) ist ein gemeinschaftliches Band; die besondern Bänder sind:
2. das hintere Band der Speiche, des halbmondförmigen und dreieckigen Beines (lig. volare radii, ossis navicularis et semilunaris),
3. das hintere Band der Speiche und des unregelmäßigen Beines (lig. volare radii et ossis triquetri),
4. das hintere Band des Ellenbogen- und Hakenbeines (lig. volare ulnae et ossis pisiformis),
5. das hintere Band des halbmondförmigen und Schienbeines (lig. volare ossis navicularis et metacarpi interni),
6. das hintere Band des halbmondf. und ungleich vierseitigen Beines (lig. volare ossis navicularis et multanguli majoris),
7. das hintere Band des halbmondf. und dreieckigen Beines (lig. volare ossis navicularis et semilunaris),
8. das hintere Band des dreieckigen und unregelmäßigen Beines (lig. volare ossis semilunaris et triquetri),

9. das hintere Band des unregelmäßigen und Hakenbeines (lig. volare ossis triquetri et pisiformis),
10. das hintere Band des Haken= und Griffelbeines (lig. volare rectum ossis pisiformis),
11. das hintere Band des dreieckigen, ungleich vierseitigen und großen keilförmigen Beines (lig. volare ossis semilunaris, multanguli majoris et capitati),
12. das hintere Band des Haken= und großen keilförm. Beines (lig. volare ossis pisiformis et capitati),
13. das hintere Band des ungleich vierseitigen, großen keilförm. und Schienbeines (lig. volare ossis multanguli majoris, capitati et metacarpi),
14. das hintere Band des Griffel= und Schienbeines (lig. volare ossium metacarpi),
15. 16. das innere und äußere Seitenband der Fesselbeine,
17. 17. die Querbänder der Gleichbeine (ligamenta transversa ossium sesamoideor. superior.), welche aus Faserknorpel bestehen und durch welche die Sesambeine unter sich vereinigt werden,
18. 18. die unteren Bänder der Gleichbeine (ligam. volaria oss. sesam. super.) dienen zur Verbindung mit den Fesselbeinen;
19. das besondere Band der Fesselbeine (15. Fig. 5.),
20. 21. Kapselbänder der Kronenbeine,
22. 23. das innere und äußere Seitenband der Kronenbeine (Tab. 10. Fig. 1 und 2.),
24. 25. die hintern Bänder der Kronenbeine (das.),
26. 27. das äußere und innere Seitenband der Kronenbeine (das.),
28. 29. das äußere und innere Seitenband der Strahlbeine (das.),
30. 31. das innere und äußere Seitenband derselben,
32. 32. 33. 33. die Kapselbänder der Strahl=, Kronen= und Hufbeine (lig. capsularia ossium sesamoideor. inferior. et phalangium),
34. das besondere Querband der Zehen (28. Fig. 5.)

Figur 7. Das Zungenbein und der Kehlkopf mit Bändern, vom Rinde; von hinten und oben gesehen.

Knochen und Knorpel:

a. a. die großen oder obern Aeste des Zungenbeines (cornua lateralia superiora ossis hyoidei), die durch ihre hintern obern Winkel mit den Felsentheilen der Schläfenbeine verbunden sind,

b. b. die mittleren Aeste (cornua lateralia media),

c. c. die unteren Aeste (cornua lateralia inferiora s. cornua minora hominis), welche mit

d. dem Körper des Zungenbeines (basis ossis hyoidei) verbunden sind, von welchem nach vorn

e. das Gabelheft oder der Handgriff (manubrium ossis hyoidei) und nach hinten

f. f. die Gabeläste (cornua majora hominis) abgehen; die letzteren dienen zur Verbindung mit dem Schildknorpel des Kehlkopfes.

g. Der Kehldeckel (epiglottis) ist zur Verschließung beim Schlucken und

h. h. die Gießkannenknorpel (cartilagines arytaenoideae) sind zur Bildung der Stimmritze bestimmt;

i. der Ringknorpel (cartilago cricoidea), dessen Platte hier nur sichtbar ist, dient den erweiternden Muskeln der Stimmritze zur Grundlage und bildet den Anfang der Luftröhre; endlich wird von

k. k. dem Schildknorpel (cartilago thyreoidea), der den übrigen Kehlkopfknorpeln zur Grundlage dient, nur der obere hintere Rand und ein Theil der innern Fläche gesehen.

Bänder:

1. 1. die seitlichen Zungenbein-Schildbänder (ligamenta hyo-thyreoidea lateralia),

2. das mittlere Zungenbein-Schildband (ligamentum hyo-thyreoideum medium), alle drei sind gelbe fasrige Bänder, und verbinden das Zungenbein mit dem Kehlkopfe;

3. 3. die Ring-Gießkannenbänder (ligamenta crico-arytaenoidea) und

4. 4. die seitlichen Ring-Schildbänder (ligamenta crico-thyreoidea lateralia) sind Kapselbänder;

5. 5. die Kapselbänder der großen Zungenbeinäste (lig. capsularia cornuum lateralium superiorum),

6. 6. die Kapselbänder der mittleren Zungenbeinäste (lig. caps. corn. lateralium mediorum) und
7. 7. die Kapselbänder der unteren Zungenbeinäste (lig. caps. corn. lateralium inferiorum).

Figur 8. Das Zungenbein, der Kehlkopf und ein Theil der Luftröhre mit Bändern, vom Rinde; von der linken Seite gesehen.

Knochen und Knorpel:

a — f. wie bei Fig. 7.
g. der linke Gießkannenknorpel,
h. die äußere Fläche des Schildknorpels, dessen vorderes Horn mit dem Zungenbeine (bei 2.) und dessen hinteres Horn mit dem Ringknorpel verbunden ist.
i. Der Reif mit einem Theile der Platte des Ringknorpels,
k. k. k. k. k. Ringe der Luftröhre (annuli tracheae).

Bänder:

1. das mittlere,
2. das seitliche Zungenbein-Schildband,
3. das mittlere Ring-Schildband (lig. crico-thyreoideum medium),
4. das seitliche Ring-Schildband (4. 4. Fig. 7.),
5. das Ring-Luftröhrenband (lig. crico-tracheale),
6. 6. 6. 6. die Bänder der Luftröhre (ligamenta annulorum tracheae),
7 — 9. wie 5 — 7. bei Fig. 7.

Tabula 12.

Figur 1. Der Hinterkopf und die drei ersten Halswirbel mit Bändern, vom Pferde; von hinten und oben gesehen.

Knochen:

1. das Hinterhauptsbein,
2. 2. die Scheitelbeine,

3. 3. die Jochfortsätze der Schläfenbeine,
4. 4. die Gelenkfortsätze des Unterkiefers,
5. 5. die Flügel oder Querfortsätze des Trägers alae s. processus transversi atlantis),
6. 6. die vordern äußern Löcher des Trägers (foramina antica externa atlantis) durch welche der vordere Zweig der Hinterhauptsarterie aufwärts geht,
7. 7. die vordern innern Löcher desselben (foramina antica interna atlantis), die zum Durchgange der Grundarterie und des ersten Halsnerven dienen,
8. 8. die hintern Löcher des Trägers (foramina postica atlantis), durch welche der hintere Ast der Hinterhauptsarterie aufsteigt.
9. Der Kamm oder Dornfortsatz der Achse (crista s. processus spinosus epistrophei), an dessen hinteren Ausschnitt sich der Halstheil des Nackenbandes (Tab. 1. B.) anheftet;
10. 10. der Bogen dieses Wirbels (arcus epistrophei) unter welchem der Wirbelkanal liegt,
11. 11. die Zwischenwirbellöcher (foramina intervertebralia), durch welche das zweite Halsnervenpaar heraustritt,
12. 12. die Querfortsätze (processus transversi), zur Muskelanheftung, und
13. 13. die hintern schiefen Fortsätze (processus obliqui postici) zur Gelenkverbindung mit dem 3ten Halswirbel dienend.
14. Der Dornfortsatz,
15. 15. der Bogen,
16. 16. die Querfortsätze,
17. 17. die Wirbellöcher (foramina vertebralia), durch welche die Halswirbelarterie geht, und
18. 18. die hintern schiefen Fortsätze des dritten Halswirbels.

Bänder:

a. das abgeschnittene Nackenband (Tab. 1. A.);
b. das obere bedeckende Band (ligamentum obturatorium superius s. posterius), welches die Oeffnung zwischen dem Hinterhaupt und dem ersten Halswirbel bedeckt,
c. c. die Seitenbänder des Trägers (ligamenta lateralia s. accessoria atlantis), die diesen Knochen mit den Griffelfortsätzen des Hinterhauptsbeines (Tab. 5. Fig. 5. No. 19.) verbinden, und die Verrenkung zur Seite verhindern;

d. d. die Kapselbänder des Unterkiefers (ligamenta capsularia maxillae inferioris), welche die Zwischenknorpel (Fig. 4 und 5.) einschließen,

e. e. die hintern Bänder des Unterkiefers (ligamenta recta postica max. inferioris), durch welche die Verbindung mit den Zitzenfortsätzen der Schläfenbeine (Tab. 5. Fig. 2. No. 8.) bewirkt wird.

f. Das Zwischendornband des Trägers und der Achse (ligamentum interspinosum atlantis et epistrophei),

g. g. das Zwischenbogenband derselben (lig. intercrurale), welches wie b. das Rückenmark von oben bedeckt,

h. h. die Kapselbänder der schiefen Fortsätze (lig. capsularia processuum obliquorum) und

i. das Zwischenbogenband des 2ten und 3ten Halswirbels.

Figur 2. Dieselbe Ansicht derselben Figur, nur sind die Wirbelbogen entfernt und daher ist der Wirbelkanal offen.

Knochen:

1 — 5. wie bei Fig. 1.,

6. 6. der zweite Halswirbel,

7. 7. der dritte Halswirbel.

Bänder im Wirbelkanal:

a. das obere Band des Zahnfortsatzes (ligamentum epistrophei suspensorium), welches die Drehung des ersten Halswirbels am Zahnfortsatze des zweiten gestattet,

b. b. das obere lange Band (lig. longitudinale superius s. posterius), welches am 2ten Halswirbel entspringt, und durch die ganze Wirbelsäule bis in das Kreuzbein verläuft;

c. c. die Kapselbänder der Knopffortsätze (ligam. capsularia processuum condyloideorum), die von dem obern bedeckenden Bande verhüllt werden.

Figur 3. Der hintere Theil der Schädelgrundfläche und die drei ersten Halswirbel mit Bändern, vom Pferde; von unten gesehen.

Knochen:

1.1. die Felsentheile der Schläfenbeine,
2. das Grundstück des Hinterhauptsbeines,
3.3. die Griffelfortsätze desselben,
4.4. die Flügelgruben des Trägers,
5. der Körper dieses Knochens,
6.} 7.} die Körper des 2ten und 3ten Halswirbels.

Bänder:

a. das untere grade Band (lig. rectum s. lacertus medius), durch welches der Träger mit dem Hinterhaupt verbunden wird,
b.b. das untere bedeckende Band (lig. obturatorium inferius s. anterius), welches die Kapselbänder (Figur 2. c. c.) und das Rückenmark von unten bedeckt,
c.c. die Seitenbänder des Trägers (Fig. 1. c. c.),
d. das untere Band des Zahnfortsatzes der Achse (lig. processus odontoidei inferius) über welchem
e.e. das Kapselband dieses Fortsatzes liegt,
f. das Zwischenwirbelband (lig. intervertebrale) bedeckt den Zwischenwirbelknorpel und verstärkt die Verbindung der Wirbelkörper.

Figur 4. Der Zwischenknorpel des Unterkiefergelenkes (cartilago interarticularis) der rechten Seite, vom Pferde; von oben gesehen.

Der Knorpel dient zur Vervollständigung des Gelenkes, indem die articulirenden Knochen nicht auf einander passen.

1. Das innere Ende,
2. das äußere Ende,
3. der vordere
4. der hintere Rand,
5. die obere Fläche, welche die Gelenkgrube am Jochfortsatze des Schläfenbeines berührt.

Figur 5. Derselbe Knorpel von unten.

1. Das innere, 2. das äußere Ende,
3. der hintere, 4. der vordere Rand,
5. die untere Fläche, welche den Gelenkfortsatz des Unterkiefers aufnimmt, und daher mehr ausgehöhlt ist, als die obere Fläche.

Figur 6. Die letzten fünf Rückenwirbel und vier Rippen mit Bändern, vom Pferde; von der linken Seite.

Knochen:

1.1.1.1.1. die Dornfortsätze (processus spinosi),
2.2.2.2.2. die schiefen Fortsätze (processus obliqui),
3.3.3.3.3. die Körper der Wirbel (corpora vertebrarum),
4.4.4.4.4. die Querfortsätze (processus transversi),
5.5.5.5. die Zwischenwirbellöcher (foramina intervertebralia) zum Durchgang der Rückennerven und Rükkenmarksarterien,
6.6.6.6. die letzten vier falschen Rippen (costae spuriae).

Bänder:

a.a.a.a. die Zwischendornbänder (ligamenta interspinalia) verhindern eine zu starke Krümmung des Rückens,
b.b.b.b. die Kapselbänder der Rippenköpfchen (lig. capsularia capitulorum costarum) verbinden jede Rippe mit dem vorhergehenden und gleichzähligen Wirbelkörper,
c.c.c.c. die äußeren vorderen Bänder der Rippen (lig. colli costarum externa) entspringen am vorhergehenden Wirbelkörper und leisten, einer von der Seite auf die Rippen drückenden Last, Widerstand;
d.d.d.d. die Kapselbänder der Rippenhöcker (lig. capsularia tuberculorum costarum) verbinden den Höcker mit dem Querfortsatze des gleichzähligen Wirbels,
e.e.e.e. die äußeren hinteren Bänder der Rippen (lig. transversaria externa) entspringen ebenfalls an den Querfortsätzen und widerstehen der von oben drückenden Last.

Figur 7. Die letzten fünf Rückenwirbel und die letzten vier Rippenpaare mit Bändern, vom Pferde; von unten gesehen.

1—1. Die untere Fläche der Wirbelkörper,
2—2. die innere Fläche der Rippen.

Bänder:

a. a. das untere lange Band (lig. longitudinale inferius s. anterius),
b—b. die Zwischenwirbelbänder,
c—c. die Kapselbänder der Rippenköpfchen,
d—d. die inneren vorderen Bänder der Rippen (ligamenta colli costarum interna) widerstreben der von unten wirkenden Gewalt,
e—e. die Kapselbänder der Rippenhöcker,
f. f die runden Bänder der Rippenköpfchen (ligam. teretia capitulorum) werden erst nach Entfernung der Kapselbänder sichtbar.

Figur 8. Der fünfte und sechste Lendenwirbel und das Kreuzbein mit Bändern, vom Pferde; von unten gesehen.

Knochen:

1. 1. die Querfortsätze und
2. der Körper des 5ten Lendenwirbels,
3. 3. die Querfortsätze und
4. der Körper des 6ten Lendenwirbels.
5. 5. die vorderen Winkel des Kreuzbeines,
6. 6. die fünf falschen Wirbel desselben;
7—7. die Zwischenwirbellöcher und
8—8. die untern Löcher des Kreuzbeines sind sämtlich zum Durchgange der untern Nervenäste bestimmt.

Bänder:

a. der Zwischenwirbelknorpel (cartilago intervertebralis),
b. das hintere Ende des unteren langen Bandes,
c—c. die Zwischenwirbelbänder,
d. d. die Zwischenquerbänder (ligamenta intertransversaria),

e. e. die **Kreuz-Lendenbänder** (lig. sacrolumbalia). Da bei dem Pferde die Querfortsätze der letzten Lendenwirbel unter sich und mit dem Kreuzbeine verbunden sind, so ist dadurch die Beweglichkeit in der Lendengegend vermindert, aber sie sind dafür auch zum Tragen größerer Lasten mehr geeignet.

Tabula 13.

Figur 1. Die Knochen und Bänder der linken vorderen Gliedmaaße des Pferdes, von der äußern Seite.

Knochen:

a. das Schulterblatt mit dem Knorpel,
b. das Armbein,
c. c. die Speiche,
d. d. das Ellenbogenbein,
e. das Hakenbein,
f. das Schienbein,
g. das äußere Griffelbein,
h. die Sesambeine,
i. das Fesselbein,
k. das Kronenbein,
l. das Hufbein,
m. der Hufbeinknorpel.

Bänder:

das Armgelenk hat nur

1. das **Kapselband** (ligamentum capsulare), und die Verbindung des Schulterblattes mit dem Armbeine wird durch die Grätenmuskeln, den langen Beuger und den dicken Strecker des Vorarmes, so wie durch den Unterschultermuskel unterstützt. Am Gelenke des Vorarmes kommen drei Bänder vor, nämlich
2. das Kapselband,
3. das **äußere Seitenband** (ligam. laterale externum) und das innere Seitenband (3. Fig. 2.), durch welche die Bewegung des Vorarmes nur nach vorn und hinten, aber nicht nach den Seiten gestattet ist; Speiche und Ellenbogen sind unten verwachsen, oben aber durch das innere und

4. das äußere Querband (ligam. transversum radii et ulnae externum) verbunden.

Am Gelenke der Vorder=Fußwurzel (des Vorderknie's) sind drei gemeinschaftliche Bänder (welche von der Speiche bis zu den Mittelfußknochen herabreichen) und ein besonderes sichtbar, nämlich:

5. das Kapselband, welches drei Kapseln zwischen den beiden Reihen und den über und unter ihnen liegenden Knochen bildet,
6. das äußere lange Seitenband (lig. carpi laterale externum longum),
7. das äußere kurze Seitenband (lig. carpi laterale externum breve);
8. das hintere grade Band des Hakenbeines (lig. volare rectum ossis hamati) ist ein besonderes Band.
9. Das Zwischenknochenband (lig. interosseum) ist bei dem Pferde nicht mehr vorhanden, wenn Griffel= und Schienbein im Alter verwachsen sind. Am Fesselgelenke verbinden die dort liegenden Bänder das Schienbein mit dem Fesselbeine und die Sesambeine mit demselben; zu den ersteren gehört
10. das Kapselband des Fesselbeines (ligam. capsulare phalangis primae) und
11. das äußere Seitenband desselben (lig. lateris ulnaris phalang. primae). Die Sesambeine sind mit dem Fesselbeine durch
12. das äußere Seitenband der Sesambeine (lig. lat. uln. ossium sesamoideorum superiorum) und durch
13. das hintere grade Band derselben (lig. volare rectum oss. sesamoid. superior.) vereinigt, daher müssen sie immer den Bewegungen des Fesselbeines folgen. Am Kronen= und Hufgelenk sind, an jedem, ein Kapselband und zwei Seitenbänder, und außer diesen sind die Bänder des Hufbeinknorpels und des Strahlbeines noch zu bemerken;
14. das Kapselband des Kronenbeines (lig. capsulare phalang. secundae),
15. das obere Band des Hufbeinknorpels (ligam. cartilaginis phalang. tertiae superius),
16. das äußere Seitenband des Kronenbeines (lig. lateris ulnaris phalang. secundae),
17. das äußere Seitenband des Strahlbeines (lig. later. ulnar. ossis sesamoid. inferioris),

18. das Kapselband des Hufbeines (lig. capsulare phalang. tertiae) und
19. das untere Band des Hufbeinknorpels (ligam. cartilaginis phalang. tertiae inferius).

Figur 2. Knochen und Bänder der rechten vorderen Gliedmaaße des Pferdes, von der innern Seite.

Knochen:

a — f. wie bei Fig. 1.,
g. das innere Griffelbein,
h — l. wie bei Fig. 1.,
m. das Strahlbein.

Bänder:

1. das Kapselband des Armes,
2. das Kapselband des Vorarmes,
3. das innere Seitenband desselben (ligam. laterale antibrachii internum),
4. das innere Querband des Ellenbogens und der Speiche (lig. transversarium radii et ulnae internum). Die an der innern Seite der Vorder-Fußwurzel liegenden gemeinschaftlichen Bänder sind:
5. das Kapselband,
6. das innere vordere Seitenband (lig. carpi lateris radialis anticum),
7. das innere mittlere Seitenband (lig. carpi later. radialis medium),
8. das innere hintere Seitenband (lig. carpi later. radial. posticum);
9. das hintere grade Band des Hakenbeines (S. Fig. 1.). Die übrigen an der Figur gezeichneten Bänder sind wie die an der äußern Seite, nur sind die Bänder des Hufbeinknorpels mit dem Knorpel zugleich entfernt, und die des Hufbeines sind deutlicher sichtbar.
10. Das Zwischenknochenband,
11. das Kapselband des Fesselbeines,
12. das innere Seitenband desselben (lig. lateris radialis phalangis primae),
13. das innere Seitenband der Sesambeine (lig. later. radialis ossium sesamoideorum superiorum),

14. das hintere grade Band derselben,
15. das innere Seitenband des Kronenbeines (lig. later. radial. phalang. secundae),
16. das innere Seitenband des Strahlbeines (lig. later. radial. ossis sesamoidei inferioris),
17. das Kapselband desselben,
18. das Kapselband des Hufbeines,
19. das innere Seitenband des Hufbeines (ligam. later. radial. phalangis tertiae).

Figur 3. Die Knochen und Bänder der linken hintern Gliedmaaße des Pferdes, von der äußern Seite.

Knochen:

a. a. das linke Beckenbein,
b. das Kreuz= oder Heiligbein,
c. der erste Schwanzwirbel,
d. das Backen= oder Oberschenkelbein,
e. e. die Kniescheibe,
f. f. das Schenkel= oder Schienbein,
g. das Wadenbein,
h. das Sprung= oder Fersenbein,
i. i. das Schienbein oder der mittlere Hinter=Mittelfußknochen,
k. das äußere Griffelbein oder der äußere Hinter=Mittelfußknochen,
l—p. wie h—m. bei Fig. 1.

Bänder:

1. das vordere Kreuz=Darmbeinband (ligamentum ilio-sacrum longum),
2. das Kreuz=Sitzbeinband (lig. spinoso-et tuberoso-sacrum) vereinigt beide Knochen und füllt den Raum zwischen dem Kreuz= und Beckenbeine aus, läßt aber vorn und hinten eine Spalte, zum Durchgange der Blutgefäße und Nerven;
3. das Kapselband des Oberschenkels (lig. capsulare femoris),
4. das Kapselband der Kniescheibe (lig. capsulare patellae),
5. das äußere Querband derselben (lig. transversum patellae externum), durch beide Bänder ist die Kniescheibe mit dem Backenbeine verbunden;
6. das vordere grade Band der Kniescheibe (ligam. patellae rectum anticum),

7. das äußere grade Band derselben (lig. patellae rectum externum), und das innere grade Band (10. Fig. 4.) verbinden sie mit dem Schenkelbeine.
8. Das Kapselband des Schenkelbeines (lig. capsulare tibiae),
9. das äußere Seitenband (lig. laterale tibiae externum) und das innere Seitenband (12. Fig. 4.) verbinden äußerlich das Backen- und Schenkelbein; die tieferen Bänder dieses Gelenkes s. Tab. 14. Fig. 5. 6.
10. Das untere Band des Wadenbeines (lig. fibulae inferius);
11. das Kapselband des Sprunggelenkes (lig. tarsi capsulare) bildet vier Kapseln, nämlich die obere zwischen dem Schenkel- und Rollbeine, die zweite zwischen dem Roll- und großen schifförmigen Beine, die dritte zwischen diesem und dem kleinen schifförmigen Beine, die untere zwischen dem kleinen schifförmigen und dem Schienbeine;
12. das äußere lange Seitenband (lig. tarsi laterale externum),
13. das äußere kurze Seitenband (lig. fibulare calcanei et astragali),
14. das hintere Band des Sprunggelenkes (ligam. tarsi plantare); diese drei Bänder, so wie das Kapselband (11.) gehören zu den gemeinschaftlichen Bändern des Sprunggelenkes. Die Bänder am Hinterfuße haben dieselben Namen, wie die am Vorderfuße, daher ist
15—25. wie 9—19. bei Fig. 1.

Figur 4. Die Knochen und Bänder der rechten hintern Gliedmaaße des Pferdes, von der innern Seite.

Knochen:

a. a. das rechte Beckenbein, von der innern und untern Seite,
b. die untere Fläche des Kreuzbeines,
c—n. wie d—o. bei Fig. 3.
o. das Strahlbein.

Bänder:

1. das untere Kreuz-Darmbeinband (lig. ilio-sacrum inferius s. laterale anticum hominis) bedeckt den Faserknorpel, der das Kreuzbein mit dem Darmbeine verbindet;

2. das hintere Kreuz-Darmbeinband (lig. ilio-sacrum breve),
3. das Kreuz-Sitzbeinband (nur zum Theil sichtbar),
4. das Verstopfungsband (lig. obturatorium) verschließt das eirunde Loch und hat eine Spalte, durch welche die Blutgefäße und der Nerve gehen.

Das Backenbein wird bei dem Pferde, außer dem Kapselbande (3. Fig. 3.) durch ein doppeltes rundes Band mit dem Becken verbunden, nämlich durch

5. den kurzen Schenkel des runden Bandes (crus breve ligamenti teretis), welcher aus der Pfanne des Beckens an den Kopf des Backenbeines geht, und durch
6. den langen Schenkel desselben (crus longum ligamenti teretis), der unter dem Ergänzungsbande der Pfanne heraus an den vordern Rand des Schaambeines geht.
7. Das Kapselband der Kniescheibe,
8. das innere Querband derselben (lig. transversum patellae internum),
9. das vordere grade Band der Kniescheibe,
10. das innere grade Band derselben (lig. rectum patellae internum),
11. das Kapselband des Schenkelbeines,
12. das innere Seitenband desselben (lig. laterale tibiae internum),
13. das Kapselband des Sprunggelenkes,
14. das innere lange Seitenband desselben (lig. laterale tarsi internum),
15. das innere kurze Seitenband (lig. deltoideum),
17. das hintere Band des Sprunggelenkes, welches die gemeinschaftlichen Bänder an der innern Seite sind;
16. das innere Band des Roll- und großen schiffförmigen Beines (lig. dorsale talo-naviculare) ist ein besonderes.

18—27. wie 10—19. Figur 2.

Tabula

Tabula 14.

Figur 1. Die Knochen und Bänder der rechten Vorder-Fußwurzel (Vorderknie) vom Pferde, von vorn gesehen.

Knochen:

1. das untere Ende der Speiche,
2. das Hakenbein,
3. das unregelmäßige Bein,
4. das dreieckige Bein,
5. das halbmondförmige Bein,
6. das große keilförmige Bein,
7. das ungleich vierseitige Bein (das kleine keilförmige Bein ist von den Seitenbändern verdeckt),
8. das äußere Griffelbein,
9. das Schienbein (das innere Griffelbein ist auch verdeckt).

Bänder:

Das gemeinschaftliche Kapselband und die kleinen Kapselbänder der einzelnen Knochen sind entfernt worden, um die faserigen Bänder deutlicher darzustellen.

a. Das äußere kurze Seitenband (gemeinschaftliches Band),
b. b. das äußere lange Seitenband, ist oben und unten abgeschnitten,
c. das vordere Querband des unregelmäßigen und dreieckigen Beines (lig. carpi dorsale transversum ossis triquetri et semilunaris),
d. das vordere Querband des dreieckigen und halbmondförmigen Beines (lig. carpi dorsale transversum ossis semilunaris et navicularis),
e. das vordere Querband des großen keilförmigen nnd ungleich vierseitigen Beines (lig. carpi dorsale transversum ossis capitati et multanguli majoris),
f. das äußere und
g. das innere schiefe Band des ungleich vierseitigen und des Schienbeines (lig. carpi dorsale obliquum, ossis multanguli majoris et metacarpi medii, externum et internum),
h. h. das innere vordere Seitenband, oben und unten abgeschnitten,
i. i. das innere mittlere Seitenband (6 u. 7. Fig. 2. Tab. 13.).

Figur 2. Dieselben Theile von hinten.

Knochen:

1. das untere Ende der Speiche,
2. das halbmondförmige Bein,
3. das dreieckige Bein,
4. das unregelmäßige Bein,
5. das Hakenbein,
6. das kleine keilförmige Bein,
7. das ungleich vierseitige Bein,
8. das große keilförmige Bein,
9. das innere Griffelbein,
10. das Schienbein,
11. das äußere Griffelbein.

Bänder:

a. a. Das innere vordere Seitenband, oben und unten abgeschnitten,
b. das innere mittlere und
c. c. das innere hintere Seitenband (6. 7. 8. Fig. 2. Tab. 13.).
d. Das hintere schiefe Band der Speiche und des halbmondf. Beines (lig. carpi volare obliquum radii et ossis navicularis),
e. das hintere Querband des halbmondf. und dreieckigen Beines (lig. carpi volare transversum ossis navicularis et semilunaris),
f. das hintere schiefe Band des halbmondf., kleinen keilförm. und ungleich vierseitigen Beines (lig. carpi volare obliquum ossis navicularis, multanguli minoris et majoris), welches die obere Reihe mit der untern verbindet,
g. das hintere Querband des kleinen keilförm. und ungleich vierseitigen Beines (ligam. carpi volare transvers. ossis multanguli minoris et majoris),
h. das hintere schiefe Band des kleinen keilförm. und des Schienbeines (lig. carpi volare obliquum ossis multang. minor. et metacarpi medii),
i. das hintere Querband des ungleich vierseitigen und großen keilförm. Beines (lig. carpi volare transvers. ossis multang. majoris et capitati),
k. das hintere Querband des dreieckigen und unregelmäßigen Beines (lig. carpi vol. transvers. ossis semilunaris et triquetri),

l. das hintere grade Band der Speiche und des Hakenbeines (lig. carpi volare rectum radii et ossis hamati),
m. das hintere Querband des unregelmäßigen und Hakenbeines (lig. carpi volare transvers. oss. triquetri et hamati),
n. das hintere grade Band des Haken= und großen keilförm. Beines (lig. carpi vol. rectum ossis hamati et capitati),
o. das hintere grade Band des unregelm. und großen keilförm. Beines (lig. carpi vol. rectum ossis triquetri et capitati),
p. das äußere lange Seitenband (abgeschnitten),
q. das hintere grade Band des Hakenbeines ist auch abgeschnitten (6. und 8. Tab. 13. Fig. 1.),
r.} das innere und äußere Zwischenknochenband
s.} (lig. interosseum internum et externum).

Figur 3. Knochen und Bänder der rechten Hinter=Fußwurzel (Sprunggelenk) des Pferdes, von vorn gesehen.

Knochen:

1. das untere Ende des Schenkelbeines,
2. das Rollbein,
3. ein Theil des Sprungbeines,
4. das Würfelbein,
5. das große und
6. das kleine schiffförmige Bein,
7. das äußere Griffelbein,
8. das Schienbein,
9. das innere Griffelbein.

Bänder:

a. das äußere kurze Seitenband,
b. das innere kurze Seitenband (Tab. 13. Fig. 3. 4.),
c. das äußere Seitenband des Sprung= und Würfelbeines (lig. tarsi laterale ossis calcanei et cuboidei),
d. das vordere schiefe Band des Sprung= und großen schifförm. Beines (lig. dorsale obliquum ossis calcanei et navicularis),

e. das vordere Querband des Würfel- und großen schifffórm. Beines (lig. dorsale transversum ossis cuboidei et navicularis),
f. das vordere schiefe Band des Würfel- und Schienbeines (lig. dorsale obliquum ossis cuboidei et metatarsi medii),
g. das vordere Querband des Würfel- und kleinen schifffórm. Beines (lig. dorsale transvers. ossis cuboidei et cuneiformis tertii),
h. das vordere schiefe Band des kleinen schifffórm. und Schienbeines (lig. dors. obliq. ossis cuneiformis tertii et metatarsi medii),
i. das vordere schiefe Band des großen und kleinen schifffórm. Beines (lig. dors. obliq. ossis navicularis et cuneiformis tertii),
k.k. das innere schiefe Band des Rollbeines, des großen und kleinen schifffórmigen und des Schienbeines (lig. dors. obliq. astragali, ossis navicularis, cuneiformis tertii et metatarsi medii); die von c—k. sind besondere faserige Bänder, indem die Kapselbänder entfernt sind.

Figur 4. Dieselben Theile, von hinten gesehen.

Knochen:

1. das untere Ende des Schenkelbeines,
2. das Rollbein,
3. das Sprungbein,
4. das Würfelbein,
5. das Pyramiden- oder erste keilfórmige Bein,
6. das große schifffórmige Bein,
7. das innere Griffelbein,
8. das Schienbein,
9. das äußere Griffelbein.

Bänder:

a. das innere kurze Seitenband (gemeinschaftliches),
b. das hintere grade Band des Sprung- und Pyramiden Beines (lig. plantare rectum ossis calcanei et cuneiformis primi),
c. das hintere grade Band des Roll- und großen schifffórm. Beines (lig. plantare rectum ossis astragali et navicularis),

d. das hintere grade Band des Pyramiden- und innern Griffelbeines (lig. plant. rect. ossis cuneiformis primi et metatarsi interni),
e. das hintere grade Band des Pyramiden- und Schienbeines (lig. plant. rect. ossis cuneiformis primi et metatarsi medii),
f. das hintere grade Band des Würfel- und Schienbeines (ligam. plant. rect. ossis cuboidei et metatarsi medii),
g. das hintere Band des Sprunggelenkes, oben und unten abgeschnitten,
h. das hintere grade Band des Sprung- und äußern Griffelbeines (lig. plant. rect. ossis calcanei et cuboidei),
k. l. das innere und äußere Zwischenknochenband.

Figur 5. Knochen und Bänder des rechten Kniegelenkes (ohne Kniescheibe) vom Pferde, von vorn gesehen.

Knochen:

1. Aeußere Gelenkerhabenheit des Backenbeines,
2. Gelenkgrube für die Kniescheibe,
3. innere Gelenkerhabenheit,
4. der äußere Gelenkknopf,
5. der innere Gelenkknopf des Backenbeines,
6. der äußere Gelenkknorren des Schenkelbeines,
7. der vordere Höcker desselben,
8. der innere Gelenkknorren,
9. der Körper des Schenkelbeines,
10. das Wadenbein.

Bänder:

a. das äußere Seitenband des Schenkelbeines (Tab. 13. Fig. 3.),
b. das hintere gekreuzte Band (ligam. cruciatum posticum),
c. das vordere gekreuzte Band (lig. cruciatum anticum), beide werden von dem Kapselbande des Schenkelbeines bedeckt;
d. das innere Seitenband des Schenkelbeines (Tab. 13. Fig. 4.),
e. der äußere halbmondförmige Zwischenknorpel (cartilago semilunaris externa),

f. das vordere Band desselben (lig. cartilaginis semilunaris externae anticum),
g. das vordere Band des innern halbmondförm. Zwischenknorpels (ligam. cartilag. semilunaris internae anticum),
h. der innere halbmondförm. Zwischenknorpel (cartilago semilunaris interna),
i. das Zwischenknochenband des Wadenbeines und Schenkelbeines (lig. interosseum fibulae et tibiae).

Figur 6. Dieselben Theile von hinten gesehen.

Knochen:

1. der Körper und
2.2. die Gelenkknöpfe des Backenbeines,
3. der Körper des Schenkelbeines.

Bänder:

a. das innere und
b. das äußere Seitenband des Schenkelbeines,
c. der innere und
d. der äußere haldmondförmige Zwischenknorpel,
e. das hintere Band des innern halbmondförm. Zwischenkn. (lig. cartilaginis semilunaris internae posticum),
f. das hintere untere Band des äußern halbmondförm. Zwischenkn. (lig. cartilag. semilun. externae posticum inferius),
g. das hintere obere Band des äußern halbmondf. Zwischenknorpels (ligam. cartilag. semilun. extern. posticum superius),
h. das hintere gekreuzte Band,
i. das Zwischenknochenband des Waden- und Schenkelbeines.

Figur 7. Die beiden halbmondförmigen Zwischenknorpel des Kniegelenkes mit den Bändern, vom Pferde; von oben gesehen.

1.1.1. Das obere Ende des Schenkelbeines, auf welchem
2. der innere und

3. der äußere halbmondförmige Zwischenknorpel liegen, und mit welchem sie so verbunden sind, daß sie bei der Beugung und Streckung des Gelenkes nach innen und außen geschoben werden können. Durch diese Zwischenknorpel, die am äußern Rande höher sind, als am innern, werden für die Gelenkknöpfe des Backenbeines seichte Gruben gebildet. Die Verbindung mit dem Schenkelbeine geschieht durch
4. das vordere und
5. das hintere Band des innern halbmondförmigen Zwischenknorpels (Fig. 5 und 6.), durch
6. das hintere untere und durch
7. das vordere Band des äußern halbmondf. Zwischenknorpels; das hintere obere Band dieses Knorpels, welches hier nicht dargestellt ist, verbindet ihn mit dem Backenbeine.

Figur 8. Die Bänder der Sesambeine oder Gleichbeine des Pferdefußes, von unten gesehen.

a. Das Schienbein,
b. b. das Fesselbein,
c. das Kronenbein,
d. das Strahlbein,
e. das Hufbein.

1. 1. Die **Seitenbänder der Gleichbeine** (ligamenta lateralia ossium sesamoideorum superiorum),
2. das **Querband derselben** (ligamentum eorum transversum) besteht aus Faserknorpel und füllt den Raum zwischen beiden Gleichbeinen aus, dient auch der Beugesehne des Hufbeines zum Ruhepunkte;
3. 3. 3. das **untere grade Band der Gleichbeine** (lig. volare rectum ossium sesamoid. superiorum), welches aus drei Schenkeln besteht, von welchen der mittlere an das Kronenbein geht,
4. **Kapselbänder des Strahlbeines** (ligamenta capsularia ossis sesamoidei inferioris),
5. 5. die **Seitenbänder desselben** (ligamenta lateralia ossis sesamoidei inferioris).

Figur 9. Das Zungenbein, der Kehlkopf und ein Theil der Luftröhre mit Bändern, vom Pferde; von oben gesehen.

Knochen und Knorpel:

1. das Gabelheft oder der Handgriff (manubrium),
2. der Körper (basis) und
3.3. die Gabeläste des Zungenbeines (cornua majora ossis hyoidei),
4.4. die kleinen Zungenbeinäste (cornua lateralia inferiora s. minora hominis),
5.5. die großen Zungenbeinäste (cornua lateralia superiora), durch welche das Zungenbein mit den Felsentheilen der Schläfenbeine verbunden wird;
6. der Kehldeckel (epiglottis) ist zur Verschließung der Stimmritze beim Schlucken bestimmt,
7.7. die Gießkannenknorpel (cartilagines arytaenoideae) bilden durch ihre Bänder die Stimmritze,
8. der Ringknorpel (cartilago cricoidea), dessen Platte hier nur sichtbar ist,
9.9. die Luftröhrenringe (annuli tracheae).

Bänder:

a. das mittlere Zungenbein-Schildband (ligam. hyo-thyreoideum medium) und
b.b. die seitlichen Zungenbein-Schildbänder (ligamenta hyo-thyreoidea lateralia), durch welche das Zungenbein mit dem Kehlkopfe, leicht beweglich, verbunden wird;
c.c. die Ring-Gießkannenbänder (ligamenta crico-arytaenoidea) und
d.d. die seitlichen Schild-Ringbänder (lig. crico-thyreoidea lateralia) sind Kapselbänder;
e.e. die Bänder der Luftröhrenringe (ligam. annulorum tracheae),
f.f. die Kapselbänder der großen Zungenbeinäste (lig. capsularia cornuum lateralium superiorum),
g.g. die Kapselbänder der kleinen Zungenbeinäste (lig. caps. cornuum lateralium inferiorum).

Figur 10. Dieselben Theile, von der linken Seite gesehen.

Knochen und Knorpel:

1. das Gabelheft,

2. der linke Gabelast,
3. der linke kleine, und
4. der linke große Zungenbeinast,
5. der Kehldeckel,
6. der linke Gießkannenknorpel,
7. die linke äußere Fläche des Schildknorpels,
8. die linke äußere Fläche vom Reif des Ringknorpels,
9. 9. die Luftröhrenringe.

Bänder:

a. Kapselband des großen,
b. Kapselband des kleinen Zungenbeinastes,
c. das mittlere Zungenbein=Schildband,
d. das linke seitliche Zungenbein=Schildband,
e. das linke seitliche Ring=Gießkannenband,
f. das linke seitliche Schild=Ringband,
g. das mittlere Schild=Ringband,
h. das Ring=Luftröhrenband (lig. crico-tracheale),
i. i. die Bänder der Luftröhrenringe.

Tabula 15.

Figur 1. Der Hinterkopf und die vier ersten Halswirbel mit Bändern, vom Schweine; von oben und hinten gesehen.

Knochen:

1. das Hinterhauptsbein,
2. 2. die Scheitelbeine,
3. die Schläfenbeine,
4. 4. die Aeste des Unterkiefers,
5. 5. die Flügel oder Querfortsätze des Trägers (alae s. processus transversi atlantis),
6. der Bogen (arcus),
7. 7. die vordern äußern,
8. 8. die vordern innern Löcher des Trägers (foramina atlantis antica externa et interna),

9. Bogen und Kamm der Achse (arcus epistrophei cum crista) welcher, wie alle Halswirbel des Schweines, sehr kurz ist;
10. 10. die Zwischenwirbellöcher (foramina intervertebralia) sind zum Durchgange des 2ten Halsnervenpaares bestimmt,
11. 11. die Querfortsätze (processus transversi) haben noch flügelähnliche Fortsätze neben sich, durch welche die Beweglichkeit sehr gehemmt ist,
12.
14. } die Bogen des 3ten und 4ten Halswirbels, welche in spitzige Dornfortsätze auslaufen,
13. 13.
15. 15. } die Querfortsätze dieser Wirbel,
16. 16. die hintern schiefen Fortsätze (processus obliqui posteriores) des 4ten Halswirbels.

Bänder:

a. a. Kapselbänder des Unterkiefers (ligamenta capsularia maxillae inferioris),
b. b. das obere bedeckende Band (ligamentum obturatorium superius s. posterius), vereinigt das Hinterhaupt mit dem vordern Rande des Trägers, und verschließt den Raum zwischen beiden;
c. c.
d. f. } Zwischenbogenbänder des 2ten, 3ten und 4ten Halswirbels (ligamenta intercruralia), welche bei dem Schweine am größesten, da die Bogen am schmalsten sind,
e. e.
g. g. } Kapselbänder der schiefen Fortsätze (ligam. capsularia processuum obliquorum).

Figur 2. Dieselben Theile, nur sind die Bogen der vier Halswirbel entfernt, und der Wirbelkanal ist dadurch geöffnet.

Knochen:

1. das Hinterhauptsbein,
2. 2. die Schläfenbeine,
3. das große Hinterhauptsloch,
4. 4. der erste, 5. 5. der zweite, 6. 6. der dritte und 7. 7. der vierte Halswirbel; an dem 3ten und 4ten sind hier die flügelähnlichen Fortsätze neben den Querfortsätzen deutlich zu sehen.

Bänder:

a.a. die Kapselbänder der Knopffortsätze (ligam. capsularia proces. condyloideorum),

b.b. das obere Band des Zahnfortsatzes der Achse (lig. suspensorium epistrophei) geht von der Spitze des Zahnfortsatzes an das Hinterhauptsbein,

c. das Querband des Trägers (lig. atlantis transversarium) hält den Zahnfortsatz der Achse nieder, damit er nicht das Rückenmark drückt;

d.d. das obere lange Band (lig. longitudinale superius s. posterius hominis) geht durch den ganzen Wirbelkanal.

Figur 3. Ein Theil der äußern Schädelgrundfläche und die vier ersten Halswirbel mit Bändern, vom Schweine; von unten gesehen.

Knochen:

1. das Keilbein,
2.2. die Warzenfortsätze und
3.3. die Jochfortsätze der Schläfenbeine,
4.4. die Griffelfortsätze und
5. der Grundtheil des Hinterhauptsbeines,
6. der Körper des Trägers,
7. die äußern vordern Löcher desselben,
8—10. die Körper des 2ten bis 4ten Halswirbels.

Bänder:

a.a. das untere bedeckende Band (lig. obturatorium inferius s. anterius),

b. das grade Band (lig. rectum s. lacertus medius),

c.c. das Kapselband der Achse (lig. capsulare epistrophei),

d.d. die Zwischenwirbelbänder (ligamenta intervertebralia) bedecken die Zwischenwirbelknorpel,

e.e. die Seitenbänder des Trägers (ligamenta atlantis lateralia).

Figur 4. Die vier letzten Rückenwirbel und drei letzten Rippen mit Bändern, vom Schweine; von der linken Seite gesehen.

Knochen:

1—1. die Dornfortsätze der Wirbel,
2—2. die schiefen Fortsätze,
3—3. die obern Bogenlöcher, zum Durchgange der obern Nervenäste,
4—4. die Körper der Wirbel,
5—5. die Rippen.

Bänder:

a. a. die Kapselbänder der Rippenköpfchen (ligam. capsularia capitulorum costarum),
b. b. die äußern vordern Bänder der Rippen (lig. colli costarum externa),
c. c. die Kapselbänder der Rippenhöcker (lig. capsul. tuberculorum costarum),
d. d. d. die äußern hintern Bänder der Rippen (lig. transversaria externa),
e. das runde Band des Rippenköpfchens (ligamentum teres capituli costae),
f. f. f. die Zwischendornbänder (ligam. interspinalia).

Figur 5. Die vier letzten Rückenwirbel und die drei letzten Rippenpaare mit Bändern, vom Schweine; von unten gesehen.

a. a. Das untere lange Band (ligamentum longitudinale inferius s. anterius hominis),
b—b. die Zwischenwirbelbänder,
c—c. die Kapselbänder der Rippenköpfchen,
d—d. die inneren vorderen Bänder der Rippen (ligamenta colli costarum interna),
e—e. die Kapselbänder der Rippenhöcker,
f—f. die innern hintern Bänder der Rippen (lig. transversaria interna).

Figur 6. Die Knochen und Bänder der linken Vorder-Fußwurzel und des Vorderfußes mit Bändern, vom Schweine; von vorn gesehen.

Knochen:

1. das untere Ende der Speiche und
2. des Ellenbogenbeines,
3. das halbmondförmige Bein,
4. das dreieckige,
5. das unregelmäßige,
6. das kleine keilförmige,
7. das ungleich vierseitige und
8. das große keilförmige Bein.

9. 10. die Vorder-Mittelfußknochen oder Schienbeine der Afterzehen,

11. 12. dieselben Knochen der wahren Zehen,

13. 13. Fesselbeine, 14. 14. Kronenbeine, 15. 15. Hufbeine — der Afterzehen,

16. 16. Fesselbeine, 17. 17. Kronenbeine, 18. 18. Hufbeine — der wahren Zehen.

Bänder:

a. a. das innere vordere Seitenband (oben und unten abgeschnitten),

b. das vordere schiefe Band der Speiche und des halbmondförm. Beines (lig. carpi dorsale obliquum radii et ossis navicularis),

c. das vordere Querband des halbmondförm. und dreieckigen Beines (lig. dorsale transversum ossis navicularis et semilunaris),

d. das vordere Querband des dreieckigen und unregelmäßigen Beines (lig. dorsale transversum ossis semilunaris et triquetri),

e. e. das äußere lange Seitenband,

f. das vordere grade Band des halbmondförm. und kleinen keilförm. Beines (lig. dorsale rectum ossis navicularis et multanguli minoris),

g. das vordere grade Band des halbmondförm. und ungleich vierseitigen Beines (lig. dorsale rectum ossis navicularis et multanguli majoris),

h. das vordere Querband des ungleich vierseitigen und großen keilförm. Beines (lig. dors. transvers. ossis multanguli majoris et capitati),
i. das vordere schiefe Band des ungleich vierseit. und Schienbeines der innern Afterzehe (ligam. dors. obliq. ossis multang. majoris et metacarpi digiti primi),
k. das innere Band des kleinen keilförm. und Schienbeines der innern Afterzehe (lig. lateris radialis ossis multang. minoris et metacarpi digiti primi),
l. das vordere grade Band des ungleich vierseit. und Schienbeines der innern wahren Zehe (lig. dors. rectum ossis multang. majoris et metacarpi digiti secundi),
m. das äußere Band des großen keilförm. und Schienbeines der äußern Afterzehe (lig. lateris ulnaris ossis capitati et metacarpi digiti quarti),
n. das vordere Querband des kleinen keilförm. und ungleich vierseit. Beines (lig. dors. transv. ossis multangul. minoris et majoris),
o. das vordere besondere Band der Schienbeine der wahren Zehen (lig. dors. proprium ossium metacarpi digiti secundi et tertii),
p—p. Kapselbänder der Afterzehen (ligamenta capsularia digiti primi et quarti),
q—q. Kapselbänder der wahren Zehen (lig. capsular. digiti secundi et tertii),
r. s. das innere und äußere Seitenband der Fesselbeine der wahren Zehen,
t. u. das innere und äußere Seitenband der Strahlbeine,
v. w. das äußere und innere gemeinschaftliche Band der Kronen- und Hufbeine,
x. y. das innere und äußere Seitenband der Hufbeine,
z. das besondere Band der Fesselbeine der wahren Zehen (lig. proprium digiti secundi et tertii).

Figur 7. Dieselben Theile, von hinten gesehen.

Knochen:

1. das untere Ende des Wadenbeines,
2. das untere Ende des Schenkelbeines,
3. das Hakenbein,

4. das unregelmäßige,
5. das dreieckige,
6. das halbmondförmige,
7. das große keilförmige,
8. das ungleich vierseitige und
9. das kleine keilförmige Bein.

Bänder:

a. das hintere grade Band des Ellenbogen- und unregelmäßigen Beines (ligamentum volare rectum ulnae et ossis triquetri),
b. das hintere schiefe Band der Speiche und des unregelmäß. Beines (lig. vol. obliquum radii et ossis triquetri),
c. das hintere grade Band der Speiche und des dreieckigen Beines (lig. vol. rectum radii et ossis semilunaris),
d. das hintere grade Band der Speiche und des halbmondförm. Beines (lig. vol. rectum radii et ossis navicularis),
e. das hintere Querband des Haken- und unregelmäßigen Beines (lig. vol. transversum ossis hamati et triquetri),
f. das hintere obere und
g. das hintere untere Querband des unregelmäßigen und dreieckigen Beines (lig. vol. transv. ossis triquetri et semilunaris superius et inferius),
h. das hintere Querband des dreieckigen und halbmondförm. Beines (lig. vol. transvers. ossis semilunaris et navicularis),
i. das hintere grade Band des Hakenbeines (lig. volare rectum ossis hamati),
k. das hintere schiefe Band des großen keilförm. und dreieckigen Beines (lig. vol. obliquum ossis capitati et semilunaris),
l. das hintere grade Band des dreieckigen und ungleich vierseit. Beines (lig. vol. rectum ossis semilunaris et multanguli majoris),
m. das hintere grade Band des halbmondförm. und kleinen keilförm. Beines (lig. vol. rectum ossis navicularis et multanguli minoris),
n. das hintere Querband des großen keilförm. und ungleich vierseit. Beines (lig. vol. transversum ossis capitati et multanguli majoris),

o. das hintere Querband des ungleich vierseitigen und kleinen keilförm. Beines (lig. vol. transvers. ossis multanguli majoris et minoris),
p. das hintere Querband des großen keilförm. und Schienbeines der äußern wahren Zehe (ligam. vol. transvers. ossis capitati et metacarpi digiti tertii),
q. das hintere grade Band des ungleich vierseit. und Schienbeines der innern wahren Zehe (lig. vol. rectum ossis multang. majoris et metacarpi digiti secundi),
r. das hintere schiefe Band des ungleich vierseit. und Schienbeines der innern Afterzehe (lig. vol. obliquum ossis multang. majoris et metacarpi digiti primi),
s. das hintere grade Band des kleinen keilförm. und Schienbeines der innern Afterzehe (ligam. vol. rectum ossis multang. minoris et metacarpi digiti primi).
t. Das hintere Querband des Schienbeines der äußern Afterzehe und der äußern wahren Zehe (lig. vol. transvers. ossis metacarpi digiti quarti et tertii),
u.u.} v. } die hintern besondern Bänder der Schienbeine (ligamenta volaria propria ossium metacarpi digitorum),
w.w. Kapselbänder der Fesselbeine der Afterzehen (ligamenta capsularia phalangium primarum),
x.x. Seitenbänder der Strahlbeine der Afterzehen (lig. lateralia oss. sesamoid. inferiorum),
z.z. Querbänder der Sesambeine (ligamenta transversaria ossium sesamoideorum superiorum),
a.a. die untern Bänder der Sesambeine (lig. volaria oss. sesam. super.),
b.} c.} die hintern Bänder der Kronenbeine der wahren Zehen (lig. volar. phalangium secundarum),
d. das besondere Band der Fesselbeine (lig. proprium digitorum),
e.} f.} Seitenbänder der Strahlbeine (ligamenta lateralia oss. sesamoid. inferiorum),
g.g. Kapselbänder derselben (lig. eorum capsularia),
h.} i.} Seitenbänder der Kronenbeine (lig. lateralia phalangium secundarum).

Figur

Figur 8. Knochen und Bänder der linken Hinter-Fußwurzel des Schweines, von vorn gesehen.

Knochen:

1. das untere Ende des Schenkelbeines und
2. des Wadenbeines,
3. Rollbein,
4. Sprungbein,
5. großes schiffförmiges Bein,
6. Würfelbein,
7. kleines schiffförmiges Bein,
8. 9. Schienbeine.

Bänder:

a. das innere lange Seitenband (abgeschnitten),
b. das innere kurze Seitenband,
c. das untere Band des Schenkel- und Wadenbeines (lig. malleoli externi),
d. das äußere lange Seitenband (abgeschnitten),
e. das äußere kurze Seitenband,
f. das innere grade Band des Roll- und großen schiffförm. Beines (lig. dorsale rectum astragali et ossis navicularis),
g. g. das vordere grade Band des Roll- und innern Schienbeines (lig. dors. rectum astragali et ossis metatarsi secundi), welches oben und unten abgeschnitten ist,
h. das vordere grade Band des Sprung- und Würfelbeines (ligam. dors. rectum calcanei et ossis cuboidei),
i. das vordere Querband des großen schiffförm. und Würfelbeines (lig. dors. transvers. ossis navicularis et cuboidei),
k. das vordere grade Band des großen und kleinen schiffförm. Beines (lig. dors. rectum ossis navicular. et cuneiformis tertii),
l. das vordere Querband des kleinen schiffförm. und Würfelbeines (lig. dors. transversum ossis cuneiformis tertii et cuboidei),
m. das vordere schiefe Band des kleinen schiffförm. und zweiten Schienbeines (lig. dors. obliquum oss. cuneiform. tertii et metatarsi secundi),

n. das vordere schiefe Band des kleinen schiffförm. und dritten Schienbeines (lig. dors. obliquum ossis cuneiform. tertii et metatarsi tertii),
o. das vordere schiefe Band des Würfel- und dritten Schienbeines (lig. dors. obliquum ossis cuboidei et metatarsi tertii),
p. das äußere grade Band des Würfel- und vierten Schienbeines (lig. dors. rectum ossis cuboidei et metatarsi quarti),
q. das vordere Querband des Roll- und Sprungbeines (lig. dors. transversum astragali et calcanei),
r. Zwischenknochenband (lig. interosseum) des Schenkel- und Wadenbeines.

Figur 9. Dieselben Theile, von hinten gesehen.

Knochen:

1. das untere Ende des Schenkelbeines und
2. des Wadenbeines,
3. 3. das Sprungbein,
4. das Rollbein,
5. das große schiffförmige Bein,
6. das Würfelbein,
7. das Pyramidenbein,
8. das hintere Sesambein der Hinter-Fußwurzel,
9—11. Schienbeine.

Bänder:

a. das innere kurze Seitenband,
b. das hintere Band des Sprunggelenkes (abgeschnitten),
c. das äußere kurze Seitenband,
d. das hintere schiefe Band des Sprung- und großen schiffförm. Beines (lig. plantare obliquum calcanei et ossis navicularis),
e. das hintere grade Band des Sprung- und Würfelbeines (lig. plant. rectum ossis calcanei et cuboidei),
f. das hintere Querband des großen schiffförm. und Würfelbeines (lig. plant. transvers. ossis navicular. et cuboidei),
g. das hintere schiefe Band derselben (lig. plant. obliquum eorum),

h. das hintere schiefe Band des großen schiffförm. und Pyramidenbeines (lig. plant. obliquum ossis navicular. et cuneiformis primi),
i. das hintere grade Band des großen schiffförm. und hintern Sesambeines (lig. plant. rectum ossis navicularis et sesamoidei posterioris),
k. das hintere schiefe Band des Würfel und hintern Sesambeines (lig. plant. obliquum ossis cuboidei et sesamoidei posterioris),
l. das hintere grade Band des Pyramiden- und ersten Schienbeines (lig. plant. rectum ossis cuneiformis primi et metatarsi primi),
m. das hintere grade Band des hintern Sesambeines und 2ten Schienbeines (lig. plant. rectum ossis sesamoidei posterior. et metatarsi secundi),
n. das hintere grade Band des Würfel- und 4ten Schienbeines (lig. plant. rectum ossis cuboidei et metatarsi quarti).

Figur 10. Dieselben Theile, von der innern Seite gesehen.

Knochen:

1. das große und
2. das kleine schiffförmige oder dritte keilförmige Bein,
3. das zweite keilförmige Bein,
4. das erste keilförmige oder Pyramidenbein,
5. das hintere Sesambein.

Bänder:

a. das innere lange Seitenband (abgeschnitten),
b. das innere kurze Seitenband,
c.c. das vordere grade Band des Roll- und 2ten Schienbeines (abgeschnitten),
d. das innere grade Band des Roll- und großen schifform. Beines (lig. dorsale rectum astragali et ossis navicularis),
e. das vordere grade Band des großen und kleinen schiffförm. Beines,
f. das innere Querband des dritten und zweiten keilförm. Beines (lig. dors. transversum ossis cuneiformis tertii et secundi),

g. das innere Querband des zweiten und ersten keilförm. Beines (lig. dors. transvers. ossis cuneiform. secundi et primi),

h. das innere schiefe Band des dritten keilförm. und zweiten Schienbeines (lig. dors. obliquum ossis cuneiformis tertii et metatarsi secundi),

i. das hintere grade Band des dritten keilförm. und ersten Schienbeines,

k. das hintere grade Band des großen schiffförm. Beines und hintern Sesambeines,

l. das hintere grade Band des hintern Sesambeines und zweiten Schienbeines.

Tabula 16.

Figur 1. Knochen und Bänder der linken vordern Gliedmaaße des Schweines, von der äußern Seite gesehen.

Knochen:

1. der Schulterblattknorpel,
2. das Schulterblatt, dessen Gräte nach hinten umgebogen ist,
3. das Armbein,
4. die Speiche,
5. das Ellenbogenbein reicht bis zum untern Ende der Speiche herab,
6. das Hakenbein,
7. das Schienbein der äußern wahren Zehe,
8. das Schienbein der äußern Afterzehe,

9—12. Fessel=, Kronen=, Huf= und Strahlbein der äußern wahren Zehe,

13—17. dieselben Knochen der äußern Afterzehe.

Bänder:

a. das äußere Band des Schulterblattknorpels (ligamentum cartilaginis scapulae externum) verbindet den Knorpel mit dem Schulterblatt unbeweglich,

b. das Kapselband des Armbeines (ligam. brachii capsulare),

c. c. das Kapselband des Vorarmes (ligam. capsul. antibrachii),
d. das äußere Seitenband des Vorarmes (lig. laterale antibrachii externum),
e. das Zwischenknochenband (ligam. interosseum) der Speiche und des Ellenbogens,
f. das Kapselband der Vorder-Fußwurzel (ligam. carpi capsulare),
g. das äußere kurze Seitenband derselben (ligam. carpi lateris ulnaris breve),
h. das äußere lange Seitenband (lig. carpi later. ulnar. longum),
i. das hintere grade Band des Hakenbeines (lig. volare rectum ossis hamati),
k. das Seitenband des dritten und vierten Schienbeines (lig. laterale ossis metacarpi tertii et quarti),
l. o. r. } Kapselbänder der Zehenglieder (ligamenta capsularia phalangium),
m. das äußere Seitenband des Fesselbeines der äußern wahren Zehe (lig. lateris ulnaris phalangis primae digiti tertii),
n. das hintere Band des Kronenbeines (lig. volare rectum phalangis secundae),
p. das äußere Seitenband des Kronenbeines (lig. later. ulnaris phalang. secundae),
q. das äußere Seitenband des Strahlbeines (lig. later. ulnar. ossis sesamoidei inferioris),
s. das äußere Seitenband des Hufbeines (lig. later. ulnar. phalangis tertiae),
t. das äußere Seitenband der Sesambeine der äußern Afterzehe (lig. later. ulnar. ossium sesamoideorum superiorum digiti quarti),
u. das äußere Seitenband des Fesselbeines derselben (lig. later. ulnar. phalangis primae digiti quarti),
v. w. x. } wie p. q. s.
z—z. Kapselbänder.

Figur 2. Die Knochen und Bänder der rechten vordern Gliedmaaße des Schweines, von der innern Seite gesehen.

a. Das innere Band des Schulterblattknorpels (lig. cartilaginis scapulae internum),
b.
c. } wie bei Fig. 1.,
d. das innere Seitenband des Vorarmes (lig. laterale antibrachii internum),
e. Kapselband der Vorder-Fußwurzel,
f. das innere vordere Seitenband derselben (lig. carpi lateris radialis anticum),
g. das innere hintere Seitenband derselben (lig. carpi later. radialis posticum),
h. das hintere grade Band des Hakenbeines.

Die Bänder an den Zehen sind an der innern Seite, wie an der äußern.

Figur 3. Die Knochen und Bänder der linken hintern Gliedmaaße des Schweines, von der äußern Seite.

Knochen:

a. a. das linke Beckenbein,
b. das Kreuzbein,
c. das Backenbein,
d. die Kniescheibe,
e. e. das Schenkelbein,
f. f. das Wadenbein,
g. das Sprungbein,
h. die Schienbeine der wahren Zehen,
i. das Schienbein der äußern Afterzehe.

Bänder:

1. das vordere Kreuz-Darmbeinband (ligamentum ilio-sacrum longum),
2. das Kreuz-Sitzbeinband (lig. spinoso- et tuberoso-sacrum),
2 b. das hintere Kreuz-Darmbeinband (lig. ilio-sacrum breve),
3. das Kapselband des Backenbeines (lig. femoris capsulare),

4.4. das Kapselband der Kniescheibe (lig. capsulare patellae),
5. das äußere Querband derselben (lig. patellae transversum externum),
6. das äußere grade Band derselben (lig. patellae rectum externum),
7. das vordere grade Band derselben (lig. patellae rectum anticum),
8.8. das Kapselband des Schenkelbeines (ligam. capsulare tibiae),
9. das äußere Seitenband desselben (ligam. tibiae laterale externum),
10. das Kapselband des Wadenbeines (lig. capsulare fibulae),
10b. das Zwischenknochenband (lig. interosseum tibiae et fibulae) des Schenkel= und Wadenbeines.
11. Das Kapselband des Sprunggelenkes (ligam. tarsi capsulare),
12. das äußere kurze Seitenband desselben (lig. fibulare calcanei et astragali),
13. das äußere lange Seitenband desselben (lig. tarsi laterale externum),
14. das äußere Seitenband des Sprung= und Schienbeines der vierten Zehe (lig. dorsale calcanei et ossis metatarsi digiti quarti),
15. das hintere Band des Sprunggelenkes (lig. tarsi plantare).

Die Bänder der Zehen wie an den vordern Gliedmaaßen.

Figur 4. Die Knochen und Bänder der rechten hintern Gliedmaaße des Schweines, von der innern Seite.

Knochen:

a. a. das rechte Beckenbein,
b. b. das Kreuzbein.

Bänder:

1. das untere Kreuz=Darmbeinband (lig. ilio-sacrum inferius s. laterale anticum hominis),
2. das Kreuz=Sitzbeinband (2. Fig. 3.)
3. das runde Band des Backenbeines (lig. teres femoris),

4.4. das Kapselband der Kniescheibe (4.4. Fig. 3.),
5. das innere Querband der Kniescheibe (lig. patellae transversum internum),
6. das innere grade Band derselben (lig. pat. rectum internum),
7. das vordere grade Band derselben (7. Fig. 3.),
8.8. das Kapselband des Schenkelbeines (8.8. Fig. 3.),
9. das innere Seitenband desselben (lig. tibiae laterale internum),
10.10. das Kapselband des Sprunggelenkes (11. Fig. 3.),
11. das innere kurze Seitenband desselben (ligam. deltoideum),
12. das innere lange Seitenband desselben (lig. tarsi laterale internum),
13. das innere Band des Roll- und Schienbeines (lig. dorsale astragali et metatarsi),
14. das hintere Band des Sprunggelenkes (15. Fig. 3.).

Tabula 17.

Figur 1. Das Brustbein und die Knorpel der wahren Rippen mit Bändern, vom Pferde; von der linken Seite gesehen.

Knochen und Knorpel:

1.1. das Brustbein (sternum), welches aus 6 Knochenstücken zusammengesetzt ist,
2.2. der Schnabel- oder Habichtsknorpel (cartilago sterni anterior s. manubrium) nimmt das erste Rippenpaar in seine Vertiefungen auf, und bildet den unteren scharfen Rand des Brustbeines; er findet sich nur bei dem Pferde;
3. der Schaufel- oder Schwertknorpel (cartilago xiphoidea),
4. die Knorpel der wahren Rippen (cartilagines costarum verarum),
5.5. die untern Enden der drei ersten Rippen (extremitates costarum inferiores s. anteriores hom.).

Bänder:

a. a. die **Kapselbänder der Rippenknorpel** (ligamenta capsularia cartilaginum costarum) sind äußerlich durch Bandfasern verstärkt und verbinden die Theile ziemlich straff;

b. b. die **untern Bänder der Rippen** (lig. costarum inferiora s. anteriora) sind faserige Bänder, und verbinden die Rippen mit den Knorpeln unbeweglich.-

---

Figur 2. Das Brustbein und die Knorpel der wahren Rippen mit Bändern, vom Pferde; von oben gesehen.

Knochen und Knorpel:

1. der Schnabel= oder Habichtsknorpel,
2. der Schaufel= oder Schwertknorpel füllt den Raum zwischen den letzten wahren Rippenknorpeln fast aus, und trägt schon zur Bildung der untern Wand der Bauchhöhle bei,

3. 3. die Rippenknorpel,

4. 4. die untern Enden der Rippen.

Bänder:

a. a. das **obere Band des Brustbeines** (ligamentum sterni proprium superius s. posterius) besteht aus drei Schenkeln, von welchen die beiden seitlichen tiefer liegen, als der mittlere, und sich mit

b. b. den **strahligen Bändern** (ligamenta radiata) der Rippenknorpel vermischen.

Figur 3. Das Brustbein und die Knorpel der wahren Rippen mit Bändern, vom Rinde; von oben gesehen.

1. 1. Das Brustbein,

2. 2. die Knorpel der wahren Rippen,

3. 3. die unteren Enden derselben,

4. der Schaufel= oder Schwertknorpel.

a. a. Das obere Band des Brustbeines, ist hier einfach,

b. b. die strahligen Bänder der Rippenknorpel,

c. c. die unteren Bänder der Rippen.

Figur 4. Dieselben Teile, von unten gesehen.

Das erste und zweite Stück des Brustbeines verwachsen nicht, sondern sind etwas beweglich, daher durch

a. das **Kapselband des Brustbeines** (lig. sterni capsulare) verbunden; durch

b. b. die **untern Bänder desselben** (ligamenta sterni propria inferiora) sind die übrigen Stücke des Brustbeines, die jedoch unter sich verwachsen, inniger verbunden;

c. c. Kapselbänder der Rippenknorpel,

d. d. die unteren Bänder der Rippen.

Figur 5. Das Brustbein und die Knorpel der wahren Rippen mit Bändern, vom Schweine; von oben gesehen.

Knochen und Knorpel:

1. 1. das Brustbein hat am vorderen Ende, statt des Knorpels, einen spitzigen Knochenfortsatz, und das erste Stück ist mit dem zweiten beweglich verbunden;

2. 2. die Knorpel der wahren Rippen, die am ersten Rippenpaare fehlen;

3. 3. die unteren Enden derselben,

4. der Schaufel- oder Schwertknorpel des Brustbeines.

Bänder:

a. das obere Band des Brustbeines, liegt hier in der Mitte und ist einfach;

b. b. die Kapselbänder des ersten Rippenpaares, welches, ohne Knorpel, mit einer runden Erhabenheit des ersten Brustbeinstückes verbunden ist;

c. c. die strahligen Bänder der Rippenknorpel,

d. d. die unteren Bänder der Rippen.

Figur 6. Das Brustbein und die Knorpel der wahren Rippen mit Bändern, von der Katze; von oben gesehen.

Knochen und Knorpel:

1. 1. das Brustbein, welches aus acht Stücken besteht;

2. der Schaufel- oder Schwertknorpel,
3. 3. die Knorpel der wahren Rippen,
4. 4. die unteren Enden derselben.

Bänder:

a. a. das obere Band des Brustbeines,
b. b. die strahligen Bänder der Rippenknorpel,
c. c. die unteren Bänder der Rippen.

Figur 7. Das Brustbein und die Knorpel der wahren Rippen mit Bändern, vom Hunde; von oben gesehen.

Wie Figur 6.

Tabula 18.

Figur 1. Der Hinterkopf und die vier ersten Halswirbel mit Bändern, vom Hunde; von hinten und oben gesehen.

Knochen:

1. das Hinterhauptsbein,
2. 2. die Jochfortsätze der Schläfenbeine,
3. 3. der erste Halswirbel oder Träger,
4. der zweite Halswirbel oder Achse,
5. der dritte und
6. der vierte Halswirbel.

Bänder:

a. a. die Kapselbänder des Unterkiefers (ligamenta capsularia maxillae inferioris),
b. b. die Seitenbänder des Trägers (lig. atlantis lateralia s. accessoria), welche bei dem Hunde am Nackenfortsatze und nicht an den Griffelfortsätzen des Hinterhauptsbeines entspringen;
c. c. c. das obere bedeckende Band (ligamentum obturatorium superius s. posterius hom.) ist einem Zwischenbogenbande der übrigen Wirbel gleich,

d. d. die Zwischenbogenbänder der Achse (lig. intercruralia epistrophei),
e. e. die Kapselbänder derselben (ligam. capsularia epistrophei),
f. } die Zwischenbogenbänder des dritten und vier-
h. } ten Halswirbels (ligamenta intercruralia vertebrae colli tertiae et quartae),
g—g. die Kapselbänder der schiefen Fortsätze (lig. capsularia processuum obliquorum).

Figur 2. Dieselbe Ansicht derselben Theile, nur ist hier der Wirbelkanal geöffnet.

a. a. die Seitenbänder des Zahnfortsatzes der Achse (ligamenta lateralia s. alaria processus odontoidei), indem das Aufhängeband fehlt;
b. b. das Querband oder kreuzförmige Band des Trägers (ligamentum transversum s. cruciforme atlantis),
c. c. das obere lange Band (lig. longitudinale superius).

Figur 3. Dieselben Theile, von unten gesehen.

Knochen:

1. 1. Jochfortsätze der Schläfenbeine,
2. 2. Gelenkfortsätze des Unterkiefers,
3. 3. Warzenfortsätze oder Paukentheile der Schläfenbeine,
4. Grundtheil des Hinterhauptsbeines.

Bänder:

a. das untere grade Band des Trägers (ligamentum rectum s. lacertus medius atlantis),
b. b. das untere bedeckende Band (lig. obturatorium inferius), beide verbinden den Träger mit dem Hinterhauptsbeine;
c. das untere Band der Achse (lig. epistrophei inferius),
d. d. die Kapselbänder derselben,
e. e. die Zwischenwirbelbänder (ligamenta intervertebralia), welche die Zwischenwirbelknorpel bedecken und die Körper der Wirbel verbinden.

Figur 4. Die vier ersten Rückenwirbel und drei Rippen mit Bändern, vom Hunde; von der linken Seite gesehen.

Knochen:

1.1. die Dornfortsätze,
2.2. die schiefen Fortsätze,
3.3. die Körper der Wirbel,
4.4. die Rippen,
5.5. die Zwischenwirbellöcher.

Bänder:

a.a. Kapselbänder der Rippenköpfchen (ligamenta capsularia capitulorum costarum),
b.b. die äußern vorderen Bänder der Rippen (lig. colli costarum externa),
c—c. die Kapselbänder der Rippenhöcker (lig. caps. tuberculorum costarum),
d.d. die äußern hinteren Bänder der Rippen (lig. transversia externa),
e.e. die Zwischendornbänder (lig. interspinalia).

Figur 5. Die vier ersten Rückenwirbel und drei Rippenpaare mit Bändern, vom Hunde; von unten gesehen.

1.1. Die Körper der Wirbel und ihre untere Fläche,
2.2. die Rippen und ihre innere Fläche.
a.a. Das untere lange Band (lig. longitudin. inferius),
b.b. die Kapselbänder der Rippenköpfchen,
c.c. die innern vorderen Bänder der Rippen (lig. colli costarum interna),
d—d. Kapselbänder der Rippenhöcker,
e.e. die innern hinteren Bänder der Rippen (lig. transversaria interna),
f.f. die Zwischenwirbelbänder (e. e. Fig. 3.),
g.g. die runden Bänder der Rippen (ligam. costarum teretia).

Figur 6. Das Zungenbein und der Kehlkopf mit Bändern, vom Schweine; von oben und hinten gesehen.

Knochen und Knorpel:

1. der Grund oder Körper des Zungenbeines (basis ossis hyoidei),
2.2. die unteren Aeste desselben (cornua lateralia inferiora s. minora hominis),
3.3. die mittleren Aeste (cornua lateralia media),
4.4. die oberen oder großen Aeste (cornua lateralia superiora),
5. der Kehldeckel (epiglottis) ist nur mit dem Körper des Zungenbeines, nicht mit dem Schildknorpel innig verbunden;
6.6. die Gießkannenknorpel (cartilag. arytaenoideae),
7. der Zwischenknorpel (cartil. interarticularis Brandt),
8.8. der Schildknorpel (cartilago thyreoidea),
9. der Ringknorpel (cart. cricoidea), die Platte desselben,
10. ein Theil der Luftröhre.

Bänder:

a.a—c.c. Kapselbänder der Zungenbeinäste (ligam. capsularia cornuum lateralium ossis hyoidei),
d.d. die seitlichen Zungenbein-Schildbänder (lig. hyo-thyreoidea lateralia),
e.e. die Bänder des Zwischenknorpels (lig. cartilaginis interarticularis),
f.f. die Ring-Gießkannenbänder (lig. crico-arytaenoidea),
g.g. die seitlichen Schild-Ringbänder (lig. thyreo-cricoidea lateralia).

Figur 7. Dieselben Theile, von unten gesehen.

Knochen und Knorpel:

1. der Körper des Zungenbeines,
2.2. die Gabeläste (cornua majora),
3.3. die unteren Zungenbeinäste,
4. der Schildknorpel,
5. der Reif des Ringknorpels.

Bänder:

a. das mittlere Zungenbein=Schildband (ligam. hyo-thyreoideum medium),
b. das mittlere Schild=Ringband (lig. thyreo-cricoideum medium).

Figur 8. Das Zungenbein und der Kehlkopf mit Bändern, vom Hunde; von oben und hinten.

Knorpel:

1. der Kehldeckel (hintere Fläche),
2.2. die keilförmigen Knorpel (cartilagines cuneiformes s. corpuscula Wrisbergiana),
3.3. die Gießkannenknorpel,
4. der Zwischenknorpel,
5. die Platte des Ringknorpels,
6.6. der Schildknorpel,
7.7. die Luftröhre.

Bänder:

a.a. die seitlichen Zungenbein=Schildbänder,
b.b. die seitlichen Schild=Ringbänder,
c.c. die Ring=Gießkannenbänder.

Figur 9. Dieselben Theile, von unten.

Knochen und Knorpel:

1. der Grund oder Körper des Zungenbeines,
2.2. die Gabeläste,
3.3. die unteren,
4.4. die mittleren und
5.5. die oberen Aeste des Zungenbeines,
6. der Kehldeckel (vordere Fläche),
7. der Schildknorpel (äußere Fläche),
8. der Reif des Ringknorpels.
9. Luftröhre.

Bänder:

a.a. Kapselbänder der Gabeläste (ligamenta capsularia cornuum majorum),
b.b—d.d. Kapselbänder der Zungenbeinäste,
e. das mittlere Zungenbein=Schildband,
f. das mittlere Schild=Ringband.

Tabula 19.

Figur 1. Die Knochen und Bänder der linken vorderen Gliedmaaße des Hundes, von der äußern Seite.

a. Das Schulterblatt (dem der Knorpel am oberen Ende fehlt),
b. das Armbein,
c. c. die Speiche,
d. d. das Ellenbogenbein,
e. das Hakenbein,
f—i. Schienbeine oder Vorder-Mittelfußknochen der zweiten bis fünften Zehe.
k. Sesambeine,
l—n. die drei Glieder jeder Zehe.

Bänder:

1. das Kapselband des Armes (lig. brachii capsulare),
2. das Kapselband des Vorarmes (lig. capsul. antibrachii),
3. das Ringband der Speiche (lig. radii annulare),
4. das äußere Seitenband des Vorarmes (ligam. antibr. laterale externum),
5. das Zwischenknochenband (lig. interosseum),
6. das Kapselband der Vorder-Fußwurzel (ligam. carpi capsulare),
7. das äußere lange Seitenband (lig. carpi laterale externum longum),
8. das hintere grade Band des Hakenbeines (lig. volare rectum ossis hamati),
9. das Kapselband und vordere Sesambein des ersten Zehengliedes (lig. capsulare et os sesamoideum anticum phalangis primae),
10. das äußere Seitenband der oberen hinteren Sesambeine (lig. lateris ulnaris ossium sesamoideorum superiorum),
11. das äußere Seitenband des ersten Zehengliedes (lig. lat. ulnaris phalang. primae),
12. das Kapselband und vordere Sesambein des zweiten Zehengliedes (lig. capsulare et os sesamoid. anticum phalangis secundae),

13.

13. das äußere Seitenband desselben (lig. later. ulnar. phalang. secundae),
14. das äußere Seitenband des unteren hinteren Sesambeines oder Strahlbeines (lig. later. ulnaris ossis sesamoid. inferioris),
15. das äußere Seitenband des dritten Zehengliedes (lig. later. ulnaris phalangis tertiae),
16. das obere äußere Band desselben (lig. dorsale externum phal. tert.),
17. das Kapselband des dritten Zehengliedes.

Figur 2. Die Knochen und Bänder der rechten vorderen Gliedmaaße des Hundes, von der inneren Seite gesehen.

Die Knochen wie bei Fig. 1.

Bänder:

1. das Kapselband des Armes
2. das Kapselband des Vorarmes } (1. 2. 3. Fig. 1.),
3. das Ringband der Speiche
4. das innere Seitenband des Vorarmes (lig. antibrachii laterale internum),
5. das Kapselband der Vorder-Fußwurzel (6. Fig. 1.),
6. das innere vordere Seitenband derselben (lig. carpi later. radialis anticum),
7. das innere mittlere Seitenband derselben (lig. carpi later. radialis medium),
8. das hintere grade Band des Hakenbeines (8. Fig. 1.),
9. das Kapselband des ersten Zehengliedes der ersten Zehe (ligam. capsulare phalangis primae digiti primi),
10. das innere Seitenband der Sesambeine (lig. later. radial. ossium sesamoideorum superiorum),
11. das innere Seitenband des ersten Zehengliedes (lig. later. radialis phal. primae),
12. das innere Seitenband des dritten Zehengliedes (lig. later. radial. phalangis tertiae),
13. das Kapselband desselben.

Figur 3. Die Knochen und Bänder der linken hinteren Gliedmaaße des Hundes, von der äußern Seite.

Knochen:

a. a. das linke Beckenbein,
b. das Kreuzbein,
c. der erste Schwanzwirbel,
d. Backenbein, e. Kniescheibe,
f. f. Schenkelbein und g. g. Wadenbein,
h. das Sprungbein.

Bänder:

1. das vordere Kreuz-Darmbeinband (lig. ilio-sacrum longum),
2. das Kapselband des Backenbeines (lig. capsulare femoris),
3. 3. das Kapselband der Kniescheibe (ligam. capsul. patellae),
4. das äußere Querband derselben (lig. transvers. patellae externum),
5. das vordere grade Band der Kniescheibe (ligam. rectum patellae anticum), welches allein die Kniescheibe mit dem Schenkelbeine verbindet, indem die bei den größeren Hausthieren vorkommenden, graden Seitenbänder fehlen.
6. 6. Die Bänder des äußern Sesambeines am Backenbeine (lig. ossis sesamoidei externi femoris),
7. 7. das Kapselband des Schenkelbeines (lig. capsulare tibiae),
8. das äußere Seitenband desselben (lig. tibiae laterale externum).
9. das Kapselband des Wadenbeines (lig. capsulare fibulae),
10. das äußere kurze Seitenband der Hinter-Fußwurzel (lig. fibulare calcanei et astragali),
11. das äußere lange Seitenband derselben (lig. tarsi laterale externum),
12. das vordere grade Band des Rollbeines und Hinter-Mittelfußes (lig. dorsale rectum astragali et metatarsi),
13. das hintere Band der Hinter-Fußwurzel (lig. tarsi plantare rectum),

14. das äußere grade Band des Sprungbeines und Hinter=Mittelfußknochens der fünften Zehe (lig. laterale rectum ossis calcanei et metatarsi digiti quinti),
15. das Kapselband der Hinter=Fußwurzel (lig. tarsi capsulare).

Figur 4. Die Knochen und Bänder der rechten hintern Gliedmaaße des Hundes, von der innern Seite gesehen.

Knochen:

a. a. das rechte Beckenbein,
b. das Kreuzbein,
c. der erste Schwanzwirbel,
d. der unvollkommene Hinter=Mittelfußknochen der ersten (großen) Zehe,
e. das innere Sesambein am Backenbeine.

Bänder:

1. das runde Band des Backenbeines (lig. femoris teres),
2. 2. das Kapselband der Kniescheibe (3. 3. Fig. 3.),
3. das innere Querband derselben (lig. transvers. patellae internum),
4. das vordere grade Band der Kniescheibe (5. Fig. 3.),
5. das Kapselband des Schenkelbeines (7. 7. Fig. 3.),
6. das innere Seitenband des Schenkelbeines (lig. tibiae laterale internum),
7. 7. die Bänder des inneren Sesambeines am Backenbeine (lig. ossis sesamoidei interni femoris),
8. das untere Kreuz=Darmbeinband (lig. ilio-sacrum inferius s. laterale anterius hominis),
9. das hintere Kreuz=Darmbeinband (lig. ilio-sacrum breve),
10. das Kapselband der Hinter=Fußwurzel,
11. das innere lange Seitenband derselben (ligam. tarsi laterale internum),
12. das innere kurze Seitenband (lig. deltoideum),
13. das vordere grade Band des Rollbeines und des Hinter=Mittelfußes (12. Fig. 3.),

14. das hintere Band der Hinter=Fußwurzel (13. das.),
15. das innere schiefe Band des Pyramidenbeines und des zweiten Hinter=Mittelfußknochens (lig. obliquum internum ossis cuneiformis primi et metatarsi secundi).

Tabula 20.

Figur 1. Die Knochen und Bänder des rechten Vorder=Fußes vom Hunde, von vorn gesehen.

Knochen:

a. das untere Ende des Ellenbogenbeines,
b. das untere Ende der Speiche,
c. das Hakenbein,
d. das unregelmäßige Bein,
e. das halbmondförmige,
f. das große keilförmige,
g. das dreieckige,
h. das ungleich vierseitige,
i. das kleine keilförmige Bein,
k.k. die fünf Vorder=Mittelfußknochen,
l.l. die ersten Glieder der Zehen,
m.m. die zweiten und
n.n. die dritten Glieder.

Bänder:

1. das äußere lange Seitenband der Vorder=Fußwurzel, abgeschnitten (7. Tab. 19. Fig. 1.),
2. das vordere grade Band des Ellenbogen= und unregelmäßigen Beines (lig. dorsale rectum ulnae et ossis triquetri),
3. das vordere schiefe Band der Speiche und des unregelmäßigen Beines (lig. dorsale obliquum radii et ossis triquetri),
4. das vordere Querband des unregelmäß. und halbmondförm. Beines (lig. dorsale transversum ossis triquetri et navicularis),

5. das vordere schiefe Band des großen keilförm. und fünften Vorder=Mittelfußknochens (lig. dors. obliq. ossis capitati et metacarpi quinti),
6. das vordere schiefe Band des unregelmäß. und großen keilförm. Beines (lig. dors. obliq. ossis triquetri et capitati).
7. das vordere schiefe Band des halbmondförm. und großen keilförm. Beines (lig. dors. obliq. ossis navicularis et capitati),
8. das vordere Querband des großen keilförm. und dreieckigen Beines (lig. dors. transversum ossis capitati et semilunaris),
9. das vordere schiefe Band des halbmondförm. und ungleich vierseit. Beines (lig. dors. obliq. ossis navicular. et multanguli majoris),
10. das vordere Querband des dreieckigen und ungleich vierseit. Beines (lig. dors. transvers. ossis semilunaris et multang. majoris),
11. das vordere schiefe Band des ungleich vierseit. und ersten und zweiten Vorder=Mittelfußknochens (lig. dors. obliq. ossis multang. majoris et metacarpi primi et secundi),
12. das vordere schiefe Band des kleinen keilförm. und des zweiten Vorder=Mittelfußknochens (lig. dors. obliq. ossis multang. minoris et metacarpi secundi),
13. das vordere grade Band des kleinen keilförm. und ersten Vorder=Mittelfußknochens (ligam. dors. rectum ossis multang. minoris et metacarpi primi),
14. das innere mittlere Seitenband (7. Fig. 2. Tab. 19.),
15. das innere vordere Seitenband (6. das.), abgeschnitten;
16. die vordern besonderen Bänder der Vorder=Mittelfußknochen (ligamenta dorsalia propria ossium metacarpi),
17.} 18.} das innere und äußere Seitenband der ersten Zehenglieder) (lig. lateris radialis et ulnaris phalangium primarum),
19. 19. Kapselbänder und vordere Sesambeine der ersten Zehenglieder,
20. 20. Kapselbänder und vordere Sesambeine der zweiten Zehenglieder,
21. 21. Vordere Bänder der dritten Zehenglieder,
22. 22. Kapselbänder derselben (Tab. 19. Fig. 1.).

Figur 2. Dieselben Theile, von hinten gesehen.

Knochen:

a. das untere Ende der Speiche,
b. das untere Ende des Ellenbogenbeines,
c. das halbmondförmige Bein,
d. das Hakenbein,
e. das unregelmäßige,
f. das große keilförmige,
g. das dreieckige,
h. das ungleich vierseitige und
i. das kleine keilförmige Bein;
k. das hintere innere und
l. das hintere äußere Sesambein der Vorder-Fußwurzel; beide Knochen kommen bei den größern Thieren nicht vor.

Bänder:

1. das innere kurze Seitenband,
2. das hintere schiefe Band des Ellenbogen- und halbmondförm. Beines (lig. volare obliq. ulnae et ossis navicularis),
3. das hintere grade Band des Ellenbogen- und Hakenbeines (ligam. volare rectum ulnae et ossis hamati),
4. das innere Band des kleinen keilförm. und ersten Vorder-Mittelfußknochens (lig. laterale internum ossis multanguli minoris et metacarpi primi),
5. das hintere schiefe Band des halbmondförm. und hinteren inneren Sesambeines (lig. vol. obliq. ossis navicular. et sesamoidei posterioris interni),
6. das hintere schiefe Band des hinteren inneren Sesambeines und zweiten Vorder-Mittelfußknochens (lig. vol. obliq. ossis sesamoid. poster. interni et metacarpi secundi),
7. das hintere schiefe Band desselben und des dritten Vorder-Mittelfußknochens (lig. vol. obliq. oss. sesam. poster. interni et metacarpi tertii),
8. das hintere Querband des ungleich vierseit. und dreieckigen Beines (lig. vol. transversum ossis multang. majoris et semilunaris),
9. das hintere schiefe Band des ungleich vierseit. und hinteren äußeren Sesambeines (lig. vol. obliq. ossis multang. major. et sesamoidei posterioris externi),

10. das hintere Querband des dreieckigen und großen keilförm. Beines (lig. vol. transvers. ossis semilunaris et capitati),
11. das hintere schiefe Band des großen keilförm. und Hakenbeines (lig. vol. obliq. ossis capitati et hamati),
12. das hintere Querband des halbmondförm. und Hakenbeines (lig. vol. transversum ossis navicularis et hamati),
13. das hintere schiefe Band des Haken- und hinteren äußeren Sesambeines (lig. vol. obliq. ossis hamati et sesamoidei posterioris externi),
14. das hintere grade Band des Hakenbeines (lig. vol. rectum ossis hamati),
15. das hintere grade Band des dreieckigen
16. das hintere grade Band des großen keilförm. und hinteren äußern Sesambeines (ligam. vol. recta oss. semilun., capitati et sesamoid. poster. externi),
17. das hintere grade Band des hinteren äußeren Sesambeines und vierten Vorder-Mittelfußknochens (lig. vol. rectum ossis sesamoid. posterior. externi et metacarpi quarti),
18. 18. Querbänder der Sesambeine (ligam. ossium sesamoideorum superiorum transversa),
19. 19. die unteren Bänder derselben (lig. oss. sesam. superior. volaria),
20. 20. die Seitenbänder der ersten Zehenglieder (ligamenta lateralia phalangium primarum),
21. 21. die Seitenbänder der zweiten Zehenglieder (lig. lateral. phalangium secundarum),
22. 22. die Kapselbänder derselben,
23. 23. die Kapselbänder der untern Sesam- oder Strahlbeine (lig. capsularia ossium sesamoideorum inferiorum).

Figur 3. Die Knochen und Bänder des rechten Kniegelenkes vom Hunde, von vorn gesehen.

Knochen und Knorpel:

1. das untere Ende des Backenbeines,
2. der äußere und
3. der innere halbmondförmige Knorpel,
4. das obere Ende des Wadenbeines,

5. das obere Ende des Schenkelbeines,
6. die Kniescheibe.

Bänder:

a. das **hintere gekreuzte Band** (ligam. cruciatum posticum),
b. das **vordere gekreuzte Band** (ligament. cruciatum anticum),
c. das **vordere Band des äußern halbmondförm. Knorpels** (lig. cartilaginis semilunaris externae anticum),
d. das **vordere Band des innern halbmondförm. Knorpels** (lig. cartilagin. semilun. internae anticum),
e. das äußere und
f. das innere Seitenband des Schenkelbeines,
g. das vordere grade Band der Kniescheibe (zurückgeschlagen),
h. das Zwischenknochenband des Waden= und Schenkelbeines.

Figur 4. Dieselben Theile, von hinten gesehen.

Knochen und Knorpel:

1. das untere Ende des Backenbeines,
2. 2. die Sesambeine am Backenbeine,
3. der innere und
4. der äußere halbmondförmige Knorpel,
5. das obere Ende des Schenkelbeines und
6. des Wadenbeines.

Bänder:

a. a. die Bänder der Sesambeine am Backenbeine (Tab. 19. Fig. 3. 4.),
b. das innere und
c. das äußere Seitenband des Schenkelbeines (das.),
d. das **hintere gekreuzte Band** (lig. cruciatum posticum),
e. das **hintere obere** } **Band des äußern halb=**
f. das **hintere untere** } **mondförmigen Knorpels** (lig. posticum superius et inferius cartilaginis semilunaris externae); das hintere Band des innern halbmondf. Knorpels ist sichtbar;
g. das Zwischenknochenband des Waden= und Schenkelbeines.

Figur 5. Knochen und Bänder der rechten Hinter-Fußwurzel (des Sprunggelenkes) vom Hunde, von vorn gesehen.

Knochen:

1.\
2.} das untere Ende des Waden- und Schenkelbeines,\
3. das Sprungbein,\
4. das Rollbein,\
5. das Würfelbein,\
6. das große schiffförmige,\
7. das kleine schiffförmige oder dritte keilförmige Bein,\
8. das zweite keilförmige,\
9. das erste keilförmige oder Pyramidenbein,\
10. der unvollkommene Hinter-Mittelfußknochen der fehlenden innersten Zehe,\
11. die Hinter-Mittelfußknochen.

Bänder:

a. a. das äußere lange Seitenband, abgeschnitten (Tabula 19. Fig. 3. No. 11.),\
b. das äußere kurze Seitenband (das. 10.),\
c. das äußere Band des Würfelbeines und fünften Hinter-Mittelfußknochens (lig. laterale externum ossis cuboidei et metatarsi quinti),\
d. das vordere grade Band des Würfelb. und 4ten Hinter-Mittelfußknochens (lig. dors. rectum ossis cuboidei et metatarsi quarti),\
e. das vordere grade Bond des Rollbeines und Hinter-Mittelfußes (ligam. dors. rectum tali et metatarsi),\
f. das vordere äußere\
g. das vordere innere} Band des dritten keilförm. und dritten Hinter-Mittelfußknochens (lig. dors. rectum externum et internum ossis cuneiformis tertii et metatarsi tertii),\
h. das innere schiefe Band des Pyramidenbeines und zweiten Hinter-Mittelfußknochens (lig. internum obliq. ossis cuneiformis primi et metatarsi secundi),\
i. das innere grade Band des Rollbeines und zweiten Hinter-Mittelfußknochens (lig. rectum internum tali et ossis metatarsi secundi),

k. das vordere schiefe Band des großen und kleinen schiffförm. Beines (lig. dors. obliq. ossis navicularis et cuneiformis tertii),
l. das vordere Querband des kleinen schiffförm. und zweiten keilförm. Beines (lig. dors. transversum ossis cuneiformis tertii et secundi),
m. m. das innere kurze Seitenband (Tab. 19. Fig. 4. No. 12.),
n. das innere lange Seitenband, abgeschnitten (das. 11.).

Figur 6. Dieselben Theile, von hinten gesehen.

Knochen:

1. das untere Ende des Schenkelbeines,
2. dasselbe des Wadenbeines,
3. das Sprungbein,
4. das Rollbein,
5. das große schiffförmige Bein,
6. das Würfelbein,
7. das Pyramidenbein,
8. der unvollkommene Hinter-Mittelfußknochen der ersten (großen) Zehe,
9. das Sesambein der Hinter-Fußwurzel, welches fast ganz knorplig ist,
10. der Hinter-Mittelfuß.

Bänder:

a. a. das innere lange Seitenband (abgeschnitten),
b. das innere kurze Seitenband,
c. das innere schiefe Band des Sprung- und großen schiffförmigen Beines (lig. obliquum internum ossis calcanei et navicularis),
d. das hintere grade Band derselben Knochen (lig. plantare rectum ossis calc. et navicularis),
e. das hintere schiefe Band des großen schiffförm. und Pyramidenbeines (ligam. plant. obliq. ossis navicularis et cuneiformis primi),
f. Kapselband des Pyramidenbeines und unvollkommenen Hinter-Mittelfußknochens (ligam. capsulare ossis cuneiformis primi et rudimenti metatarsi primi),
g. das hintere Band des ersten und zweiten Hinter-Mittelfußknochens (ligam. plantare rudimenti ossis metatarsi primi et secundi),
h. das hintere schiefe Band des großen und klei-

nen schifform. Beines (lig. plant. obliq. ossis navicular. et cuneiformis tertii),

i. das hintere schiefe Band des großen schifform. und Würfelbeines (lig. plant. obliq. ossis navicularis et cuboidei),

k. das hintere schiefe } Band des Sprung= und
l. das hintere grade } Würfelbeines (lig. plantare obliq. et rectum calcanei et ossis cuboidei),

m. das hintere Band des kleinen schiffförmigen und Sesambeines (ligam. plant. ossis cuneiformis tertii et sesamoidei),

n. das hintere Band des Würfel= und Sesambeines (lig. plantare ossis cuboidei et sesamoidei),

o. das hintere Band des Sesambeines und vierten Hinter=Mittelfußknochens (lig. plantare ossis sesamoidei et metatarsi quarti),

p. das äußere Band des Würfelbeines und fünften Hinter=Mittelfußknochens (ligam. externum ossis cuboid. et metatarsi quinti),

q. das äußere kurze Seitenband des Sprunggelenkes,

r. r. das hintere Band desselben (abgeschnitten).

Figur 7. Dieselben Theile, von der äußern Seite gesehen.

a. a. Das äußere lange Seitenband (abgeschnitten),

b. das äußere kurze Seitenband,

c. c. das vordere grade Band des Rollbeines und Hinter=Mittelfußes, abgeschnitten (e. Fig. 5.),

d. das vordere Querband des großen schifform. und Würfelbeines (lig. dorsale transversum ossis navicularis et cuboidei),

e. das vordere grade Band des Sprung= und Würfelbeines (lig. dors. rectum ossis calcanei et cuboidei),

f. das äußere grade Band derselben (lig. rectum externum ossis calcanei et cuboidei),

g. das vordere Querband des kleinen schifform. und Würfelbeines (lig. dors. transvers. ossis cuneiform. tertii et cuboidei),

h. das äußere grade Band des Würfelbeines und fünften Hinter=Mittelfußknochens (lig. rectum externum ossis cuboidei et metatarsi quinti).

Figur 8. Dieselben Theile, von der innern Seite gesehen.

a. a. Das innere lange Seitenband (abgeschnitten),
b. das innere kurze Seitenband,
c. das innere schiefe Band des Sprung- und großen schiffförmigen Beines (c. Fig. 6.),
d. das innere grade Band des Rollbeines und zweiten Hinter-Mittelfußknochens (i. Fig. 5.)
e. das vordere schiefe Band des großen und kleinen schiffförmigen Beines (lig. dors. obliq. ossis navicularis et cuneiformis tertii),
f. das vordere grade Band des großen schiffförm. und zweiten keilförm. Beines (lig. dors. rectum ossis navicularis et cuneiformis secundi),
g. das innere schiefe Band des Pyramidenbeines und zweiten Hinter-Mittelfußknochens (h. Fig. 5.),
h. das Kapselband des Pyramidenbeines und ersten (unvollkommenen) Hinter-Mittelfußknochens (lig. capsulare ossis cuneiformis primi et rudimenti ossis metatarsi primi).

Figur 9. Das rechte Schulterblatt, Armbein und Schlüsselbein der Katze, von der äußern Seite gesehen.

1. Das Schulterblatt, dem der Knorpel am oberen Ende fehlt,
2. die obere Hälfte des Armbeines,
3. das unvollkommene Schlüsselbein (os claviculare) wird durch
4. das Band des Schlüsselbeines (ligamentum ossis clavicularis) mit dem Schulterblatte verbunden, liegt übrigens frei zwischen dem kleinen Brustmuskel und dem gemeinschaftlichen Muskel des Kopfes, Halses und Armes.

Figur 10. Das Zungenbein und der Kehlkopf mit Bändern, von der Katze; von oben und hinten gesehen.

Knorpel:

1. der Kehldeckel,
2. 2. die Gießkannenknorpel,
3. die Platte des Ringknorpels,

4.4. der Schildknorpel,
5. der obere Theil der Luftröhre.

Bänder:

a.a. die Ring-Gießkannenbänder,
b.b. die seitlichen Schild-Ringbänder.

Figur 11. Dieselben Theile, von unten gesehen.

Knochen und Knorpel:

1.1. die oberen,
2.2. die mittleren und
3.3. die unteren Aeste des Zungenbeines,
4. der Körper oder Grund,
5.5. die Gabeläste desselben,
6. der Kehldeckel,
7. der Schildknorpel,
8. der Reif des Ringknorpels,
9. die Luftröhre.
a—a. Die Kapselbänder der Aeste und Gabeläste des Zungenbeines,
b. das mittlere Zungenbein-Schildband,
c. c. die seitlichen Zungenbein-Schildbänder,
d. das mittlere Schild-Ringband,
e. e. die seitlichen Schild-Ringbänder,
f. das Ring-Luftröhrenband.

Tabula 21.

Figur 1. Die Haut-Muskeln der Katze, von der linken Seite.

1.1. Der innere Hals-Hautmuskel (musculus subcutaneus colli internus s. platysmamyoides) entspringt an den Halsmuskeln und endigt in den Lippen, die er nach hinten zieht; über diesem liegt
2.2. der äußere Hals-Hautmuskel (m. subcutan. colli externus), er entspringt am Nackenbande und endigt

in der Haut des Halses, die er in Längenfalten zusammenzieht;

3. der Jochmuskel (6. Fig. 1. Tab. 22.),

4. 4. der Bauch-Hautmuskel (m. subcut. abdominis s. maximus) reicht vom Becken bis unter die Schulter, bildet am Knie eine Falte und zieht die Haut vor- und rückwärts. Alle Hautmuskeln liegen entweder unmittelbar unter der Haut, oder sie sind durch eine Lage von Fett von ihr getrennt.

Figur 2. Die Haut-Muskeln des Hundes, von der linken Seite.

1. Der Jochmuskel,

2—4. wie 1, 2, 4. bei Fig. 1.

5. der Muskel der Vorhaut (m. praeputii) entspringt unten am Bauche, endigt in der Vorhaut und zieht diese über die Ruthe hinweg, wenn sie bei der Begattung herausgetreten ist.

Am Antlitz ist auch der Antlitz-Hautmuskel (m. subcut. faciei) an der Figur sichtbar, aber nicht bezeichnet; er wird zum Theil vom innern Hals-Hautmuskel bedeckt nnd faltet die Haut am Antlitz.

Tabula 22.

(Alle Figuren auf dieser Tafel sind in Natur-Größe gezeichnet.)

Figur 1. Muskeln am Kopfe der Katze, von vorn gesehen.

1. Der gemeinschaftliche Ohrmuskel (musculus auricularum communis s. occipitalis hominis) bedeckt die Schläfenmuskeln und heftet sich an den Grund beider Ohren, an die Schildknorpel und an die Haut an; er zieht die Ohren nach innen und faltet die Haut;

2. der Stirnmuskel (m. frontalis) entspringt von jenem und von den Schildknorpeln der Ohren, und endigt in der

Haut der Stirn; er bewegt diese und zieht die Ohren nach vorn;

3. 3. die oberen Einwärtszieher der Ohren (m. m. adductores auricularum superiores) entspringen von den Stirnmuskeln und den Schildknorpeln, endigen an dem vordern innern Rande jedes Ohres, welches sie mit der Höhlung nach vorn richten.

4. 4. Die Schildknorpel der Ohren (cartilagines thyreoideae auricularum), dienen einigen Ohrmuskeln zur Anheftung;

5. 5. der Kreismuskel der Augenlieder (m. orbicularis palpebrarum) liegt zwischen der Haut und Bindehaut der Augenlieder, die er einander nähert;

6. 6. die Jochmuskeln (m. m. zygomatici majores) entspringen an den Schildknorpeln und endigen an den Mundwinkeln, welche sie nach oben und außen ziehen;

7. 7. die Aufheber der Oberlippe (m. m. levatores labii superioris proprii) haben an den Oberkieferbeinen ihren Anfang, und endigen im Kreismuskel der Oberlippe, sie heben die Oberlippe;

8. 8. der Kreismuskel des Maules (m. orbicularis oris) liegt, wie alle Kreismuskeln, zwischen der äußern Haut und der Schleimhaut, und nähert die Lippen, schließt also das Maul;

9. der Auswärtszieher der Oberlippe (m. levator labii superioris alaeque nasi) entspringt mit dem Aufheber und endigt mit ihm, und am Nasenflügel; er hebt die Lippe und den Nasenflügel.

10. 10. Die äußern Aufheber der oberen Augenlieder oder Kräusler der Augenbraunen (m. m. corrugatores superciliorum) entspringen an den Stirnbeinen, und jeder endigt im Kreismuskel des obern Augenliedes, welches er hebt.

Figur 2. Muskeln am Kopfe der Katze, von der linken Seite gesehen.

1. Der Kreismuskel der Lippen (8. Fig. 1.),
2. der Pyramidenmuskel der Nase (m. pyramidalis nasi) entspringt am Oberkieferbeine, erreicht aber den äußern Rande des Nasenloches nicht ganz, trägt daher zu dessen Erweiterung nur wenig bei, sondern zieht die Oberlippe zur Seite.

3. der Aufheber der Oberlippe (7.7. Fig. 1.),
4. der Auswärtszieher derselben (9. das.),
5.5. der Kreismuskel der Augenlieder (5.5. das.),
6. der Backenzahnmuskel (m. molaris) entspringt am Zahnrande des Ober- und Unterkiefers, und endigt in
6b. dem Backenmuskel (m. buccinator), welcher auch an beiden Kiefern anfängt; beide Muskeln bilden, mit der äußern und innern Haut, die Backen, welche sie zusammenziehen.
7. Der Jochmuskel (6.6. Fig. 1.),
8. der äußere Kaumuskel (m. masseter), der dickste von den Antlitzmuskeln, entspringt am Jochbogen und endigt am Unterkiefer, den er beim Kauen oder Beißen an den Oberkiefer heranzieht. Von den Ohrmuskeln sind hier sichtbar:
9. der Muskel der Ecke (m. tragicus), der am äußern Kaumuskel entspringt, und am Grunde der Ohrmuschel, die er herabzieht, endigt;
10. der Niederzieher des Ohres (m. depressor auriculae) ist auf der Ohrspeicheldrüse befestigt, und endigt am Grunde der Ohrmuschel, die er auch herabzieht;
11. der kurze Auswärtszieher des Ohres (m. retrahens s. abductor auriculae brevis) entspringt am Nacken und endigt mit dem Niederzieher; er bewegt die Ohrmuschel nach außen;
12. der Muskel der Gegenecke (m. antitragicus) geht von der gewölbten Fläche an den Grund der Ohrmuschel, und zieht sie etwas zusammen;
13. der untere Einwärtszieher des Ohres (m. attrahens s. adductor auriculae inferior) entspringt auf dem Schläfenmuskel und endigt am vordern Rande der Ohrmuschel, die er nach vorn zieht;
14. der große Leistenmuskel (m. helicis major) und
15. der kleine Leistenmuskel (m. helicis minor) liegen beide am vordern Rande der Ohrmuschel und nähern die hervorspringenden Ecken derselben einander;
16. der obere Einwärtszieher des Ohres (3.3. Fig. 1.).

Figur 3. Die Ohrmuskeln der Katze, von hinten gesehen.

1. Der gemeinschaftliche Muskel der Ohren,
2—2. die langen Aufheber der Ohren (m. m. levatores

tores auricularum longi) entspringen am Nacken, und endigen in der Mitte der gewölbten Fläche jeder Ohrmuschel, die sie nach hinten ziehen (der linke Muskel ist oben und unten abgeschnitten);

3.3. die oberen Einwärtszieher (3. Fig. 1.),

4.4. die **mittleren Aufheber** (m. m. attollentes s. levatores medii), entspringen vor den langen am Nacken, und endigen hinter denselben an den Ohrmuskeln, die sie nach innen ziehen, also spitzen;

5.5. die **langen Auswärtszieher** (m. m. retrahentes s. abductores longi), entspringen mit den Vorigen, und befestigen sich nahe am hintern Rande jeder Ohrmuschel, die sie nach hinten und außen bewegen;

6.6. die kurzen Auswärtszieher (11. Fig. 2.).

Figur 4. Das linke Ohr mit den Muskeln, von der Katze; von innen gesehen.

a. Die **Ohrmuschel** (concha auriculae), zur Aufnahme der Schallstrahlen bestimmt;

b. der Schildknorpel (4. Fig. 1.),

c. der **Küraß- oder Ringknorpel** (cartilago annularis) verlängert die bewegliche Röhre der Ohrmuschel nach unten, indem er auf dem äußern Gehörgange liegt.

1. Der kurze Auswärtszieher } s. oben.
2. der Niederzieher } s. oben.
3. der Muskel der Ecke } s. oben.
4. Der **lange Dreher** (m. rotator longus) entspringt an der untern Fläche des Schildknorpels, und endigt am Grunde der Ohrmuschel, welche er nach hinten dreht;
5. der **kurze Dreher** (m. rotator brevis) entspringt vor jenem am Schildknorpel, und endigt am Grunde der Ohrmuschel nach innen; er dreht sie nach innen und vorn;
6. der gemeinschaftliche Ohrmuskel,
7. der obere Einwärtszieher,
8. der **Quermuskel des Ohres** (m. transversus auriculae) liegt an der gewölbten Fläche der Muschel, und macht sie etwas steif,
9. der lange Aufheber (2. Fig. 3.).

Figur 5. Die Augen= und Kiefermuskeln der Katze, von der linken Seite.

a. Der Rollknorpel (cartilago trochlearis) dient dem obern schiefen Augenmuskel als Hypomochlion;
b. der Augapfel (bulbus oculi) ist das eigentliche Sehorgan.
1.1. Der Kreismuskel der Augenlieder (5. Fig. 1.),
2.2. der (innere) Aufheber des oberen Augenliedes (m. levator palpebrae superioris) entspringt im Grunde der Augenhöhle, und endigt im oberen Augenliede, welches er aufhebt;
3. der obere oder große schiefe oder Rollmuskel (m. obliquus superior s. trochlearis) entspringt im Grunde der Augenhöhle, geht über den Rollknorpel (a.), und endigt an der höchsten Wölbung des Augapfels mit doppelter Sehne (Fig. 7.); er bewegt das Auge nach innen und oben.
4. Der obere grade (m. rectus superior),
5. der äußere grade (m. rectus externus) und
6. der untere grade Augenmuskel (m. rectus inferior) entspringen um das Sehloch des Keilbeines, und endigen vor der höchsten Wölbung am Augapfel; sie bewegen ihn nach den drei Richtungen;
7. der untere oder kleine schiefe Augenmuskel (m. obliquus inferior) entspringt an der untern Wand der Augenhöhle, und endigt am Augapfel, den er nach unten und außen bewegt.
8. Der innere Kaumuskel (m. pterygoideus internus) fängt an der Grundfläche des Kopfes an, und endigt an der innern Fläche des Unterkieferastes, den er schräg nach oben und vorn zieht, wenn das Thier kaut, oder beißt.
9. der Schläfenmuskel (m. temporalis) bedeckt den Hirnschädel, und endigt am Kronenfortsatze des Unterkiefers, den er beim Kauen an den oberen heranzieht; er ist bei den Fleischfressern der stärkste Kaumuskel.

Figur 6. Der linke Augapfel mit den Muskeln, von der Katze; von unten gesehen.

a. Knorpel der Blinzhaut (cartilago membranae nictitantis) dient der Bindehautfalte, Blinz= oder Nickhaut genannt, zur festeren Grundlage,

b. der Augapfel.
1. Der untere schiefe Augenmuskel,
2. der innere, 3. der untere, 4. der äußere grade Augenmuskel,
5.5. der Grundmuskel oder Aufhängemuskel (m. retrahens oculi s. suspensorius) entspringt mit den vier graden, und endigt hinter der stärksten Wölbung am Augapfel, den er in die Höhle zurückzieht.

Figur 7. Dieselben Theile, von oben gesehen.

a. Der Augapfel,
b. der Rollknorpel,
c. der Knorpel der Blinzhaut.
1. Der äußere, 2. der obere grade Muskel;
3. der obere schiefe,
4. der innere grade und
5.5. der Grundmuskel.

Figur 8. Die Zungen- und Kiefermuskeln der Katze, von unten gesehen.

Der linke Ast des Unterkiefers ist abgeschnitten und mit ihm die oberflächlichen Muskeln, um die tiefer liegenden zu sehen.

1.1. Die Niederzieher der Oberlippe oder Schneidezahnmuskeln (musculi incisivi labii superioris) entspringen am Zahnrande der Zwischenkieferbeine, und endigen im Kreismuskel der Oberlippe, die sie herabziehen;
2.2. der Kreismuskel der Lippen oder des Maules,
3. der Kinnmuskel (m. quadratus menti) ist unpaarig, entspringt am Körper des Unterkiefers, und befestigt sich an der Haut des Kinnes, die er spannt;
4. der äußere Kaumuskel (der rechten Seite);
5.5. der zweibäuchige Muskel des Unterkiefers (m. digastricus maxillae inferioris) entspringt am Hinterhaupts- und Schläfenbeine, und endigt am Unterkiefer, welchen er herabzieht. Folgende Muskeln dienen zur Bewegung des Zungenbeines und der Zunge:
6. der breite oder Kiefer-Zungenbeinmuskel (m. mylo-hyoideus), welcher am oberflächlichsten liegt, am

Unterkiefer entspringt, und in der Mittellinie der Zunge und des Zungenbeines endigt; er drückt beide nach oben, während des Schluckens; über ihm liegt

7. 7. der Kinn-Zungenbeinmuskel (m. genio-hyoideus), er entspringt am Körper des Unterkiefers, endigt am Körper des Zungenbeines, und zieht die Zunge nach vorn;

8. 8. der Kinn-Zungenmuskel (m. genio-glossus) entspringt mit jenem und endigt im Fleische der Zunge, zieht auch die Zunge nach vorn. Diesen beiden entgegen wirken:

9. der Grund-Zungenmuskel (m. baseo-glossus), welcher am Zungenbein entspringt, und in der Zunge, die er nach hinten zieht, endigt; dann

10. der Zungenbein-Zungenmuskel (m. stylo-glossus), welcher am oberen (großen) Zungenbeinaste anfängt, und in der Zunge endigt, die er nach hinten und außen bewegt.

11. Der Schild-Zungenbeinmuskel (m. thyreo-hyoideus) befestigt sich am Schildknorpel des Kehlkopfes und am Zungenbeine, und nähert beide einander; er wird von

12—12. dem Brust-Zungenbeinmuskel (m. sterno-hyoideus) bedeckt; dieser entspringt am ersten Rippenknorpel, und endigt am Zungenbeinkörper, zieht daher den Grund der Zunge herab (beim Schlucken).

13. Der Brust-Schildmuskel (m. sterno-thyreoideus) liegt unter jenem, mit welchem er entspringt, und endigt am hintern Winkel des Schildknorpels; er zieht den Kehlkopf beim Schlucken herab;

14. 14. die Brust-Warzenmuskeln (oder Brust-Kinnbackenmuskeln) (m. m. sterno-mastoidei) entspringen vereinigt am vorderen Ende des Brustbeines, und endigen an den Warzenfortsätzen der Schläfenbeine, sie dienen zum neigen des Kopfes;

15. der lange Zungenbeinmuskel (m. stylo-hyoideus) entspringt am oberen Zungenbeinaste, und endigt am Körper desselben; er nähert beide Theile;

16. 16. die gemeinschaftlichen Kopf-, Hals- und Armmuskeln,

17. 17. die langen Beuger des Kopfes (m. recti capitis antici majores) entspringen an den Seiten des Halses, und endigen an der Grundfläche des Schädels, den sie beugen;

18. der Ring-Schildmuskel (m. crico-thyreoideus)

befestigt sich an den Schild- und Ringknorpel, und nähert beide einander, um den Kehlkopf zur Bewegung nach unten oder oben fester zu machen.

a. Der Schildknorpel,
b. die Luftröhre,
c. das Brustbein.

Figur 9. Die Maulhöhle der Katze, von der linken Seite geöffnet.

Die Zunge ist hervorgezogen, so daß das Gaumensegel mit seinen Muskeln besser zu sehen ist.

1. Der harte Gaumen (palatum durum),
2. die Sehne (aponeurosis) des
3. Gaumensegelmuskels (m. palatinus), welcher mittelst der Sehne an den Gaumenbeinen entspringt, und mit freiem Rande in der Rachenhöhle endigt; er verschließt beim Schlucken die hintern Nasenöffnungen;
4. der Griffel-Gaumenmuskel oder Spanner des Gaumensegels (m. tensor palati mollis) entspringt am Felsenbeine, und endigt in der Sehne des vorigen Muskels, die er spannt;
5. der Aufheber des Gaumensegels (m. levator palati mollis) entspringt mit jenem, und endigt im Fleische des Gaumensegelmuskels, den er hebt.

6.6. Der Gaumen-Schlundkopfmuskel (m. palato-pharyngeus) entspringt am Gaumenmuskel, und endigt in der hintern Wand des Schlundkopfes, den er an das Gaumensegel zieht;

7. der Flügel-Schlundkopfmuskel (m. pterygo-pharyngeus) entspringt am Flügelfortsatz des Keilbeines, und endigt in der Seitenwand des Schlundk., er zieht ihn nach oben und erweitert ihn;
8. der seitliche Zungenbein-Schlundkopfm. (m. cerato-pharyngeus) entspringt fast am untern Ende des oberen (großen) Zungenbeinastes, und endigt in der Seitenwand des Schlundkopfes, welchen er erweitert;
9. der untere Zungenbein-Schlundkopfm. (musc. chondro-pharyngeus) entspringt am Gabelaste, und endigt in der hintern Wand, drückt also den Schlundkopf zusammen;

10. der Schild- } Schlundkopfmuskel (m. thyreo-
11. der Ring- } et crico-pharyngeus) entspringen am Schild- und Ringknorpel, und endigen in der hintern Wand des Schlundk., verengern ihn ebenfalls;
12. der obere Zungenbein-Schlundkopfmuskel (m. stylo-pharyngeus) entspringt am obern Ende des oberen Zungenbeinastes, und endigt in der Seitenwand des Schlundk., dient zu dessen Erweiterung.
13. Der Griffel-Zungenbeinmuskel (m. stylo-ceratoideus) entspringt am Griffelfortsatze des Hinterhauptsbeines, und endigt am oberen Zungenbeinaste, den er feststellt;
14. der innere Kaumuskel, oder Flügelmuskel (8. Fig. 5.),
15. der breite Zungenbeinmuskel (6. Fig. 8.)
16. der Kinn-Zungenmuskel (8. das.),
17. die Zunge.

Figur 10. Der Schlundkopf der Katze, von hinten gesehen.

1. Der Grund der Zunge,
2.2. die Gaumen-Schlundkopfmuskeln (6. Fig. 9.).
3.3. die Flügel-Schlundkopfmuskeln (7. das.),
4.4. die seitlichen Zungenbein-Schlundkopfmuskeln (8. das.),
5.5. die oberen — — (12. das.),
6.6. die unteren — — (9. das.),
7.7. die Schild-Schlundkopfmuskeln (10. das.),
8.8. die Ring-Schlundkopfmuskeln (11. das.),
9.9. die Muskelhaut des Schlundes (tunica oesophagi carnea), die aus Spiral- und Längenfasern besteht.

Figur 11. Die Muskeln am Kehlkopfe der Katze, von oben und hinten gesehen.

1. Der Quermuskel des Zungenbeines (m. hyoideus transversus) ist unpaarig, und befestigt sich an beiden unteren Zungenbeinästen, die er einander etwas nähert, um den Grund der Zunge zu heben;
2.2. die kurzen Zungenbeinmuskeln (m. m. cerato-hyoidei) befestigen sich an den untern Zungenbein- und Gabelästen, und nähern sie einander;

3. der Zungenbein-Kehldeckelmuskel (m. hyo-epiglotticus) entspringt an den untern Zungenbeinästen, und endigt an der vordern Fläche des Kehldeckels, den er aufhebt, wenn er durch den Bissen beim Schlucken niedergedrückt war.

4. 4. Die Gießkannenmuskeln (m. m. arytaenoidei transversi) entspringen am äußern Rande der Gießkannenknorpel, und verbinden sich in der Mittellinie, wirken zur Erweiterung der Stimmritze; eben so wirken

5. 5. die hintern Ring-Gießkannenmuskeln (m. m. crico-arytaenoidei postici) sie entspringen an der Platte des Ringknorpels, und endigen an den hintern äußern Winkeln der Gießkannenknorpel.

Figur 12. Die Muskeln am Kehlkopfe der Katze, von der linken Seite gesehen.

Die Hälfte des Schildknorpels ist abgeschnitten, um die Schild- und Ring-Gießkannenmuskeln zu sehen.

1. Der kurze Zungenbeinmuskel 2. 2. Fig. 11.),
2. der obere und
3. der untere Schild-Gießkannenmuskel (m. thyreo-arytaenoideus superior et inferior) entspringen an der innern Fläche des Schildkn., und endigen an der Seite des Gießkannenkn., sie verengern die Stimmritze;
4. der seitliche Ring-Gießkannenmuskel (m. crico-arytaenoideus lateralis) entspringt am Reif des Ringknorpels und endigt mit
5. dem hintern Ring-Gießkannenmuskel (5. 5. Fig. 11.), erweitert also die Stimmritze.

Tabula 23.

Figur 1. Die zweite Muskelschicht am Rumpfe der Katze, von der linken Seite gesehen.

1. 1. 1. Der gemeinschaftliche Muskel des Kopfes, Halses und Armes (musculus deltoides) entspringt am Nacken, und am Warzenfortsatze des Schläfenbeines,

und endigt am Armbeine, welches er aufhebt, oder er hebt den Hals, wenn die Gliedmaaße feststeht;

2.2. der zweite Aufheber des Schulterblattes (m. levator scapulae major Douglasii) entspringt an der Seite des Halses, und endigt an der Gräte des Schulterblattes, welches er nach vorn zieht;

3.3. der ungleich viereckige Muskel (musculi tapezii pars anterior) entspringt am Nackenbande, und endigt über jenem, er zieht das Schulterblatt nach vorn und oben; beide (2. und 3.) sind beim Niedersetzen der Gliedmaaße thätig.

4. Der obere Auswärtszieher des Armbeines (m. abductor brachii superior) entspringt an der Gräte und der Sehne der Grätenmuskeln, und endigt am oberen Ende des Armbeines, das er nach außen dreht;

5.5. der dreieckige Muskel (musculi trapezii pars posterior) entspringt an den Dornfortsätzen der vorderen Rückenwirbel, und endigt an der Gräte des Schulterblattes, welches er nach hinten und oben bewegt;

6.6. der breite Rückenmuskel (m. latissimus dorsi) entspringt unter und hinter jenem an den Dornfortsätzen, und endigt an der innern Fläche des Armbeines, welches er nach hinten zieht;

7. der lange Auswärtszieher des Armbeines (m. teres minor) entspringt an der Gräte des Schulterblattes, und endigt am oberen Ende des Armbeines, das er nach außen dreht;

8. ein Theil des großen Brustmuskels;

9.9. der äußere schiefe Bauchmuskel (m. obliquus abdominis externus) entspringt an den meisten Rippen, befestigt sich am Becken und in der Mittellinie des Bauches, und verengert die Bauchhöhle.

Figur 2. Die dritte Muskelschicht am Rumpfe und an den Gliedmaaßen der Katze, von der linken Seite gesehen.

1. 7. Der riemenförmige Kopfmuskel (m. splenius capitis) s. Fig. 3.,

2. der Aufheber des Schulterblattes (m. levator anguli scapulae) entspringt am Nacken, und endigt an der innern Fläche des Schulterblattes, das er nach vorn zieht;

3.3. der vordere und
4. der hintere rautenförmige Muskel (m. rhomboideus anterior et posterior) entspringen am Nacken und Rücken, und endigen an der innern Fläche des Schulterbl., das sie nach oben und vorn bewegen;
5. der zweite Kopf des gemeinschaftlichen Kopf-, Hals- und Armmuskels (1—1. Fig. 1.);
6.6. der zweite Aufheber des Schulterblattes (2. Fig. 1.);
8—8. der breite gezahnte Muskel (m. serratus anticus major hom.), entspringt an den Halswirbeln und Rippen, und endigt an der innern Fläche des Schulterblattes, welches er feststellt;
9. der vordere und
10. der hintere Grätenmuskel (s. Tab. 25. Fig. 1. und 3.),
11. der Niederzieher des Armbeines (das. Fig. 2.),
12. der mittlere Rippenhalter (Tab. 23. Fig. 3.),
13. der grade Bauchmuskel (13. das.),
14.14. der äußere schiefe Bauchmuskel (9.9. Fig. 1.), dessen vordere Zähne mit den Zähnen des breiten gezahnten Muskels abwechseln;
15.15. der vordere gezahnte oder gesägte Muskel (m. serratus posticus superior hom.) entspringt an den Dornfortsätzen des Rückens, und endigt mit seinen Zähnen von der 2ten bis zur 10ten Rippe, die er nach vorn zieht, wenn das Thier einathmet;
16.16. der hintere gezahnte Muskel (m. serratus posticus inferior hom.) entspringt an den Dornfortsätzen des Rückens, und endigt mit vier Zacken von der 10ten bis 13ten Rippe, die er beim Ausathmen zurückzieht;
17.17. Zwischenrippenmuskeln,
18. der innere schiefe Bauchmuskel (m. obliquus abdominis internus) entspringt an den Lendenwirbeln und am Becken, endigt in der Mittellinie des Bauches, und zieht diesen zusammen;
19. der Querbauchmuskel,
20. der Schneidermuskel (m. sartorius) entspringt am äußern Darmbeinwinkel, und endigt an der innern Seite des Knie's, welches er nach innen zieht;
21.21. der Spannmuskel der breiten Schenkelbinde (m. tensor fasciae latae) entspringt mit jenem, und breitet sich mit der Sehne über den Oberschenkel aus, den er nach außen zieht;
22. der große Backenmuskel (m. glutaeus maximus)

befestigt sich auf dem Darmbeine und an den obern Umdreher des Backenbeines, dieses bewegt er nach hinten und außen;

23. der äußere Backenmuskel (m. glutaeus externus) entspringt am Becken und endigt in
24. dem langen Auswärtszieher des Schenkelbeines (caput longum m. bicipitis femoris), dieser entspr. am Becken und endigt an dem Schenkelbeine, welches er nach hinten und außen zieht; eben so wirkt
25. der mittlere Auswärtszieher des Schenkelbeines (caput breve m. bicipitis femoris), welcher am Sitzbeine anfängt, und am Schenkelbeine endigt;
26. der lange Einwärtszieher des Schenkelbeines (adductor tibiae longus) entspringt am Sitzbeine, und endigt an der innern Seite des Schenkelbeines, welches er nach hinten und innen bewegt.

Figur 3. Die vierte Muskelschicht am Rumpfe der Katze, von der linken Seite gesehen.

1.1. Der riemenförmige Kopfmuskel (m. splenius capitis) entspringt an den vordern Rückenwirbeln, und endigt am Hinterhaupte; er streckt den Kopf;
2.2. der lange Strecker des Halses (m. splenius colli) entspringt unter jenem, und endigt am ersten Halswirbel, streckt den Hals;
3. der schiefe Kopfmuskel (m. obliquus capitis superior) s. Tab. 24. Fig. 2.,
4. der lange Beuger des Kopfes (Tab 24. Fig. 1.),
5.5. der lange Rückenmuskel (m. longissimus dorsi) entspringt am Becken, ist an der ganzen Wirbelsäule des Rückens und der Lenden befestigt, und endigt mit Zähnen an den hintern Halswirbeln; er hebt das ganze Vordertheil, wenn die hintern Gliedmaaßen feststehen, oder das Hintertheil des Körpers, wenn die vordern Gliedmaaßen feststehen.
6. Der lange Stachelmuskel (m. semispinalis dorsi) entspringt in der Mitte des Rückens, und endigt am Halse, den er streckt;
7.7. der gemeinschaftliche Rippenmuskel (m. sacro-lumbalis) befestigt sich an den langen Rückenmuskel und an alle Rippen mit doppelten Sehnen, und bewegt

die Rippen vorwärts und rückwärts, wirkt daher bei dem Ein- und Ausathmen;

8.8. der vordere und

9.9. der hintere gezahnte Muskel (15. 16. Fig. 2.);

10. der Querbauchmuskel (m. transversus abdominis) entspringt an der innern Fläche der hinteren Rippen, an den Lendenwirbeln und am Becken, und endigt in der Mittellinie des Bauches, den er zusammenzieht;

11. die äußere und

12. die innere Schicht der Zwischenrippenmuskeln (stratum externum et internum musculorum intercostalium) befestigen sich an den vordern und hintern Rand jeder Rippe, durchkreuzen sich, und nähern die Rippen einander;

13. der grade Bauchmuskel (m. rectus abdominis) entspringt an den vorderen Rippenknorpeln, und endigt am Schaambeine, er nähert das Becken der Brust indem der Rücken gekrümmt wird;

14. der Quermuskel der Rippen (m. transversus costarum) befestigt sich an die vorderen Rippenknorpel, und nähert sie einander;

15. die Zwischen-Quermuskeln des Halses (Tab. 24. Fig. 2.),

16. der obere Rippenhalter (m. scalenus superior s. posterior hom.) entspringt an den hintern Halswirbeln, und endigt an den vorderen Rippen, die er nach vorn zieht;

17.17. der herabsteigende Nackenmuskel (m. cervicalis descendens) entspringt unter jenem, und reicht bis zur 8ten Rippe, die er nach vorn zieht;

18. der untere Rippenhalter (m. scalenus inferior s. anterior hom.) entspringt an der Seite des Halses, und endigt an den vordern Rippen, er zieht den Hals zur Seite, oder die Rippen nach vorn;

19.19. der breite gezahnte Muskel (oben abgeschnitten).

Tabula 24.

Figur 1. Muskeln des Halses und der Brust, von der Katze; von unten gesehen.

1.1. Die äußeren und

2.2. die inneren Kaumuskeln,

3—3. die kurzen Beuger des Kopfes (musculi recti capitis antici minores) entspringen am ersten Halswirbel, und endigen am Grunde des Schädels; sie beugen den Kopf;

4.4. die langen Beuger des Kopfes (m. recti capit. antici majores) entspringen an den Seiten des Halses, und endigen mit jenen, deren Verrichtung sie theilen;

5.5. der lange Beuger des Halses (m. longus colli) entspringt an den Körpern und Querfortsätzen aller hintern Halswirbel, und endigt am Körper des ersten, zieht den Hals herab;

6.6. die unteren und

7.7. die oberen Rippenhalter,

8.8. die gemeinschaftlichen Muskeln des Kopfes, Halses und Armes;

9.9. die Schlüsselbeine,

10. die Brust= Warzen= (oder Kinnbacken=) Muskeln, abgeschnitten;

11.11. der kleine Brustmuskel (m. pectoralis minor) entspringt unten am Brustbeine, und endigt am Oberarme, den er nach innen und unten zieht;

12.12. der breite Brustmuskel (m. latissimus pectoris) entspringt unter jenem, und endigt am Arme und Vorarme; er hält die Gliedmaaße an die Brust;

13.13. die großen Brustmuskeln (m. m. pectorales majores) entspringen am Brustbeine, den vordern Rippenknorpeln und an den äußern schiefen Bauchmuskeln, sie endigen an den Schulterblättern und Armbeinen, welche sie herabziehen wenn die Gliedmaaßen niedergesetzt werden.

Figur 2. Die fünfte Muskelschicht am Rumpfe der Katze, von der linken Seite gesehen.

1. Der schiefe Kopfmuskel (m. obliquus capitis superior) entspringt am vordern Rande des Atlas, und endigt am Hinterhauptsbeine, er hilft den Kopf strecken;

2. der große grade Kopfmuskel (m. rectus capitis) posticus major) entspringt an der Achse, und endigt am Hinterhauptsbeine, streckt den Kopf;

3. der dicke Strecker des Halses (m. obliquus capitis inferior) entspringt am Kamm der Achse, und endigt am Flügel des Trägers, den er zur Seite bewegt;

4.4. die **Zwischen-Dornmuskeln** (m. m. interspinales) füllen die Räume zwischen zwei Dornfortsätzen aus, und halten die Wirbel zusammen;

5.5. die **schiefen Stachel- oder Dornmuskeln** (m. multifidus spinae) befestigen sich an den Querfortsätzen, und endigen an den Dornfortsätzen der Rücken- und Lendenwirbel; sie halten auch die Wirbel zusammen, wenn das Thier läuft, oder springt.

6.6. Die **Aufheber der Rippen** (m. m. levatores costarum) entspringen an den Querfortsätzen der Rückenwirbel, endigen an den Rippen, und bewegen diese beim Einathmen nach vorn;

7.7. die innere und

8.8. die äußere Schicht der Zwischenrippenmuskeln (Tab. 23. Fig. 3.);

9.9. der lange Rückenmuskel (er ist von den Dornfortsätzen getrennt und zur Seite gelegt),

10.10. der **lange Aufheber des Schwanzes** (m. levator caudae longus) entspringt an allen Lendenwirbeln, und befestigt sich an alle Schwanzwirbel, er hebt den Schwanz, der bei der Katze überhaupt sehr beweglich ist;

11.11. die **Zwischen-Quermuskeln des Halses** (m. m. intertransversarii cervicis) füllen die Räume zwischen den Querfortsätzen der Halswirbel aus, und halten die Wirbel zusammen;

12. die **linke hintere Gliedmaaße mit der umhüllenden sehnigen Ausbreitung** (fascia aponeurotica extremitatis posterioris sinistrae).

Figur 3. Die Muskeln des Nackens der Katze, von oben und hinten gesehen.

1. Der schiefe Kopfmuskel
2. der dicke Strecker des Halses } (1. 3. Fig. 2.),
3. der **kleine durchflochtene Muskel** (m. complexus parvus) entspringt am zweiten Halswirbel, und endigt am Hinterhauptsbeine; er streckt den Kopf;
4. der **kurze Strecker des Halses oder Nackens** (m. spinalis cervicis) entspringt am 3ten Rückenwirbel, und endigt am 2ten Halswirbel, er streckt den Nacken;

5. 5. der große durchflochtene Muskel (m. complexus major) entspringt an den vorderen Rückenwirbeln, und endigt am Hinterhauptsbeine, streckt den Kopf und Nacken;
6. die Zwischen-Quermuskeln des Halses (11. Fig. 1.).

Figur 4. Das Zwerchfell, die Muskeln in der Bauchhöhle und an den innern Seiten der Oberschenkel der Katze.

a. a. Die Zähne des Querbauchmuskels (Tab. 23. Fig. 3.).
1. 1. Der fleischige Theil des Zwerchfelles (pars carnosa diaphragmatis) befestigt sich an den falschen Rippen und am Schwertknorpel, und endigt in
2. dem sehnigen Theile des Zwerchfelles (pars tendinea s. speculum Helmontii), durch welchen
3. die Oeffnung für die hintere Hohlvene (foramen pro vena cava inferiori) geht;
4. 4. die Pfeiler oder Schenkel des Zwerchfelles (crura diaphragmatis) fangen am sehnigen Theile an, und endigen mit Sehnen an den Lendenwirbeln;
5. die Oeffnung für den Schlund (foramen pro oesophago) liegt im rechten Pfeiler und
6. die Oeffnung für die Bauch-Aorta (foram. pro Aorta abdominali) liegt zwischen den Sehnen beider Pfeiler. Das Zwerchfell tritt beim Einathmen nach der Bauchhöhle zu, wodurch der Raum in der Brusthöhle größer wird.
7. Der hintere Rippenmuskel (m. costarum retrahens Renner) entspringt an den vordern Lendenwirbeln, und endigt an der letzten Rippe, die er zurückzieht;
8. 8. der Quer-Bauchmuskel (abgeschnitten),
9—9. der große Lendenmuskel (m. psoas magnus) entspringt an den Körpern der hintern Rücken- und der meisten Lendenwirbel, endigt an der innern Seite des Backenbeines, und zieht dieses nach vorn;
10. 10. der Psoasmuskel (m. psoas parvus) entspringt mit jenem, endigt am Becken, und hilft den Rücken krümmen;
11. 11. der kleine oder dritte Lendenmuskel (musc. psoas tertius) entspringt an den hintern Lendenwirbeln und am Kreuzbeine, endigt mit dem großen und wirkt wie dieser;

12. der Hodenmuskel (m. cremaster) entspringt an der Sehnenausbreitung des dünnen Einwärtsziehers, endigt in der gemeinschaftlichen Scheidenhaut des Hodens, und zieht ihn an den Bauch;

13. 13. das Poupart'sche Band (ligamentum Poupartii) ist das hintere Ende der sehnigen Ausbreitung der schiefen Bauchmuskeln;

14. 14. der viereckige Lendenmuskel (m. quadratus lumborum) befestigt sich an die Körper und Querfortsätze der Lendenwirbel, und hält die Wirbel zusammen;

15. die langen Niederzieher des Schwanzes (m. m. depressores caudae longi), entspringen am Kreuzbeine; und befestigen sich an alle Schwanzwirbel, die sie herabziehen;

16. der Spanner der breiten Schenkelbinde (Tab. 23. Fig. 2.),

17. der äußere dicke Schenkelmuskel (Tab. 25. Fig. 10.),

18. der grade Schenkelmuskel (das. Fig. 11.),

19. der innere dicke Schenkelmuskel (m. vastus internus) entspringt am Becken, und endigt an der Kniescheibe, die er nach oben zieht, zugleich hilft er den Unterschenkel strecken;

20. 20. die Schaambeinmuskeln (m. m. pectinei) entspringen am Schaambeine und endigen an den Backenbeinen, die sie nach innen ziehen;

21. 21. die mittleren oder langen Einwärtszieher der Backenbeine (m. m. adductores longi) entspringen am Becken und endigen an den Backenbeinen,

22. 22. die dicken oder großen Einwärtszieher derselben (m. m. adductores magni) entspringen hinter jenen, und endigen unter ihnen; sie ziehen wie jene die Backenbeine nach innen;

23. 23. die breiten Einwärtszieher der Schenkelbeine (m. m. semimembranosi) entspringen vereinigt in der Mittellinie des Beckens, und endigen an den Schenkelbeinen, sie verhindern das zu starke Auseinanderweichen der hinteren Gliedmaaßen;

24. 24. der dünne Einwärtszieher des Schenkelbeines oder der schlanke Muskel (m. gracilis) entspringt am Becken, und endigt am Schenkelbeine; er bewegt die ganze Gliedmaaße nach innen.

Figur 5. Die linke vordere Gliedmaaße mit der sehnigen Ausbreitung, von der äußern Seite.

Figur 6. Das Brustbein mit seinen Muskeln, von der Katze; von oben gesehen.

a — a. Der Brustbeinmuskel (musculus triangularis sterni) entspringt am Brustbeine, und endigt an den Knorpeln der wahren Rippen, die er dem Brustbeine nähert.

Tabula 25.

Figur 1. Muskeln der linken vorderen Gliedmaaße der Katze, von der äußern Seite gesehen.

1. Der vordere Grätenmuskel (musculus supraspinatus) entspringt in der vorderen Grätengrube, und endigt am oberen Ende des Armbeines, das er nach vorn zieht;
2. der hintere Grätenmuskel (1. Fig. 3.),
3. der lange Auswärtszieher des Armbeines (m. teres minor) entspringt an der Gräte des Schulterblattes, und endigt an der äußern Erhabenheit des Armbeines, welches er nach außen und hinten bewegt;
4. der obere Auswärtszieher (Tab. 23. Fig. 1.),
5. der kleine Brustmuskel (Tab. 24. Fig. 1.),
6. der gemeinschaftliche Kopf-, Hals- und Armmuskel (Tab. 23. Fig. 1.),
7. der kurze Beuger des Vorarmes (4. Fig. 3.),
8. der mittlere Strecker des Vorarmes (m. anconaeus externus) entspringt am oberen Ende des Armbeines, und endigt am Ellenbogenhöcker,
9. der dicke Strecker desselben (m. anconaeus longus) entspringt am hinteren Rande des Schulterblattes, und endigt mit dem vorigen, mit dem er den Vorarm streckt;
10. der Niederzieher des Armbeines (3. Fig. 2.),
11. der breite Rückenmuskel (Tab. 23. Fig. 1.)
12. der lange Rückwärtsdreher (m. supinator longus) entspringt an der äußern Seite des Armbeines, und endigt

digt am innern Rande der Speiche, dreht diese mit dem Vorderfuß nach außen;

13.13. der Strecker des zweiten und dritten Zehengliedes oder des Kronen- und Hufbeines (m. extensor digitorum longior) entspringt am Voramgelenk, und endigt an den letzten Gliedern der vier äußern Zehen, die er streckt;

14.14. der Strecker der ersten Zehenglieder oder Fesselbeine (m. extensor digitor. brevior) entspringt am oberen Ende der Speiche, und endigt an den ersten Gliedern der 3ten, 4ten und 5ten Zehe, die er streckt;

15.15. der Ellenbogenstrecker der Vorder-Fußwurzel (m. extens. carpi ulnaris) entspringt mit jenem, und endigt an der äußern Seite der Vorder-Fußwurzel, die er streckt;

16. der innere Ellenbogenbeuger der Vorder-Fußwurzel (12. Fig. 2.)

17. der äußere Ellenbogenbeuger derselben (musc. flexor carpi ulnaris externus) entspringt am Ellenbogenhöcker, und endigt am Hakenbeine, er beugt die Vorder-Fußwurzel;

18. der Abzieher des Daumens (5. Fig. 5.).

Figur 2. Muskeln der rechten vorderen Gliedmaaße der Katze, von der innern Seite.

1. Der Unterschultermuskel (m. subscapularis) entspringt an der innern Fläche des Schulterblattes, und endigt am obern Ende des Armbeines, das er nach innen zieht;

2. der Aufheber des Armbeines (1. Fig. 4.),

3. der Niederzieher desselben (m. teres major) entspringt am hintern Rande des Schulterblattes, und endigt mit

4. dem breiten Rückenmuskel vereinigt an der innern Seite des Armbeines, das sie nach hinten bewegen;

5. der lange Beuger des Vorarmes (m. biceps brachii hominis) entspringt an der Schulterhöhe, und endigt am innern Rande der Speiche, beugt den Vorarm;

6. der lange Strecker des Vorarmes (m. extensor cubiti longus) entspringt am Schulterblatte und Armbeine, und endigt am Ellenbogenhöcker, streckt den Vorarm;

7. der kleine Strecker desselben (5. Fig. 4.),
8. 8. der Speichenstrecker der Vorder-Fußwurzel (m. extensor carpi radialis) entspringt am Armbeine, und endigt an dem Vorder-Mittelfuße, streckt den ganzen Fuß;
9. 9. der Speichenbeuger derselben (m. flexor carpi radialis) entspringt an der hintern Fläche der Speiche, und endigt an der hintern Fläche des Vorder-Mittelfußes, den er beugt;
10. der runde Vorwärtsdreher (m. pronator teres) entspringt am untern Ende des Armbeines, und endigt am innern Rande und der vordern Fläche der Speiche, dreht den Fuß nach innen;
11. 11. der lange Spanner der Sohle (m. palmaris longus) entspringt am Armbeine, und endigt mit 5 Sehnen in der Haut und in den Sehnenscheiden der tiefer liegenden Muskeln, die er spannt;
12. 12. der innere Ellenbogenbeuger der Vorder-Fußwurzel (m. flexor carpi ulnaris internus) entspringt am Armbeine, und endigt am Hakenbeine, beugt die Vorder-Fußwurzel;
13. der äußere Ellenbogenbeuger derselben (17. Fig. 1.),
14. die Sehne des Abziehers des Daumens (5. Fig. 5.).

Figur 3. Tiefer liegende Muskeln an der Schulter, dem Arme und Vorderarme der Katze, von der äußern Seite gesehen.

1. Der hintere Grätenmuskel (m. infraspinatus) befestigt sich in der hinteren Grätengrube des Schulterblattes, und endigt am obern Ende des Armbeines, welches er nach außen und hinten zieht;
2. der kurze Auswärtszieher des Armbeines (m. abductor brachii brevis) entspringt am hintern Rande des Schulterblattes, und endigt am obern Ende des Armbeines, das er nach außen drehen hilft;
3. der kurze Strecker des Vorarmes (m. anconaeus internus) entspringt am obern Ende des Armbeines, und endigt am Ellenbogenhöcker, streckt den Vorarm;
4. der kurze Beuger des Vorarmes (m. brachialis internus) entspringt mit jenem, und endigt am innern Rande der Speiche über

5. dem langen Beuger des Vorarmes (5. Fig. 2.), dessen Wirkung er theilt;
6. der kurze Rückwärtsdreher (m. supinator brevis) entspringt am Armbeine, und endigt an der Speiche, die er mit dem Vorderfuß nach außen dreht;
7. der runde Vorwärtsdreher (10. Fig. 2.),
8. der Ellenbogenstrecker der Vorder-Fußwurzel (15. 15. Figur 1.),
9. der Abzieher des Daumens,
10. der Speichen- oder Kegelmuskel (caput radiale m. flexoris digitorum profundi) entspringt an der hintern Fläche der Speiche, und endigt in der gemeinschaftlichen Sehne der übrigen Beuger der Zehen.

Figur 4. Tiefer liegende Muskeln an der Schulter, dem Arm und Vorarm der Katze, von der innern Seite.

1. Der Aufheber des Armbeines (m. coraco-brachialis) entspringt am Rabenschnabelfortsatze des Schulterbl., und endiget am Armbeine, welches er nach vorn bewegen hilft;
2. der lange Auswärtszieher des Armbeines (3. Fig. 1.),
3. der dicke Strecker des Vorarmes (9. das.),
4. der kurze Strecker desselben (3. Fig. 3.),
5. der kleine Strecker desselben (m. anconaeus quartus) entspringt am untern Ende des Armbeines, und endigt am Ellenbogenhöcker, hilft den Vorarm strecken;
6. der kurze Beuger des Vorarmes (4. Fig. 3.),
7. der kurze Rückwärtsdreher (6. das.),
8.8. der äußere Kopf des tiefen Zehenbeugers (caput externum m. flexoris digitorum profundi) entspr. am Armbeine, und endigt in der gemeinschaftlichen Beugesehne (2. Fig. 8.);
9. der Speichen- oder Kegelmuskel (10. Fig. 3.),
10. der mittlere und innere Kopf des tiefen Zehenbeugers (caput medium et internum m. flexor. digit. profundi) entspringen und endigen mit dem äußern Kopfe;
11. der Ellenbogen- oder Keulenmuskel (caput ulnare ejusdem flexoris) entspringt am Ellenbogenbeine, und endigt mit jenen;
12. die Sehne vom Abzieher des Daumens.

Figur 5. Die untere Hälfte des rechten Vorarmes und der Vorderfuß mit Muskeln, von der Katze; von vorn gesehen.

1—1. Der Strecker der zweiten und dritten Zehenglieder (13. Fig. 1.),
2—2. der Strecker der ersten Zehenglieder (14. das.),
3.3. der Speichenstrecker der Vorder-Fußwurzel (8. Fig. 2.),
4. der Ellenbogenstrecker derselben (15. Fig. 1.),
5. der Abzieher des Daumens (m. abductor pollicis) entspringt an der vordern Fläche des Vorarmes, und endigt am ersten Gliede der innern Zehe, die er von den andern abzieht;
6. der Strecker der fünften Zehe (5. Fig. 6.).

Figur 6. Dieselben Theile mit den tiefer liegenden Muskeln.

1.1. Der Strecker der zweiten Zehe (m. extensor digiti secundi s. indicis) entspringt am Zwischenknochenbande, und endigt am ersten Gliede der zweiten Zehe, die er streckt;
2.2. der Abzieher des Daumens,
3. der Speichenstrecker der Vorder-Fußwurzel,
4—4. die vorderen oder äußeren Zwischenknochenmuskeln (m. m. interossei externi) entspringen an den Vorder-Mittelfußknochen, und endigen an den ersten Zehengliedern, die sie strecken helfen;
5.5. der Strecker der fünften Zehe (m. extensor digiti quinti s. minimi) entspringt am Zwischenknochenbande, und endigt am dritten Gliede der fünften Zehe, die er streckt.

Figur 7. Muskeln am linken Vorarme und Fuße der Katze, von hinten gesehen.

1.1. Der Ellenbogen oder Keulenmuskel (11. Fig. 4.),
2.2. der äußere Kopf des tiefen Zehenbeugers (8. das.),
3.3. der lange Spanner der Sohle (11. Fig. 2.),
4.4. der innere Kopf des tiefen Zehenbeugers (11. Fig. 4.),

5.5. der Speichenbeuger der Vorder=Fußwurzel (9. Fig. 2.),
6.6. der oberflächliche Beuger der Zehen (1. Fig. 8.),
7—7. Ringbänder der Beugesehnen.

Figur 8. Die zweite Muskellage am linken Vorderfuße der Katze, von hinten und unten gesehen.

1—1. Der oberflächliche oder Beuger der zweiten Zehenglieder oder Kronenbeine (m. flexor digitorum sublimis s. perforatus) entspringt an der hintern Fläche des Vorarmes, und endigt mit vier Sehnen an den zweiten Zehengliedern, die er beugt;
2—2. die gemeinschaftliche Sehne der tiefen Zehenbeuger oder der Beuger der dritten Zehenglieder, endigt mit 5 kleineren Sehnen an den dritten Gliedern, welche die des oberflächlichen durchbohren,
3.3. die hinteren oder inneren Zwischenknochenmuskeln (4. Fig. 9.).

Figur 9. Die tiefste Muskellage am linken Vorderfuße der Katze, von hinten und unten gesehen.

1. Der viereckige Vorwärtsdreher (m. pronator quadratus) entspringt am innern Rande des Ellenbogenbeines, und endigt am innern Rande der Speiche, welche er mit dem Fuße nach innen dreht;
2.2. der Abzieher der fünften Zehe (m. abductor digiti minimi) entspringt am Hakenbeine, und endigt an der äußern Seite der 5ten Zehe, die er nach außen zieht;
3.3. der Beuger der 5ten Zehe (m. flexor digiti minimi) entspringt unter jenem, und endigt an den Sesambeinen dieser Zehe, die er beugt;
4—4. die hinteren oder inneren Zwischenknochenmuskeln oder Beuger der Fesselbeine (m. m. interossei interni) entspringen an der untern Reihe der Vorder=Fußwurzelknochen und endigen an den Sesambeinen der vier äußeren Zehen, die sie beugen;
5. der Anzieher der fünften Zehe (adductor digiti minimi) entspringt an dem gemeinschaftlichen Bande der Vorder=Fußwurzel, und endigt an dem innern Sesambeine dieser Zehe, welche er der vierten nähert;

6. der Anzieher der zweiten Zehe (m. adductor digiti secundi) entspringt unter jenem, und endigt an der innern Seite des ersten Gliedes dieser Zehe, die er der dritten nähert;
7. der Anzieher der ersten Zehe (m. adductor pollicis) entspringt mit No. 5., und endigt an der äußern Seite der ersten Zehe, die er der zweiten nähert;
8. der kurze Beuger der ersten Zehe (m. flexor pollicis brevis) entspringt an der untern Reihe der Vorder-Fußwurzelknochen, und endigt am äußern Sesambeine der ersten Zehe, die er beugt und zugleich der zweiten nähert.

Figur 10. Muskeln der linken hinteren Gliedmaaße der Katze, von der äußern Seite gesehen.

1. Der lange Aufheber des Schwanzes (Tab. 24. Fig. 2.),
2. die Zwischen-Quermuskeln desselben (m. m. intertransversarii caudae) befestigen sich an die Querfortsätze der Schwanzwirbel, und nähern sie einander;
3. der Seitwärtszieher des Schwanzes (m. coccygeus) entspringt am Becken, und endigt an den ersten Schwanzwirbeln, zieht den Schwanz zur Seite;
4. der mittlere Backenmuskel (m. glutaeus externus) entspringt auf dem Darmbeine, und endigt am oberen Umdreher des Backenbeines, das er nach außen dreht;
5. der äußere Backenmuskel (abgeschnitten),
5a. der kleine Backenmuskel (m. glutaeus minimus) entspringt am oberen Beckenrande, und endigt mit dem mittleren, dessen Wirkung er theilt;
6a. der viereckige Muskel des Backenbeines (musc. quadratus femoris) entspringt hinter jenem, endigt in der Umdrehergrube, und dreht das Backenbein nach außen;
6b. der Sitzbeinmuskel (m. m. gemini) entspringt am Sitzbein, und endigt mit jenem,
7. der birnförmige Muskel (m. pyriformis) entspringt am Sitzbeinhöcker, und endigt mit dem letzteren, dessen Wirkung er theilt.
8. der grade Schenkelmuskel (3. Fig. 11.),
9. der äußere dicke Schenkelmuskel (m. vastus externus) entspringt an der äußern Seite des Backenbeines, und endigt am äußern Rande der Kniescheibe, die er nach oben zieht;

9b. der lange Auswärtszieher des Schenkelbeines, abgeschnitten (Tab 23. Fig. 2.),
10. 10. der dicke Einwärtszieher des Backenbeines (Tab. 24. Fig. 4.),
11. 11. der dicke Einwärtszieher des Schenkelbeines (m. semitendinosus hom.) entspringt an der untern Fläche des Sitzbeines, und endigt am Schenkelbeine,
12. 12. der lange Einwärtszieher desselben (m. adductor tibiae longus) entspringt am Sitzbeinhöcker, und endigt unter jenem, beide ziehen die Gliedmaaße nach innen und hinten;
13. der äußere Zwillingsmuskel oder Wadenmuskel (m. gastrocnemius externus) entspringt am unteren Ende des Backenbeines, und endigt mittelst
14. der Achilles-Sehne (tendo Achillis) am Sprungbeine, er streckt den ganzen Fuß;
15. der dicke Beuger der dritten Zehenglieder (11. Fig. 12.),
15b. 15b. der lange Wadenbeinmuskel (m. peronaeus longus) entspringt am Wadenbeine, und endigt am äußern Hinter-Mittelfußknochen, er beugt den Fuß nach vorn;
16. 16. der vordere Strecker der Zehen (m. extensor digitorum longus) entspringt am obern Ende des Schenkelbeines, und endigt mit vier Sehnen an den Zehen, die er streckt;
17. der vordere Schenkelbeinmuskel (14. Fig. 12.),
18. 18. der kurze Wadenbeinmuskel (m. peronaeus brevis) entspringt in der Mitte des Wadenbeines, endigt an dem Hinter-Mittelfußknochen der vierten Zehe, und zieht den Fuß nach vorn;
19. die Sehne des dritten Wadenbeinmuskels (9. Fig. 11.),
20. die innern oder hintern Zwischenknochenmuskeln (Tab. 26. Fig. 3.).

Figur 11. Die tiefer liegenden Muskeln an der linken hinteren Gliedmaaße der Katze, von der äußern Seite gesehen.

1a. Der kleine Backenmuskel (5a. Fig. 10.),
1b. der viereckige Muskel des Backenbeines (6a. das.)
2a. der Sitzbeinmuskel (6b. das.),
2b. der äußere Verstopfungsmuskel (m. obturator

externus) entspringt an der untern Fläche des Beckens, endigt in der Umdrehergrube, und dreht das Backenbein nach außen;

3.3. der grade Schenkelmuskel (m. rectus femoris) entspringt am Darmbeine, endigt an der Kniescheibe, und zieht diese nach oben, zugleich den Unterschenkel nach vorn;

4.4. der eigentliche Schenkelmuskel (m. crureus) entspringt am obern Ende des Backenbeines, und endigt unter dem vorigen, dessen Wirkung er theilt;

5. der äußere Zwillingsmuskel (abgeschnitten),

6. der innere Zwillingsmuskel (9. Fig. 12.),

7. der innere Wadenmuskel (m. soleus) entspringt am Backenbeine, geht in eine Sehne über, die sich auf die Achillessehne windet, und endigt am Sprungbeine in dem kurzen Beuger der Zehen;

8—8. der kurze Wadenbeinmuskel (18. Fig. 10.),

9.9. der dritte Wadenbeinmuskel oder seitliche Strecker der Zehen (m. peronaeus tertius) entspringt am obern Ende des Wadenbeines, und endigt an der vierten Zehe, die er streckt;

10.10. der vordere Strecker der Zehen (16. Fig. 10.),

11.11. der kurze oder untere Strecker der Zehen (Tab. 26. Figur 4.).

Figur 12. Die tiefer liegenden Muskeln an der rechten hintern Gliedmaaße der Katze, von der innern Seite gesehen.

1.1. Die langen Niederzieher des Schwanzes (Tab. 24. Fig. 2.),

2.2. die kurzen Niederzieher desselben (m. m. depressores caudae breves) entspringen an der untern Fläche des Kreuzbeines, und endigen in der Mitte des Schwanzes, den sie herabziehen;

3. der Seitwärtszieher desselben (3. Fig. 10.),

4.4. der Sitzbeinmuskel (6b. Fig. 10.),

5a. der äußere Verstopfungsmuskel (2b. Fig. 11.),

5b. der große Lendenmuskel (abgeschnitten),

7. der grade und

8. der eigentliche Schenkelmuskel (3. 4. Fig. 11.),

9.9. der innere Zwillings- oder Wadenmuskel (m. gastrocnemius internus) entspringt am Backenbeine, und endigt mittelst der Achillessehne am Sprungbeine, streckt den Fuß;

10.10. der innere Wadenmuskel (7. Fig. 11.),

11.11. der dicke oder lange Beuger der Zehen (m. flexor digitorum longus) entspringt an der hintern Fläche des Schenkelbeines, und endigt an den letzten Zehengliedern, die er beugt;

12. der hintere Schenkelbeinmuskel (m. tibialis posticus) entspringt an der hintern Fläche des Unterschenkels, und endigt am 4ten Hinter-Mittelfußknochen, streckt den Fuß;

13.13. der dünne Beuger der Zehen oder der lange Beuger der großen Zehe (m. flexor hallelucis longus) entspringt am innern Rande des Schenkelbeines, und endigt in der Sehne des dicken Beugers (11.), indem die große Zehe fehlt;

14. 14. der vordere Schenkelbeinmuskel od. Schienbeinbeuger (m. tibialis anticus) entspringt an der äußern Fläche des Schenkelbeines, und endigt am innersten Hinter-Mittelfußknochen, beugt den ganzen Fuß;

15. der kurze Beuger der Zehen (Tab. 26. Fig. 1.).

Tabula 26.

Figur 1. Muskeln am rechten Unterschenkel und Fuße der Katze, von hinten gesehen.

1.1. Der Kniekehlenmuskel (musculus poplitaeus) entspringt am äußern Knopffortsatze des Backenbeines, und endigt am innern Rande des Schenkelbeines, das er beugen hilft;

2.2. der dünne und

3. der dicke Beuger der Zehen (Tab. 25. Fig. 12.);

4. der lange Wadenbeinmuskel (Tab. 25. Fig. 10.);

5. das hintere Band der Hinter-Fußwurzel,

6.6. der kurze Beuger der Zehen (m. flexor digitorum brevis) entspringt an der Sehne des innern Wadenmuskels, und endigt an den zweiten Gliedern der Zehen, die er beugt.

Figur 2. Die zweite Lage der Muskeln am rechten Hinterfuße der Katze, von hinten und unten gesehen.

1. Der dünne Beuger der Zehen,
2. der hintere Schenkelbeinmuskel (Tab. 25. Fig. 12.),
3.3. der dicke Beuger der Zehen.
4.4. Wurmförmige Muskeln (m. m. lumbricales) entspringen an der Sehne des dicken Beugers, und endigen an den Sehnen des kurzen Beugers, die sie anspannen;
5.5. die hinteren Zwischenknochenmuskeln (1 — 1. Fig. 3.),
6.6. der viereckige Muskel der Sohle (caro quadrata Sylvii) entspringt am hintern Bande der Hinter-Fußwurzel, und endigt in der Sehne des dicken Zehenbeugers, die er spannt.

Figur 3. Die dritte Lage der Muskeln am rechten Hinterfuße der Katze, von hinten und unten gesehen.

1—1. Die hinteren Zwischenknochenmuskeln (m. m. interossei posteriores) entspringen an den Hinter-Fußwurzelknochen, und endigen an den Sesambeinen der Zehen, beugen diese;
2. der Anzieher der ersten Zehe (m. adductor digiti primi) entspringt an der untern Reihe der Hinter-Fußwurzelknochen, und endigt an der ersten Zehe, die er der zweiten nähert;
3. der Anzieher der vierten Zehe (m. adductor digiti quarti) entspringt über jenem, und endigt an der vierten Zehe, die er der dritten nähert;
4. der Abzieher der vierten Zehe (m. abductor digiti quarti) entspringt am Sprungbeine, und endigt an der äußern Seite der vierten Zehe, die er von der dritten abzieht.
5.5. die Sehnen des kurzen oder durchbohrten Zehenbeugers,
6.6. die Sehnen des langen oder durchbohrenden Zehenbeugers.

Figur 4. Muskeln am rechten Hinterfuße der Katze, von vorn gesehen.

a. a. Die Ringbänder der Sehnen (ligamenta annularia) erhalten die Sehnen in der Lage.

1.1. Der dritte Wadenbeinmuskel,
2—2. der kurze oder untere Zehenstrecker (m. extensor digitorum brevis) entspringt an der untern Reihe der Hinter-Fußwurzelknochen, und endigt an den vier Zehen, die er streckt,
3. der vordere Zehenstrecker.

Figur 5. Muskeln am After und an den Geschlechtstheilen des Katers, von hinten gesehen.

a. Der Schwanz, b. der linke und c. der rechte Hinterschenkel.
1.1. Der Schließmuskel des Afters (m. sphincter ani) umgiebt das hintere Ende des Mastdarmes, und schließt dessen Mündung oder den After;
2.2. die Aufheber des Afters (m. m. levatores ani) entspringen an den Sitzbeinen, und endigen in jenem, den sie zur Seite ziehen und die Oeffnung erweitern;
3.3. die Aufrichter der Ruthe (m. m. erectores penis) entspringen an den Sitzbeinen, und endigen an den schwammigen Körpern der Ruthe, die sie aufrichten;
4. der Muskel des Mittelfleisches (m. perinaei) entspringt am Schließer des Afters, und endigt in der Haut des Mittelfleisches, die er spannt;
5.5. der Harn- oder Saamenschneller (m. accelerator urinae s. spermatis) entspringt an jeder Seite am schwammigen Körper der Ruthe, und endigt in der Mittellinie an der Harnröhre, die er zusammendrückt.

Figur 6. Muskeln am Kopfe des Hundes, von der linken Seite.

1.1. Der Kreismuskel der Lippen (8. Fig. 1. Tab. 22.),
2. der Pyramidenmuskel der Nase (2. Fig. 2. das.),
3.3. der Auswärtszieher der Oberlippe (9. Fig. 1. das.),
4. der Aufheber der Oberlippe (7. Fig. 1. das.),
5.5. der Backenmuskel (6 b. Fig. 2. das.),
6. der Backenzahnmuskel (6. das.),
7.7. der Jochmuskel (6. Fig. 1. das.),
8.8. der Kreismuskel der Augenlieder (5. das.),
9. der äußere Aufheber des obern Augenliedes (10. das.),
10. der gemeinschaftliche Muskel des Ohres (1. das.),

11. der obere Einwärtszieher desselben (3. das.),
12. der große Leistenmuskel (14. Fig. 2. das.),
13. der mittlere Einwärtszieher des Ohres (musc. adductor auriculae medius) entspringt am äußern Rande des Schildknorpels, und endigt am vordern Rande der Ohrmuschel, die er nach innen zieht:
14.14. der Muskel der Ecke (9. Fig. 2. das.),
15. der kleine Leistenmuskel (15. das.),
16. der Niederzieher des Ohres (10. das.),
17. der untere Einwärtszieher (13. das.),
18. der äußere Kaumuskel (8. das.).
a. Der Schildknorpel des Ohres,
b. die Ohrmuschel,
c.c. die Ohr-Speicheldrüse.

Figur 7. Muskeln am Kopfe des Hundes, von vorn gesehen.

1—1. Gemeinschaftlicher Ohr- und Stirnmuskel (1. 2. Fig. 1. Tab. 22.),
2.2. die äußern Aufheber der obern Augenlieder (10. das.),
3—3. die Auswärtszieher der Oberlippe (9. das.),
4.4. die Aufheber derselben (7. das.),
5.5. die Pyramidenmuskeln der Nase (2. Fig. 2. das.),
6.6. die Backenzahnmuskeln (6. Fig. 2. das.),
7—7. die Jochmuskeln (6. Fig. 1. das.),
8—8. der Kreismuskel des Maules (8. das.),
9.9. der Kreismuskel der Augenlieder (5. das.).

Figur 8. Die Ohrmuskeln des Hundes, von hinten gesehen.

1. Der obere Einwärtszieher des Ohres (3. Fig. 1. Tab. 22.),
2. der gemeinschaftliche Ohrmuskel (1. Fig. 1. das.),
3. der kurze Aufheber (m. levator auriculae brevis) entspringt an der untern Fläche des Schildknorpels, und endigt in der Mitte der Ohrmuschel, die er aufrichtet,
4. der Quermuskel des Ohres (8. Fig. 4. das.),
5. der lange Auswärtszieher (5. Fig. 3. das.),

6. der kurze Auswärtszieher (11. Fig. 2. das.),
7—7. der lange Aufheber (2. Fig. 3. das.),
8. der Niederzieher (10. Fig. 2. das.).
a. Die Ohrmuschel, b. der Schildknorpel.

Tabula 27.

Figur 1. Die tiefer liegenden Ohrmuskeln des Hundes, von hinten gesehen.

1. Der mittlere Einwärtszieher,
2. der kurze Dreher (5. Fig. 4. Tab. 22.),
3. der lange Dreher (4. das.),
4. der Quermuskel (8. das.),
5.5. der mittlere Aufheber (4. Fig. 3. das.),
6.6. der kurze Aufheber (3. Fig. 8. Tab. 26.),
7.7. der lange Auswärtszieher (5. Fig. 3. Tab. 22.),
8. der kurze Auswärtszieher (11. Fig. 2. das.),
9. der Muskel der Gegenecke (12. Fig. 2. das.);
a. der Schildknorpel (zurückgelegt).

Figur 2. Muskeln am Kopfe des Hundes, von der linken Seite.

1. Der Pyramidenmuskel der Nase (2. Fig. 2. Tab. 22.),
2.2. der Kreismuskel des Maules (8. Fig. 1. das.),
3. der Kinnmuskel (3. Fig. 8. das.),
4.4. der Backenmuskel (6b. Fig. 2. das.),
5. der Backenzahnmuskel (6. Fig. 2. das.) ist hier am Ursprunge sichtbar, indem der äußere Kaumuskel entfernt worden ist;
6. der zweibäuchige Muskel (5. Fig. 8. Tab. 22.),
7. der Schläfenmuskel (9. Fig. 5. das.).

Figur 3. Augenmuskeln des Hundes, von der linken Seite.

a. Der Rollknorpel, b. der Augapfel.
1.1. Der Kreismuskel der Augenlieder (5. Fig. 1. Tab. 22.),

2.2. der innere Aufheber des oberen Augenliedes (2. Fig. 5. das.),
3. der obere schiefe Augenmuskel (3. das.),
4. der untere schiefe Augenmuskel (7. das.),
5. der obere,
6. der äußere und
7. der untere grade Augenmuskel (4—6. das.),
8. der innere Kaumuskel (8. das.).

Figur 4. Muskeln an der untern Fläche des Kopfes, Halses und der Brust des Hundes.

1.1. Die Niederzieher der Oberlippe (1. Fig. 8. Tab. 22.),
2. der Kinnmuskel (3. das.),
3.3. der Kreismuskel des Maules,
4.4. der breite Zungenbeinmuskel (6. das.),
5.5. der Kinn-Zungenbeinmuskel (7. das.),
6.6. der Kinn-Zungenmuskel (8. das.),
7. der Grund-Zungenmuskel (9. das.),
8.8. der Zungenbein-Zungenmuskel (10. das.),
9. der Griffel-Zungenbeinmuskel (13. Fig. 9. das.),
10. der äußere Kaumuskel,
11.11. der zweibäuchige Muskel (5. Fig. 8. das.),
12. der lange Zungenbeinmuskel (15. das.),
13.13. die Brust-Warzenmuskeln (14. das.),
14.14. der Brust-Zungenbeinmuskel (12. das.),
15. der Schild-Zungenbeinmuskel (11. das.),
16. der Ring-Schildmuskel (18. das.),
17. der Brust-Schildmuskel (13. das.),
18.18. der gemeinschaftliche Muskel des Kopfes, Halses und Armes (1. Fig. 1. Tab. 23.),
19. der breite Brustmuskel (12. Fig. 1. Tab. 24.),
20. der kleine Brustmuskel (11. das.),
21. der große Brustmuskel (13. das.).

Figur 5. Die Muskeln des Gaumensegels des Hundes, von unten gesehen.

Der linke Ast des Unterkiefers ist entfernt, und daher die Maulhöhle sichtbar.

1. Der innere Kaumuskel,

2. der harte Gaumen,
3. die Sehne des Gaumensegelmuskels (2. Fig. 9. Tab. 22.),
4. der fleischige Theil desselben (3. das.),
5. der Griffel-Gaumenmuskel (4. das.),
6. der Aufheber des Gaumensegels (5. das.),
7. der Gaumen-Schlundkopfmuskel (6. das.),
8. der Flügel-Schlundkopfmuskel (7. das.),
9. der obere Zungenbein-Schlundkopfmuskel (12. das.).

Figur 6. Die Zunge des Hundes, von unten gesehen.

1. Die knorpelige Sehne der Zunge, Tollwurm genannt (tendo linguae cartilaginea) liegt in der Mittellinie und dient zur Unterstützung der Zunge;
2.2. die Kinn-Zungenmuskeln (8. Fig. 8. Tab. 22.),
3.3. die Grund-Zungenmuskeln (9. das.),
4.4. die Zungenbein-Zungenmuskeln (10. das.).

Figur 7. Muskeln des Schlund- und Luftröhrenkopfes des Hundes, von der linken Seite gesehen.

1. Der Gaumen-Schlundkopfmuskel (6. Fig. 9. Tab. 22.),
2. der obere Zungenbein-Schlundkopfmuskel (12. das.),
3. der seitliche — — (8. das.),
4. der untere — — (9. das.),
5. der Schild-Schlundkopfmuskel (10. das.),
6. der Ring- — (11. das.),
7. der Schlund (9. Fig. 10. das.),
8. der Schild-Zungenbeinmuskel (11. Fig. 8. das.),
9. der Ring-Schildmuskel (18. das.).

Figur 8. Der Schlundkopf des Hundes, von oben und hinten gesehen.

1. Der obere Zungenbein-Schlundkopfmuskel (12. Fig. 9. Tab. 22.),
2. der seitliche Zungenbein-Schlundkopfmuskel (8. das.),
3. das untere — — (9. das.),
4. der Gaumen-Schlundkopfmuskel (6. das.),
5. der Schild- — (10. das.),
6. der Ring- — (11. das.).
7. der Schlund (9. Fig. 10. das.).

Figur 9. Muskeln des Zungenbeines und Kehlkopfes des Hundes, von der linken Seite.

1. Der kurze Zungenbeinmuskel (2. Fig. 11. Tab. 22.),
2. der Schild= — (11. Fig. 9. das.),
3. der Ring=Schildmuskel (18. das.),
4. der hintere Ring=Gießkannenmuskel (5. Fig. 11. das.).

Figur 10. Die tiefer liegenden Kehlkopfmuskeln des Hundes, von der linken Seite gesehen.

Die Zungenbeinäste und der Schildknorpel der linken Seite sind entfernt worden, um die Muskeln freier darzustellen.

1. Der Zungenbein=Kehldeckelmuskel (3. Fig. 11. Tab. 22.),
2. der Gießkannenmuskel (4. das.),
3. der obere und
4. der untere Schild=Gießkannenmuskel (2. 3. Fig. 12. das.),
5. der seitliche Ring= — (4. das.),
6. der hintere — — (5. Fig. 11. das.).

Tabula 28.

Figur 1. Die zweite Muskelschicht am Rumpfe, und an den Gliedmaaßen des Hundes, von der linken Seite.

1a. 1a. Der gemeinschaftliche Kopf=, Hals= und Armbeinmuskel (1. Fig. 1. Tab. 23.),
1b. der Brust=Warzenmuskel (14. Fig. 8. Tab. 22.),
2. der zweite Aufheber des Schulterblattes (2. Fig. 1. Tab. 23.),
3. der ungleich viereckige Muskel (3. das.),
4. der dreieckige Muskel (5. das.),
5. der obere Auswärtszieher des Armbeines (4. das.),
6. der lange — — — (7. das.),
7. der mittlere Strecker des Vorarmes (8. Fig. 1. Tab. 25.),
8. der dicke — — — (9. das.),
9. 9. der breite Rückenmuskel (6. Fig. 1. Tab. 23.),

10.

10. der große Brustmuskel (13. Fig. 1. Tab. 24.),
11. 11. der äußere schiefe Bauchmuskel (9. Fig. 1. Tab. 23.),
12. der Muskel der Vorhaut (musculus praeputii) entspringt an der Sehne des vorigen, und endigt in der Vorhaut, die er über die Ruthe hervorzieht, wenn sie herausgetreten war;
13. 13. der Schneidermuskel (20. Fig. 2. Tab. 23.),
14. der Spanner der breiten Schenkelbinde (21. das.),
15. der große Backenmuskel (22. das.),
16. der äußere — (23. das.),
17. der lange Auswärtszieher des Schenkelbeines (24. das.),
18. der mittlere — — — (25. das.),
19. der dicke Einwärtszieher — — (11. Fig. 10. Tab. 25.),
20. der lange Einwärtszieher — — (26. Fig. 2. Tab. 23.).

Figur 2. Die dritte Muskelschicht am Rumpfe und an den Gliedmaaßen des Hundes, von der linken Seite.

1. Der riemenförmige Kopfmuskel (1. Fig. 3. Tab. 23.),
2. der zweite Kopf des gemeinschaftlichen Kopf-, Hals- und Armbeinmuskels (1. Fig. 1. Tab. 23.),
3. 3. der zweite Aufheber des Schulterblattes (2. das.),
4—4. der breite gezahnte Muskel (8. Fig. 2. Tab. 23.),
5. der Aufheber des Schulterblattes (2. Fig. 2. Tab. 23.),
6. der vordere und
7. der hintere rautenförmige Muskel (3. 4. das.),
8. der vordere Grätenmuskel (1. Fig. 1. Tab. 25.),
9. der hintere — (1. Fig. 3. Tab. 25.),
10. der Niederzieher des Armbeines (3. Fig. 2. das.),
11. der dicke Strecker des Vorarmes (9. Fig. 1. das.),
12. der mittlere — — — (8. das.),
13. der kurze Auswärtszieher des Armbeines (2. Fig. 3. das.),
14. der grade Bauchmuskel, zum Theil sichtbar;
15. der vordere gezahnte Muskel (15. Fig. 2. Tab. 23.),
16. der hintere — — (16. das.),
17. die äußere Schicht der Zwischenrippenmuskeln (11. Fig. 3. das.),
18a. der äußere schiefe Bauchmuskel (abgeschnitten),
18b. der innere — — (18. Fig. 2. Tab. 23.),
19. der Quer-Bauchmuskel, zum Theil sichtbar;

20. der mittlere Backenmuskel (4. Fig. 10. Tab. 25.),
21. der kleine — (5 a. das.),
22. der viereckige Muskel des Backenbeines (6 a. das.),
23. der Sitzbeinmuskel (6 b. das.),
24. der birnförmige Muskel (7. das.),
25. der Seitwärtszieher des Schwanzes (3. das.),
26. der kurze Aufheber desselben (m. levator caudae brevis) entspringt an den Dornfortsätzen des Kreuzbeines, und endigt in der Mitte an der oberen Fläche der Schwanzwirbel, die er hebt;
27. der lange Aufheber des Schwanzes (10. Fig. 2. Tab. 24.),
28. das Kreuz-Sitzbeinband,
29. der grade Schenkelmuskel (3. Fig. 11. Tab. 25.),
30. der äußere dicke Schenkelmuskel (9. Fig. 10. das.),
31. der dicke Einwärtszieher des Backenbeines (22. Fig. 4. Tab. 24.),
32. der dicke Einwärtszieher des Schenkelbeines (11. Fig. 10. Tab. 25.),
33. der lange Einwärtszieher des Schenkelbeines (12. Fig. 10. Tab. 25).

Figur 3. Die vierte Muskelschicht am Rumpfe des Hundes, von der linken Seite.

1.1. Der riemenförmige Kopfmuskel (1. Fig. 3. Tab. 23.),
2.2. Zwischenquermuskeln des Halses (11. Fig. 2. Tab. 24.),
3.3. der lange Beuger des Kopfes (4. Fig. 1. Tab. 24.),
4. der kurze Stachelmuskel (m. semispinalis cervicis) entspringt an den Querfortsätzen der vordern Rükkenwirbel, und endigt an den Bogen der hintern Halswirbel, streckt den Hals;
5. } der herabsteigende Nackenmuskel (17. Fig. 3. Tab. 23.),
6.6. } endigt hier an der 3ten bis zur 8ten Rippe;
7. der untere Rippenhalter (18. das.),
8. der Quermuskel der Rippen (14. Fig. 3. Tab. 23.),
9. der grade Bauchmuskel (15. das.),
10.10. der gemeinschaftliche Rippenmuskel (7. das.),
11.11. der lange Rückenmuskel (5. das.),
12. der lange Stachelmuskel (6. das.),
13. die äußere und
14. die innere Schicht der Zwischenrippenmuskeln (11. 12. das.),
15. der Quer-Bauchmuskel (10. das.).

Tabula 29.

Figur 1. Die tiefen Muskeln am Rumpfe des Hundes, von der linken Seite.

1. Der dicke Strecker des Halses (3. Fig. 2. Tab. 24.),
2.2. die Zwischenquermuskeln des Halses (11. das.),
3.3. der lange Strecker des Halses (2. Fig. 3. Tab. 23.),
4.4. der kurze — — — (4. Fig. 3. Tab. 24.),
5. das Nackenband,
6.6. die Zwischendornmuskeln des Rückens (4. Fig. 2. das.),
7.7. die schiefen Stachelmuskeln (5. das.),
8—8. die Aufheber der Rippen (6. das.),
9. die innere,
10. die äußere Schicht der Zwischenrippenmuskeln (11. 12. Fig. 3. Tab. 23.),
11. der lange Rückenmuskel, zur Seite gelegt;
12. der lange Aufheber des Schwanzes (10. Fig. 2. Tab. 24.).

Figur 2. Die tiefen Nackenmuskeln des Hundes, von oben gesehen.

1. Der schiefe Kopfmuskel (1. Fig. 2. Tab. 24.),
2. der dicke Strecker des Halses (3. das.),
3. der kleine durchflochtene Muskel (3. Fig. 3. Tab. 24.),
4.4. der große — — (5. das.),
5. der lange Strecker des Halses (2. Fig. 3. Tab. 23.),
6. der kurze — — — (4. Fig. 3. Tab. 24.),

Figur 3. Die Nackenmuskeln des Hundes, von oben gesehen.

1.1. Die Schläfenmuskeln,
2. der große grade Kopfmuskel (m. rectus capitis posticus major) entspringt am Kamm des zweiten Halswirbels, und endigt am Hinterhauptsbeine, er hilft den Kopf strecken;

3. der kleine grade Kopfmuskel (m. rectus capitis posticus minor) entspringt am Bogen des ersten Halsw., und endigt unter jenem M., dessen Wirkung er theilt;
4.4. die dicken Strecker des Halses.

Figur 4. Das Zwerchfell, die Muskeln in der Bauchhöhle und an den innern Seiten der Hinterschenkel, vom Hunde.

1.1. Der fleischige Theil des Zwerchfelles (1. Fig. 4. Tab. 24.),
2.2. die Pfeiler desselben (4. das.),
3.3. der sehnige Theil oder Spiegel des Helmont (2. das.),
4. die Oeffnung für die hintere Hohlvene (3. das.),
5. die Oeffnung für den Schlund (5. das.),
6. die Oeffnung für die Bauch-Aorta (6. das.),
7.7. der viereckige Lendenmuskel (14. das.),
8. der Psoas-Muskel (10. das.),
9.9. der große Lendenmuskel (9. das.),
10.10. die langen Niederzieher des Schwanzes (15. das.),
11. der Spanner der breiten Schenkelbinde (21. Fig. 2. Tab. 23.),
12. der grade Schenkelmuskel (3. Fig. 11. Tab. 25.),
13. der innere dicke Schenkelmuskel (19. Fig. 4. Tab. 24.),
14. der mittlere Einwärtszieher des Backenbeines (21. das.),
15. der Schaambeinmuskel (20. das.),
16. der dicke Einwärtszieher des Backenbeines (22. das.),
17.17. die breiten Einwärtszieher des Schenkelbeines (23. das.),
18. der dünne Einwärtszieher des Schenkelbeines (24. das.),
19. der Schneidermuskel (20. Fig. 2. Tab. 23.),
20.20. die Hodenmuskeln (12. Fig. 4. Tab. 24.),
21.21. die Saamenstränge und
22.22. die Hoden.

Figur 5. Das Brustbein des Hundes mit seinem Muskel, von oben gesehen.

1.1. Der Brustbeinmuskel (a. a. Fig. 6. Tab. 24.).

Figur 6. Die Halsmuskeln des Hundes, von unten gesehen.

1.1. Die äußeren Kaumuskeln,
2.2. die schiefen Kopfmuskeln,

3—3. die langen Beuger des Kopfes (4. Fig. 1. Tab. 24.),
4. 4. die kurzen — — — (3. das.),
5. der schiefe Beuger des Kopfes (m. rectus capitis lateralis) entspringt an der untern Fläche der Flügel des ersten Halswirbels, und endigt an der untern Fläche des Schädels, er hilft den Kopf beugen;
6. 6. der lange Beuger des Halses (5. Fig. 1. Tab. 24.),
7. 7. der innere Beuger des Halses (m. longi colli pars posterior s. inferior) entspringt am Körper des sechsten Rückenwirbels, und endigt an den Querfortsätzen des 6ten und 7ten Halswirbels, er beugt den Hals.
8. 8. die Rippenhalter.

Tabula 30.

Figur 1. Muskeln an der linken vordern Gliedmaaße des Hundes, von der äußern Seite gesehen.

1. Der mittlere Strecker des Vorarmes (8. Fig. 1. Tab. 25.),
2. der kurze Beuger desselben (4. Fig. 3. das.),
3. der lange Strecker desselben (abgeschnitten),
4. der lange Beuger des Vorarmes (5. Fig. 2. das.),
5. 5. der Speichenstrecker der Vorder-Fußwurzel (8. das.),
6. 6. der längere Strecker der Zehen oder Strecker der zweiten und dritten Zehenglieder (13. Fig. 1. Tab. 25.),
7. 7. der kürzere Strecker der Zehen oder der ersten Zehenglieder (14. das.),
8. 8. der Ellenbogenstrecker der Vorder-Fußwurzel (15. das.),
9. 9. der äußere Ellenbogenbeuger derselben (17. das.),
10. der kleine Strecker des Vorarmes (5. Fig. 4. Tab. 25.),
11. der Abzieher des Daumens (5. Fig. 5. das.).

Figur 2. Muskeln der rechten vordern Gliedmaaße des Hundes, von der innern Seite.

1. 1. Der vordere Grätenmuskel (1. Fig. 1. Tab. 25.),
2. der Unterschultermuskel (1. Fig. 2. das.),
3. der Aufheber des Armbeines (1. Fig. 4. das.),

4. der Niederzieher des Armbeines (3. Fig. 2. das.),
5. der breite Rückenmuskel (zum Theil sichtbar),
6. 6. der lange Beuger des Vorarmes (5. Fig. 2. das.),
7. 7. der kurze Strecker desselben (3. Fig. 3. das.),
8. 8. der dicke — — (9. Fig. 1. das.),
9. 9. der lange — — (6. Fig. 2. das.),
10. 10. der Speichenstrecker der Vorder-Fußwurzel (8. Fig. 2. das.),
11. der runde Vorwärtsdreher (10. Fig. 2. das.),
12. der Speichenbeuger der Vorder-Fußwurzel (9. das.),
13. 13. der innere Ellenbogenbeuger derselben (12. das.),
14. der Beuger der zweiten Zehenglieder, entspringt am innern Gelenkknorren des Armbeines, und endigt an den zweiten Gliedern, die er beugt.

Figur 3. Muskeln am rechten Vorarme und Vorderfuße des Hundes, von vorn gesehen.

1. Der kurze und
2. der lange Beuger des Vorarmes, beide oben abgeschnitten,
3. der runde Vorwärtsdreher (10. Fig. 2. Tab. 25.),
4. der kurze Rückwärtsdreher (6. Fig. 3. das.),
5. 5. der Abzieher des Daumens (5. Fig. 5. das.),
6 — 6. die Sehnen des Streckers der ersten Zehenglieder (7. Fig. 1. Tab. 30.),
7 — 7. die Sehnen des Streckers der 2ten und 3ten Zehenglieder (6. das.).

Figur 4. Muskeln am rechten Vorarme und Vorderfuße des Hundes, von hinten gesehen.

1 — 1. Der Beuger der zweiten Zehenglieder (14. Fig. 2.),
2. 2. der äußere Ellenbogenbeuger der Vorder-Fußwurzel (9. Fig. 1.),
3. 3. der innere Ellenbogenbeuger der Vorder-Fußwurzel (13. Fig. 2.),
4. 4. die Sohlenballen, welche beim Sprunge den Sehnen zum Schutz dienen;
5. der kurze Beuger der ersten Zehe (8. Fig. 9. Tab. 25.),

Figur 5. Dieselbe Figur.

Der Beuger der zweiten Zehenglieder und die Sohlenballen sind entfernt worden, um die tiefer liegenden Muskeln besser zu sehen.

1. 1. Der Ellenbogenstrecker der Vorder-Fußwurzel (8. Fig. 1.),
2. 2. der äußere und
3. 3. der innere Ellenbogenbeuger derselben,
4. 4. der **lange Spanner der Sohle** (m. palmaris longus) entspringt an dem innern Kopfe des Beugers der dritten Zehenglieder, und endigt in den Sehnenscheiden der Zehenbeuger, er spannt sie.
5. 5. Der Speichenbeuger der Vorder-Fußwurzel (12. Fig. 1.),
6—6. die Sehne des Beugers der dritten Zehenglieder,
7. die abgeschnittene und zurückgelegte Sehne des Beugers der zweiten Zehenglieder,
8—8. der Beuger der fünften Zehe (3. Fig. 9. Tab. 25.),
9. der Abzieher derselben (2. das.).

Figur 6. Die Beugemuskeln am linken Vorderfuße des Hundes, von hinten und unten gesehen.

1. Der **Ellenbogenbeuger der Zehen oder Keulenmuskel** (caput ulnare m. flexoris digitorum profundi) entspringt am Ellenbogenbeine, und endigt in der gemeinschaftlichen Sehne des tiefen, oder des Beugers der 3ten Zehenglieder;
2. der **äußere, mittlere und innere Kopf des tiefen Zehenbeugers** (caput externum, medium et internum ejusdem flexoris) entspringen vereint am Armbeine, und endigen in der gemeinschaftlichen Sehne (4.),
3. der Speichenbeuger der Zehen oder Kegelmuskel (9. Fig. 2. Tab. 25.),
4. die gemeinschaftliche Sehne des Beugers der dritten Zehenglieder (2. Fig. 8. das.),
5. 5. die wurmförmigen Muskeln (4. Fig. 2. Tab. 26.).

Figur 7. Die tiefste Muskelschicht am rechten Vorarme und Vorderfuße des Hundes, von hinten und unten gesehen.

1. Der viereckige Vorwärtsdreher (1. Fig. 9. Tab. 25.) reicht bei dem Hunde bis an das obere Ende der Speiche,

2—2. die hinteren Zwischenknochenmuskeln (4. das.),
4. der Anzieher der zweiten Zehe (5. das.),
5. der Anzieher der fünften Zehe (6. das.).

Figur 8. Muskeln an der linken hintern Gliedmaaße des Hundes, von der äußern Seite gesehen.

1.1. Der grade Schenkelmuskel (3. Fig. 11. Tab. 25.),
2.2. der eigentliche Schenkelmuskel (4. das.),
3. der vordere Schenkelbeinmuskel oder Schienbeinbeuger (14. Fig. 12. das.),
4.4. der vordere Strecker der Zehen (16. Fig. 10. das.),
5.5. der lange Wadenbeinmuskel (15 b. das.),
6.6. der dritte Wadenbeinmuskel oder seitliche Zehenstrecker (9. Fig. 11. das.),
7.7. der dicke oder lange Beuger der Zehen (11. Fig. 12. das.),
8.8. der innere Wadenmuskel oder Beuger der zweiten Glieder (7. Fig. 11.) geht sehnig bis an die Zehenglieder, vertritt also zugleich die Stelle des kurzen Zehenbeugers,
9.9. der äußere Zwillingsmuskel (13. Fig. 10. das.).

Figur 9. Muskeln am linken Unterschenkel und Hinterfuße des Hundes, von vorn gesehen.

1.1. Der vordere Schenkelbeinmuskel (3. Fig. 8.),
2.2. der Strecker der innern Zehe (m. extensor hallucis longus hom.) entspringt in der Mitte des Schenkelbeines, und endigt an der innern Zehe, die er streckt,
3.3. der vordere Strecker der Zehen (4. Fig. 8.),
4. der kurze oder untere Strecker derselben (2. Fig. 4. Tab. 26),
5. der kurze Wadenbeinmuskel (18. Fig. 10. Tab. 25.),
6. die Sehne des dritten Wadenbeinmuskels (6. Fig. 8.).

Figur. 10. Muskeln am linken Unterschenkel und Hinterfuße des Hundes, von hinten und unten gesehen.

1. Der Kniekehlenmuskel (1. Fig. 1. Tab. 26.),
2. der dicke oder lange Beuger der Zehen (7. Fig. 8.),
3. der dünne Zehenbeuger oder lange Beuger der großen Zehe (13. Fig. 12. Tab. 25.),

4.4. der hintere Schenkelbeinmuskel (12. das.),
5.5. die oben abgeschnittene Sehne des innern Wadenmuskels oder Beugers der zweiten Zehenglieder,
6.6. Sehnen an die Sohlenballen, durch welche diese gespannt werden.

Figur 11. Muskeln der Sohle am linken Hinterfuße des Hundes, von unten gesehen.

1.1. Der Abzieher der vierten Zehe (4. Fig. 3. Tab. 26.),
2—2. die hintern Zwischenknochenmuskeln (1. Fig. 3. das.),
3. der Anzieher der vierten Zehe (3. das.),
4. der — — ersten — (2. das.),
5.5. die wurmförmigen Muskeln (4. Fig. 2. das.).

Figur 12. Muskeln am Becken und an der rechten hintern Gliedmaaße des Hundes, von der innern Seite gesehen.

1. Der kurze und
2. der lange Niederzieher des Schwanzes,
3. der Seitwärtszieher desselben (vergl. Tab. 28. Fig. 2.),
4. der Aufheber des Afters (2. Fig. 5. Tab. 26.), welcher hinten abgeschnitten ist,
5. der Sitzbeinmuskel,
6. der äußere Verstopfungsmuskel,
7. der kleine Einwärtszieher des Backenbeines (m. adductor femoris brevis) entspringt an der untern Fläche des Sitzbeines, und endigt an der hintern Fläche des Backenbeines, welches er zurückzieht;
8. das untere Ende des großen Lendenmuskels,
9. der grade Schenkelmuskel,
10. der innere dicke Schenkelmuskel,
11. der innere Zwillingsmuskel (6. Fig. 11. Tab. 25.),
12. der dünne und
13. der dicke Beuger der Zehen (Fig. 10.),
14.14. der vordere Schenkelbeinmuskel oder Schienbeinbeuger (Fig. 8.),
15. die Sehne des Streckers der innern Zehe (2. Fig. 9.),
16. die Sehne des vordern Streckers der Zehen (4. Fig. 8.).

Tabula 31.

Figur 1. Die Hautmuskeln des Schafes, von der linken Seite gesehen.

1. Der Antlitz-Hautmuskel (m subcutaneus faciei) entspringt zwischen und hinter den Aesten des Unterkiefers, bedeckt die Seitenfläche des Angesichts, und ist in seiner ganzen Ausbreitung mit der Haut verbunden, die er erschüttert;
2. der Hals-Hautmuskel (m. subcutaneus colli) ist in der Mittellinie des Halses und an den Seiten befestigt, überall mit der Haut verbunden, und zur Erschütterung derselben bestimmt;
3. der Bauch-Hautmuskel (m. subcut. abdominis s. maximus) entspringt von der Schulter bis zum Becken am Nackenbande, bildet am Knie eine Falte, befestigt sich an den äußern Bauchmuskel, und ist überall mit der Haut innig verbunden, die er in Falten legen und erschüttern kann; er vertritt zugleich die Stelle des Schulter-Hautmuskels.

Figur 2. Die Hautmuskeln des Schweines, von der linken Seite gesehen.

1. Der innere Hals-Hautmuskel (m. subcut. colli internus) entspringt an der äußern Fläche der Schulter, geht über den hintern und untern Rand des Unterkiefers an das Angesicht, und hört an den Lippen auf; er bewegt theils die Haut am Halse und Angesichte, theils die Lippen nach hinten; vertritt zugleich die Stelle des Antlitz-Hautmuskels
2. der äußere Hals-Hautmuskel (m. subcut. colli externus) entspringt am Schnabelfortsatze des Brustbeines, und endigt an der Seite des Halses, den vorigen Muskel bedeckend, in der Haut, die er erschüttert.
3. der Brust-Zungenbeinmuskel (s. Tab. 38. Fig. 3.);
4. der gemeinschaftliche Muskel des Kopfes, Halses und Armbeines (zum Theil sichtbar),

5. der ungleich viereckige Muskel (ist hier frei, weil der Hals-Hautmuskel nicht bis an den Nacken reicht),
6. der große Brustmuskel (zum Theil sichtbar),
7.7. der Bauch-Hautmuskel (3. Fig. 1.) reicht hier nicht bis an den Rücken und bedeckt auch die Schulter nicht.
8. der Muskel der Vorhaut (musculus praeputii) entspringt an der Sehne des äußern Bauchmuskels, und endigt in der Vorhaut, die er über die Ruthe hinwegzieht.

Tabula 32.

Figur 1. Die Ohrmuskeln des Schafes, von hinten gesehen.

a. a. Die Schildknorpel (cartilagines auricularum thyreoideae) dienen mehreren Ohrmuskeln zu Anheftungspuncten,

b. b. die Ohrmuscheln (conchae auricularum) fangen die Schallstrahlen auf und leiten sie zum Paukenfelle.

1. Der lange Aufheber (musculus levator auriculae longus) entspringt an den Nackenmuskeln, und endigt in der Mitte der gewölbten Fläche der Ohrmuschel, die er nach hinten und innen zieht;
2. der gemeinschaftliche Ohrmuskel (m. auricul. communis) entspringt am Scheitel und an der Stirn, und endigt an den Schildknorpeln, die er nach innen zieht; er bedeckt

3.3. den mittleren Aufheber (m. levator auriculae medius), welcher am Scheitelbeine entspringt, unter dem langen Aufheber endigt, und die Ohrmuschel aufrichtet.

4. Der lange Auswärtszieher (m. abductor auric. longus) liegt und entspringt hinter jenem, und endigt an der äußern Fläche der Ohrmuschel, deren Höhle er nach außen wendet;
5. der kurze Auswärtszieher (m. abductor auric. brevis) entspringt an der Seite des Nackens, und endigt unter dem vorigen Muskel, dessen Wirkung er theilt;
6. der obere Einwärtszieher (m. adductor superior)

ist eine Fortsetzung des gemeinschaftlichen Ohrmuskels, und endigt nahe am innern Rande der Ohrmuschel, deren Höhle er nach vorn hinwendet.

Figur 2. Die Ohrmuskeln des Schafes, von vorn gesehen.

1—1. Der gemeinschaftliche Ohrmuskel (2. Fig. 1.),

2. der untere Einwärtszieher (m. adductor inferior) entspringt am Jochbogen, und endigt am Grunde der Ohrmuschel, die er nach vorn und innen bewegt,

3.3. die Muskeln der Ecke oder Warzenmuskeln (m. m. tragici) entspringen jeder am äußern Gehörgange, und endigen am Grunde der Ohrmuschel, die sie herabziehen;

4. der mittlere Einwärtszieher (m. adductor medius) entspringt an der untern Fläche des Schildknorpels, und endigt nahe am innern Rande der Ohrmuschel, deren Höhlung er nach vorn wendet,

5. der kurze Aufheber (m. levator brevis) entspringt an der obern Fläche des Schildknorpels, und endigt an der gewölbten Fläche der Ohrmuschel, die er aufrichtet,

6. der lange Dreher (m. rotator longus) entspringt an der untern Fläche des Schildknorpels, und endigt an der gewölbten Fläche der Ohrmuschel nach innen, zieht sie nach innen;

7. der obere Einwärtszieher (6. Fig. 1.),

8.8. die Schildknorpel (a. Fig. 1.).

Figur 3. Muskeln des Auges und der Zunge des Schafes, von der rechten Seite gesehen.

Der rechte Ast des Unterkiefers, der Augenbogen, die Augenhöhlenhaut und die meisten Lippenmuskeln sind entfernt worden.

1. Der Kreismuskel der Augenlieder (m. orbicularis palpebrarum) liegt um das Auge zwischen der äußern Haut und der Bindehaut, ist an das Thränenbein befestigt, und nähert die beiden Augenlieder einander;

2. der Aufheber (innere) des oberen Augenliedes (m. levator palpebrae superioris) entspringt am Keilbeine, und endigt im obern Augenliede, welches er hebt;

3. der obere grade Augenmuskel (m. rectus superior),
4. der äußere — — (m. rectus externus),
5. der untere — — (m. rectus inferior) entspringen um das Sehnervenloch im Keilbeine, und endigen vor der stärksten Wölbung des Augapfels, in der Nähe der durchsichtigen Hornhaut, jeder bewegt das Auge in der Richtung in der er liegt;
6. der untere oder kleine schiefe Augenmuskel (m. obliquus inferior) entspringt an der Augenhöhlenfläche des Thränenbeines, und endigt am Augapfel zwischen dem äußern und untern graden Muskel, er zieht das Auge nach unten und außen;
7. der obere oder große schiefe Augenmuskel (m. obliquus superior) entspringt am Sehnervenloche des Keilbeines, geht über den Rollknorpel, und endigt auf der stärksten Wölbung des Augapfels, den er nach innen und oben bewegt;
8. der Schläfenmuskel (m. temporalis) entspringt auf dem Scheitel- und Schläfenbeine, endigt am Kronenfortsatze des Unterkiefers, und zieht diesen (beim Kauen) an den oberen;
9. der innere Kaumuskel oder Flügelmuskel (m. pterygoideus) entspringt am Flügelfortsatze des Keilbeines und am Oberkieferbeine, endigt an der innern Fläche des Unterkiefers, und zieht diesen nach oben und zur Seite (beide Muskeln sind unten abgeschnitten);
10. der Schild-Zungenbeinmuskel (m. thyreo-hyoideus) entspringt an der äußern Fläche des Schildknorpels des Kehlkopfes, und endigt am Gabelaste des Zungenbeines, er nähert den Kehlkopf dem Zungenbeine;
11. der Griffel-Zungenbeinmuskel (m. stylo-ceratoideus) entspringt am Griffelfortsatze des Hinterhauptsbeines, endigt am untern Winkel des oberen Zungenbeinastes und stellt diesen fest;
12, 12. der zweibäuchige Muskel des Unterkiefers (m. digastricus s. biventer maxillae inferioris) entspr. mit jenem, und endigt an der innern Fläche und am untern Rande des Unterkiefers, den er herabzieht;
13. der lange Zungenbeinmuskel (m. stylo-hyoideus) entspringt mit einer runden Sehne am oberen Zungenbeinaste, und endigt am Gabelaste, er zieht den Grund der Zunge auf- und rückwärts;
14. 14. der Zungenbein-Zungenmuskel (m. stylo-

glossus) entspringt am untern (vordern) Ende des oberen Zungenbeinastes, endigt in der Zungenspitze und zieht diese zur Seite;

15. der Grund-Zungenmuskel (m. baseo-glossus) entspringt am Gabelaste und Körper des Zungenbeines, und endigt im Körper der Zunge, die er vom Gaumen abzieht;

16. der Kinn-Zungenmuskel (m. genio-glossus) entspringt im Vereinigungswinkel der beiden Unterkieferäste, und endigt in der Mitte des Zungenkörpers, zieht die Zunge nach vorn, aus dem Maule heraus;

17. der Kinn-Zungenbeinmuskel (m. genio-hyoideus) entspringt unter jenem, und endigt am Gabelhefte des Zungenbeines, wirkt wie der Vorige;

18. der Brust-,

19. der Schulter-Zungenbeinmuskel und

20. der Brust-Schildmuskel (s. Tab. 34. Fig. 1.) sind unten abgeschnitten;

21. der Schild-Schlundkopfmuskel (m. thyreo-pharyngeus) entspringt an der äußern Fläche des Schildknorpels, und endigt in der oberen Wand des Schlundkopfes, die er herabzieht, also den Schlundkopf verengt;

22. der Ring-Schlundkopfmuskel (m. crico-pharyngeus) entspringt am Reife des Ringknorpels, und endigt mit jenem, dessen Wirkung er theilt;

23. der Schlund;

a. der Pyramidenmuskel der Nase (m. pyramidalis nasi) entspringt an der äußern Fläche des Oberkiefers, und endigt mit mehreren Sehnen am Nasenloche und in der Oberlippe, er erweitert das Nasenloch und zieht die Lippe nach oben.

Figur 4. Muskeln des Gaumensegels und Schlundkopfes des Schafes, von der linken Seite gesehen.

Der Unterkiefer ist hinweggenommen und die Zunge zurückgeschlagen.

1. Der harte Gaumen;

2. der Gaumensegelmuskel (m. palatinus) entspringt am hintern Rande der Gaumenbeine, liegt zwischen zwei Schleimhautplatten, und endigt unten mit einem freien Rande; er verschließt beim Schlucken die hintern Nasenöffnungen;

3. der innere Kaumuskel (abgeschnitten und zurückgeschlagen),
4. der Griffel=Gaumenmuskel (m. tensor veli palatini) entspringt am Griffelfortsatze des Felsenbeines, und endigt in der Sehne des Gaumensegelmuskels, welche er spannt;
5. der Aufheber des Gaumensegels (m. levator veli palatini) entspringt mit dem vorigen, und endigt im Fleische des Gaumensegelmuskels, welchen er nach oben zieht;
6. der Gaumen=Schlundkopfmuskel (m. palato-pharyngeus) entspringt an der Sehne des Gaumensegelmuskels, und endigt in der Seitenwand des Schlundkopfes, den er nach oben zieht;
7. der Flügel=Schlundkopfmuskel (m. pterygo-pharyngeus) entspringt am Flügelbeine, und endigt in der hintern Wand des Schlundkopfes, die er in die Höhe zieht;
8. der seitliche Zungenbein=Schlundkopfmuskel (m. cerato-pharyngeus) entspringt an der innern Fläche, nahe am untern Ende, des oberen Zungenbeinastes, und endigt in der Seitenwand des Schlundkopfes, den er erweitert;
9. der obere Zungenbein=Schlundkopfmuskel (m. stylo-pharyngeus) entspringt am obern Ende, an der innern Fläche, des obern Zungenbeinastes, und endigt in der hintern Wand, die er nach oben und außen zieht;
10. der untere Zungenbein=Schlundkopfmuskel (m. chondro-pharyngeus) entspringt am Ende des Gabelastes, und endigt in der hintern Wand des Schlundkopfes, die er auf den Kehlkopf herabdrückt;
11. die Zunge.

Figur 5. Der Schlundkopf und Schlund des Schafes, von hinten gesehen.

1. Der Quermuskel des Zungenbeines (m. hyoideus transversus) befestigt sich an jeder Seite an der Vereinigung der oberen und mittleren Zungenbeinäste, und nähert sie von beiden Seiten;
2. 2. die Flügel=Schlundkopfmuskeln (7. Fig. 4.),
3. 3. die oberen Zungenbein=Schlundkopfmuskeln (9. das.),
4. 4. die unteren — — (10. das.),

5. 5. die Schild-Schlundkopfmuskeln (21. Fig. 3.),
6. 6. die Ring- — (22. das.),
7. der Schlund.

Figur 6. Muskeln am Zungenbeine und Luftröhrenkopfe des Schafes, von der linken Seite gesehen.

1. Der kurze Zungenbeinmuskel (m. cerato-hyoideus) entspringt am mittleren und unteren Zungenbeinaste, endigt am Gabelaste, und nähert diese Knochen einander;
2. der Schild-Zungenbeinmuskel (10. Fig. 3.),
3. der Ring-Schildmuskel (m. crico-thyreoideus) entspringt am Reife des Ringknorpels, und endigt am hintern Rande des Schildknorpels, er nähert beide Knorpel einander.

Figur 7. Die tiefer liegenden Muskeln am Luftröhrenkopfe des Schafes, von der linken Seite gesehen.

Die Zungenbeinäste und der Schildknorpel sind an der linken Seite entfernt.

1. Der Zungenbein-Kehldeckelmuskel (m. hyo-epiglotticus) entspringt am Körper und den untern Aesten des Zungenbeines, endigt an der vordern Fläche des Kehldeckels und hebt diesen auf, wenn er beim Schlucken niedergedrückt worden ist;
2. der obere und
3. der untere Schild-Gießkannenmuskel (m. thyreo-arytaenoideus superior et inferior) entspringen beide an der innern Fläche des Schildknorpels, und endigen am Seitenrande des Gießkannenknorpels, den sie herabziehen und dadurch die Stimmritze verengern;
4. der seitliche Ring-Gießkannenmuskel (m. crico arytaenoideus lateralis) entspringt am Reife des Ringknorpels, und endigt an dem hintern äußern Winkel des Gießkannenknorpels, bewirkt die Erweiterung der Stimmritze,
5. der hintere Ring-Gießkannenmuskel (2. Fig. 8.).

Fig. 8.

Figur 8. Muskeln am Luftröhrenkopfe des Schafes, von hinten und oben gesehen.

1.1. Die Gießkannenmuskeln (m. m. arytaenoidei transversi) entspringen an der obern Fläche der Gießkannenknorpel, und verbinden sich in der Mittellinie mit einander, nähern die Knorpel einander;

2.2. die hintern Ring-Gießkannenmuskeln (m. m. crico-arytaenoidei postici) entspringen an der Platte des Ringknorpels, und endigen jeder an dem hintern äußern Winkel des Gießkannenknorpels seiner Seite, den er vom andern abzieht, also die Stimmritze erweitert.

Figur 9. Die Lippenmuskeln der Ziege, von vorn gesehen.

1.1. Die Aufheber der Oberlippe (m. m. levatores labii superioris) entspringen an der Nasenscheidewand und endigen im Kreismuskel des Maules, sie heben die Oberlippe;

2.2. die Aufheber der Unterlippe (m. m. incisivi labii inferioris) entspringen am Zahnrande des Unterkiefers, und endigen ebenfalls im Kreismuskel, sie heben die Unterlippe;

3. der Kreismuskel des Maules.

Tabula 33.

Figur 1. Die zweite Muskelschicht des Schafes, von der linken Seite gesehen.

1. Der Niederzieher des Ohres (musculus depressor auriculae) entspringt an der äußern Fläche der Ohrspeicheldrüse, endigt am Grunde der Ohrmuschel, und zieht sie herab;

2.2. der Brust-Warzenmuskel oder Brust-Kinnbackenmuskel (m. sterno-mastoideus) entspringt am vordern Ende des Brustbeines, und endigt mit einer Sehne am Warzenfortsatze des Schläfenbeines, mit der zweiten an der Jochleiste, er beugt den Kopf;

3.3. der Schulter-Zungenbeinmuskel (m. omo-hyoideus) entspringt an der innern Fläche der Schulter, endigt am Zungenbeine, und zieht es beim Schlucken herab;

4.4. der gemeinschaftliche Kopf-, Hals- und Armmuskel (m. deltoides) entspringt am Hinterhaupte und am Nacken, endigt in der Mitte des Armbeines, und zieht es nach vorn oder den Hals und Kopf nach oben;

5. der ungleich viereckige und

6. der dreieckige Muskel (m. cucullaris s. trapezius) bilden eigentlich nur einen Muskel, entspringen am Nakkenbande bis zur Mitte des Rückens, und endigen an der Gräte des Schulterblattes, welches sie heben, oder vor- und rückwärts ziehen;

7.7. der breite Rückenmuskel (m. latissimus dorsi) entspringt an den letzten Rippen und Rückenwirbeln, endigt an der innern Fläche des Armbeines, und zieht es nach hinten;

8.8. der breite gezahnte Muskel (s. 13. Fig. 2.);

9. der große Brustmuskel (11. Fig. 1. Tab. 34.);

10.10. der äußere schiefe Bauchmuskel (m. obliquus abdominis externus) entspringt an den meisten Rippen, endigt mittelst

11. der Sehnenausbreitung (aponeurosis) in der Mittellinie des Bauches und am Becken, und dient zur Verengerung der Bauchhöhle;

12. die gelbe Sehnenhaut (aponeurosis flava) ist zurückgeschlagen, sie ist sehr elastisch und scheint die ausgedehnten Bauchmuskeln bei der Zusammenziehung zu unterstützen.

13.13. Der Spanner der breiten Schenkelbinde (m. tensor fasciae latae) entspringt am äußern Winkel des Darmbeines, und verbreitet sich über die äußere Fläche des Oberschenkels, den er aufwärts bewegt und dessen Muskeln er zusammenhält;

14. der große Backenmuskel (m. glutaeus maximus) entspringt auf dem langen Rückenmuskel und dem Darmbeine, endigt am oberen Umdreher des Backenbeines, und bewegt es nach hinten und außen;

15. der äußere Backenmuskel (m. glutaeus externus) entspringt an dem Kreuzbeine, und endigt am Körper des Backenbeines, er hilft es nach hinten und außen bewegen;

16. der **lange Auswärtszieher des Schenkelbeines** (caput longum m. bicipitis femoris) entspringt am Kreuz- und Sitzbeine, endigt am Kniegelenk, und zieht die Gliedmaaße nach außen und hinten;
17. der **mittlere Auswärtszieher des Schenkelbeines** (caput medium m. bicipitis femoris) entspringt am Sitzbeine, und endigt unter jenem, dessen Wirkung er theilt;
18. der lange Einwärtszieher desselben (34. Fig. 2.),
19. der dicke — — (33. Fig. 2.).

Figur 2. Die dritte Muskelschicht des Schafes, von der linken Seite gesehen.

1. Der **Auswärtszieher der Oberlippe** (m. levator labii superioris alaeque nasi) entspringt am Stirn- und Nasenbeine, endigt am Nasenflügel und in der Oberlippe, und hebt beide;
2. der Pyramidenmuskel der Nase (Tab. 32. Fig. 3.),

3.3. der **Niederzieher des untern Augenliedes** (m. depressor palpebrae inferioris) ist eine Fortsetzung des Gesichts-Hautmuskels, und endigt im untern Augenliede, welches durch ihn herabgezogen wird;

4. der Kreismuskel der Augenlieder (Tab. 32. Fig. 3.),

5.5. der **Kreismuskel des Maules** (m. orbicularis oris) umgiebt die Maulöffnung und schließt sie;

6.6. der **Jochmuskel** (m. zygomaticus major) entspringt auf dem äußern Kaumuskel, und endigt am Maulwinkel, den er hebt;

7. der **Auswärtszieher der Unterlippe** (m. risorius Santorini) ist eine Fortsetzung des Gesichts-Hautmuskels, der am Maulwinkel endigt, und diesen mit der Unterlippe nach außen und unten zieht;
8. der **äußere Kaumuskel** (m. masseter) entspringt am Oberkiefer- und Jochbeine, endigt am hintern Theile der äußern Fläche des Unterkiefers, und zieht diesen nach oben und seitwärts;

9—9. der Brust-Warzen- oder Brust-Kinnbackenmuskel (2. Fig. 1.);

10.10. der Schulter-Zungenbeinmuskel (3. das.).

10b. Der **zweite Aufheber des Schulterblattes** (m. levator scapulae Douglasii) entspringt an den Querfortsätzen der Halswirbel, und endigt am untern Ende der Schulterblattgräte, er zieht das untere Ende des Schulterblattes vorwärts;

11. 11. der riemenförmige Kopfmuskel (m. splenius capitis) entspringt an den Querfortsätzen der vorderen Rückenwirbel, und endigt am Hinterhaupte, er streckt den Kopf;

12. 12. der Aufheber des Schulterblattes (m. levator anguli scapulae) entspringt am Nackenbande, am zweiten Halswirbel, endigt an der innern Fläche des Schulterblattknorpels, und zieht das obere Ende des Schulterblattes vorwärts;

13. 13. der breite gezahnte oder gesägte Muskel (m. serratus anticus major) bildet einen Fächer, der vom 4ten Halswirbel bis zur 9ten Rippe entspringt, und an der innern Fläche des Schulterblattes endigt, welches er feststellen, oder nach vorn und hinten bewegen kann;

14. der vordere und

15. der hintere rautenförmige Muskel (m. rhomboideus anterior et posterior) entspringen an dem Nackenbande in der Gegend des Widerrüstes, und endigen an der innern Fläche des Schulterblattknorpels; sie ziehen das obere Ende des Schulterblattes vorwärts;

16. 16. der vordere Grätenmuskel (m. supraspinatus) entspringt in der vordern Grätengrube am Schulterblatte, und endigt am obern Ende des Armbeines, das er nach vorn und oben bewegt;

17. 17. der lange Auswärtszieher des Armbeines (m. teres minor) entspringt auf dem hintern Grätenmuskel, und endigt an der äußern Erhabenheit des Armbeinkörpers, dreht das Armbein nach außen;

18. der obere Auswärtszieher desselben (m. abductor brachii superior) entspringt am untern Ende der Gräte des Schulterblattes, und endigt mit dem vorigen Muskel, dessen Wirkung er theilt;

19. der mittlere Strecker des Vorarmes (m. anconaeus externus) entspringt am obern Ende des Armbeines, endigt an der äußern Seite des Ellenbogenhöckers, und streckt den Vorarm;

20. der dicke Strecker desselben (m. anconaeus longus) entspringt am hintern Rande des Schulterblattes, und endigt am Höcker desselben, streckt den Vorarm;

21. der lange Strecker des Vorarmes (m. extensor

cubiti longus) entspringt höher als jene am Schulterbl., und endigt an der innern Seite des Ellenbogenhöckers, er wirkt wie jene.

22—22. Der äußere schiefe Bauchmuskel, unten abgeschnitten (10. Fig. 1.);

23. der hintere gezahnte oder gesägte Muskel (m. serratus posticus inferior) entspringt sehnig am Rücken, und endigt mit fünf fleischigen Zähnen an den letzten fünf Rippen, die er beim Ausathmen zurückzieht;

24.24. der innere schiefe Bauchmuskel (m. obliquus abdominis internus) entspringt an den Lendenwirbeln und am Becken, endigt mit seiner Sehne in der weißen Linie und an den hintern Rippen, und verengert beim Ausathmen die Bauchhöhle;

25. der Darmbeinmuskel (m. iliacus internus) entspr. an der untern Fläche des Darmbeines, und endigt an der innern Erhabenheit des Backenbeines, welches er nach vorn bewegt;

26. der mittlere Backenmuskel (m. glutaeus medius) entspringt auf der obern Fläche des Darmbeines, und endigt am obern Ende des Backenbeines, vom großen bedeckt, zieht das Backenbein nach hinten;

27. der kleine Backenmuskel (m. glutaeus minimus) entspringt am obern Rande des Darm- und Sitzbeines, endigt hinter jenem und wirkt auch so;

28. der viereckige Muskel des Backenbeines (m. quadratus femoris) entspringt am obern Rande des Sitzbeines, und endigt an der hintern Seite des Backenbeines, welches er auswärts dreht, wenn es gehoben ist;

29. die Aufheber des Schwanzes (m. m. levatores caudae) entspringen am Kreuzbeine, und endigen an den Schwanzwirbeln, die sie heben;

30. der Seitwärtszieher des Schwanzes (m. coccygeus) entspringt an der untern Fläche des Kreuz-Sitzbeinbandes, und endigt an den Querfortsätzen der ersten Schwanzwirbel, zieht den Schwanz zur Seite;

31. der Aufheber des Afters (m. levator ani) entspr. mit jenem, endigt im Schließer des Afters, und dient zur Erweiterung dieser Oeffnung;

32. der Schließer des Afters (m. sphincter ani) bildet einen Kreis um den After und verschließt ihn;

33.33. der dicke Einwärtszieher des Schenkelbeines (m. semitendinosus) entspringt am Höcker und an der untern Fläche des Sitzbeines, und endigt an der innern Seite des Unterschenkels, den er zurückzieht;

34. der lange Einwärtszieher des Schenkelbeines (m. adductor tibiae longus) entspringt über jenem am Sitzbeine, und endigt tiefer am Unterschenkel, wirkt wie jener und zwar bei dem Aufheber der ganzen Gliedmaaße;
35. der dicke Einwärtszieher des Backenbeines (m. adductor femoris magnus) entspringt an der untern Fläche des Beckens, und endigt an der innern Seite des Backenbeines, das er nach innen zieht;
36. der äußere dicke Schenkelmuskel (m. vastus externus) entspringt am obern Ende des Backenbeines, und endigt an der Kniescheibe, die er nach oben zieht, wodurch der Unterschenkel gestreckt wird;
37. der grade Schenkelmuskel (Tab. 35. Fig. 7.);
38. das untere Ende des großen Backenmuskels (14. Fig. 2.).

Figur 3. Die vierte Muskelschicht des Schafes, von der linken Seite gesehen.

1. Der Pyramidenmuskel der Nase (Tab. 32. Fig. 3.),
2. der Kreismuskel des Maules (5. Fig. 2.),
3. der Backenmuskel (m. buccinator) entspringt an der äußern Fläche des Oberkiefers, und endigt am Zahnrande des Unterkiefers, er schließt die Maulhöhle von der Seite, und drängt beim Kauen das Futter wieder unter die Zähne.

3b. Der Niederzieher der Unterlippe (m. depressor labii inferioris) entspringt am Zahnrande des Unterkiefers, und endigt in der Unterlippe, die er herabzieht;

4. der Backenzahnmuskel (m. molaris) nimmt den hintern Theil der Zahnränder beider Kiefer ein, und wirkt wie 3;

4b. der äußere Aufheber des obern Augenliedes (m. corrugator superciliorum) entspringt auf der obern Fläche des Stirnbeines, und endigt im Kreismuskel des obern Augenliedes, welches er hebt;

5. der Schläfenmuskel (m. temporalis) entspringt an der Seitenfläche des Hirnschädels, endigt am Kronenfortsatze des Unterkiefers, und hebt diesen;

5b. 5b. der große durchflochtene Muskel (m. complexus major) entspringt an den Querfortsätzen der vorderen Rückenwirbel, endigt am Hinterhaupte und streckt den Kopf;

6. der lange Strecker des Halses (m. splenius colli) entspringt an der Seite des Halses, und endigt am Flügel des ersten Halswirbels, streckt den Hals;

7. der schiefe Kopfmuskel (m. obliquus capitis superior) entspringt am ersten Halswirbel, und endigt am Hinterhauptsbeine, er bewegt den Kopf zur Seite und hilft ihn strecken;

8.8. der herabsteigende Nackenmuskel (m. cervicalis descendens) entspringt an der Seite des Halses, und reicht bis zur 4ten Rippe herab, er zieht die Rippen nach vorn, oder den Hals zur Seite;

9.9. der lange Rückenmuskel (m. longissimus dorsi) entspringt am Darmbeine, und endigt an den hintern Halswirbeln, hebt das ganze Vordertheil, oder das ganze Hintertheil beim Springen;

10.10. der lange Stachelmuskel (m. semispinalis dorsi) entspringt an den Dornfortsätzen der vorderen Lendenwirbel, und endigt an den hintern Halswirbeln, er streckt den Hals;

11.11. der gemeinschaftliche Rippenmuskel (m. sacro-lumbalis) entspringt an den Querfortsätzen der vordern Lendenwirbel, und befestigt sich an alle Rippen, die er vorwärts und rückwärts bewegt;

12. der vordere gezahnte oder gesägte Muskel (m. serratus posticus superior) entspringt mit einer Sehnenausbreitung am Nackenbande des Rückens, und endigt mit vier fleischigen Zähnen an der 4ten bis zur 7ten Rippe, die er beim Einathmen nach vorn zieht;

13. der hintere gezahnte Muskel (23. Fig. 2.);

14. der untere Rippenhalter (m. scalenus inferior s. anterior hom.) entspringt am vordern Rande der ersten Rippe, und endigt an der Seite des Halses, den er herabzieht;

15. der obere Rippenhalter (m. scalenus superior) entspringt über jenem, und endigt am letzten Halswirbel, er hilft den Hals herabziehen;

16. die innere und

17. die äußere Schicht der Zwischenrippenmuskeln (stratum internum et externum musculorum intercostalium) füllen die Räume zwischen den Rippen aus, und nähern sie einander.

18. der Quermuskel der Rippen (m. transversus costarum) entspringt am untern Ende der ersten Rippe, und endigt am Knorpel der 5ten, zieht diesen nach vorn;

19. 19. der grade Bauchmuskel (m. rectus abdominis) entspringt an den vordern Rippenknorpeln, und endigt am vordern Rande des Schaambeines, er nähert das Becken der Brust, krümmt also den Rücken;

20. der Querbauchmuskel (m. transversus abdominis) entspringt an den Querfortsätzen der Lendenwirbel und an der innern Fläche der hintern Rippenknorpel, endigt in der weißen Linie und verengt die Bauchhöhle.

Tabula 34.

Figur 1. Die Muskeln an der untern Fläche des Halses und der Brust des Schafes.

1. Die Niederzieher der Oberlippe (musculi incisivi labii superioris) entspringen am Körper der Zwischenkieferbeine, und endigen in der Oberlippe, die sie herabziehen;

2. der Kinnmuskel (m. quadratus menti) entspringt am Körper des Unterkiefers, endigt in der Unterlippe, und zieht sie herab;

3. die breiten Zungenbeinmuskeln (m. m. mylohyoidei) entspringen an den Aesten des Unterkiefers, vereinigen sich in der Mittellinie, und endigen am Gabelhefte des Zungenbeines, welches sie zugleich mit der Zunge heben;

4. 4. die zweibäuchigen Muskeln des Unterkiefers (m. m. digastrici maxillae inferioris) entspringen jeder an dem Griffelfortsatze des Hinterhauptsbeines, und endigen an den Aesten des Unterkiefers, den sie herabziehen;

5 — 5. die Brust-Warzen- oder Brust-Kinnbackenmuskeln (Tab. 33. Fig. 1.),

6. 6. der Schulter-Zungenbeinmuskel (das.),

7. 7. der Brust-Zungenbeinmuskel (m. sterno-hyoideus) entspringt am vordern Ende des Brustbeines (von 5. bedeckt), und endigt am Körper des Zungenbeines, das er beim Schlucken herabzieht;

8.8. die Brust-Schildmuskeln (m. m. sterno-thyreoidei) entspringen mit dem vorigen Muskel, und endigen an dem hintern Rande des Schildknorpels, sie ziehen, mit jenem zugleich, den Kehlkopf herab;

9. der lange Zungenbeinmuskel (m. stylo-hyoideus) entspringt am obern Zungenbeinaste, und endigt am Gabelaste, den er hebt;

10.10. der gemeinschaftliche Kopf-, Hals- und Armmuskel (Tab. 33. Fig. 1.),

11.11. die großen Brustmuskeln (m. m. pectorales majores), jeder entspringt am Brustbeine und den meisten Rippenknorpeln, ferner am graden Bauchmuskel, und endigt am Schultergelenk, das er beim Niedersetzen des Fußes herabzieht;

12. der breite Brustmuskel (m. latissimus pectoris) entspringt unten am Brustbeine, endigt am Ellenbogengelenk, und zieht die Gliedmaaße an den Rumpf;

13.13. die kleinen Brustmuskeln (m. m. pectorales minores) entspringen unter jenem (bei der Rückenlage) und endigen an den Armbeinen, sie wirken wie jener.

Figur 2. Die Beuger des Kopfes und Halses des Schafes, von unten gesehen.

1. Ein Schenkel des Brust-Warzenmuskels (5. Fig. 1.);

2.2. der lange Beuger des Kopfes (m. rectus capitis anticus major) entspringt an den Querfortsätzen und Körpern der Halswirbel, und endigt am Grundstück des Hinterhauptsbeines, er beugt den Kopf;

3. der kurze Beuger des Kopfes (m. rectus capitis anticus minor) entspringt am ersten Halswirbel, und endigt mit jenem, dessen Wirkung er theilt;

4. der schiefe Beuger des Kopfes (m. rectus capitis lateralis) entspringt in der Flügelgrube des Trägers, und endigt an der innern Fläche des Griffelfortsatzes, er beugt den Kopf.

5. Der schiefe Kopfmuskel (Tab. 33. Fig. 3.),

6.6. der lange Beuger des Halses (musculi longi colli pars anterior) entspringt an den Körpern und Querfortsätzen der Halswirbel, und endigt am Körper des Trägers, beugt den oberen Theil des Halses;

7.7. der innere Beuger des Halses (m. longi colli pars posterior) entspringt an den Körpern der sechs vordern Rückenwirbel, und endigt am letzten Halswirbel, er beugt den ganzen Hals;
8.8. der untere Rippenhalter oder ungleich dreiseitige Muskel (Tab. 33. Fig. 3.).

Figur 3. Nackenmuskeln des Schafes, von hinten und oben gesehen.

1.1. Die schiefen Kopfmuskeln (Tab. 33. Fig. 3.),
2. der große grade Kopfmuskel (m. rectus capitis posticus major) entspringt am 2ten Halswirbel, endigt am Hinterhaupte, und streckt den Kopf;
3. der kleine grade Kopfmuskel (m. rectus capitis posticus minor) entspringt am ersten Halswirbel, und endigt (am tiefsten liegend) unter dem vorigen Muskel, auch wirkt er wie dieser;
4.4. die dicken Strecker des Halses (m. m. obliqui capitis inferiores) entspringen am Kamme der Achse, und endigen an den Flügeln des Trägers, den sie mit dem Kopfe zur Seite drehen;
5. das Nackenband.

Figur 4. Die fünfte Muskelschicht am Rumpfe des Schafes, von der linken Seite gesehen.

1. Der schiefe Kopfmuskel (Tab. 33. Fig. 3.),
2. der dicke Strecker des Halses (4. 4. Fig. 3.),
3. der kleine durchflochtene Muskel (m. complexus parvus) entspringt am zweiten Halswirbel, endigt am Hinterhaupte, und hilft den Kopf strecken;
4.4. der kurze Strecker des Halses (m. spinalis cervicis) entspringt an den schiefen und Dornfortsätzen der hintern Halswirbel, und endigt am Kamme des zweiten Halswirbels, er streckt den Hals;
5.5. die Zwischenquermuskeln des Halses (m. m. intertransversales cervicis) füllen die Räume zwischen den Querfortsätzen der Halswirbel aus, und machen den Hals steif;
6. der obere Rippenhalter (Tab. 33. Fig. 3.),

7.7. der kurze Stachelmuskel (m. semispinalis cervicis) entspringt an den Querfortsätzen der 5 ersten Rükkenwirbel, und endigt an den Bogen der hintern Halswirbel, er hilft den Hals strecken;

8.8. die schiefen Stachelmuskeln (m. multifidus spinae) entspringen an den Querfortsätzen der Rückenwirbel und an den schiefen Fortsätzen der Lendenwirbel, endigen an den Dornfortsätzen der vorhergehenden Wirbel, und machen den Rücken steif;

9.9. die Aufheber der Rippen (m. m. levatores costarum), jeder entspringt an dem Querfortsatze eines Rükkenwirbels, und endigt an der folgenden Rippe, die er beim Einathmen nach vorn zieht;

10. der lange Rückenmuskel, vorn abgeschnitten und zur Seite gelegt (Tab. 33. Fig. 3.).

Figur 5. Das Zwerchfell, die Muskeln in der Bauchhöhle und an den innern Seiten der Schenkel des Schafes, von unten gesehen.

1—1. Der fleischige Theil des Zwerchfelles (pars carnosa diaphragmatis) entspringt an den Knorpeln der falschen Rippen und am Schaufelknorpel, endigt in dem sehnigen Mittelpunkte, er erweitert die Brusthöhle beim Einathmen;

2.2. die Pfeiler des Zwerchfelles (crura diaphragmatis) entspringen an dem sehnigen Theile, und endigen an den Körpern der Lendenwirbel, wirken wie der fleischige Theil;

3. die Oeffnung für die hintere Hohlvene (foramen pro vena cava) geht in schräger Richtung in die Brusthöhle;

4. die Oeffnung für den Schlund (foramen pro oesophago), der aus der Brusthöhle hindurchgeht;

5. die Oeffnung für die hintere Aorta (foramen pro Aorta) dient der Bauch-Aorta zum Durchgange;

6.6. die viereckigen Lendenmuskeln (m. m. quadrati lumborum) entspringen am Grunde der Querfortsätze der Lendenwirbel, und endigen an den Spitzen der vorhergehenden, sie nähern die Fortsätze einander;

7.7. die **großen Lendenmuskeln** (m. m. Psoas magni), jeder entspringt an den letzten Rückenwirbeln und Rippen, endigt an der innern Erhabenheit des Backenbeines, und zieht dieses nach vorn;

8. der **kleine Lendenmuskel** (m. Psoas tertius) entspr. an der Vereinigung des Kreuz- und Darmbeines, endigt mit jenem und wirkt auch so;

9. 9. die **Psoasmuskeln** (m. m. Psoas parvi) entspringen mit den großen Lendenmuskeln, und jeder endigt am hintern Ende des Darmbeines, nähert das Becken der Brust, krümmt also den Rücken;

10. der Darmbeinmuskel (25. Fig. 2. Tab. 33.),

11. der Spanner der breiten Schenkelbinde (13. Fig. 1. Tab. 33.),

12. der **dünne Einwärtszieher des Schenkelbeines** (m. gracilis) entspringt mit einer Sehnenausbreitung im Becken, endigt an der innern Seite des Unterschenkels, und zieht ihn nach innen;

13. der **breite Einwärtszieher des Schenkelbeines** (m. semimembranosus) entspringt an der Schaambeinfuge, und endigt an der innern Seite des Unterschenkels, er nähert die Gliedmaaße der andern;

14. der **mittlere Einwärtszieher des Backenbeines** (m. adductor femoris longus) entspringt am vordern Rande des Schaambeines, und endigt in der Mitte des Backenbeines, das er nach innen zieht;

15. der innere dicke Schenkelmuskel (Tab. 35. Fig. 7.),

16. der grade Schenkelmuskel (das.).

Figur 6. Der Brustbeinmuskel des Schafes, von oben.

1.1. Der **Brustbeinmuskel** (m. triangularis sterni) entspringt an der obern Fläche des Brustbeines, und endigt an den Knorpeln der wahren Rippen, die er hebt;

2.2. ein Theil des äußern schiefen Bauchmuskels (10. Fig. 1. Tab. 33.).

Tabula 35.

Figur 1. Die Muskeln der linken vorderen Gliedmaaße des Schafes, von der äußern Seite gesehen.

1. Der vordere Grätenmuskel (16. Fig. 2. Tab. 33.),
2. der hintere Grätenmuskel (m. infraspinatus) entspringt in der hintern Grätengrube, und endigt an der vordern äußern Erhabenheit des Armbeines, das er nach außen dreht;
3. der kurze Auswärtszieher des Armbeines (m. abductor brachii brevis) entspringt am hintern Rande des Schulterblattes, und endigt unter jenem, dessen Wirkung er theilt;
4. der lange Strecker des Vorarmes (21. Fig. 2. Tab. 32.),
5. der dicke — — — (20. das.),
6. der kurze Beuger des Vorarmes (m. brachialis internus) entspringt am obern Ende des Armbeines, endigt am obern Ende der Speiche, und beugt den Vorarm;
7. der kleine Strecker des Vorarmes (m. anconaeus quartus) entspringt am untern Ende des Armbeines, und endigt am Ellenbogenhöcker, hilft den Vorarm strecken und das Kapselband spannen;
8. der mittlere Strecker des Vorarmes, oben abgeschnitten (19. Fig. 2. Tab. 33.);
9. der gemeinschaftliche Kopf-, Hals und Armmuskel, oben abgeschnitten (4. Fig. 1. Tab. 33.);
10. der Strecker des Schienbeines (m. extensor carpi radialis) entspringt am untern Ende des Armbeines, endigt am obern Ende des Schienbeines, und streckt dieses;
11. der Strecker des Vorderknie's (2. Fig. 3.);

12.12. der Strecker der Kronen- und Hufbeine (m. extensor digitorum longior) entspringt am untern Ende des Armbeines, und endigt an den letzten Gliedern der Zehen, und mit einer Sehne am Fesselbeine der innern Zehe, die er streckt;

13. der Strecker des Fesselbeines (m. extensor digitorum brevior) entspringt am obern Ende des Vorarmes, endigt am Fesselbeine der äußern Zehe, und streckt diese.

14. Der äußere Beuger des Vorderknie's (m. flexor carpi ulnaris externus) entspringt am untern Ende des Armbeines, endigt am Hakenbeine, und beugt den Vorderfuß;
15. der Keulen= oder Ellenbogenbeuger der Zehen (11. Fig. 2.).

Figur 2. Die Muskeln der rechten vordern Gliedmaaße des Schafes, von der innern Seite gesehen.

1. Der hintere rautenförmige Muskel, vorn abgeschnitten (15. Fig. 2. Tab. 33.),
2. der Unterschultermuskel (m. subscapularis) befestigt sich an der innern Fläche des Schulterblattes, und endigt an der innern Erhabenheit des Armbeines, das er nach innen zieht;
3. der vordere Grätenmuskel (16. Fig. 2. Tab. 33.),
4. der Niederzieher des Armbeines (m. teres major) entspringt am hintern Rande des Schulterblattes, und endigt an der innern Seite des Armbeines, das er zurückzieht; er ist verbunden mit
5. dem breiten Rückenmuskel (7. Fig. 1. Tab. 33.);
6. der Aufheber des Armbeines (m. coraco-brachialis) entspringt an der Schulterbeule oder am Rabenschnabelfortsatze, endigt in der Mitte des Armbeines, und bewegt dieses nach vorn;

7.7. der lange Beuger des Vorarmes (m. biceps brachii), entspringt an der Schulterbeule, und endigt am obern Ende der Speiche, beugt den Vorarm;

8. der kurze oder innere Strecker des Vorarmes (m. anconaeus internus) befestigt sich am obern Ende des Armbeines, endigt am Ellenbogenhöcker, und hilft den Vorarm strecken;
9. der dicke, und
10. der lange Strecker des Vorarmes (20. 21. Fig. 2. Tab. 33.);
11. der Keulen= oder Ellenbogenbeuger der Zehen (caput ulnare m. flexoris digitorum profundi) entspringt am Ellenbogenhöcker, und endigt in der gemeinschaftlichen Sehne des tiefen Zehenbeugers oder Beugers der Hufbeine;

12.12. der innere Beuger des Vorderknie's (m. flexor carpi ulnaris internus) entspringt am untern Ende des Armbeines, und endigt am Hakenbeine, er beugt den Vorderfuß;

13. der Beuger des Schienbeines (m. flexor carpi radialis) entspringt mit dem vorigen Muskel, und endigt am oberen Ende des Schienbeines, er beugt den Vorderfuß;

14. der Strecker des Schienbeines,

15. der Strecker des Vorderknie's (10. 11. Fig. 1.).

Figur 3. Die Muskeln am Vorarme und Vorderfuße des Schafes, von vorn gesehen.

1.1. Der Strecker des Schienbeines (10. Fig. 1.),

2. der Strecker des Vorderknie's oder Abzieher des Daumens (m. abductor pollicis longus) entspr. am äußern Rande des Vorarmes, und endigt am innern Rande des Schienbeines, das er strecken hilft;

3.3. der Strecker der Kronen- und Hufbeine (12. Fig. 1.),

4. der Strecker des (äußern) Fesselbeines (13. Fig. 1.),

5.5. die Sehnen vom Beuger der Fesselbeine (Fig. 6.).

Figur 4. Die Muskeln am Vorarme und Vorderfuße des Schafes, von hinten gesehen.

1.1. Der Beuger des Schienbeines (13. Fig. 2.),

2. der Beuger der Kronenbeine oder oberflächliche Zehenbeuger (m. flexor digitorum sublimis s. perforatus) entspringt am untern Ende des Armbeines, und endigt mit zwei gespaltenen Sehnen an den Kronenbeinen, er beugt die Zehen;

3—3. der äußere Beuger des Hufbeines oder der äußere Kopf des tiefen Zehenbeugers (caput externum flexoris digitorum profundi) entspringt mit jenem, und endigt in der gemeinschaftlichen Sehne (5. Fig. 5.), die an den beiden Hufbeinen befestigt ist, beugt die Zehen;

4. die Sehne des Ellenbogenbeugers der Zehen (11. Fig. 2.).

Figur 5. Die Beuger der Hufbeine des Schafes, von hinten gesehen.

1. Der Kegelmuskel oder Speichenbeuger der Zehen (caput radiale flexoris digitorum profundi) entspr.

am obern Ende der Speiche, und endigt in der gemeinschaftlichen Beugesehne,
2. der innere Beuger der Hufbeine (caput internum flexoris digitorum profundi) entspringt mit
3. dem mittleren und äußern Beuger der Hufbeine (3. Fig. 4.) am untern Ende des Armbeines, und endigt mit ihnen in
5. der gemeinschaftlichen Beugesehne (tendo communis m. m. flexorum digitorum profundorum), welche die Sehne des Kronenbeinbeugers durchbohrt;
4. die Sehne des Ellenbogenbeugers der Zehen (11. Fig. 2.).

Figur 6. Der Beuger der Fesselbeine oder Zwischenknochenmuskel des Schafes, von hinten gesehen.

1. Der Beuger der Fesselbeine oder der Zwischenknochenmuskel (m. interosseus) entspringt an der untern Reihe der Vorder-Fußwurzelknochen, und endigt mit vier Sehnen an den Sesambeinen und in den Sehnen des Hufbeinstreckers (5. Fig. 3.), er beugt die Zehen und verhindert zu starkes Durchtreten.

Figur 7. Muskeln an der rechten hintern Gliedmaaße des Schafes, von der innern Seite gesehen.

1. Die Niederzieher des Schwanzes (m. m. depressores caudae) sind vier Muskeln (zwei lange und zwei kurze), welche am Kreuzbeine entspringen, und an den Schwanzwirbeln endigen, sie ziehen den Schwanz herab;
2. der Seitwärtszieher des Schwanzes (30. Fig. 2. Tab. 33.),
3. der Aufheber des Afters (31. das.),
4. der grade Schenkelmuskel (m. rectus femoris) entspringt am Darmbeine, endigt an der Kniescheibe, und zieht diese nach oben, wodurch der Unterschenkel gestreckt wird;
5. der innere dicke Schenkelmuskel (m. vastus internus) entspringt über der Gelenkpfanne, und endigt am innern Rande der Kniescheibe, er wirkt wie der vorige M.;
6. der große Lendenmuskel, oben abgeschnitten (7. Fig. 5. Tab. 35.),
7. der mittlere Einwärtszieher des Backenbeines (14. Fig. 5. Tab. 34.),

8.

8. der dicke Einwärtszieher des Backenbeines (35. Fig. 2. Tab. 33.),
9. der dicke Einwärtszieher des Schenkelbeines (33. das.),
10. der lange — — — (34. das.),
11. 11. der innere Zwillingsmuskel (m. gastrocnemius internus) entspringt am untern Ende des Backenbeines, vereinigt sich mit dem äußern in der Achillessehne, die am Sprungbeine endigt, und streckt den Hinterfuß;
12. der dünne Beuger der Hufbeine (4. Fig. 11.),
13. 13. der lange Wadenbeinmuskel (1. Fig. 10.),
14. 14. der Beuger des Schienbeines (2. Fig. 10.),
15. 15. die Sehne des Kronenbeinbeugers (7. Fig. 9.).

Figur 8. Muskeln am linken Unterschenkel des Schafes, von der äußern Seite gesehen.

1. Der Beuger des Schienbeines (2. Fig. 10.),
2. 2. der kurze Wadenbeinmuskel (m. peronaeus brevis) entspringt am obern Ende des Schenkelbeines, und endigt am obern Ende des Schienbeines, das er beugt;
3. 3. der seitliche Strecker der Hufbeine oder dritte Wadenbeinmuskel (m. peronaeus tertius) entspr. mit jenem, endigt am Fesselbeine der äußern Zehe, die er streckt;
4. der dicke Beuger der Hufbeine (3. Fig. 11.),
5. der dünne Strecker des Sprunggelenkes oder Sohlenmuskel (m. plantaris) entspringt am obern Ende des Schenkelbeines, und endigt in der Achillessehne, die er spannt;
6. 6. der äußere Zwillingsmuskel (m. gastrocnemius externus) entspringt am untern Ende des Backenbeines, endigt mit dem innern in der Achillessehne, und streckt den Hinterfuß.

Figur 9. Muskeln an der rechten hintern Gliedmaaße des Schafes, von der innern Seite gesehen.

1. Der Sitzbeinmuskel (m. gemellus) entspringt an der obern Fläche des Schaam- und Sitzbeines, und endigt am Backenbeine in der Grube der Umdreher, dreht das Backenbein nach innen;

2. der **Schaambeinmuskel** (m. pectineus) entspr. am Schaambeine, und endigt mit
3. dem **äußern Verstopfungsmuskel** (m. obturator externus), der an der untern Fläche des Beckens entspringt, in der Grube der Umdreher, sie drehen das Backenbein nach innen;
4. der **kleine Einwärtszieher des Backenbenbeines** (m. adductor femoris brevis) entspringt an der untern Fläche des Sitzbeines, und endigt an der hintern Fläche des Backenbeines, das er nach innen zieht;
5. der **eigentliche Schenkelmuskel** (m. cruralis) entspringt am obern Ende des Backenbeines, und endigt an der Kniescheibe, die er nach oben zieht, wodurch er den Unterschenkel strecken hilft;

6.6. der innere Zwillingsmuskel, oben abgeschnitten (11. Fig. 7.);

7.7. der **Beuger der Kronenbeine** (m. soleus et flexor digitorum brevis hom.) entspringt am untern Ende des Backenbeines, windet sich auf die Achillessehne, und endigt mit zwei gespaltenen Sehnen an den Kronenbeinen;

8. der dünne Beuger der Hufbeine (4. Fig. 11.),
9. die Sehne des dicken Beugers derselben (3. Fig. 11.).

Figur 10. Muskeln am linken Unterschenkel des Schafes, von vorn gesehen.

1. Der **lange Wadenbeinmuskel** (m. peronaeus longus) entspringt am obern Ende des Schenkelbeines, durchbohrt die Sehne des Schienbeinbeugers, und endigt am obern Ende des Schienbeines, das er beugen hilft;

2.2. der **Beuger des Schienbeines oder vordere Schenkelbeinmuskel** (m. tibialis anticus) entspringt am untern Ende des Backenbeines und am obern Ende des Schenkelbeines, endigt am obern Ende des Schienbeines, welches er beugt;

3.3. die Sehnen des vorderen Streckers der Zehen,

4.4. der kurze Wadenbeinmuskel (2. Fig. 8.),

5. der **untere oder kurze Strecker der Hufbeine** (m. extensor digitorum brevis) entspringt an der untern Reihe der Sprunggelenkknochen, und endigt in der Sehne des vorderen Streckers, die er spannt;
6. die Sehne des seitlichen Streckers (3. Fig. 8),

7.7. die Sehnen des Fesselbeinbeugers (1. Fig. 13.).

Figur 11. Muskeln am rechten Unterschenkel des Schafes, von hinten gesehen.

1. Der Kniekehlenmuskel (m. poplitaeus) entspringt am äußern Knopffortsatze des Backenbeines, endigt am innern Rande des Schenkelbeines, und hilft dieses beugen;
2. der hintere Schenkelbeinmuskel (m. tibialis posticus) entspringt am obern Ende des Schenkelbeines, endigt in der Sehne
3. 3. des dicken Beugers der Hufbeine (m. flexor digitorum longus); dieser entspringt an der hintern Fläche des Schenkelbeines, durchbohrt den Beuger der Kronenbeine, und endigt an den Hufbeinen, die er beugt;
4. der dünne Beuger der Hufbeine (m. flexor hallucis longus hom.) entspringt neben jenem, und endigt unter dem Sprunggelenk in seiner Sehne, hat mithin dieselbe Wirkung;
5. 5. die Sehne des Kronenbeinbeugers.

Figur 12. Die Sehnen der Beugemuskeln am rechten Hinterfuße des Schafes, von hinten gesehen.

1. Die Sehne des dicken,
2. die Sehne des dünnen Beugers der Hufbeine (3. 4. Fig. 11.),
3. 3. Beuger der Fesselbeine,
3. Beuger der Kronenbeine, oben abgeschnitten.

Figur 13. Der Beuger der Fesselbeine oder Zwischenknochenmuskel des Schafes, von hinten gesehen.

1. Der Beuger der Fesselbeine oder Zwischenknochenmuskel (m. interosseus) entspringt an der untern Reihe der Sprunggelenkknochen, und endigt mit vier Sehnen an den Sesambeinen und in den Sehnen des Hufbeinstreckers; er beugt die Fesselbeine und verhindert das zu starke Durchtreten.

Tabula 36.

Figur 1. Ohrmuskeln des Schweines, von hinten gesehen.

1.1. Die langen Aufheber (1. Fig. 1. Tab. 32.),
2.2. die mittleren Aufheber (3. das.),
3.3. die langen Auswärtszieher (4. das.),
4.4. die kurzen Auswärtszieher (5. das.),

Figur 2. Ohrmuskeln des Schweines, von vorn gesehen.

1—1. Der gemeinschaftliche Ohrmuskel (2. Fig. 1. Tab. 32.),
2. der obere Einwärtszieher (6. das.),
3. der kurze Aufheber (5. Fig. 2. Tab. 32.).
a. Der Schildknorpel (a. Fig. 1. das.).

Figur 3. Ohrmuskeln des Schweines von der linken Seite.

a. Der Schildknorpel.
1. Der gemeinschaftliche Ohrmuskel (1. Fig. 2.),
2. der kurze Aufheber (2. Fig. 2.),
3. der mittlere Einwärtszieher (4. Fig. 2. Tab. 32.),
4. der kurze Dreher (m. rotator auriculae brevis) entspringt mit zwei Schenkeln an der untern Fläche des Schildknorpels, endigt am Grunde der Ohrmuschel, und dreht sie nach vorn;
5. der lange Dreher (6. Fig. 2. Tab. 32.) endigt hier an der Röhre der Ohrmuschel;
6. der Muskel der Ecke (3. das.),
7. der untere Einwärtszieher (2. das.),
8. der Niederzieher des Ohres, unten abgeschnitten (5. Fig. 1. Tab. 37.),
9. der große Leistenmuskel (m. helicis major) befestigt sich an zwei Vorsprünge am vordern Rande der Ohrmuschel, und nähert diese;

10. der kleine Leistenmuskel (m. helicis minor) liegt etwas tiefer am äußern Rande, und befestigt sich wie jener;
11. der Muskel der Gegenecke (m. antitragicus) befestigt sich an zwei Vorsprüngen des hintern Randes, an der innern Fläche, und nähert sie einander.

Figur 4. Das linke Ohr des Schweines, von hinten gesehen.

a. Die Ohrmuschel (concha auriculae) ist bei dem Schweine breiter und länger, als bei dem Schafe;
b. der Schildknorpel.
1. Der Quermuskel (m. auriculae transversus) bedeckt an der gewölbten Fläche eine Falte der Ohrmuschel, und macht diese etwas steifer;
2. der kurze Aufheber (5. Fig. 2. Tab. 32.),
3. der kurze Dreher (4. Fig. 3.),
4. der lange Dreher (6. Fig. 2. Tab. 32.),
5. der Muskel der Ecke (3. das.),
6. der kurze Auswärtszieher (5. Fig. 1. Tab. 32.).

Figur 5. Muskeln der Lippen und Zunge des Schweines, von der linken Seite gesehen.

Der linke Ast des Unterkiefers mit dem Backen- und Kaumuskel ist entfernt.

1.1. Der Aufheber der Oberlippe und Aufzieher des Rüssels (m. levator labii superioris et proboscidis) entspringt in der Grube des Thränenbeines, endigt am obern Rande des Rüssels, und giebt Fleischfasern an die Oberlippe ab, er zieht den Rüssel und die Oberlippe aufwärts;
2. der Pyramidenmuskel der Nase (a. Fig. 3. Tab. 32.);
3. der Niederzieher des Rüssels (m. depressor proboscidis) entspringt am Thränen- und Oberkieferbeine, endigt am untern Rande des Rüssels, und zieht ihn herab;
4. der innere Kaumuskel (13. Fig. 6.);
5. der Kinn-Zungenmuskel (16. Fig. 3. Tab. 32.),
6. der Grund-Zungenmuskel (15. das.),
7. der Zungenbein-Zungenmuskel (14. das.),
8. der Kinn-Zungenbeinmuskel (17. das.),

9. der lange Zungenbeinmuskel (13. das.),
10. der Schild-Zungenbeinmuskel (10. das.),
11. der Schlundkopf (pharynx) liegt über dem Kehlkopfe;
12. der Ring-Schildmuskel (3. Fig. 6. Tab. 32.),
13. der untere,
14. der obere Schenkel des Brust-Schildmuskels (7. Fig. 3. Tab. 38.),
15. der Schläfenmuskel (8. Fig. 3. Tab. 32.).

Figur 6. Die Muskeln des Gaumensegels und Schlundkopfes des Schweines, von der linken Seite gesehen.

Der linke Ast des Unterkiefers ist entfernt, und die Zunge zurückgelegt.

1. Der harte Gaumen (palatum durum) enthält Querfurchen und Erhöhungen, durch welche das Hinaufgleiten des Futterbissens unterstützt wird;
2. der Gaumensegelmuskel (2. Fig. 4. Tab. 32.),
3. der Griffel-Gaumenmuskel (4. das.),
4. der Aufheber des Gaumensegels (5. das.),
5. der Flügel-Schlundkopfmuskel (7. das.),
6. der Gaumen-Schlundkopfmuskel (6. das.),
7. der obere Zungenbein-Schlundkopfmuskel (9. das.),
8. der untere — — (10. das.),
9. der seitliche — — (8. das.),
10. der Schild-Schlundkopfmuskel (21. Fig. 3. Tab. 32.),
11. der Ring- — (22. das.),
12. der Griffel-Zungenbeinmuskel (11. das.),
13. der innere Kaumuskel (9. das.),
14. die Zunge.

Figur 7. Der Kehlkopf und Schlundkopf des Schweines, von hinten gesehen.

1. Der Zungenbein-Kehldeckelmuskel (1. Fig. 7. Tab. 32.),
2. die Höhle des Schlundkopfes,
3. der blinde Sack desselben (saccus coecus pharyngis) liegt über der eigentlichen Schlundkopfhöhle, und ist durch eine Verdoppelung der Schleimhaut von ihr getrennt.

Figur 8. Muskeln am Kehlkopfe des Schweines, von hinten gesehen.

1. Die Gießkannenmuskeln (1. Fig. 8. Tab. 32.),
2.2. die hintern Ring=Gießkannenmuskeln (2. das.),
3. das Querband des Zungenbeines (ligamentum hyoideum transversum) verbindet die untern Aeste des Zungenbeines, und vertritt die Stelle des Quermuskels (1. Fig. 5. Tab. 32.).

Figur 9. Muskeln am Zungenbeine und Kehlkopfe des Schweines, von der linken Seite gesehen.

1. Der hintere Ring=Gießkannenmuskel (2. Fig. 8. Tab. 32.),
2. der seitliche — — (4. Fig. 7. das.),
3. der obere Schild= — (2. das.),
4. der untere — — (3. das.),
5. der kurze Zungenbeinmuskel (1. Fig. 6. das.) entspringt hier am obern Zungenbeinaste.

Tabula 37.

Figur 1. Die zweite Muskelschicht des Schweines, von der linken Seite gesehen.

1. Der Auswärtszieher der Oberlippe (1. Fig. 2. Tab. 33.),
2. der Kreismuskel des Maules (5. das.),
3. der äußere Kaumuskel (8. das.),
4. der Kreismuskel der Augenlieder (1. Fig. 3. Tab. 32.),
5. der Niederzieher des Ohres (1. Fig. 1. Tab. 33.),
6.6. der gemeinschaftliche Kopf=, Hals= und Armmuskel (4. das.),
7. der zweite Aufheber des Schulterblattes (10 b. Fig. 2. das.),
8. der ungleich viereckige Muskel (5. Fig. 1. Tab. 33.),
9. der dreieckige Muskel (6. das.),
10. der breite Rückenmuskel (7. das.),
11. der große Brustmuskel (11. Fig. 1. Tab. 34.),
12. der äußere schiefe Bauchmuskel (10. Fig. 1. Tab. 33.),

13. der Spanner der breiten Schenkelbinde (13. das.),
14. der äußere Backenmuskel (15. das.),
15. der lange Auswärtszieher des Schenkelbeines (16. das.),
16. der kurze Auswärtszieher des Schenkelbeines (caput breve m. tricipitis s. bicipitis femoris hom.) liegt zwischen dem langen und mittleren, endigt an dem Schenkelbeine, und wirkt wie jene;
17. der mittlere Auswärtszieher des Schenkelbeines (17. Fig. 1. Tab. 33.),
18. der lange Einwärtszieher des Schenkelbeines (34. Fig. 2. das.).

Figur 2. Die dritte Muskelschicht des Schweines, von der linken Seite gesehen.

1. Der äußere Aufheber des oberen Augenliedes (4 b. Fig. 3. Tab. 33.),
2. der Niederzieher des unteren Augenliedes (3. Fig. 2. das.),
3. der Jochmuskel (6. Fig. 2. Tab. 33.),
4. der Niederzieher der Unterlippe (3 b. Fig. 3. das.),
5. der obere,
6. der mittlere Kopf des riemenförmigen Kopfmuskels (11. Fig. 2. das.), dieser Muskel endigt bei dem Schweine mit drei Köpfen.
7. Der Aufheber des Schulterblattes (12. das.),
8. der zweite Aufheber des Schulterblattes (unten abgeschnitten),
9. der äußere,
10. der innere Kopf des gemeinschaftlichen Kopf-, Hals- und Armmuskels (4. Fig. 1. Tab. 33.), der bei dem Schweine zwei getrennte Köpfe hat;
11. der breite gezahnte Muskel (13. Fig. 2. das.),
12. der kleine Brustmuskel (m. pectoralis minor) entspringt am vordern Ende des Brustbeines, und endigt am vordern Rande des Schulterblattes, das er herabzieht;
13. der vordere,
14. der hintere rautenförmige Muskel (14. 15. Fig. 2. das.),
15. der vordere Grätenmuskel (16. das.),
16. der obere Auswärtszieher des Armbeines (18. das.),
17. der lange Strecker des Vorarmes (21. das.),
18. der dicke — — — (20. das.),
19. der mittlere — — — (19. das.),
20. 20. der äußere schiefe Bauchmuskel (unten abgeschnitten),

21. der vordere gezahnte Muskel (17. Fig. 3. Tab. 37.),
22. der hintere — — (23. Fig. 2. Tab. 33) endigt hier mit sechs Zähnen, von der 9ten bis zur 14ten Rippe;
23. der innere schiefe Bauchmuskel (24. das.),
24. der mittlere Backenmuskel (26. das.),
25. der große — (14. Fig. 1. Tab. 33.),
26. der Darmbeinmuskel (25. Fig. 2. das.),
27. der grade Schenkelmuskel (4. Fig. 7. Tab. 35.),
28. der äußere dicke Schenkelmuskel (36. Fig. 2. Tab. 33.),
29. der äußere Backenmuskel, oben abgeschnitten.

Figur 3. Die vierte Muskelschicht des Schweines; von der linken Seite gesehen.

a. Der Backenmuskel (3. Fig. 3. Tab. 33.),
b. der Backenzahnmuskel (4. das.).
1—3. Die drei Köpfe des riemenförmigen Kopfmuskels (11. Fig. 2. Tab. 33.),
4. der lange Strecker des Halses (6. Fig. 3. das.),
5. der äußere Kopf des langen Beugers des Kopfes (Tab. 38. Fig. 4.),
6. der obere,
7. der untere Rippenhalter (15. 14. Fig. 3. Tab. 33.),
8. der herabsteigende Nackenmuskel (8. das.),
9. der Schulter-Zungenbeinmuskel (3. Fig. 1. das.),
10. der Brust-Zungenbeinmuskel (5. Fig. 3. Tab. 39.),
11. der Brust-Kinnbackenmuskel oder Brust-Warzenmuskel (2. Fig. 1. Tab. 33.),
12. der Brust-Schildmuskel (7. Fig. 3. Tab. 38.),
13. der Rippen-Quermuskel (18. Fig. 3. Tab. 33.),
14. 14. der lange Rückenmuskel (9. das.),
15. 15. der gemeinschaftliche Rippenmuskel (11. das.),
16. der lange Stachelmuskel (10. das.),
17. der vordere gezahnte Muskel (12. das.) endigt an der 5ten bis 8ten Rippe,
18. die innere,
19. die äußere Schicht der Zwischenrippenmuskeln (16. 17. das.),
20. der Quer-Bauchmuskel (20. das.),
21. der grade — (19. das.),

22. der mittlere Backenmuskel (26. Fig. 2. das.),
23. der kleine Backenmuskel (27. das.),
24. der viereckige Muskel des Backenbeines (28. das.),
25. der kleine Einwärtszieher des Backenbeines (4. Fig. 9. Tab. 35.),
26. der dicke Einwärtszieher des Backenbeines (35. Fig. 2. Tab. 33.),
27. der eigentliche Schenkelmuskel (5. Fig. 9. Tab. 35.),
28. der grade — (4. Fig. 7. das.),
29. der dicke und
30. der lange Einwärtszieher des Schenkelbeines (33. 34. Fig. 2. Tab. 33.).

Tabula 38.

Figur 1. Die tiefen Nacken- und Rückenmuskeln des Schweines, von der linken Seite gesehen.

a. Der schiefe Beuger des Kopfes (4. Fig. 2. Tab. 34.).
1. 1. Der große durchflochtene Muskel (5 b. Fig. 3. Tab. 33.),
2. der Nacken-Warzenmuskel (m. trachelo-mastoideus) entspringt an den vordern Rückenwirbeln, und endigt am Warzenfortsatze des Schläfenbeines, er zieht den Kopf zur Seite und nach unten;
3. der Quermuskel des Nackens (m. transversalis cervicis) entspringt am ersten Rückenwirbel, und endigt am Flügel des ersten Halswirbels, er beugt den Hals;
4 a. der kurze Stachelmuskel (7. Fig. 4. Tab. 34.),
4 b. der lange Stachelmuskel (10. Fig. 3. Tab. 33.),
5. 5. die Aufheber der Rippen (9. Fig. 4. Tab. 34.),
6. 6. die schiefen Stachelmuskeln (8. das.),
7. der lange Rückenmuskel (vorn abgeschnitten und zur Seite gelegt),
8. der zweite Kopf des mittleren Backenmuskels (26. Fig. 2. Tab. 33.), er ist beim Schaf nur einköpfig;
9. der kleine Backenmuskel (27. das.).

Figur 2. Die vordern Nackenmuskeln des Schweines, von hinten gesehen.

1. Der schiefe Kopfmuskel (7. Fig. 3. Tab. 33.),
2. der kleine durchflochtene Muskel (3. Fig. 4. Tab. 34.),
3. die dicken Strecker des Halses (4. Fig. 3. das.),
4. der kleine grade Kopfmuskel (3. das.),
5. der große — — (2. das.).

Figur 3. Muskeln an der untern Fläche des Kopfes, Halses und der Brust des Schweines.

1. Der Kinnmuskel (2. Fig. 1. Tab. 34.),
2. 2. die breiten Zungenbeinmuskeln (3. das.),
3. 3. die zweibäuchigen Muskeln des Unterkiefers (4. das.),
4. 4. die Schulter=Zungenbeinmuskeln (3. Fig. 1. Tab. 33.),
5. 5. die Brust=Zungenbeinmuskeln (7. Fig. 1. Tab. 34.),
6. 6. die Schild= — (10. Fig. 3. Tab. 32.),
7. der Brust=Schildmuskel (8. Fig. 1. Tab. 34.), geht beim Schweine mit einem Ende an den hintern Rand, mit dem andern an die äußere Fläche des Schildknorpels vom Kehlkopfe;
8. der Brust=Warzen= oder Brust=Kinnbackenmuskel (2. Fig. 1. Tab. 33.),
9. der gemeinschaftliche Kopf=, Hals= und Armmuskel (4. das.),
10. der äußere Hals=Hautmuskel, oben abgeschnitten (2. Fig. 2. Tab. 31.),
11. der breite Brustmuskel (12. Fig. 1. Tab. 34.),
12. der kleine Brustmuskel (12. Fig. 2. Tab. 37.),
13. 13. der große Brustmuskel (11. Fig. 1. Tab. 34.).

Figur 4. Beuger des Kopfes und Halses des Schweines, von unten gesehen.

1—1. Die langen Beuger des Kopfes (2. Fig. 2. Tab. 34.),
2. der kurze Beuger des Kopfes (3. das.),
3. der schiefe — — — (4. das.),
4. der lange Beuger des Halses (6. das.),
5. der innere — — — (7. das.).

Figur 5. Der Brustbeinmuskel des Schweines, von oben gesehen.

(Vergl. 1. Fig. 6. Tab. 34.).

Figur 6. Das Zwerchfell, die Muskeln in der Bauchhöhle und an den innern Seiten der hinteren Gliedmaaßen des Schweines, von unten gesehen.

1—1. Der fleischige Theil des Zwerchfelles (1. Figur 5. Tab. 34.),
2a. der sehnige Theil desselben, oder der Spiegel des Helmont,
2b. die Oeffnung für die hintere Hohlvene (3. das.),
3. die Oeffnung für den Schlund (4. das.),
4. die Oeffnung für die hintere Aorta (5. das.),
5.5. die Pfeiler des Zwerchfelles (2. das.),
6.6. die viereckigen Lendenmuskeln (6. das.),
7.7. die großen Lendenmuskeln (7. das.),
8.3. die Psoasmuskeln (9. das.),
9. der kleine Lendenmuskel (8. das.) an der linken Seite;
10. der Darmbeinmuskel (25. Fig. 2. Tab. 33.),
11. die Sehnenausbreitung,
12. der Spanner der breiten Schenkelbinde (13. Fig. 1. Tab. 33.),
13. der dünne Einwärtszieher des Schenkelbeines (12. Fig. 5. Tab. 34.),
14. der breite Einwärtszieher des Schenkelbeines (13. das.) beide an der rechten Gliedmaaße sichtbar;
15. der grade Schenkelmuskel (4. Fig. 7. Tab. 35.),
16. der innere dicke Schenkelmuskel (5. das.),
17. der mittlere Einwärtszieher des Backenbeines (14. Fig. 5. Tab. 34.),
18. der dicke Einwärtszieher desselben (35. Fig. 2. Tab. 33.),
19. der dicke Einwärtszieher des Schenkelbeines (33. das.),
20. der lange — — — (34. das.),
21. der **Hodenmuskel** (m. cremaster) entspringt an der Sehnenausbreitung des Psoasmuskels, tritt an
22. den **Saamenstrang** (funiculus spermaticus) und endigt an der äußern Fläche der gemeinschaftlichen Scheidenhaut, er zieht den Hoden an den Bauch.

Tabula 39.

Figur 1. Die Muskeln der linken vorderen Gliedmaaße des Schweines, von der äußern Seite gesehen.

1. Der vordere Grätenmuskel (16. Fig. 2. Tab. 33.),
2. der lange Auswärtszieher des Armbeines (17. Figur 2. Tab. 33.),
3. der lange Strecker des Vorarmes (21. das.),
4. der dicke Strecker des Vorarmes (20. das.),
5. der mittlere — — — (19. das.),
6. der gemeinschaftliche Kopf-, Hals- und Armmuskel (oben abgeschnitten),
7. der kurze Beuger des Vorarmes (6. Fig. 1. Tab. 35.),

8.8. der Strecker der Schienbeine (10. das.) endigt am Schienbeine der innern wahren Zehe,

9. der Strecker des Vorderknie's, oder Abzieher des Daumens (2. Fig. 3. dbs.),

10.10. der Strecker der inneren Afterzehe (m. extensor pollicis longus hom.) wird von jenem am Ursprunge bedeckt, endigt mit einer Sehne an der innern Afterzehe, mit der zweiten an der innern wahren, und streckt beide;

11.11. der Strecker der Kronen- und Hufbeine (12. Fig. 1. Tab. 35.), endigt mit vier Sehnen an allen Zehen,

12.12. der Strecker des Fesselbeines (13. das.),

13.13. der Strecker der äußeren Afterzehe (m. extensor digiti minimi), entspringt am obern Ende des Vorarmes, und endigt an der äußern Afterzehe, die er streckt;

14. die Sehne des Fesselbeinbeugers oder Zwischenknochenmuskels (Fig. 10. Tab. 39.),
15. das schiefe Band der äußern wahren und Afterzehe,
16. der Beuger der Kronenbeine (2. Fig. 7.),

17.17. der äußere Beuger des Vorderknie's (14. Fig. 1. Tab. 35.).

Figur 2. Die tiefer liegenden Muskeln an der linken vordern Gliedmaaße des Schweines, von der äußern Seite gesehen.

1. Der vordere Grätenmuskel (1. Fig. 1.),

2. der hintere Grätenmuskel (2. Fig. 1. Tab. 35.),
3. der kurze Auswärtszieher des Armbeines (3. das.),
4. der kleine Strecker des Vorarmes (7. das.),
5. der kurze Beuger desselben (6. das.),
6. der Strecker des Vorderknie's (2. Fig. 3. Tab. 35.),
7. der äußere Beuger des Vorderknie's (14. Fig. 1. das.).

Figur 3. Die Muskeln am linken Vorarme und Vorderfuße des Schweines, von vorn gesehen.

1. Der lange Beuger des Vorarmes (8. Fig. 4.),
2. der kurze — — — (4. Fig. 1.),
3. der Strecker der Schienbeine (8. Fig. 1. Tab. 39.),
4. der Strecker des Vorderknie's (6. Fig. 2.),
5. der Strecker der innern Afterzehe (10. Fig. 1.),
6. der Strecker der Kronen= und Hufbeine (11. das.),
7. der Strecker der Fesselbeine (12. das.),
8. der Strecker der äußern Afterzehe (13. das.).

Figur 4. Die Muskeln der rechten vordern Gliedmaaße des Schweines, von der innern Seite gesehen.

1. Die rautenförmigen Muskeln, oben abgeschnitten (13. 14. Fig. 2. Tab. 37.),
2. der vordere Grätenmuskel (1. Fig. 1. 2.),
3. der Unterschultermuskel (2. Fig. 2. Tab. 35.),
4. der Niederzieher des Armbeines (4. das.),
5. der breite Rückenmuskel, hinten abgeschnitten (10. Fig. 1. Tab. 37.),
6. der große Brustmuskel, unten abgeschnitten (13. Fig. 3. Tab. 38.),
7. der Aufheber des Armbeines (6. Fig. 2. Tab. 35.),
8. der lange Beuger des Vorarmes (7. das.),
9. der kurze Strecker des Vorarmes (8. das.),
10. der lange — — — (3. Fig. 1.) entspringt mit dem innern Theile an der Sehne des breiten Rückenmuskels, und endigt an der innern Seite des Ellenbogenhöckers, er hilft den Vorarm strecken.
11. der runde Vorwärtsdreher (m. pronator teres) ist hier nur sehr unvollkommen, entspringt am untern Ende

des Armbeines, und endigt am innern Rande der Speiche, die er aber nicht drehen kann, weil sie mit dem Ellenbogenbein unbeweglich verbunden ist;

12. die Sehne vom Strecker des Vorderknie's.

Figur 5. Muskeln am rechten Arme und Vorarme des Schweines, von der innern Seite gesehen.

1. Der Aufheber des Armbeines (unten abgeschnitten),
2. 2. der lange Beuger des Vorarmes (7. Fig. 2. Tab. 35.),
3. der kurze Strecker — — (8. das.),
4. der Beuger der Schienbeine (13. das.),
5. der Beuger der Kronenbeine (2. Fig. 4. das.),
6. der innere Beuger des Vorderknie's (12. Fig. 1. das.),
7. der äußere Kopf des Hufbeinbeugers (3. Fig. 4. das.),
8. der Ellenbogen- oder Keulenmuskel (11. Fig. 1. das.).

Figur 6. Muskeln am rechten Vorarme des Schweines, von hinten gesehen.

1. 1. Der äußere Kopf des Kronenbeinbeugers (2. Fig. 4. Tab. 35.),
2. der äußere Kopf des Hufbeinbeugers (3. das.),
3. die Sehne des Ellenbogenmuskels (11. Fig. 1. das.),
4. der Abzieher der innern Afterzehe (m. abductor digiti primi) entspringt an den innern Seitenbändern des Vorderknie's, und endigt an der innern Seite der innern Afterzehe, die er von der wahren abzieht;
5. der Abzieher der äußern Afterzehe (m. abductor digiti quarti) entspringt am Hakenbeine, endigt an der äußern Seite der äußern Afterzehe, und zieht sie nach außen;
6. der kurze Beuger der äußern Afterzehe (m. flexor brevis digiti quarti) entspringt an den äußern Seitenbändern des Vorderknie's, endigt an der Zehe, und beugt sie;
7. das gemeinschaftliche Band der Afterzehen.

Figur 7. Muskeln am rechten Vorarme und Vorderfuße des Schweines, von hinten gesehen.

1. 1. Der äußere und
2. 2. der innere Kopf des Kronenbeinbeugers (2. Fig. 4. Tab. 35.),
3. der äußere Kopf des Hufbeinbeugers (3. das.),
4. der innere — — — (2. Fig. 5. das.),
5. 5. die gemeinschaftliche Sehne derselben (5. Fig. 5. das.), endigt an allen vier Zehen.

Figur 8. Muskeln am rechten Vorarme und Vorderfuße des Schweines, von hinten gesehen.

1. Der Speichen= oder Kegelmuskel (1. Fig. 5. Tab. 35.),
2. der innere Kopf des Hufbeinbeugers (2. Fig. 5. das.),
3. der äußere — — — (3. Fig. 4. das.),
4. die gemeinschaftliche Sehne (5. Fig. 5. das.),
5. der wurmförmige Muskel (m. lumbricalis) entspr. an der gemeinschaftlichen Sehne des Hufbeinbeugers, und endigt in der des Kronenbeinbeugers, er nähert die Sehnen einander.

Figur 9. Muskeln am rechten Vorderfuße des Schweines, von hinten gesehen.

1. Der Anzieher der innern Afterzehe (m. adductor digiti primi) entspringt mit
2. dem Anzieher der äußern Afterzehe (m. adductor digiti quarti) an dem hintern Kniebande, jeder endigt an seiner Afterzehe und nähert sie den übrigen Zehen.

Figur 10. Die Zwischenknochenmuskeln der wahren Zehen des Schweines (m. m. interossei),

entspringen an der Vorder= Fußwurzel, endigen an den Sesambeinen der wahren Zehen und geben vier Sehnen nach vorn an die Hufbeinstrecker, sie verhindern das zu starke Durchtreten.

Tabula 40.

Figur 1. Muskeln des Afters und der männlichen Geschlechtstheile des Schweines, von unten gesehen.

1. Der Schließer des Afters (32. Fig. 2. Tab. 33.),
2.2. die Aufheber desselben (31. das.),
3.3. die Seitwärtszieher des Schwanzes (30. das.),
4.4. der Mittelfleischmuskel (m. perinaei) entspringt am Schließer des Afters, endigt in der Haut des Mittelfleisches, und spannt sie;
5.5. die Aufrichter der Ruthe (m. m. erectores penis) entspringen an den Sitzbeinhöckern, umgeben die Zellkörper der Ruthe und ziehen die steifgewordene Ruthe bei der Begattung nach oben.
6.6. Die Hodenmuskeln (21. Fig. 5. Tab. 38.),
7. die männliche Ruthe, welche hier ein Knie bildet,
8.8. die Saamenstränge.

Figur 2. Muskeln am Becken und Schwanze des Schweines, von oben gesehen.

1.1. Der lange Aufheber des Schwanzes (m. levator caudae longus) entspringt am vordern Ende des Kreuzbeines,
2.2. der kurze Aufheber (m. levator caudae brevis) entspringt in der Mitte des Kreuzbeines, mit dem gleichnamigen Muskel der andern Seite vereinigt, beide Aufheber winden sich spiralförmig um die Schwanzwirbel, und erhalten ihn in dieser Form;
3. der lange Niederzieher (7. Fig. 3.),
4. der Seitwärtszieher (30. Fig. 2. Tab. 33.),
5. der äußere Vorstopfungsmuskel (3. Fig. 3. Tab. 40.).

Figur 3. Muskeln an der untern und innern Fläche des Beckens vom Schweine, von unten gesehen.

1. Der große Lendenmuskel (oben abgeschnitten),
2. der Schaambeinmuskel (2. Fig. 9. Tab. 35.),

3. der äußere Verstopfungsmuskel (3. das.),
4. der kleine Einwärtszieher des Backenbeines (4. das.),
5. der innere Verstopfungsmuskel (m. obturator internus) wird von den zuletzt genannten Muskeln bedeckt, entspringt am Rande des eirunden Loches, endigt in der Umdrehergrube am Backenbeine, und dreht es nach außen;
6. die gemeinschaftliche Sehne des birnförmigen und Sitzbeinmuskels (1. 2. Fig. 7. Tab. 40.),
7. der lange Niederzieher des Schwanzes (m. depressor caudae longus),
8. der kurze Niederzieher des Schwanzes (m. depressor caudae brevis), entspringen beide an der untern Fläche des Kreuzbeines, winden sich spiralförmig um die Schwanzwirbel, an welche sie sich befestigen, und ziehen den Schwanz herab.

Figur 4. Muskeln an der linken hinteren Gliedmaaße des Schweines, von der äußern Seite gesehen.

1 a. Der eigentliche Schenkelmuskel (5. Fig. 9. Tab. 35.),
1 b. der innere dicke Schenkelmuskel (5. Fig. 7. das.),
2. 2. der äußere Zwillingsmuskel (6. Fig. 8. das.),
3. der dünne Strecker des Sprunggelenkes (5. Fig. 8. das.),
4. 4. der Strecker der äußern Afterzehe (m. extensor digiti quarti) wird von dem vorigen Muskel zum Theil verdeckt, entspringt am obern Ende des Wadenbeines, und endigt an der äußern Afterzehe, die er streckt;
5. 5. der seitliche Strecker der Zehen oder dritte Wadenbeinmuskel (3. Fig. 8. Tab. 35.),
6. 6. der kurze Wadenbeinmuskel (2 Fig. 8. Tab. 35.),
7. 7. der Beuger der Schienbeine (2. Fig. 10. das.).

Figur 5. Muskeln am linken Unterschenkel und Hinterfuße des Schweines, von vorn gesehen.

1. 1. Der lange Wadenbeinmuskel (1. Fig. 10. Tab. 35.),
2. der Beuger der Schienbeine (2. das.),
3. der Strecker der innern Afterzehe (3. Fig. 6. Tab. 40.),
4. die Sehne des vordern Streckers der Zehen (2. das.),
5. die — — seitlichen — — — (4. Fig. 4. das.),

6. 6. der kurze Wadenbeinmuskel (2. Fig. 8. Tab. 35.),
7. die Sehne des Streckers der äußern Afterzehe (4. Fig. 4. Tab. 40.).

Figur 6. Die tiefer liegenden Muskeln am linken Unterschenkel und Hinterfuße des Schweines, von vorn gesehen.

1. Der Beuger der Schienbeine, unten abgeschnitten,
2. der vordere Strecker der Zehen (m. extensor digitorum longus) entspringt mit dem vorigen M. verbunden am untern Ende des Backenbeines, endigt mit fünf Sehnen an allen Zehen, die er streckt;
3. der Strecker der innern Afterzehe (m. extensor digiti primi s. halucis longus homin.) entspringt am obern Ende des Schenkelbeines, endigt an der innern Afterzehe, und streckt sie;
4. der seitliche Strecker der Zehen (3. Fig. 8. Tab. 35.),
5. der kurze oder untere Strecker der Zehen (5. Fig. 10. das.) endigt hier an der 1—3ten Zehe.

Figur 7. Muskeln an der rechten hintern Gliedmaaße des Schweines, von der innern Seite gesehen.

1. Der birnförmige oder pyramidenförmige Muskel (m. pyriformis) entspringt an der Kreuz- und Darmbeinvereinigung, tritt durch das eirunde Loch aus dem Becken, und endigt in der Grube der Umdreher, er dreht das Backenbein nach innen;
2. 2. der Sitzbeinmuskel (1. Fig. 9. Tab. 35.),
3. der Seitwärtszieher des Schwanzes (30. Fig. 2. Tab. 33.),
4. der eigentliche Schenkelmuskel (5. Fig. 9. Tab. 35.),
5. 5. der innere Zwillingsmuskel (11. Fig. 7. das.),
6. der Beuger der Kronenbeine (7. Fig. 9. das.),
7. der Kniekehlenmuskel (1. Fig. 8. Tab. 40.),
8. der dünne Beuger der Zehen (4. Fig. 11. Tab. 35.),
9. der dicke — — — (3. das.).

Figur 8. Muskeln am rechten Unterschenkel und Hinterfuße des Schweines, von hinten gesehen.

1. Der Kniekehlenmuskel (1. Fg. 11. Tab. 35.),

2.2. der dünne Beuger der Zehen (4. das.),
3. der hintere Schenkelbeinmuskel (2. das.),
4.4. der dicke Beuger der Zehen (3. das.),
5. die Sehne des Kronenbeinbeugers (oben abgeschnitten).

Figur 9. Muskeln am rechten Hinterfuße des Schweines, von hinten gesehen.

1. Der Abzieher der innern Afterzehe (m. abductor digiti primi) entspringt am innern Rande des Sprunggelenkes, endigt an der innern Afterzehe, und zieht sie von den andern ab;
2. der Anzieher derselben (m. adductor digiti primi) entspringt mit
3. dem Anzieher der äußern Afterzehe (m. adductor digiti quarti) gemeinschaftlich an der hintern Fläche des Sprunggelenkes, jeder endigt an seiner Afterzehe, und nähert sie den übrigen Zehen;
4. der Abzieher der äußern Afterzehe (m. abductor digiti quarti) entspringt am äußern Rande des Sprunggelenkes, endigt an der äußern Afterzehe und entfernt sie von der äußern wahren Zehe.

Figur 10. Die Zwischenknochenmuskeln am rechten Hinterfuße des Schweines, von hinten gesehen,

entspringen an der hintern Fläche des Sprunggelenkes, verhalten sich übrigens wie die am Vorderfuße (Fig. 10. Tab. 39.).

Tabula 41.

Die Hautmuskeln des Pferdes, von der linken Seite gesehen.

Unmittelbar unter der Haut liegen die Hautmuskeln, und sind auf der ganzen Fläche mit ihr verbunden, um sie zu erschüttern und von Staub, Feuchtigkeit und Insecten zu befreien. Sie heißen nach den Gegenden des Körpers, wo sie liegen:

1. der Angesichts-Hautmuskel (musculus subcutaneus faciei), welcher oben am Halse und im Kehlgange entspringt, über den Unterkiefer an das Angesicht geht, und theils mit schwachen Fasern in der Haut endigt, theils als
2. Auswärtszieher der Unterlippe (m. risorius Santorini) mit stärkeren Muskelfasern an den Maulwinkel tritt, um ihn nach hinten und oben zu ziehen;
3. der Hals-Hautmuskel (m. subcutaneus colli) entspringt am Schnabelknorpel des Brustbeines (was aber an der Figur nicht zu sehen ist), geht am Halse vorwärts und zum Nacken aufwärts, endigt in einer dünnen Sehnenhaut an der Seite des Halses, und spannt die Haut an diesem Theile. Stärker als diese Muskeln ist
4.4. der Schulter-Hautmuskel (m. subcutaneus humeri), der am Widerrüst entspringt, über die Schulter und den Arm herabgeht, am Vorarme mit einer Sehnenausbreitung endigt, und die Haut von unten nach oben, auch umgekehrt, bewegt und sie in Längenfalten legt. Hinter diesem liegt
5.5. der große oder Bauch-Hautmuskel (m. subcutaneus maximus s. abdominis); er befestigt sich am Rücken, an der Schulter, der Brust, am Bauche und mit einer Falte am Knie, ist auf der ganzen Oberfläche mit der Haut innig verbunden, und bewegt sie so stark, daß der Reuter und andere Lasten hin und her geschoben werden.

Tabula 42.

Figur 1. Muskeln am Kopfe des Pferdes, von der linken Seite gesehen.

Der Angesichts-Hautmuskel und das Zellgewebe, welche die hier liegenden Muskeln mehr oder weniger bedecken, sind entfernt worden.

1. Der Pyramidenmuskel der Nase (m. pyramidalis nasi) entspringt mit einer Sehne an der äußern Fläche des Oberkieferbeines, geht zwischen den Schenkeln von 3. nach vorn, und endigt am äußern Rande des Nasenloches, welches er bei starkem Athmen erweitert;

2.2. der Kreismuskel des Maules (m. orbicularis oris) liegt um die Maulöffnung, zwischen der äußern Haut und der Schleimhaut, bildet die Grundlage der Ober= und Unterlippe, und dient zur Verschließung des Maules.

3.3. Der Auswärtszieher der Oberlippe (m. levator labii superioris alaeque nasi) entspringt am Nasen=, Thränen= und Oberkieferbeine, spaltet sich nach unten in zwei Schenkel, zwischen welchen der Pyramidenmuskel der Nase liegt, und endigt mit dem obern Schenkel am Nasenlochrande, mit dem untern in der Oberlippe, er hebt beide; von diesem Muskel zum Theil bedeckt, entspringt

4.4. der Aufheber der Oberlippe (m. levat. labii superioris proprius) am Thränenbeine, geht in eine runde Sehne über, die sich mit der des gleichnamigen Muskels der andern Seite verbindet (1. Fig. 3.) und in der Mitte der Oberlippe endigt; diese wird bei Aufnahme der Nahrungsmittel gehoben.

5. Der Backenmuskel (s. 3. Fig. 2.),

6.6. der Jochmuskel (m. zygomaticus major) ist lang und dünn, entspringt an der Jochleiste, endigt in dem Backenmuskel, und zieht die Backe oder Wange nach oben;

7. der Auswärtszieher der Unterlippe (s. 2. Tab. 41.).

8. Der äußere Kaumuskel (m. masseter) entspringt an der ganzen Jochleiste, bedeckt die äußere Fläche des Unterkiefers zum Theil, und endigt am hintern und untern Rande desselben, er bewegt den Unterkiefer beim Kauen zur Seite und nach oben, mit großer Kraft; über diesem entspringt an der Jochleiste

9. der Niederzieher des untern Augenliedes (m. depressor palpebrae inferioris), geht schief aufwärts an das untere Augenlied, und zieht es herab;

10. der Kreismuskel der Augenlieder (m. orbicularis palpebrarum) liegt zwischen der äußern Haut und der Bindehaut der Augenlieder, ist durch eine Sehne an das Thränenbein befestigt, und nähert die Augenlieder einander, bei Annäherung fremder Körper oder beim Schlafen. Das obere Augenlied wird durch

11. den äußern Aufheber des obern Augenliedes (m. corrugator superciliorum) gehoben, dieser entspringt am Stirnbeine, und endigt im Kreismuskel. — Zur Bewegung des äußern Ohres dienen folgende Muskeln:
12. 12. der gemeinschaftliche Ohrmuskel (4. Fig. 6.),
13. der untere Einwärtszieher des Ohres (m. adductor auriculae inferior), welcher am Jochbogen entspringt, am Grunde der Ohrmuschel endigt und deren Höhlung nach vorn dreht;
14. der Niederzieher des Ohres (m. depressor auriculae) entspringt auf der äußern Fläche der Ohrspeicheldrüse, die er bedeckt, endigt am Grunde der Ohrmuschel und zieht sie herab, als ein Zeichen der Bosheit des Pferdes;
15. der kurze und
16. der lange Auswärtszieher (2. 3. Fig. 7.).

Figur 2. Die tiefer liegenden Muskeln am Kopfe des Pferdes, von der linken Seite gesehen.

Die Muskeln: 1. 3. 6 — 9., 11 — 16. von Fig. 1. sind hier entfernt worden.

1. 1. Der kurze erweiternde Muskel der Nase (m. dilatator nasi brevis) entspringt am Nasenbeine und Nasenfortsatze des Zwischenkieferbeines, endigt unter der Nasentrompete in dem S förmigen Knorpel, und hebt ihn;
2. 2. der Aufheber der Oberlippe (4. Fig. 1.);
3. der Backenmuskel (m. buccinator) entspringt an den Zwischen-Zahnrändern beider Kiefer, grenzt nach vorn an den Kreismuskel des Maules, nach hinten an
4. den Backenzahnmuskel (m. molaris), welcher an den Zahnrändern beider Kiefer entspringt; beide Muskeln bewirken die Verengerung des Raumes zwischen den Backen und Backenzähnen, und drücken beim Kauen das hervorgetretene Futter unter die Zähne. Am untern Rande derselben liegt
5. 5. der Niederzieher der Unterlippe (m. depressor labii inferioris), dessen Ursprung am Kronenfortsatze des Unterkiefers ist, er endigt in der Unterlippe, und zieht sie herab. In der von oben und außen geöffneten Augenhöhle sieht man

6. den innern Aufheber des obern Augenliedes (m. levator palpebrae superioris), der am Grunde der Augenhöhle entspringt, den obern graden Muskel (8.) zum Theil bedeckt, und im obern Augenliede endigt; er hebt es, wenn es durch den Kreismuskel herabgezogen ist;
7. der große oder obere schiefe Augenmuskel (m. obliquus superior) ist nur zum Theil sichtbar, er entspr. auch am Grunde der Augenhöhle, geht über den Rollknorpel an die stärkste Wölbung des Augapfels, und dreht ihn nach oben und innen.
8. Der obere grade (m. rectus superior),
9. der äußere grade Augenmuskel (m. rectus externus) entspringen mit jenem, und endigen oben und außen am Augapfel, den sie aufwärts oder auswärts ziehen;
10. der kleine oder untere schiefe Augenmuskel (m. obliquus inferior) entspringt in der Grube des Thränenbeines, endigt unten am Augapfel, und dreht ihn nach unten und außen.
11.11. Der Schläfenmuskel (m. temporalis) entspringt am Scheitel- und Schläfenbeine, endigt am Kronenfortsatze des Unterkiefers, und zieht ihn grade (nicht schief) an den obern, beim Kauen. Diesem Muskel entgegen wirkt
12. der Griffel-Kinnbackenmuskel (m. stylo-maxillaris), welcher am Griffelfortsatze des Hinterhauptsbeines entspringt, am hintern Rande des Unterkiefers endigt, und diesen vom Oberkiefer abzieht; dieselbe Wirkung hat auch
13. der Brust-Kinnbackenmuskel (9. Fig. 5. Tab. 43.);
14. der Muskel der Ecke (m. tragicus) entspringt am äußern Gehörgange, und endigt am Grunde der Ohrmuschel, die er wenig herabzieht.

Figur 3. Nasen- und Lippenmuskeln des Pferdes, von vorn gesehen.

1. Die vereinigte (platte) Sehne der beiden Aufheber der Oberlippe (4. Fig. 1. Tab. 42.), sie liegt über
2.2. dem Quermuskel der Nase (m. transversus nasi), der sich an die Flügel der beiden x förmigen Knorpel befestigt und sie hebt, um die Nasenlöcher zu erweitern.

Figur 4. Muskeln der Zunge, des Gaumensegels, Kehl- und Schlundkopfes des Pferdes, von der linken Seite gesehen.

Der linke Ast des Unterkiefers und alle Muskeln am Antlitz sind hinweggenommen worden.

1.1. Der Kinn-Zungenbeinmuskel (m. genio-hyoideus) [illegible] rund, entspringt mit

2.2. den. Kinn-Zungenmuskel (m. genio-glossus), welcher halb gefiedert ist, in dem Winkel der Unterkieferäste; der erstere endigt am Gabelhefte des Zungenbeines, der andere im Fleisch der Zunge, beide bringen die Zunge aus dem Maule heraus.

3.3. Der Zungenbein-Zungenmuskel (m. stylo-glossus) entspringt fast am untern Ende des großen Zungenbeinastes, liegt zunächst am Rande der Zunge, und endigt in der Zungenspitze; er zieht die Zunge ins Maul und die Spitze zur Seite; er begrenzt nach innen

4.4. den Grund-Zungenmuskel (m. baseo-glossus), der seinen Ursprung am Gabelaste des Zungenbeines hat, dann in die Substanz der Zunge tritt und am vordern Theile derselben endigt, er zieht die Zunge ins Maul und vom Gaumen ab. Zu dem Zungenbeine gehören noch folgende Muskeln:

5.5. der lange Zungenbeinmuskel (m. stylo-hyoideus), der am hintern untern Winkel des großen Zungenbeinastes entspringt, am Gabelaste mit einer gespaltenen Sehne endigt, durch welche die Sehne

6.6. des zweibäuchigen Muskels (m. digastricus s. biventer maxillae inferioris) hindurch tritt; der obere Muskelbauch entspringt am Griffelfortsatze des Hinterhauptsbeines, der untere am untern Rande des Unterkiefers, wenn beide Bäuche und 5. zusammenwirken, so ziehen sie den Grund der Zunge nach hinten und außen, wirkt der obere Bauch allein, so wird der Unterkiefer herabgezogen.

7. Der Griffel-Zungenbeinmuskel (m. stylo-ceratoideus) ist klein, entspringt am Griffelfortsatze des Hinterhauptsbeines, und endigt am großen Zungenbeinaste, den er feststellt;

8. den Schulter-Zungenbeinmuskel (s. 7. Fig. 5. Tab. 43);

9. der Schild-Zungenbeinmuskel (m. thyreo-hyoideus) entspringt an der äußern Fläche des Schildknor-

pels, und endigt am Gabelaste des Zungenbeines, er nähert beide einander, was beim Schlingen geschieht. Zur Bewegung des Gaumensegels (2. Fig. 5.) dienen

10. der Griffel-Gaumensegelmuskel (m. tensor veli palatini) und

11. der Aufheber desselben (m. levator veli palatini), welche zusammen am Griffelfortsatze des Felsenbeines entspringen, 10. geht um das Häkchen des Flügelbeines an die Sehne, 11. an den fleischigen Theil des Gaumensegelmuskels und beide spannen und heben denselben beim Schlingen. Vom Schlund- und Kehlkopfe sind sichtbar:

12. der Flügel-Schlundkopfmuskel (4. Fig. 5.),
13. der Gaumen- — (3. das.),
14. der untere Zungenbein-Schlundkopfmuskel (7. das.),
15. der Schild-Schlundkopfmuskel (8. das.),
16. der Ring- — (9. das.).
17. Der Schlund (oesophagus) liegt über der Luftröhre und führt zum Magen;
18. der Ring-Schildmuskel (m. crico-thyreoideus) entspringt am Reife des Ringknorpels, endigt am hintern Rande des Schildknorpels, und nähert beide einander.

Figur 5. Die Gaumen- und Schlundkopf-Muskeln, von der linken Seite und von unten gesehen.

Der Kopf liegt auf der rechten Seite, übrigens ist er wie Fig. 4. vorbereitet.

1.1. Der harte Gaumen (palatum durum) besteht aus 18—19 bogenförmigen Erhöhungen, die durch Vertiefungen unterbrochen sind, und durch eine Längenfurche getheilt werden, sie unterstützen das Hinaufsteigen des Futterbissens beim Schlingen.

2. Der Gaumensegelmuskel (m. veli palatini) liegt zwischen zwei Platten der Schleimhaut, entspringt mit einer Sehnenausbreitung an den Gaumenbeinen, reicht bis an den Kehlkopf und verbindet sich an jeder Seite mit dem Schlundkopfe, in der Mitte ist er frei; er deckt beim Schlingen die hintern Nasenöffnungen und leitet den Bissen in den Schlundkopf.

3. Der Gaumen-Schlundkopfmuskel (m. palato-pharyngeus) entspringt an der Sehne des vorigen M.,

bildet die Seitenwand des Schlundkopfes, und hebt ihn, wenn der Bissen eintreten soll; mehr nach außen liegt

4. der **Flügel-Schlundkopfmuskel** (m. pterygo-pharyngeus), der am Flügelbeine entspringt, und in der hintern Wand des Schlundk. endigt, den er zuschnürt, wenn der Bissen eingetreten ist;
5. der **obere Zungenbein-Schlundkopfmuskel** (m. stylo-pharyngeus) entspringt an der innern Fläche des großen Zungenbeinastes, und endigt in der Seitenwand des Schlundkopfes, den er erweitert, er wirkt also beim Eintreten des Bissens, eben so
6. der **seitliche Zungenbein-Schlundkopfmuskel** (m. cerato-pharyngeus), der seinen Ursprung an der innern Fläche des großen Zungenbeinastes, nahe am untern Ende hat, und in der Seitenwand des Schlundk. endigt. Zur Verengerung des Schlundkopfes, also zum Forttreiben des Bissens dienen:
7. der **untere Zungenbein-Schlundkopfmuskel** (m. chondro-pharyngeus), am Gabelaste des Zungenbeines entspringend, in der hintern Wand des Schlundkopfes endigend,
8. der **Schild-Schlundkopfmuskel** (m. thyreo-pharyngeus) der an der äußern Fläche des Schildknorpels anfängt, und ebenfalls in der hintern Wand des Schlundkopfes aufhört; endlich
9. der **Ring-Schlundkopfmuskel** (m. crico-pharyngeus), dessen Ursprung an der äußern Fläche vom Reife des Ringknorpels ist, und der mit 7. und 8. endigt.
10. Der Griffel-Gaumensegelmuskel,
11. der Aufheber des Gaumensegels (10. 11. Fig. 4.);
12. der **innere Kaumuskel oder Flügelmuskel** (m. pterygoideus) entspringt am Oberkieferbeine und an den Flügelfortsätzen des Keilbeines, endigt an der innern Fläche des Unterkiefers, und zieht ihn nach oben und zur Seite, beim Kauen;
13. die Zunge, zurückgeschlagen.

Figur 6. Muskeln der Ohren, von oben und vorn gesehen.

1.1. Die langen Aufheber der Ohren (1. Fig. 7.),
2. der **mittlere Aufheber** (m. levator medius s. attollens auriculae) wird von 4. bedeckt, entspringt an dem

Kamme der Scheitelbeine, und endigt an der gewölbten Fläche der Ohrmuschel, die er hebt, daher das Ohr spitzt; eben so wirkt

3. der kurze Aufheber (m. levator brevis), welcher an der obern Fläche des Schildknorpels entspringt, und mit jenen beiden M. endigt.

4—4. Der gemeinschaftliche Ohrmuskel (m. auricularum communis s. frontalis hominis) ist an der linken Seite sichtbar, befestigt sich an dem Augenbogen, an der Stirn und am Scheitel, und endigt am Schildknorpel, den er feststellt; eine Fortsetzung von ihm ist

5. der obere Einwärtszieher (m. adductor auriculae superior), der aber noch an der obern Fläche des Schildknorpels befestigt ist, und in der Nähe des vorderen Randes der Ohrmuschel endigt, er dreht die Höhlung nach vorn; wobei ihn

6. der mittlere und

7. der untere Einwärtszeher (m. adductor medius et inferior) unterstützen; beide entspringen am Schildknorpel, und endigen am vordern Rande der Ohrmuschel.

Figur 7. Einige Ohrmuskeln des Pferdes, von hinten gesehen.

1. Der lange Aufheber (m. levator auriculae longus) ist der oberflächlichste, entspringt am Nackenbande und endigt an der gewölbten Fläche der Ohrmuschel, die er hebt; unter ihm entspringt

2.2. der lange Auswärtszieher (m. abductor auric. longus s. retrahens), der an beiden Ohren sichtbar ist, er endigt an der äußern Fläche der Ohrmuschel, und dreht ihre Höhle nach außen, eben so wirkt

3. der kurze Auswärtszieher (m. abductor auric. brevis s. retrahens), welcher an den Nackenmuskeln anfängt, und unter jenem endigt.

Figur 8. Einige Muskeln am linken Ohre des Pferdes, von vorn gesehen.

1. Der große Leistenmuskel (m. helicis major),
2. der kleine Leistenmuskel (m. helicis minor), beide

sind an kleinen Fortsätzen am vordern Rande der Ohrmuschel befestigt, und nähern diese einander;

3. der Muskel der Gegenecke (m. antitragicus) liegt an der äußern Seite nahe am hintern Rande der Ohrmuschel, und hat keine merkliche Wirkung.

Figur 9. Einige Ohrmuskeln des Pferdes, von hinten gesehen.

1. Der kurze Dreher (m. rotator auriculae brevis),
2. der lange Dreher (m. rotator auric. longus); beide entspringen an der untern Fläche des Schildknorpels, und endigen am Grunde der Ohrmuschel, die sie vorwärts und rückwärts drehen.
3. Der kurze Auswärtszieher (3. Fig. 7.),
4. der Quermuskel des Ohres (m. auriculae transversus) besteht nur aus wenigen Fasern, die an der gewölbten Fläche der Ohrmuschel liegen, und ohne merkliche Wirkung sind.

Tabula 43.

Figur 1. Muskeln am Schlund- und Kehlkopfe des Pferdes, von hinten und oben gesehen.

1. Der zurückgeschlagene Schlund, welcher die andern Muskeln bedeckt, namentlich

2.2. die Gießkannen-Schlundkopfmuskeln (m. m. arytaeno-pharyngei), die sehr klein sind, am hintern Rande der Gießkannenknorpel entspringen, und in der untern Wand des Schlundkopfes endigen, um ihn etwas zu erweitern;

3.3. die Gießkannenmuskeln (m. m. arytaenoidei transversi) bedecken die obere Fläche der Gießkannenknorpel, an der sie befestigt sind, verbinden sich in der Mittellinie gegenseitig, und heben diese Knorpel, wodurch die Stimmritze erweitert wird;

4.4. die hintern Ring-Gießkannenmuskeln (m. m. crico-arytaenoidei postici) entspringen auf der Platte des Ringknorpels, die sie bedecken, und endigen an den äußern Winkeln der Gießkannenknorpel, ziehen sie nach außen und erweitern die Stimmritze.

Figur 2. Einige Kehlkopf- und Zungenbeinmuskeln des Pferdes, von oben gesehen.

1. Der Quermuskel des Zungenbeines (m. hyoideus transversus) ist unpaarig, befestigt sich an den kleinen Zungenbeinästen, und nähert sie einander, wobei der Grund der Zunge gehoben wird;
2. der Zungenbein-Kehldeckelmuskel (m. hyo-epiglotticus) ist auch unpaarig, entspringt am Körper des Zungenbeines, endigt an der vordern Fläche des Kehldeckels, und hebt ihn, wenn er durch den Bissen niedergedrückt wird; beide Muskeln wirken daher beim Schlingen.

Figur 3. Zungenbein- und Kehlkopfmuskeln des Pferdes, von der linken Seite gesehen.

1. Der kurze Zungenbeinmuskel (m. cerato-hyoideus) befestigt sich an die beiden Zungenbeinäste und an den Gabelast, nähert diese einander, und stellt sie fest;
2. der obere und
3. der untere Schild-Gießkannenmuskel (m. thyreo-arytaenoideus superior et inferior), beide entspringen innerhalb des Kehlkopfes am Schildknorpel, und endigen an dem Gießkannenknorpel, den sie herabziehen und dadurch die Stimmritze verengern; diesen entgegen wirkt
4. der seitliche Ring-Gießkannenmuskel (m. crico-arytaenoideus lateralis), welcher am Reife des Ringknorpels entspringt und mit
5. dem hintern Ring-Gießkannenmuskel (4. Fig. 1.) am Gießkannenknorpel endigt, beide erweitern die Stimmritze.

Figur 4. Der Brustbeinmuskel des Pferdes, von oben gesehen.

Der Brustbeinmuskel (m. triangularis sterni s. sternalis brutorum) ist paarig, entspringt am obern Bande des Brustbeines, und endigt an dem 2ten bis 8ten Rippenknorpel, die er nur wenig heben kann.

Figur 5. Muskeln an der untern Seite des Kopfes, Halses und der Brust des Pferdes, von unten gesehen.

1. Der Kinnmuskel (m. quadratus menti) liegt am Körper des Unterkiefers und ist mit der Haut am Kinn verbunden, er spannt diese;

2. der Kiefer-Zungenmuskel (m. mylo-glossus) ist sehr dünn, entspringt an beiden Kieferästen und verbindet sich mit den Sehnen der Kinn-Zungenbeinmuskeln, die er hebt; dieselbe Wirkung, aber stärker, haben

3.3. die breiten Zungenbeinmuskeln (m. m. mylohyoidei), welche an den innern Zahnrändern des Unterkiefers entspringen, unten in der Mittellinie zusammenstoßen, und dort mit den Sehnen der Kinn-Zungenbeinmuskeln, so wie mit dem Gabelhefte des Zungenbeines verbunden sind; sie drücken die Zunge beim Schlingen an den Gaumen.

4. Der zweibäuchige Muskel, an der linken Seite (6. Fig. 4. Tab. 42.),

5. der Schild-Zungenbeinmuskel, an der rechten Seite (9. das.),

6.6. die Brust-Zungenbeinmuskeln (m. m. sternohyoidei) entspringen am Schnabelknorpel des Brustbeines (von 9. bedeckt), haben in der Mitte des Halses eine Sehne, und endigen am Gabelhefte des Zungenbeines, sie ziehen den Grund der Zunge, beim Schlingen, vom Gaumen ab; eben so wirkt

7.7. der Schulter-Zungenbeinmuskel (m. omohyoideus), der nur an der linken Seite sichtbar ist, an den ersten Rippen entspringt, und neben jenen, nach außen, endigt;

8.8. die Brust-Schildmuskeln (m. m. sterno-thyreoidei) entspringen mit den Brust-Zungenbeinmuskeln, vereinigen sich mit ihrer Sehne, und endigen am Schildknorpel; sie ziehen den Kehlkopf beim Schlingen herab.

9. Der (rechte) Brust-Kinnbackenmuskel (m. sternomaxillaris) entspringt am Schnabelknorpel des Brustbeines, endigt mit einer Sehne am Winkel des Unterkiefers, und zieht ihn vom Oberkiefer ab, oder bei geschlossenem Maule beugt (nickt) er den Kopf.

10. Der gemeinschaftliche Kopf-, Hals- und Armmuskel (4. Fig. 1. Tab. 44.),

11. der breite Brustmuskel (m. latissimus pectoris) wird unmittelbar von der Haut bedeckt, entspringt am untern Rande des Brustbeines, und endigt an der Gliedmaaße, in der Gegend des Vorarmes, die er nach innen bewegt, und beim Stillstehen verhindert er das Abweichen derselben vom Rumpfe;

12. der kleine Brustmuskel (m. pectoralis minor) wird vom vorigen Muskel bedeckt (daher er hier entfernt ist), entspringt an den vordern Rippenknorpeln und am Brustbeine, und endigt am vordern Rande des Schulterblattes, das er beim Niedersetzen der Gliedmaaße herabzieht;

13. der große Brustmuskel (m. pectoralis major) entspringt hinter jenem an den Rippenknorpeln, am Brustbeine, Schaufelknorpel und am äußern schiefen Bauchmuskel, endigt am obern Ende des Armbeines und am untern Ende des Schulterblattes, und wirkt wie der kleine, auch mit ihm gleichzeitig.

Figur 6. Die Beuger des Kopfes und Halses des Pferdes, von unten gesehen.

1.1. Die innern Beuger des Halses (partes posteriores musculi longi colli) entspringen an den Körpern der vordern Rückenwirbel, und endigen an den Querfortsätzen der hintern Halswirbel, sie beugen den Hals, so wie

2.2. der lange Beuger des Halses (pars anterior m. longi colli), dieser entspringt an den Querfortsätzen, und endigt an den Körpern, bis zum Atlas;

3. der ungleich dreiseitige Muskel (5. Fig. 1. Tab. 45.),

4.4. der lange Beuger des Kopfes (m. rectus capitis anticus major) entspringt am 4ten Halswirbel, endigt am Grundstück des Hinterhauptsbeines, und beugt den Kopf, wie die beiden folgenden Muskeln, nämlich

5. der

5. der kurze Beuger des Kopfes (m. rectus capitis anticus minor), der am Körper des ersten Halswirbels entspringt, und unter jenem endigt, dann
6. der schiefe Beuger des Kopfes (m. rectus lateralis), welcher in der Flügelgrube des Atlas anfängt, und am Griffelfortsatze des Hinterhauptsbeines endigt. Etwas tiefer liegt
7. der kurze Beuger des Halses (m. flexor colli brevis), er entspringt am Querfortsatze des dritten, endigt am Körper des zweiten Halswirbels und unterstützt die andern Halsbeuger in ihrer Thätigkeit.

Figur 7. Das Zwerchfell, die Lendenmuskeln, und die innern Schenkelmuskeln des Pferdes, von unten gesehen.

1.1. Der fleischige Theil des Zwerchfelles (pars carnosa diaphragmatis), ist an den falschen Rippen und am Schaufelknorpel befestigt, und endigt in
2—2. dem sehnigen Theile desselben oder im Helmont'schen Spiegel (pars tendinosa diaphragmat. s. speculum Helmontii), welcher
4. die Oeffnung für die hintere Hohlvene (foramen pro vena cava), die schief von oben nach unten das Zwerchfell durchbohrt, enthält;
3—3. die Pfeiler des Zwerchfelles (crura diaphragmatis) sind am sehnigen Theile und an den Lendenwirbeln befestigt, sie enthalten
5. die Oeffnung für den Schlund (foramen pro oesophago), durch welche der Schlund aus der Brusthöhle in die Bauchhöhle tritt, dann
6. die Oeffnung für die hintere Aorta (foramen pro Aorta), durch welche die hintere Aorta aus der Brust- in die Bauchhöhle tritt. Das Zwerchfell tritt bei dem Einathmen nach der Bauchhöhle zu, wodurch die Brusthöhle weiter wird, bei dem Ausathmen zurück nach der Brusthöhle hin, wodurch diese wieder enger wird.
7. der viereckige Lendenmuskel (m. quadratus lumborum) entspringt an den Körpern, und endigt an den Querfortsätzen der Lendenwirbel, die er einander nähert;
8.8. der Psoasmuskel (m. psoas parvus) liegt unter jenem, entspringt an den hintern Rücken- und vordern

Lendenwirbeln, endigt mit einer Sehne am Becken und bringt dieses der Brust näher, indem der Rücken gekrümmt wird; neben diesem nach außen liegt

9.9. der große Lendenmuskel (m. psoas magnus), der wie der vorige M. entspringt, auch an den letzten Rippen befestigt ist, und an der innern Erhabenheit des Backenbeines endigt, das er beugt, wenn die Gliedmaaße von der Erde aufgehoben wird. Zwischen diesen beiden Muskeln liegt

10. der kleine Lendenmuskel (m. psoas tertius), er entspringt an der Kreuz-Darmbeinvereinigung, endigt und wirkt wie 9.

11. Der Darmbeinmuskel (m. iliacus internus) entspringt an der untern Fläche des Darmbeines, endigt und wirkt wie 9. 10. Zum Theil von diesem bedeckt ist

12. der grade Schenkelmuskel (m. rectus femoris), der am Becken entspringt, an der Kniescheibe endigt und diese nach oben zieht, zugleich den Unterschenkel streckt, wenn die Gliedmaaße niedergesetzt wird; gleiche Wirkung hat

13. der innere dicke Schenkelmuskel (m. vastus internus), welcher am Becken und Backenbeine anfängt, und am innern Winkel der Kniescheibe endigt;

14. der dicke Einwärtszieher des Backenbeines (5. Fig. 4. Tab. 47.). An der rechten Seite sind 8. und 9. ganz entfernt, 10—14. von andern Muskeln verdeckt.

15.15. Die breiten Einwärtszieher der Schenkelbeine (m. m. semimembranosi) entspringen vereinigt in der Mittellinie des Beckens, und jeder endigt am obern Theile des Unterschenkels, den er nach innen zieht; wenn beide wirken, so wird das Auseinanderspreitzen der hintern Gliedmaaßen verhindert. Mit

16. dem Saamenstrange (funiculus spermaticus) tritt

17. der Hodenmuskel (m. cremaster) aus dem Becken hervor, indem er an der Sehne von 18. entspringt, und an der gemeinschaftlichen Scheidenhaut des Hoden, den er an den Bauch zieht, endigt.

18. Der dünne Einwärtszieher des Schenkelbeines (m. gracilis) entspringt im Becken, und endigt am Kniegelenk, er zieht die Gliedmaaße nach innen;

19. der Spanner der breiten Schenkelbinde (11. Fig. 1. Tab. 44.).

Tabula 44.

Figur 1. Die zweite Muskelschicht des Pferdes, von der linken Seite gesehen.

1. Der Griffel-Kinnbackenmuskel (12. Fig. 2. Tab. 42.),
2.2. der Brust-Kinnbackenmuskel (9. Fig. 5. Tab. 43.),
3.3. der Schulter-Zungenbeinmuskel (7. das.),
4.4. der gemeinschaftliche Kopf-, Hals- und Armmuskel (m. deltoides) entspringt am Hinterhaupte und am Halse, endigt am Armbeine, und hebt es, wenn der Kopf und Hals durch andere Muskeln festgestellt sind, oder trägt den Kopf und Hals, wenn die Gliedmaaße feststeht.
5. Der ungleich viereckige, und
6. der dreieckige Muskel (m. trapezius s. cucullaris) entspringen am Nackenbande, und endigen vereinigt an der Gräte des Schulterblattes, wenn beide wirken, so wird das Schulterblatt nach oben, wirkt 5., so wird es nach vorn, und wirkt 6. allein, so wird es nach hinten gezogen; hinter und unter der Schulter liegt
7.7. der breite Rückenmuskel (m. latissimus dorsi), welcher am Rücken anfängt, am Armbeine endigt, und dieses nach hinten zieht, wenn die Gliedmaaße aufgehoben wird;
8. der große Brustmuskel (13. Fig. 5. Tab. 43.),
9.9. der äußere schiefe Bauchmuskel (m. obliquus abdominis externus) ist an den meisten Rippen und Lendenwirbeln befestigt, wird von
10. einer gelben Faserhaut (aponeurosis flava), die zurückgeschlagen ist, bedeckt, und endigt in der Mittellinie des Bauches, indem er die Wand der Bauchhöhle bilden und sie beim Ausathmen oder beim Drängen verengern hilft. An der hintern Gliedmaaße sieht man
11. den Spanner der breiten Schenkelbinde (m. tensor fasciae latae), welcher am äußern Winkel des Darmbeines entspringt, und sich am ganzen Oberschenkel ausbreitet, er zieht ihn nach vorn und spannt die tiefer liegenden Muskeln an; mit ihm verbunden ist
12. der äußere Backenmuskel (m. glutaeus externus), dessen Ursprung am innern und äußern Darmbeinwinkel

und am Rücken ist, und welcher am untern Umdreher des Backenbeines endigt, um es nach hinten zu ziehen und zugleich die Muskeln der Croupe zu spannen. Hinter diesem liegen

13. der lange
14. der kurze
15. der mittlere } Auswärtszieher des Schenkelbeines (m. triceps femoris s. biceps femor. homin.), die am Kreuz- und Sitzbeine entspringen, und am Unterschenkel endigen, den sie nach außen und hinten ziehen, wenn die Gliedmaaße aufgehoben wird. Gleichen Ursprung hat

16. der lange Einwärtszieher des Schenkelbeines (m. adductor tibiae longus) und sein Ende erreicht er an der innern Seite des Unterschenkels, um ihn nach innen und hinten zu bewegen (13—16. zusammen nennt man die Hose).

Figur 2. Die dritte Muskelschicht des Pferdes, von der linken Seite gesehen.

1—1. Der riemenförmige Kopfmuskel (m. splenius capitis) liegt am Nacken, entspringt an der Sehne des breiten gezahnten Muskels (6. Fig. 1. Tab. 45.), und endigt am Hinterhaupte und ersten Halswirbel, daher hebt er Kopf und Hals;

2. der lange Beuger des Kopfes (4. Fig. 6. Tab. 43.),
3. der Schulter-Zungenbeinmuskel (7. Fig. 5. das.),
4. die Brust-Zungenbeinmuskeln (6. das.),
5. der ungleich dreiseitige Muskel (5. Fig. 1. Tab. 45.),

6.6. der Aufheber des Schulterblattes (m. levator anguli scapulae) entspringt am Nacken (über 1. liegend) und endigt am Schulterblattknorpel, er zieht das Schulterblatt beim Niedersetzen der Gliedmaaße vorwärts, eben so wirkt

7. der rautenförmige Muskel (m. rhomboideus) der am Widerrüst anfängt, und hinter jenem am Knorpel des Schulterblattes endigt.

8.8. Der breite gezahnte Muskel (m. serratus anticus major) befestigt sich an den vier hintern Halswirbeln und den neun vorderen Rippen, endigt an der innern Fläche des Schulterblattes und stellt dieses fest, indem er es an den Brustkasten zieht;

9. der kleine Brustmuskel (12. Fig. 5. Tab. 43.),

10. der vordere Grätenmuskel (1. Fig. 1. Tab. 46.),
11. der hintere Grätenmuskel (2. das.),
12. der lange Auswärtszieher des Armes (m. teres minor) entspringt auf dem hinteren Grätenmuskel, und endigt an der äußern Erhabenheit des Armbeines, das er nach außen und hinten bewegt;
13. der gemeinschaftliche Kopf=, Hals= und Armmuskel, oben abgeschnitten (4. Fig. 1.),
14. der dicke Strecker des Vorarmes (5. Fig. 1. Tab. 46.),
15. der mittlere — — — (6. das.),
16. 16. der vordere gezahnte Muskel (m. serratus posticus superior) entspringt am Widerrüst, und endigt von der 5ten bis 11ten Rippe, er zieht sie beim Einathmen nach vorn; ihm entgegen wirkt
17. 17. der hintere gezahnte Muskel (m. serratus posticus inferior), der am Rücken entspringt, und von der 11ten bis zur 17ten Rippe endigt, die er beim Ausathmen zurückzieht. Mit ihm zugleich wirkt
18. der innere schiefe Bauchmuskel (m. obliquus abdominis internus), welcher am äußern Winkel des Darmbeines entspringt, und an den hintern Rippen und in der Mittellinie des Bauches endigt (seine Sehne ist hier von der des äußern schiefen Bauchmuskels bedeckt). Zu den hintern Gliedmaaßeu gehören:
19. 19. der große Backenmuskel (m. glutaeus maximus), entspringt auf dem langen Rückenmuskel, und endigt am obern Ende des Backenbeines, das er streckt, wenn die Gliedmaaße niedergesetzt wird, oder wenn das Pferd hinten ausschlägt;
20. der Darmbeinmuskel (11. Fig. 7. Tab. 43.),
21. der lange Einwärtszieher des Schenkelbeines (16. Fig. 1. Tab. 44.),
22. der grade Schenkelmuskel (12. Fig. 7. Tab. 43.),
23. der äußere dicke Schenkelmuskel (m. vastus externus), welcher am obern Ende des Backenbeines entspringt, und am äußern Winkel der Kniescheibe endigt, er zieht sie nach oben und streckt den Unterschenkel,
24. das untere Ende des äußern Backenmuskels (12. Fig. 1. Tab. 44.).

Tabula 45.

Figur 1. Die vierte Muskelschicht des Pferdes, von der linken Seite gesehen.

1—1. Die drei Köpfe des riemenförmigen Kopfmuskels (1. Fig. 2. Tab. 44.),

2.2. der große durchflochtene Muskel (m. complexus major) wird von dem vorigen Muskel bedeckt, entspringt an den Querfortsätzen der 6 ersten Rückenwirbel, befestigt sich am Halse und am Hinterhaupte, und hebt den Hals und Kopf; mehr nach unten liegt

3. der lange Strecker des Halses (m. splenius colli), der am ersten Rückenwirbel anfängt, und am ersten Halswirbel aufhört, um diesen mit dem Kopfe zu heben, oder herabzuziehen, je nachdem die Strecker oder Beuger mitwirken.

4.4. Der lange Beuger des Kopfes (4. Fig. 6. Tab. 43.),

5. der ungleich dreiseitige Muskel oder untere Rippenhalter (m. scalenus inferior s. anterior hom.) nimmt seinen Anfang am vordern Rande der ersten Rippe, und sein Ende an den Querfortsätzen der vier hintern Halswirbel, er zieht den Hals herab und zur Seite;

6—6. der breite gezahnte Muskel (8. Fig. 2. Tab. 44.) ist hier in seiner ganzen Ausbreitung sichtbar;

7. der Rippen-Quermuskel (m. transversus costarum) entspringt an der ersten Rippe, und endigt am Knorpel der vierten, er zieht die Rippenknorpel beim Einathmen nach vorn. Am Rücken liegen:

8.8. der lange Stachelmuskel (m. spinalis et semispinalis dorsi), welcher in der Mitte des Rückens am Nackenbande und am langen Rückenmuskel (9.) entspr., und an den Bogen der hintern Halswirbel endigt,

9.9. der lange Rückenmuskel (m. longissimus dorsi), dessen Ursprung am Becken, und dessen Ende an den hintern Halswirbeln ist; beide Muskeln (8. und 9.) heben das ganze Vordertheil, wenn die hintern Gliedmaaßen auf der Erde stehen, oder das Hintertheil, wenn die vordern Gliedmaaßen feststehen, und zwar beim Galopp, oder beim Springen.

10. 10. Der gemeinschaftliche Rippenmuskel (11. Fig 2.),

11. der hintere Rippenmuskel (m. costarum retrahens) entspringt an den Querfortsätzen der vorderen Lendenwirbel, endigt an der letzten Rippe, und zieht sie beim Ausathmen zurück;

12. der Quer-Bauchmuskel (m. transversus abdominis) ist der innerste der Bauchmuskeln, entspringt an den Lendenwirbeln und an den falschen Rippen, endigt in der Mittellinie des Bauches (mit den beiden schiefen) und verengert die Bauchhöhle; unter ihm liegt

13. 13. der grade Bauchmuskel (m. rectus abdominis), welcher an den Knorpeln der 4ten bis zur 8ten Rippe entspringt und am Schaambeine endigt, er hat 9—11 sehnige Zwischenräume (interstitia tendinosa) und drückt von unten auf den Bauch, wobei der Rücken gekrümmt wird. Zu den Muskeln des Hintertheiles gehören:

14. der mittlere Backenmuskel (m. glutaeus medius), er entspringt am Darmbeine, endigt am mittleren Umdreher des Backenbeines, und zieht es nach hinten, beim Strecken der Gliedmaaße; eben so wirkt

15. der kleine Backenmuskel (m. glutaeus minimus), der über der Gelenkpfanne entspringt, und mit jenem M. endigt. Zur Bewegung des Schwanzes und Afters dienen:

16. der Seitwärtszieher des Schwanzes (m. coccygeus), der an der innern Fläche des Kreuz-Sitzbeinbandes entspringt, und an der Seite des Schwanzes endigt, er zieht ihn zur Seite; unter diesem Muskel entspringt

17. der Aufheber des Afters (m. levator ani), welcher in

18. dem Schließer des Afters (m. sphinter ani), der um die Oeffnung des Mastdarmes herumliegt, endigt, 17. wirkt bei der Entleerung des Mistes, 18. schließt die Oeffnung nach der Entleerung. Durch

19. den langen und } Aufheber des Schwanzes (levator caudae longus et brevis)
20. den kurzen } wird der Schwanz gehoben oder getragen; beide entspringen am Kreuzbeine, und endigen an den Schwanzwirbeln, der kurze bis zur Mitte, der lange bis zum Ende reichend.

21. Der grade Schenkelmuskel (12. Fig. 7. Tab. 43.), unter welchem

22. der eigentliche Schenkelmuskel (m. cruralis) liegt, dieser entspringt am obern Ende des Backenbeines, endigt mit dem graden an der Kniescheibe, und wirkt eben so;

23. der dünne Muskel des Backenbeines (m. tenuis femoris) entspringt über der Gelenkpfanne, und endigt an der äußern Seite des Backenbeines, er spannt das Kapselband etwas an. (22. und 23. sind erst sichtbar, nachdem der äußere dicke Schenkelmuskel (23. Fig. 2. Tab. 44.) entfernt worden ist.)
24. Der kleine Einwärtszieher des Backenbeines (m. adductor femoris brevis) entspringt am Sitzbeine, und endigt am Backenbeine, das er nach innen und hinten zieht; vor ihm liegt
25. der dicke Einwärtszieher des Backenbeines (5. Fig. 4. Tab. 47.), und hinter diesem
26. der dicke Einwärtszieher des Schenkelbeines (m. semitendinosus homin.) der am Schwanze (von welchem er hier getrennt ist) und am Sitzbeine entspringt, an der innern Seite des Unterschenkels endigt, um ihn nach innen und hinten zu bewegen.

Figur 2. Die fünfte Muskelschicht des Pferdes, von der linken Seite gesehen.

1. Der schiefe Kopfmuskel (m. obliquus capitis superior) entspringt am Flügel des ersten Halswirbels, und endigt am Hinterhauptsbeine, er hilft den Kopf strecken, eben so wie
2. der kleine durchflochtene Muskel (m. complexus parvus), entspringt am 2ten Halswirbel, und endigt am Hinterhaupte;
3. der dicke Strecker des Halses (m. obliquus capitis inferior) entspringt am Kamme des zweiten, und endigt am Flügel des ersten Halswirbels, den er mit dem Kopfe dreht;
4. der kurze Strecker des Halses (m. interspinalis cervicis) entspringt am zweiten Rückenwirbel, und endigt am zweiten Halswirbel, er streckt auch den Hals;
5.5. die Zwischen-Quermuskeln des Halses (m. intertransversarii cervicis) füllen die Räume zwischen den Quetfortsätzen der Halswirbel, und machen den Hals steif;
6. der kurze Stachelmuskel (m. semispinalis cervicis) entspringt an den vorderen Rückenwirbeln, und endigt an den hinteren Halswirbeln, die er strecken hilft;
7. der lange Strecker des Halses, oben abgeschnitten (3. Fig. 1.),

8. der lange Stachelmuskel, hinten abgeschnitten (8. das.),
9. der lange Rückenmuskel, hinten abgeschnitten (9. das.),
10. der obere Rippenhalter (m. scalenus superior s. posterior hom.) entspringt am vordern Rande der ersten Rippe, und endigt am Querfortsatze des 7ten Halswirbels, er hilft den Hals beugen;
11. der gemeinschaftliche Rippenmuskel (m. sacrolumbaris) befestigt sich an alle Rippen, und an die vordern Lendenwirbel, und bewegt die Rippen nach vorn beim Einathmen, nach hinten beim Ausathmen.
12, 12. Die Aufheber der Rippen (m. m. levatores costarum) entspringen an den Querfortsätzen der Rückenwirbel, und endigen immer an der folgenden Rippe, die sie beim Einathmen nach vorn bewegen;
13. 13. die schiefen Stachelmuskeln (m. multifidus spinae) entspr. an den Querfortsätzen der Rücken- und Lendenwirbel, endigen an den Dornfortsätzen der vorhergehenden Wirbel, und machen den Rücken steif, wenn das Thier eine Last trägt, oder wenn es springt, eben so wirken
14. 14. die Zwischen-Quermuskeln der Lenden (m. m. intertransversarii lumborum), welche die Räume zwischen den Querfortsätzen der Lendenwirbel füllen. An den Rippen sind die äußere und innere Schicht der Zwischenrippenmuskeln sichtbar, aber nicht bezeichnet.

Tabula 46.

Figur 1. Die Muskeln der linken vorderen Gliedmaaße des Pferdes, von der äußern Seite gesehen.

1. 1. Der vordere Grätenmuskel (m. supraspinatus) fängt am Knorpel des Schulterblattes an, füllt die Grube vor der Gräte aus, und endigt am obern Ende des Armbeines, welches er streckt;
2. 2. der hintere Grätenmuskel (m. infraspinatus) füllt die hintere Grätengrube aus, und endigt auch am obern Ende des Armbeines, an der äußern Seite, er zieht dieses nach außen und hinten; an ihn grenzt
3. der kurze Auswärtszieher des Armes (m. abductor brachii brevis), welcher am hintern Rande des Schul-

terblattes entspringt, und an der äußern Erhabenheit des Armbeines endigt, er zieht es nach außen und hinten.

4. Der lange Strecker des Vorarmes (m. extensor cubiti longus) entspringt nahe am obern Ende des Schulterblattes, und endigt, mit einem breiten Theile verbunden, an der innern Seite des Ellenbogenhöckers (7. Fig. 2.);

5. der dicke Strecker des Vorarmes (m. anconaeus longus) nimmt fast den ganzen hintern Rand des Schulterblattes ein, und endigt am Ellenbogen, er so wie der vorige und der folgende Muskel strecken den Vorarm, wenn die Gliedmaaße niedergesetzt wird;

6. der mittlere Strecker desselben (m. anconaeus externus) entspringt am obern Ende des Armbeines (von 3. bedeckt), und endigt an der äußern Seite des Ellenbogenhöckers.

7. Der lange Beuger des Vorarmes (1. Fig. 3.),

8. der kurze Beuger des Vorarmes (2. Fig. 4.),

9. der Strecker des Schienbeines (3. Fig. 4.),

10. 10. der Strecker des Kronen- und Hufbeines (m. extensor digitorum longior) entspringt am Armbeine, unter 9., verbindet sich mit der Sehne von 11., und endigt am Hufbeine, er streckt die ganze Zehe, wenn die Gliedmaaße niedergesetzt wird; hinter ihm liegt,

11. 11. der Strecker des Fesselbeines (m. extensor digitorum brevior), der am äußern Rande des Vorarmes entspringt, und am Fesselbeine endigt, er wirkt wie 10. und mit ihm zusammen.

12. Der Strecker des Vorderknie's (4. Fig. 4.),

13. 13. der äußere Beuger des Vorderknie's (m. flexor carpi ulnaris externus) entspringt am untern Ende des Armbeines, und endigt am Hakenbeine und äußern Griffelbeine, er beugt das Vorderknie und den Vorderfuß,

14. der äußere wurmförmige Muskel (m. lumbricalis externus) entspringt an der Sehne des Hufbeinbeugers, und endigt im Zellgewebe der Haarzotte, das er spannt,

15. die äußere Sehne des Fesselbeinbeugers (3. Fig. 6.).

Figur 2. Die Muskeln an der rechten vordern Gliedmaaße des Pferdes, von der innern Seite gesehen.

1. Der Aufheber des Schulterblattes, oben abgeschnitten (6. Fig. 2. Tab. 44.),

2. der rautenförmige Muskel (7. das.),
3. der innere Schenkel des vordern Grätenmuskels (1. Fig. 1.),
4. der Unterschultermuskel (m. subscapularis) nimmt den größeren Theil der innern Fläche des Schulterblattes ein, endigt am obern Ende des Armbeines, und zieht es nach innen und hinten; mit ihm am Ursprunge ist verbunden:
5. der Niederzieher des Armbeines (m. teres major), indem er am hintern Rande des Schulterblattes entspr., er endigt, verbunden mit
6. dem breiten Rückenmuskel (7. Fig. 1. Tab. 44.), an der innern Seite des Armbeines, welches die beiden Muskeln nach hinten ziehen, wenn die Gliedmaaße aufgehoben wird; unter diesen liegt der innere Theil
7. des langen Streckers des Vorarmes (4. Fig. 1.), dessen Sehne die oberen Muskeln spannt;
8. der kurze Strecker des Vorarmes (5. Fig. 3.),
9. der Aufheber des Armbeines (m. coraco-brachialis) entspringt am Rabenschnabelfortsatze des Schulterblattes (wo auch
10. der große Brustmuskel (13. Fig. 5. Tab. 43.) mit einer Sehne endigt), und befestigt sich dann am Armbeine, das er hebt, wenn die Gliedmaaße gestreckt wird;
11. der lange Beuger des Vorarmes (1. Fig. 3.),
12. der Strecker des Schienbeines (3. Fig. 4.),
13. die Sehne vom Strecker des Vorderknie's (4. Fig. 4.),
14. 14. der Beuger des Schienbeines (m. flexor carpi radialis) entspr. am untern Ende des Armbeines, und endigt am obern Ende des Schienbeines, das er beugt; zugleich mit ihm entspringt
15. 15. der innere Beuger des Vorderknie's (m. flexor carpi ulnaris internus), der am Hakenbeine endigt, und die Wirkung des vorigen M. hat;
16. der innere wurmförmige Muskel (m. lumbricalis internus) verhält sich wie der äußere (14. Fig. 1.).

Figur 3. Muskeln an der rechten vorderen Gliedmaaße des Pferdes, von der innern Seite gesehen.

1. 1. Der lange Beuger des Vorarmes (m. biceps brachii homin.) entspringt mit einer starken Sehne an

der Schulterbeule, und endigt am obern Ende der Speiche, er beugt den Vorarm;
2. der Aufheber des Armbeines (9. Fig. 2.),
3. der Spanner des Kapselbandes (m. tensor ligamenti capsularis) entspringt am Schulterblatte, ist an das Kapselband befestigt, und endigt am Armbeine, er spannt das Kapselband bei den Bewegungen der Gliedmaaße;
4.4. der kurze Beuger des Vorarmes (2. Fig. 4.),
5. der kurze Strecker des Vorarmes (m. anconaeus internus) entspringt über der Mitte des Armbeines, endigt an der innern Seite des Ellenbogenhöckers, und hilft den Vorarm strecken;
6. der dicke Strecker des Vorarmes (5. Fig. 1.). Außer 4. 5. 6. Fig. 1. und 5. Fig. 2. ist noch ein fünfter Strecker des Vorarmes, nämlich der kleine, vorhanden, der aber an keiner Figur sichtbar ist. — Zur Beugung des Fußes oder der Zehe dienen:
7. der Ellenbogen- oder Keulenmuskel (caput ulnare flexoris digiti profundi), der an der innern Seite des Ellenbogenhöckers entspringt, und in der gemeinschaftlichen Sehne der Hufbeinbeuger (6. Fig. 5.) endigt;
8.8. der Beuger des Kronenbeines oder der oberflächliche Zehenbeuger (m flexor digiti sublimis), welcher am untern Ende des Armbeines entspringt, von der Speiche eine Unterstützungssehne erhält, und am Kronenbeine endigt (1. Fig. 5.);
9. der äußere und mittlere Beuger des Hufbeines (2.3. Fig. 5.).

Figur 4. Muskeln an der linken vorderen Gliedmaaße des Pferdes, von vorn gesehen.

1. Der lange Beuger des Vorarmes ist vom Schulterblatte abgeschnitten und so gewendet, daß man die untere, ausgehöhlte Fläche der dicken Sehne sieht;
2. der kurze Beuger des Vorarmes (m. brachialis internus) entspringt am obern Ende des Armbeines, windet sich um dasselbe, und endigt am obern Ende der Speiche, er beugt mit 1. den Vorarm;
3. der Strecker des Schienbeines (m. extensor carpi radialis) entspringt am untern Ende des Armbeines, und

endigt am obern Ende des Schienbeines, er streckt den untern Theil der Gliedmaaße; mehr versteckt liegt

4\. 4. der Strecker des Vorderknie's oder lange Abzieher des Daumens (m. abductor pollicis longus), entspringt in der Mitte des Vorarmes, endigt an der innern Seite des Vorderknie's, und hat keine merkliche Wirkung bei den Thieren, denen der Daumen fehlt;

5\. 5. der Strecker des Kronen- und Hufbeines (10. Fig. 1.),

6\. 6. der Strecker des Fesselbeines (11. das.),

7\. der Aufheber des Armbeines (9. Fig. 2.).

Figur 5. Muskeln am rechten Vorarme des Pferdes, von hinten gesehen

1\. Das obere uud untere Ende des Kronenbeinbeugers,

2\. der äußere } Kopf des Hufbeinbeugers (caput
3\. der mittlere } externum, medium et internum fle-
4\. der innere } xoris digiti profundi), entspringen vereinigt am untern Ende des Armbeines, vereinigen sich in

6\. der gemeinschaftlichen Sehne, die den Kronenbeinbeuger am Kronenbeine durchbohrt, und an der untern Fläche des Hufbeines endigt (4. Fig. 6.);

5\. der Speichen- oder Kegelmuskel (caput radiale flexoris digiti profundi) ist der vierte Kopf des Hufbeinbeugers, entspringt an der Speiche, und endigt in der gemeinschaftlichen Sehne; eben so

7\. die Sehne des Ellenbogen- oder Keulenmuskels (7. Figur 3.); diese fünf Muskeln beugen den Vorderfuß oder die Zehe, wenn die Gliedmaaße zum Fortschreiten gehoben wird;

8\. die Sehne des Schienbeinbeugers (14. Fig. 2.).

Figur 6. Die Zwischenknochenmuskeln am rechten Vorderfuße des Pferdes, von hinten gesehen.

1\. Der innere } Zwischenknochenmuskel (m. interos-
2\. der äußere } seus internus et externus) sind sehr dünne Muskeln, und nur Rudimente, entspringen an der untern Reihe der Vorder-Fußwurzelknochen, und endigen im Zellgewebe in der Gegend des Fesselgelenkes, indem

die Sesambeine und Fesselbeine, zu deren Bewegung sie eigentlich vorhanden sind, fehlen;

3. der Beuger des Fesselbeines oder der mittlere Zwischenknochenmuskel (m. interosseus medius) entspringt mit jenen, ist fast ganz sehnig, und endigt an den Sesambeinen, giebt aber zwei Sehnen nach vorn an den Strecker des Kronen- und Hufbeines; beim Niedersetzen der Gliedmaaße verhindert er das Ausweichen des Schienbeines nach hinten.

4. Das untere Ende der Sehne von den Hufbeinbeugern, welche vom Strahlbeine einen Eindruck hat.

Tabula 47.

Figur 1. Muskeln am Becken des Pferdes, von oben gesehen.

Die beiden Kreuz-Sitzbeinbänder sind entfernt worden, um das Heraustreten der Muskeln aus dem Becken deutlicher zu sehen.

1. 1. Die kleinen Backenmuskeln (15. Fig. 1. Tab. 45.),

2. der mittlere Backenmuskel der rechten Seite (14. das.),

3. der birnförmige oder pyramidenförmige Muskel, (m. pyriformis) entspringt an der Kreuz-Darmbeinvereinigung im Becken, tritt über den obern äußern Rand des Sitzbeines heraus, und vereinigt sich mit

4. 4. dem Sitzbeinmuskel (m. m. gemelli), der, aus zwei Theilen bestehend, auf der obern Fläche des Schaam- und Sitzbeines entspringt,

5. die gemeinschaftliche Sehne beider Mukeln (3. und 4.) endigt in der Grube der Umdreher am Backenbeine, welches durch diese Muskeln nach außen gedreht wird.

6—6. Der innere Verstopfungsmuskel (m. obturator internus) entspringt am innern Rande des eirunden Loches, geht unter dem Becken nach außen in die Grube der Umdreher, und wirkt wie die vorigen Muskeln,

7. der Schaambeinmuskel (1. Fig. 3.),

8. 8. die kleinen Einwärtszieher des Backenbeines (3. das.),

9. der viereckige Backenbeinmuskel (m. quadratus femoris) entspringt am obern äußern Rande des Sitzbeines, endigt in der Grube der Umdreher, und dreht das Backenbein nach außen.

Figur 2. Muskeln des Schwanzes, Afters und der Ruthe des Pferdes, von hinten gesehen.

1. Der lange Niederzieher des Schwanzes (m. depressor caudae longus) entspringe an der untern Fläche des Kreuzbeines, und befestigt sich an alle Schwanzwirbel;
2. der kurze Niederzieher des Schwanzes (m. depressor caudae brevis) liegt mehr nach innen und entspringt in der Mitte des Kreuzbeines, er reicht nur bis über die Mitte des Schwanzes, und beide Muskeln (1. und 2.) ziehen den Schwanz mit großer Kraft herab. In der Mitte zwischen den kurzen Niederziehern liegt
3. der After-Schwanzmuskel oder das After-Schwanzband (m. inter anum et caudam), welcher an den vordern Schwanzwirbeln entspringt, und am Mastdarme endigt, durch ihn wird das zu starke Hervortreten des Mastdarmes verhindert.
4. Der Seitwärtszieher des Schwanzes (16. Fig. 1. Tab. 45.),
5. der Aufheber des Afters (17. das.),
6. der Schließer des Afters (18. das.),
7. der Aufrichter der Ruthe (m. erector penis) entspr. am Sitzbeinhöcker, und endigt am schwammigen Körper der Ruthe, die er, gemeinschaftlich mit dem der andern Seite, an den Bauch zieht, wenn sie steif ist;
8. der Mittelfleischmuskel (m. perinaei) ist sehr dünn, entspringt am Schließer des Afters, und endigt in der Haut des Mittelfleisches, die er spannt;
9. die After-Ruthenmuskeln, unten abgeschnitten,

10\. 10. der Harn- oder Saamenschneller (m. accelerator urinae et spermatis), er ist unpaarig, an dem schwammigen Körper der Ruthe und an der untern Fläche der Harnröhre befestigt, die er bei der Entleerung des Urins, oder des Saamens stoßweise zusammendrückt.

Figur 3. Einige Muskeln am Becken des Pferdes, von unten gesehen.

1. Der Schaambeinmuskel (m. pectinaeus) entspringt

an der untern Fläche des Schaambeines, und endigt in der Grube der Umdreher, er dreht die Gliedmaaße nach innen; hinter ihm liegt

2. der äußere Verstopfungsmuskel (m. obturator externus), welcher das eirunde Loch von unten bedeckt, an seinem Rande entspringt, und wie jener endigt und wirkt;
3. der kleine oder kurze Einwärtszieher des Backenbeines (m. adductor femoris brevis) hat seinen Anfang an der untern Fläche des Sitzbeines, und sein Ende an der hintern Fläche des Backenbeines, das er nach innen und hinten zieht.

Figur 4. Muskeln an der rechten hintern Gliedmaaße des Pferdes, von der innern Seite gesehen.

1\. 1. Der birnförmige oder pyramidenförmige Muskel (3. Fig. 1.),

2. der grade Schenkelmuskel (12. Fig. 7. Tab. 43.),
3. der innere dicke Schenkelmuskel (13. das.),
4. der mittlere Einwärtszieher des Backenbeines (m. adductor femoris longus) entspringt am vordern Rande des Schaambeines, endigt in der Mitte des Backenbeines, und zieht es nach innen; eben so wirkt
5. der dicke Einwärtszieher des Backenbeines (m. adductor femoris magnus), welcher an der untern Fläche des Schaam- und Sitzbeines entspringt, und am untern Ende des Backenbeines endigt. Unter ihm entspringt

6\. 6. der innere Zwillingsmuskel (m. gastrocnemius internus) über dem innern Knopffortsatze des Backenbeines, und endigt mittelst der Achillessehne am Sprungbeine, er streckt den Hinterfuß beim Niedersetzen der Gliedmaaße;

7. der dünne Beuger des Hufbeines (2. Fig. 5.),
8. der dicke Beuger des Hufbeines (4. das.),
9. der innere wurmförmige Muskel, verhält sich wie an der vordern Gliedmaaße (16. Fig. 1. Tab. 46.).

Figur 5. Muskeln am rechten Unterschenkel des Pferdes, von hinten gesehen.

1. Der Kniekehlenmuskel (m. popliteaus) entspringt am äußern

äußern Knopffortsatze des Backenbeines und endigt an der hintern Fläche des Schenkelbeines; das er beugt;

2.2. der dünne Beuger des Hufbeines (m. flexor hallucis longus hom.) entspringt am Schenkelbeine, und endigt unter dem Sprunggelenke in der Sehne des dicken Beugers;

3.3. der hintere Schenkelbeinmuskel (m. tibialis posticus) entspringt mit 2. und 5. am Schenkelbeine, und endigt in der Sehne

4.4. des dicken Beugers des Hufbeines (m. flexor digiti longus), der am weitesten nach außen liegt, seine Sehne durchbohrt,

5. die Sehne des Kronenbeinbeugers, und endigt am Hufbeine, wie an der vordern Gliedmaaße; sie beugen die Zehe oder den Fuß.

Figur 6. Muskeln am linken Unterschenkel des Pferdes, von der äußern Seite gesehen.

1.1. Der vordere Strecker des Kronen- und Hufbeines (2. Fig. 7.),

2. der seitliche Strecker desselben oder der dritte Wadenbeinmuskel (m. peronaeus tertius) entspr. am obern Ende des Wadenbeines, verbindet sich unter dem Sprunggelenke mit 1., und hilft die Zehe strecken;

3. der dünne Strecker des Sprunggelenkes oder der Sohlenmuskel (m. plantaris) entspringt mit 2. und endigt in der Achillessehne (4.), die er spannt;

4—4. der äußere Zwillings- oder Wadenmuskel (m. gastrocnemius externus) entspringt über dem äußern Knopffortsatze des Backenbeines, endigt mit dem innern (6. Fig. 4.) in der Achillessehne, und streckt den Fuß; er ist oben durchgeschnitten, um den Ursprung

5.5.5. des Kronenbeinbeugers (m. soleus et flexor brevis digiti) deutlicher zu sehen; dieser entspringt nämlich in der Grube am Backenbeine, von 4. bedeckt, geht über die Achillessehne und des Sprungbein herab, endigt gespalten am Kronenbeine und beugt die Zehe.

6. Der dicke Beuger des Hufbeines (4. Fig. 5.),

7. der äußere wurmförmige Muskel verhält sich wie der innere.

Figur 7. Muskeln am linken Unterschenkel des Pferdes, von vorn gesehen.

1. 1. Der Beuger des Schienbeines (m. tibialis anticus) entspringt theils am Backenbeine, theils am Schenkelbeine, und endigt mit drei Sehnen am Schienbeine und an den Griffelbeinen, er beugt den Fuß;

2. 2. der vordere Strecker des Kronen- und Hufbeines (m. extensor digiti longus) entspringt mit jenem M. über dem äußern Knopffortsatze des Backenbeines, und endigt am Hufbeine, er streckt die Zehe, und wird dabei durch

3. 3. den seitlichen Strecker (2. Fig. 6.) und durch

4. den unteren oder kurzen Strecker (m. extensor brevis digiti) unterstützt; dieser entspringt an der untern Reihe der Sprunggelenkknochen, und endigt an den Sehnen von 2. und 3.

Tabula 48.

Die Hautmuskeln der Kuh, von der linken Seite gesehen.

1. Der Angesichts-Hautmuskel (1. Tab. 41.) ist beträchtlich stärker, als der des Pferdes; der Hals-Hautmuskel fehlt;

2. der Schulter-Hautmuskel (4. das.) ist kleiner, als der des Pferdes, und

3. 3. der Bauch-Hautmuskel (5. das.) weicht nicht besonders ab.

4. Der Nabelmuskel der Kuh oder Vorhautmuskel beim Stier (m. umbilicalis Vaccae s. m. praeputii Tauri) liegt um den Nabel, beim Stier geht er an die Vorhaut und zieht sie über die Ruthe.

Tabula 49.

Figur 1. Die Ohrmuskeln des Rindes; von hinten gesehen.

Alle Ohrmuskeln liegen hinter und unter den Hörnern.
a. Die Ohrmuschel ist bei dem Rinde größer und breiter, als bei dem Pferde;
b. der Schildknorpel dagegen ist kleiner;
1.1. der lange Aufheber des Ohres (1. Fig. 7. Tab. 42.),
2.2. der mittlere Aufheber des Ohres (2. Fig. 6. das.),
3.3. die langen Auswärtszieher (2. Fig. 7. das.),
4.4. die kurzen — (3. das.),
5.5. die obern Einwärtszieher (5. Fig. 6. das.),
6. der Quermuskel des Ohres (4. Fig. 9. das.).

Figur 2. Die Ohrmuskeln des Rindes, von der linken Seite gesehen.

1. Der Niederzieher des Ohres, unten abgeschnitten (14. Fig. 1. Tab. 42.),
2. der untere Einwärtszieher (7. Fig. 6. das.) entspringt hier am äußern Kaumuskel,
3. der mittlere Einwärtszieher (6. Fig. 6. Tab. 42.),
4.4. der obere Einwärtszieher, oben und unten abgeschnitten,
5. der kurze Aufheber (3. Fig. 6. das.),
6. der kurze Dreher (1. Fig. 9. das.),
7. der lange Dreher (2. Fig. 9. das.),
8. der kleine Leistenmuskel (2. Fig. 8. das.),
9. der große Leistenmuskel (1. das.),
10. der Muskel der Gegenecke (3. das.).

Figur 3. Zungen- und Augenmuskeln des Rindes, von der linken Seite gesehen.

Der linke Ast des Unterkiefers und der linke Augenbogen sind entfernt worden.
1. Die Wangenhaut, welche an der innern Fläche mit kegelförmigen Wärzchen besetzt, ist zurückgeschlagen,

2. der innere Kaumuskel (12. Fig. 5 Tab. 42.) ist auch zurückgeschlagen. Von den Muskeln des Zungenbeines und der Zunge sieht man:
3.3. den Kinn=Zungenbeinmuskel (1. Fig. 4. das.), über ihm
4. den Kinn=Zungenmuskel (2. das.), am äußern Rande
5. den Zungenbein=Zungenmuskel (3. das.) und
6.6. den Grund=Zungenmuskel (4. das.); mehr nach hinten liegen
7. der kurze Zungenbeinmuskel (1. Fig. 3. Tab. 43.),
8. der lange — (5. Fig. 4. Tab. 42.),
9. der Griffel=Zungenbeinmuskel (7. das.),
10. der zweibäuchige Muskel, vorn abgeschnitten (6. das.),
11. der Schild=Zungenbeinmuskel (9. das.),
12. der Schulter=Zungenbeinmuskel
13. der Brust= —
14. der Brust=Schildmuskel
} unten abgeschnitten (Tab. 43. Fig. 5.),
15. der Schlundkopf. Am Auge sind sichtbar:
16. der Kreismuskel der Augenlieder (10. Fig. 1. Tab. 42.),
17.17. der innere Aufheber des obern Augenliedes (6. Fig. 2. das.),
18. der obere oder große schiefe Augenmuskel (7. das.),
19. der untere oder kleine schiefe — (10. das.),
20. der untere
21. der äußere
22. der obere
} grade Augenmuskel (8. 9. das.).

Figur 4. Die Gaumen= und Schlundkopfmuskeln des Rindes, von der linken Seite gesehen.

Der Kopf liegt ganz auf der rechten Seite, die Zunge ist zurückgeschlagen, und der linke Ast des Unterkiefers entfernt worden.

1. Der harte Gaumen (1. Fig. 5. Tab. 42.) enthält gezähnte Erhöhungen,
2. der Gaumensegelmuskel (2. das.) ist schmaler, als beim Pferde,
3. der Griffel=Gaumensegelmuskel (10. das.),
4. der Aufheber des Gaumensegels (11. das.), beide sind kürzer, aber stärker als die des Pferdes.
5. Der Gaumen=Schlundkopfmuskel (3. das.)
6. der Flügel= — (4. das.),

7. der seitliche Zungenbein-Schlundkopfmuskel (6. das.),
8. der obere — — (5. das.),
9. der untere — — (7. das.),
10. der Schild-Schlundkopfmuskel (8. das.),
11. der Ring- — (9. das.),
12. der Schild-Zungenbeinmuskel (9. Fig. 4. Tab. 42.),
13. der Ring-Schildmuskel (18. das.),
14. der innere Kaumuskel (12. Fig. 5. das.),
15. die Zunge, ist dicker, als die des Pferdes.

Figur 5. Die Muskeln des linken Auges vom Rinde, von oben gesehen; Natur-Größe.

a. Der Rollknorpel (cartilago trochlearis) liegt an der innern Wand der Augenhöhle, und dient dem obern schiefen Muskel zur Stütze,
b. der Augapfel (bulbus oculi) ist von der Bindehaut und den Augenliedern entblößt.
1.1. Der obere oder große schiefe Augenmuskel (18. Fig. 3.),
2. der innere grade Augenmuskel (m. rectus internus) entspringt mit den andern graden Muskeln, endigt an der innern Seite des Augapfels, und rollt ihn nach innen;
3. der obere grade } Augenmuskel (22. 21. Fig. 3.),
4. der äußere grade }
5.5. der Grund- oder Aufhänge-Muskel (m. retractor s. suspensorius oculi) verhält sich wie die graden, endigt aber hinter der stärksten Wölbung des Augapfels, und zieht ihn in die Höhle,
6. der Sehnerv (nervus opticus) wird von 5. ganz eingeschlossen.

Figur 6. Die Muskeln des linken Auges vom Rinde, von unten gesehen.

1. Der untere oder kleine schiefe Augenmuskel (19. Fig. 3.),
2. der äußere grade Augenmuskel,
3. der untere — — (20. das.),
4. der innere — —
5.5. der Grundmuskel.

Figur 7. Muskeln am Zungenbeine und Kehlkopfe des Rindes, von oben und hinten gesehen.

1. Der Quermuskel des Zungenbeines (1. Fig. 2. Tab. 43.),
2. 2. die kurzen Zungenbeinmuskeln (1. Fig. 3. das.),
3. der Zungenbein-Kehldeckelmuskel (2. Fig. 2. das.),
4. der Gießkannenmuskel (3. Fig. 1. das.) ist hier unpaarig,
5. 5. die hintern Ring-Gießkannenmuskeln (4. Fig. 1. das.).

Figur 8. Die tiefer liegenden Muskeln am Kehlkopfe des Rindes, von der linken Seite gesehen.

Die linke Hälfte des Schildknorpels ist abgeschnitten, indem sie die Muskeln verdeckt.

1. Der obere } Schild-Gießkannenmuskel (2. 3. Fig. 3. Tab.
2. der untere } 43.), sind stärker, als bei dem Pferde,
3. der seitliche Ring-Gießkannenmuskel (4. das.),
4. der hintere — — (5. das.).

Tabula 50.

Figur 1. Die zweite Muskelschicht des Rindes, von der linken Seite gesehen.

1. 1. Der Kreismuskel des Maules (2. Fig. 1. Tab. 42.),
2. der Auswärtszieher der Oberlippe (3. das.),
3. 3. der Jochmuskel (6. das.),
4. 4. der Niederzieher des untern Augenliedes (9. das.) ist hier sehr groß;
4b. der Auswärtszieher der Unterlippe (2. Tab. 41.),
5. 5. der Kreismuskel der Augenlieder (10. das.),
5b. der äußere Kaumuskel (8. das.),
6. der äußere Aufheber des obern Angenliedes (11. das.),
7. der Niederzieher des Ohres (14. das.),
8. 8. der gemeinschaftliche Kopf-, Hals- und Armmuskel (4. Fig. 1. Tab. 44.),
9. der Brust-Kinnbackenmuskel (2. das.) endigt hier am Oberkiefer;

10. der ungleich viereckige,
11. der dreieckige Muskel der Schulter (5. 6. das.) sind stärker, als bei dem Pferde,
12. der breite Rückenmuskel (7. das.),
13. der große Brustmuskel (8. das.),
14. 14. der äußere schiefe Bauchmuskel (9. das.),
15. der große Backenmuskel (19. Fig. 2. das.),
16. der Spanner der breiten Schenkelbinde (11. Fig. 1. das.),
17. der lange } Auswärtszieher des Schenkelbeines (13. 15.
18. der mittlere } das.), der kurze fehlt dem Rinde,
19. Löcher zum Durchgange der Bauch-Hautvene oder Milchader.

Figur 2. Die dritte Muskelschicht des Rindes, von der linken Seite gesehen.

1. Der Pyramidenmuskel der Nase (1. Fig. 1. Tab 42.),
2. der Aufheber der Oberlippe (4. das.) ist kürzer als beim Pferde, entspringt tiefer und spaltet sich in einige Sehnen;
3. der Backenmuskel (3. Fig. 2. das.),
4. der Niederzieher der Unterlippe (5. das.),
5. der äußere Kaumuskel (8. Fig. 1. Tab. 42.),
6. der Schläfenmuskel (11. Fig. 2. das.) ist hier sehr versteckt,
7. 7. der riemenförmige Kopfmuskel (1. Fig. 2. Tab. 44.),
8. der Aufheber des Schulterblattes (6. das.),
9. der rautenförmige Muskel (7. das.)
10. 10. der breite gezahnte Muskel (8. das.),
11. der zweite Kopf des gemeinschaftlichen Kopf-, Hals- und Armmuskels (8. Fig. 1. Tab. 50.),
12. der ungleich dreiseitige Muskel oder untere Rippenhalter (5. Fig. 1. Tab. 45.),
13. der zweite Kopf des Brust-Kinnbackenmuskels (9. Fig. 1. Tab. 50.),
14. der obere Auswärtszieher des Armes (m. abductor brachii superior) entspringt an der Gräte des Schulterblattes, und endigt an der äußern Erhabenheit des Armbeines, er dreht die Gliedmaaße nach außen;
15. der hintere gezahnte Muskel (17. Fig. 2. Tab. 44.) hat nur vier Zähne,
16. 16. der innere schiefe Bauchmuskel (18. das.),
17. der Darmbeinmuskel (11. Fig. 7. Tab. 43.),
18. der mittlere Backenmuskel (14. Fig. 1. Tab. 45.),

19. der kleine Backenmuskel (15. das.),
20. der große Backenmuskel (oben abgeschnitten),
21. der birnförmige oder pyramidenförmige Muskel (3. Fig. 1. Tab. 47.), entspringt außerhalb des Beckens und verbindet sich nicht mit dem Sitzbeinmuskel;
22. der kurze } Aufheber des Schwanzes (20. 19. Fig. 1.
23. der lange } Tab. 45.),
24. der Seitwärtszieher desselben (16. das.),
25. der grade Schenkelmuskel (12. Fig. 7. Tab. 43.),
26. der äußere dicke Schenkelmuskel (23. Fig. 2. Tab. 44.),
27. der dicke Einwärtszieher des Backenbeines (5. Fig. 4. Tab. 47.),
28. der dicke Einwärtszieher des Schenkelbeines (26. Fig. 1. Tab. 45.),
29. der lange Einwärtszieher des Schenkelbeines (16. Fig. 1. Tab. 44.),
30. die Zwischen-Quermuskeln des Schwanzes (m. m. intertransversarii caudae) füllen die Räume zwischen den Querfortsätzen, und machen den Schwanz steif.

Tabula 51.

Figur 1. Die vierte Muskelschicht des Rindes, von der rechten Seite gesehen.

1. Der Backenmuskel (3. Fig. 2. Tab. 50.),
2. der Backenzahnmuskel (4. Fig. 2. Tab. 42.),
3. der Niederzieher der Unterlippe (5. das.),
4. 4. der große durchflochtene Muskel (2. Fig. 1. Tab. 45.),
5. 6. der lange Strecker des Halses (3. das.),
7. 8. der ungleich dreiseitige Muskel (5. das.),
9. der obere Theil des Schulter-Zungenbeinmuskels (7. Fig. 5. Tab. 43.) entspringt in der Mitte des Halses, und geht an's Zungenbein;
10. der herabsteigende Nackenmuskel (m. cervicalis descendens) entspringt in der Mitte des Halses, endigt an den vordern Rippen und zieht die Rippen nach vorn, oder den Hals zur Seite;
11. der kurze Stachelmuskel (6. Fig. 2. Tab. 45.),

12. 12. der lange Rückenmuskel (9. Fig. 1. das.),
13. 13. der gemeinschaftliche Rippenmuskel (11. Fig. 2. das.),
14. der vordere gezahnte Muskel (16. Fig. 2. Tab. 44.) ist bei dem Rinde klein, er geht nur mit drei Zähnen an die 6te, 7te und 8te Rippe; dagegen ist
15. der Rippen-Quermuskel (7. Fig. 1. Tab. 45.) sehr breit.
16. Der hintere Rippenmuskel (11. das.),
17. der Quer-Bauchmuskel (12. das.),
18. der grade Bauchmuskel (13. das.) ist auch breiter, als der des Pferdes, hat aber weniger sehnige Zwischenräume;
19. der Darmbeinmuskel (11. Fig. 7. Tab. 43.),
20. der zweite Kopf des mittleren Backenmuskels (14. Fig. 1. Tab. 45.),
21. der kleine Backenmuskel (15. das.),
22. der birnförmige oder pyramidenförmige Muskel (3. Fig. 1. Tab. 47.),
23. der kleine oder kurze Einwärtszieher des Backenbeines (3. Fig. 3. Tab. 47.),
24. der grade Schenkelmuskel (12. Fig. 7. Tab. 43.),
25. der eigentliche Schenkelmuskel (22. Fig. 1. Tab. 45.),
26. der dicke Einwärtszieher des Backenbeines (5. Fig. 4. Tab. 47.),
27. der dicke Einwärtszieher des Schenkelbeines (26. Fig. 1. Tab. 45.).

Figur 2. Die fünfte Muskelschicht des Rindes, von der rechten Seite.

1. Der schiefe Kopfmuskel (1. Fig. 2. Tab. 45.),
2. der kleine durchflochtene Muskel (2. das.),
3. der dicke Strecker des Halses (3. das.),
4. 4. die Zwischen-Quermuskeln des Halses (5. das.),
5. der kurze Strecker des Halses (4. das.),
6. 6. der lange Stachelmuskel (8. Fig. 1. das.),
7. der große durchflochtene Muskel (vorn abgeschnitten),
8. 8. die schiefen Stachelmuskeln (13. Fig. 2. das.),
9. 9. die Aufheber der Rippen (12. das.),
10. die innere } Schicht der Zwischenrippenmus-
11. die äußere } keln (stratum externum et internum musculorum intercostalium),
12. 12. die Zwischen-Quermuskeln der Lenden (14. das.),
13. der obere Rippenhalter (10. das.).

Figur 3. Muskeln am Kopfe, Halse und an der Brust des Rindes, von unten gesehen.

1. Der Kinnmuskel (1. Fig. 5. Tab. 43.),
2. der Kiefer-Zungenmuskel (2. das.),
3.3. die breiten Zungenbeinmuskeln (3. das.),
4.4. die zweibäuchigen Muskeln (4. das.) sind durch ein fleischiges Querband unter einander verbunden,
5—5. der (linke) Brust-Kinnbackenmuskel (9. das.),
6.6. die langen Zungenbeinmuskeln (5. Fig. 4. Tab. 42.),
7. die Schild-Zungenbeinmuskeln (9. das.),
8.8. der obere Theil der Schulter-Zungenbeinmuskeln (9. Fig. 1. Tab. 51.),
9.9. die Brust-Zungenbeinmuskeln (6. Fig. 5. Tab. 43.),
10.10. die Brust-Schildmuskeln (8. das.),
11. der gemeinschaftliche Kopf-, Hals- und Armmuskel (4. Fig. 1. Tab. 44.),
12.12. der untere Theil der Schulter-Zungenbeinmuskeln (7. Fig. 5. Tab. 43.) entspringt am Brustbeine, und endigt am gemeinschaftlichen Muskel;
13. der breite Brustmuskel (11. das.),
14. der kleine — (12. das.), ist sehr schmal und endigt am Armbeine,
15. der große Brustmuskel (13. das.).

Figur 4. Einige tiefe Nackenmuskeln des Rindes, von hinten und oben gesehen.

1. Der kleine grade Kopfmuskel (m. rectus capitis posticus minor) liegt am tiefsten, entspringt am Bogen des Trägers, und endigt am Hinterhauptsbeine, er hilft den Kopf strecken und spannt das obere bedeckende Band;
2.2. der große grade Kopfmuskel (m. rectus capitis posticus major) entspringt am vordern Ende des Kammes der Achse, und endigt über jenem (der rechte ist oben abgeschnitten), er hilft auch den Kopf strecken;
3.3. die dicken Strecker des Halses (3. Fig. 2. Tab. 45.).

Figur 5. Der Brustbeinmuskel des Rindes, von oben gesehen.

Vergl. Tab. 43. Fig. 4.

Tabula 52.

Figur 1. Muskeln der rechten vordern Gliedmaaße des Rindes, von der äußern Seite gesehen.

1. Der vordere Grätenmuskel (1. Fig. 1. Tab. 46.),
2. der hintere — (2. das.),
3. der kurze Auswärtszieher des Armes (3. das.),
4. der dicke Strecker des Vorarmes (5. das.),
5. der lange — — — (4. das.),
6. der mittlere — — — (6. das.),
7. der kurze Beuger — — (2. Fig. 4. Tab. 46.),
8. der gemeinschaftliche Kopf-, Hals- und Armmuskel, oben abgeschnitten,
9. der Strecker des Schienbeines (3. Fig. 4. das.),
10. der — — Vorderknie's (4. das.),
11.11. der Strecker der Hufbeine (10. Fig. 1. das.),
12.12. der — — Fesselbeine (11. das.),
13.13. der äußere Beuger des Vorderknie's (13. das.).

Figur 2. Muskeln am rechten Vorarme und Vorderfuße des Rindes, von vorn gesehen.

1.1. Der Strecker des Schienbeines (3. Fig. 4. Tab. 46.),
2.2. der Strecker des Vorderknie's (4. das.),
3.3. der Strecker der Hufbeine (10. Fig. 1. das.) endigt mit einer Sehne am Fessel- und Kronenbeine der innern, und mit zwei Sehnen an den Hufbeinen beider Zehen;
4. die Sehne des Fesselbeinstreckers (11. das.) endigt an der äußern Zehe.

Figur 3. Muskeln der linken vordern Gliedmaaße des Rindes, von der innern Seite gesehen.

1. Der innere Schenkel des vordern Grätenmuskels (1. Fig. 1.),
2—2. der Unterschultermuskel (4. Fig. 2. Tab. 46.),
3. der Niederzieher des Armbeines (5. das.),
4. der breite Rückenmuskel, hinten abgeschnitten (7. Fig. 1. Tab. 44.),

5. der lange Strecker des Vorarmes (5. Fig. 1.),
6. der dicke — — — (4. Fig. 1.),
7. der kurze — — — (5. Fig. 3. Tab. 46.),
8. der Aufheber des Armbeines (9. Fig. 2. das.),
9. das obere Ende des großen Brustmuskels (13. Fig. 5. Tab. 43.),
10. der lange Beuger des Vorarmes (1. Fig. 3. Tab. 46.),
11. das untere Ende des kurzen Beugers desselben (2. Fig. 4. das.),
12. der Strecker des Schienbeines (3. das.),
13. der runde Vorwärtsdreher (m. pronator teres) ist nur als Rudiment vorhanden, entspringt am untern Ende des Armbeines, endigt am innern Rande der Speiche, kann diese aber nicht drehen, weil sie mit dem Ellenbogenbeine unbeweglich verbunden ist.
14. 14. Der Beuger des Schienbeines (14. Fig. 2. Tab. 46.),
15. 15. der äußere Kopf des Kronenbeinbeugers (8. Fig. 3. das.),
16. der innere Beuger des Vorderknie's (15. Fig. 2. das.).

Figur 4. Muskeln am linken Vorarme des Rindes, von hinten gesehen.

1. Der Ellenbogen- oder Keulenmuskel (7. Fig. 3. Tab. 46.),
2. der äußere Kopf des Hufbeinbeugers (2. Fig. 5. das.),
3. der innere Kopf des Kronenbeinbeugers (8. Fig. 3. das.),
4. der äußere — — — (15. Fig. 3. T. 52.),
5. 5. Ringbänder, welche die Sehnen in der Lage erhalten.

Figur 5. Die tiefen Muskeln am linken Vorarme des Rindes, von hinten gesehen.

1. Der äußere und mittlere Kopf des Hufbeinbeugers (2. 3. Fig. 5. Tab. 46.),
2. der innere Kopf desselben (4. das.),
3. der Speichen- oder Kegelmuskel (5. das.),
4. die Sehne des Ellenbogen- oder Keulenmuskels (1. Fig. 4. Tab. 52.),
5. die gemeinschaftliche Sehne der Hufbeinbeuger, endigt an den Hufbeinen beider Zehen.

Figur 6. Der linke Vorderfuß des Rindes, von hinten gesehen.

Er ist von einer sehnigen Haut umgeben, welche die Sehnen einschließt, um sie in der bestimmten Lage zu erhalten.

Figur 7. Der Beuger der Fesselbeine oder Zwischenknochenmuskel des Rindes, von hinten gesehen.

1. Der Beuger der Fesselbeine (3. Fig. 6. Tab. 46.),
2. die Sehnen der Kronen- und Hufbeinbeuger, oben abgeschnitten und zurückgeschlagen.

Tabula 53.

Figur 1. Die Beuger des Kopfes und Halses des Rindes, von unten gesehen.

1. Der lange Beuger des Kopfes (4. Fig. 6. Tab. 43.),
2. der zweite Kopf des Brust-Kinnbackenmuskels, welcher am Grundstück des Hinterhauptsbeines mit jenem M. endigt;
3. der kurze Beuger des Kopfes (5. das.),
4. der schiefe — — — (6. das.),
5. der schiefe Kopfmuskel (1. Fig. 2. Tab. 45.),
6. 6. der lange Beuger des Halses (2. Fig. 6. Tab. 43.),
7. 7. der innere — — — (1. das.),
8. der ungleich dreiseitige Muskel.

Figur 2. Die Lenden und innern Schenkelmuskeln des Rindes, von unten gesehen.

1. Die Sehne des Zwerchfellpfeilers (3. Fig. 7. Tab. 43.),
2. der Psoas-Muskel (8. das.),
3. 3. der große Lendenmuskel (9. das.),
4. 4. der viereckige Lendenmuskel (7. das.),
5. 5. die Darmbeinmuskeln (11. das.),
6. der kleine Lendenmuskel (10. das.),

7.7. die graden Schenkelmuskeln (12. das.),
8.8. die innern dicken Schenkelmuskeln (13. das.),
9.9. die mittleren Einwärtszieher des Backenbeines (4. Fig. 4. Tab. 47.),
10. der Spanner der breiten Schenkelbinde (11. Fig. 1. Tab. 44.),
11. der dünne Einwärtszieher des Schenkelbeines (18. Fig. 7. Tab. 43.),
12. der breite Einwärtszieher des Schenkelbeines (15. das.),
13. der dicke — — Backenbeines (5. Fig. 4. Tab. 47.),
14.14. die dicken Einwärtszieher der Schenkelbeine (26. Fig. 1. Tab. 45.).

Figur 3. Muskeln der Geschlechtstheile und des Afters der Kuh, von hinten gesehen.

1.1. Die Seitwärtszieher des Schwanzes (16. Fig. 1. Tab. 45.),
2.2. die Aufheber des Afters (17. das.),
3. der Schließer des Afters (18. das.),
4. der Mittelfleischmuskel (8. Fig. 2. Tab. 47.),
5.5. der Schließer der Schaam (m. constrictor cunni) liegt um die Oeffnung der Schaam, und schließt sie.

Figur 4. Muskeln an der untern Fläche des Bekkens vom Rinde, von der innern Seite gesehen.

1. Der Schaambeinmuskel (1. Fig. 3. Tab. 47.),
2. der äußere Verstopfungsmuskel (2. das.),
3. der kleine oder kurze Einwärtszieher des Backenbeines (3. das.).

Figur 5. Muskeln am rechten Unterschenkel des Rindes, von der äußern Seite gesehen.

1.1. Der äußere Zwillingsmuskel (4. Fig. 6. Tab. 47.),
2. der dünne Strecker des Sprunggelenkes (3. das.),
3. der dicke Beuger der Hufbeine (4. Fig. 5. das.),
4.4. der seitliche Strecker der Hufbeine (2. Fig. 6. das.),

5.5. der kurze Wadenbeinmuskel (m. peronaeus brevis) entspringt am obern Ende des Schienbeines, welches er beugt;
6. der Beuger des Schienbeines (1. Fig. 7. das.),
7.7. der vordere Strecker der Hufbeine (2. das.),
8. der lange Wadenbeinmuskel (1. Fig. 6. Tab. 53.).

Figur 6. Muskeln am rechten Unterschenkel des Rindes, von vorn gesehen.

1.1. Der lange Wadenbeinmuskel (m. peronaeus longus) entspringt am obern Ende des Schenkelbeines, und endigt am obern Ende des Schienbeines, wo er die Sehne
2.2. des Schienbeinbeugers (1. Fig. 7. Tab. 47.) durchbohrt, und das Schienbein beugen hilft;
3. die Sehnen des vordern Hufbeinstreckers (2. das.),
4.4. der kurze Wadenbeinmuskel (5. Fig. 5. Tab. 53.),
5. die Sehne vom seitlichen Strecker der Hufbeine (4. das.),
6. der untere Strecker der Hufbeine (4. Fig. 7. Tab. 47.).

Figur 7. Muskeln am linken Unterschenkel des Rindes, von hinten gesehen.

1. Der innere Zwillingsmuskel (6. Fig. 4. Tab. 47.), der äußere ist abgeschnitten;
2.2. der Beuger der Kronenbeine (5. Fig. 6. das.),
3.3. Ringbänder für die Sehnen.

Figur 8. Die tiefer liegenden Muskeln am linken Unterschenkel des Rindes, von hinten gesehen.

1. Der Kniekehlenmuskel (1. Fig. 5. Tab. 47.),
2.2. der dünne Beuger der Hufbeine (2. das.),
3.3. der dicke — — — (4. das.),
4.4. der hintere Schenkelbeinmuskel (3. das.).

Tabula 54.

Figur 1. Die oberflächlichen Speicheldrüsen des Pferdes, von der rechten Seite.

1.1. Die Backendrüse (glandula buccalis) ist die kleinste am Kopfe, und wird durch den Backenmuskel (9.9.) verdeckt; sie hat viele kleine Ausführungsgänge, die an der innern Fläche der Backen münden (1.1. Fig. 3.).
2.2. Die Ohr-Speicheldrüse (gland. Parotis) ist die größeste, gehört, wie alle Speicheldrüsen, zu den zusammengehäuften Drüsen (glandulae conglomeratae), liegt zwischen dem ersten Halswirbel und dem Unterkiefer, und hat einen Ausführungsgang, nämlich
3—3. den Stenon'schen Gang (ductus Stenonianus), welcher mit vielen kleinen Zweigen in der Drüse entspr., durch den Kehlgang über den untern Rand des Unterkiefers an das Antlitz tritt, dort unter der Antlitz-Arterie (7.) und der Vene (8.) hervorkommt, und den Backenmuskel durchbohrt, um in der Gegend des dritten Backenzahnes des Oberkiefers zu münden (2. Fig. 3.). Die Drüse wird nach unten durch
4. die Drosselvene (vena jugularis) begrenzt, welche durch
5. die innere und
6. die äußere Kinnbacken-Vene (vena facialis s. maxillaris interna et externa) gebildet wird.
7. Die Antlitz-Arterie (arteria labialis),
8. die Antlitz-Vene (vena labialis),
9.9. der Backenmuskel (in der Mitte durchgeschnitten).

Figur 2. Ansicht der Ohr-Speicheldrüsen des Pferdes von unten.

1.1. Die beiden Ohr-Speicheldrüsen (2. Fig. 1.),
2—2. die Stenon'schen Gänge (3. das.), welche im Kehlgange am weitesten nach oben liegen; unter ihnen liegen
3.3. die Antlitz-Venen, und noch tiefer herab
4.4. die Antlitz-Arterien;
5. die Höhle des Kehlkopfes,
6. die Höhle des Schlundes,
7.7. der erste Halswirbel.

Fig. 3.

Figur 3. Seitenansicht der rechten Unterkiefer- und Unterzungendrüse des Pferdes.

Der rechte Ast des Unterkiefers ist hinweggenommen, der äußere Kaumuskel und der Backenmuskel sind zurückgeschlagen.

1. 1. Die Mündungen der Ausführungsgänge von der Backendrüse (1. Fig. 1.),
2. die Mündung des Stenon'schen Ganges (3. das.),
3. die beiden Hungerwarzen (papillae sublinguales), unter welchen die Wharton' schen Gänge münden (unter der rechten kommt die Sonde aus dem Gange hervor).
4. Die Unterzungen-Drüse (glandula sublingualis) liegt an der Seite der Zunge, hat viele kleine Ausführungsgänge, die Rivin'schen Gänge (ductus Riviniani) genannt, deren
5. 5. Mündungen über der Drüse, an der glatten Fläche der Schleimhaut, sind.
6. 6. Die Unterkiefer-Drüse (glandula submaxillaris) reicht von der Flügelgrube des ersten Halswirbels (8.) bis an den Kehlkopf, wird von der Ohrspeicheldrüse bedeckt, und hat nur
7. 7. den Wharton'schen Gang (ductus Whartonianus), der unter der Hungerwarze (3.) mündet.

Figur 4. Die rechte Backen- und Ohrspeicheldrüse des Rindes, von der Seite gesehen.

1—1. Die Backendrüse (1. Fig. 1.) ist in drei Häufchen zertheilt, und reicht bis unter den äußer Kaumuskel, welcher daher eingeschnitten ist.

2. 2. Die Ohrspeicheldrüse (2. das.) ist beträchtlich kleiner, als die des Pferdes, ihr
3. 3. Ausführungsgang (3. das.) verläuft wie bei jenem Thiere, mündet aber in der Gegend des 5ten Backenzahnes (2. Fig. 5.).
4. Die Antlitz-Vene,
5. die Antlitz-Arterie,
6. die Drossel-Vene.

Figur 5. Seitenansicht der rechten Unterkiefer- und Unterzungendrüse des Rindes.

1. 1. Die Mündungen von den Ausführungsgängen der Bakkendrüse,
2. die Mündung des Stenon'schen Ganges (2. Fig. 3.),
3. 3. die Unterkieferdrüse (6. das.) ist stärker, als die des Pferdes,
4. 4. der Wharton'sche Gang (7. das.) mündet unter der (beim Rinde sehr großen) Hungerwarze (7.).
5. 5. Die Unterzungendrüse (4. Fig. 3.) hat nur einen Ausführungsgang, nämlich
6. der Bartholin'sche Gang (ductus Bartholinianus), welcher neben jenem nach innen unter
7. der Hungerwarze mündet.
8. Die zurückgeschlagene, und mit Wärzchen besetzte innere Backenhaut,
9. die Zunge.

Tabula 55.

Figur 1. Die oberflächlichen Speichendrüsen des Hundes, von der rechten Seite.

1. 1. Die Backendrüse (1. Fig. 1. Tab. 54.) liegt bei den Fleischfressern näher am Unterkiefer, als bei den Pflanzenfressern;
. 2. die Ohrspeicheldrüse (2. das.), ist im Verhältniß klein, ihr Ausführungsgang, nämlich
3. 3. der Stenon'sche Gang (3. das.) läuft quer über den äußern Kaumuskel, und mündet in der Gegend des 4ten Backenzahnes (s. 2. Fig. 2.);
4. das hintere Ende der Unterzungendrüse (s. 3. Fig. 2.) ragt bei dem Hunde und der Katze über den Unterkiefer hervor; eben so ist
5. die Unterkieferdrüse (s. 5. Fig. 2.) nur wenig von der Ohrspeicheldrüse bedeckt;
6. eine Lymphdrüse.

Figur 2. Die tiefer liegenden Speicheldrüsen des Hundes, von der rechten Seite.

1.1. Mündungen der Ausführungsgänge von der Backendrüse (1. Fig. 1.),
2. Mündung des Stenon'schen Ganges (3, Fig. 1.), in welchen eine Borste eingebracht ist;
3. die Unterzungendrüse (4. Fig. 3. Tab. 54.) liegt bei dem Hunde und der Katze weiter nach hinten, als bei dem Pferde; sie hat nur
4.4. den Bartholin'schen Gang (6. Fig. 5. Tab. 54.), welcher
6.6. den Wharton'schen Gang (7. Fig. 3. das.), begleitet; dieser kommt aus
5. der Unterkieferdrüse (6. das.), welche verhältnißmäßig groß und rundlich ist. (In beide Gänge sind Borsten eingebracht.) Unter dem Augapfel liegt
7. die **Augenhöhlendrüse** (glandula orbitalis), welche nur bei dem Hunde und der Katze vorhanden ist, und deren
8. **Ausführungsgang** (ductus excretorius) in der Gegend des letzten Backenzahnes in der Maulhöhle mündet (auch in diesen Gang ist eine Borste eingebracht).

Figur 3. Die oberflächlichen Speicheldrüsen der Katze, von der linken Seite.

1—3. wie bei Fig. 1.
4. die Unterkieferdrüse;
5.5. zwei Lymphdrüsen.

Figur 4. Die tiefer liegenden Speicheldrüsen der Katze, von der linken Seite.

1—4.4. wie 1. 2. 5. 6. bei Fig. 2.,
5—8. wie 3. 4. 7. 8. bei Fig. 2.

Figur 5. Die oberflächlichen Speicheldrüsen des Schweines, von der linken Seite.

1.1. Die Ohrspeicheldrüse (2. Fig. 1. Tab. 54.) ist im Verhältniß groß,

2. der Stenon'sche Gang (3. das.) verläuft wie bei dem Pferde,
3. die Backendrüse (1. das.) ist sehr klein.

Figur 6. Die tiefer liegenden Speicheldrüsen des Schweines, von der linken Seite.

1. Die Mündungen der Ausführungsgänge von der Backendrüse (3. Fig. 5.),
2. die Mündung des Stenon'schen Ganges (2. das.),
3. die Unterkieferdrüse (5. Fig. 3. Tab. 54.) ist klein,
4.4. der Wharton'sche Gang (7. das.) mündet wie gewöhnlich unter der Zunge, doch fehlt die Hungerwarze;
5.5. die Unterzungendrüse (4. das.), ist doppelt, die vordere hat viele kleine Ausführungskanäle, nämlich
6. die Rivin'schen Gänge, die hintere hat nur einen Gang, nämlich
7. den Bartholin'schen Gang (6. Fig. 5. Tab. 54.); in die Gänge 4. und 7. sind Borsten eingebracht.

Tabula 56.

Figur 1. Der Magen des Pferdes, von der obern Seite gesehen.

1. Der Schlund oder die Speiseröhre (oesophagus) führt die Nahrungsmittel und das Getränk in den Magen, und mündet in schiefer Richtung, von oben nach unten, in denselben. Der Magen (ventriculus) wird eingetheilt in
2. das linke Ende oder den blinden Sack (extremitas ventriculi sinistra s. saccus coecus), in
3. die obere (und untere) Wand (paries superior), ferner in
4. die kleine Krümmung oder den kleinen Bogen (curvatura s. arcus minor),
5. die große Krümmung oder den großen Bogen (curvatura s. arcus major) und in

6. das rechte Ende (extremitas dextra). Er besteht aus drei Häuten, nämlich aus
7.7. der äußern (serösen) Haut (tunica externa s. serosa), welche am linken und rechten Ende zurückgeschlagen ist; ferner aus der Muskelhaut oder der mittleren (tunica carnea s. media) und aus der innern Haut (3—5. Fig. 2.). Die Muskelhaut besteht am Schlunde aus schiefen und aus
8. Zirkelfasern (fibrae circulares), am Magen aus
9. schiefen Fasern (fibrae obliquae),
10. Längenfasern (fibrae longitudinales) und auch aus
11. Zirkelfasern (fibrae circulares), welche sämtlich zur Verengerung der Höhle und dadurch zur Fortschaffung der Nahrungsmittel, in
12. den Zwölffingerdarm (intestinum duodenum), dienen.

Figur 2. Der aufgeschnittene Magen und Zwölffingerdarm des Pferdes, von oben gesehen.

1. Der Schlund,
2. die Schlundmündung (ostium oesophageum s. cardia),
3.3. die linke Hälfte der innern oder Schleimhaut (tunica intima s. mucosa), welche weißlich und eben ist, und durch
4.4. den gefalteten oder gefranzten Rand (margo plicatus s. fimbriatus) an
5.5. die rechte Hälfte der Schleimhaut grenzt; welche grauroth und runzlicht (rugosa) ist. Am rechten Ende ist
6. die Zwölffingerdarm-Oeffnung oder der Pförtner (ostium duodenale s. pylorus); beide Oeffnungen haben Klappen, s. Fig. 3. und 4. In der Höhle dieses Darmes sind drei Oeffnungen, von welchen zwei von
7. einer Wulst der Schleimhaut umgeben werden, nämlich
8. die Mündung des Leber-Ganges (orificium ductus hepatici) und
9. die Mündung des Wirsung'schen Ganges (orific. ductus Wirsungiani), welcher mit dem kleinen Ausführungsgange, dessen Mündung bei
10. ist, von der Bauch-Speicheldrüse kommt.

Figur 3. Das Schlundstück des (getrockneten) Magens mit der Schlundklappe vom Pferde, von der Höhle aus gesehen.

1. Der Schlund,
2. die obere } Windung der Schlundklappe (val-
3. die untere } vula cardiae), welche durch Verdoppelung der innern Schlundhaut gebildet ist, und das Zurücktreten der Nahrungsmittel in den Schlund verhindet;

4. 4. die Magenwand.

Figur 4. Das rechte Ende des getrockneten Pferdemagens, mit der Pförtnerklappe, von der Magenhöhle aus gesehen.

1. Der oberr Theil des Zwölffingerdarmes,
2. die Pförtnerklappe (valvula pylori) ist halbmondförmig, bisweilen fast ringförmig, und verhindert den Rücktritt der Nahrungsmittel aus dem Zwölffingerdarme in den Magen;

3. 3. die Magenwand.

Figur 5. Ein Theil vom dünnen oder engen Darme des Pferdes.

1. Die äußere oder seröse Haut (tunica externa s. serosa) ist abgetrennt und zurückgeschlagen, um die mittlere oder Muskelhaut zu sehen; sie besteht aus
2. Längenfasern (fibrae longitudinales), die oberflächlich liegen, und den Darm verkürzen; und aus
3. Zirkelfasern (fibrae circulares), welche unter diesen liegen, und den Darm verengern.

Figur 6. Ein Theil vom Mastdarme des Pferdes.

1. Die äußere oder seröse Haut (zurückgeschlagen),
2. die Längenfasern der Muskelhaut oder das untere Mastdarmband (fibrae longitudinales s. ligamentum intestini recti inferius), diese Fasern sind vereinigt, daher haben sie den Namen Band erhalten; sie verkürzen den Darm nur sehr wenig, und bilden dadurch die Poschen, daß sie ursprünglich kürzer sind, als der Darm;

3. 3. die Zirkelfasern der Muskelhaut.

Tabula 57.

Figur 1. Der vierfache Magen des Schafes, von oben gesehen.

Der Magen der Wiederkäuer hat vier Abtheilungen, von welchen die größte und erste der Wanst oder Pansen (rumen s. ingluvies) ist, der aus

1.1. dem linken Sacke (saccus ruminis sinister) und
2. dem rechten Sacke (saccus ruminis dexter) besteht, dieser ragt hinten mehr hervor, obgleich er überhaupt kürzer ist, indem der linke Sack
3. den Schlund aufnimmt. Beide Säcke sind äußerlich durch eine Rinne an jeder Wand getrennt. Die zweite Abtheilung ist
4. die Haube oder der Netzmagen (ollula s. reticulum), welcher an der rechten Seite vor dem Wanste liegt; die dritte Abtheilung heißt
5. das Buch, der Psalter oder Blättermagen (omasus s. centipellio), welcher zwischen der 2ten und 4ten Abtheilung, aber höher als beide, liegt;
6.6. der Labmagen oder Käsemagen (abomasus s. ventriculus quartus) ist die vierte Abtheilung, welche in den Zwölffingerdarm übergeht, und welche am meisten rechts liegt. Jede Abtheilung besteht aus drei Häuten und es bezeichnen bei jeder
7—7. die Längenfasern der Muskelhaut,
8—8. die Querfasern derselben und
9—9. die äußere oder seröse Haut, die zum Theil abgetrennt und zurückgeschlagen ist;
10. der vordere Theil des Zwölffingerdarmes.

Figur 2. Der vierfache Magen des Schafes, von oben geöffnet.

1. Die Oeffnung des Schlundes zum Wanste (ostium oesophagi ad rumen), durch welche das oberflächlich gekaute Futter in den Wanst gelangt; durch
2. die Oeffnung des Schlundes zur Schlundrinne (ostium oesophagi ad canalem oesophageum) geht jenes

Futter in den Schlund und in die Maulhöhle zurück, um dort wieder gekaut zu werden, nachdem es zuvor durch

3. die Oeffnung des Wanstes zur Haube (ostium ruminis ad ollulam) in die Haube gelangt ist. Die innere Haut des Wanstes enthält

4a. kurze oder kegelförmige Wärzchen (papillae breves s. conicae), und

4b. längere oder lanzettförmige Wärzchen (papillae longiores s. lanceolatae); sie bildet an beiden Wänden dicke Wülste, nämlich

5a. den oberen Pfeiler (crus superius) an der obern, und

5b. den untern Pfeiler (crus inferius) an der untern Wand; an dem letzteren ist die Schleimhaut abgelöst, um die wulstigen Muskelfasern zu sehen. Die Pfeiler scheiden

6,6. die beiden Säcke des Wanstes (1. 2. Fig. 1.) von einander, und die Muskelfasern verkürzen ihn im Längendurchmesser.

7. Die Schlundrinne (canalis oesophageus) besteht aus zwei, von der Schleimhaut bedeckten, Bündeln von Längenfasern, welche sich zusammenziehen, wenn das feingekaute Futter verschluckt wird, und sie bringen die Hauben-Oeffnung zum Psalter (9.) der Schlund-Oeffnung zur Schlundrinne (2.) so nahe, daß jenes Futter aus dem Schlunde unmittelbar in den Psalter gelangen muß.

8. Die innere netzförmige Haut der Haube (membrana intima ollulae reticulata);

9. die Oeffnung der Haube zum Psalter (ostium ollulae ad omasum) dessen innere Haut aus

10. kleinen }
11. mittleren und } Falten oder Blättern (plicae minores, mediae et majores), die
12. großen } mit Wärzchen besetzt sind, besteht,

und zwischen welche das fein gekaute Futter eingeschichtet wird. Von hier gelangt es durch

13. die Oeffnung des Psalters zum Labmagen (ostium omasi ad abomasum) in den Lebmagen, dessen

14,14. innere Haut (tunica intima abomasi) Längenfalten bildet. Von hier gelangt der Speisebrei durch

15. die Zwölffingerdarm-Oeffnung oder den Pförtner (ostium duodenale s. pylorus) in diesen Darm, in welchen auch der Gallen- und Wirsung'sche Gang vereinigt bei

16. münden.

Figur 3. Der Blättermagen des Schafes, von unten gesehen.

Die Blätter oder Falten ragen jede mit ihrem freien Rande in die Höhle des Magens hinein.

Figur 4. Der Magen des Schweines, von oben gesehen.

1. Der Schlund (1. Fig. 1. Tab. 56.) mündet trichterförmig in den Magen;
2. das linke Ende oder der blinde Sack (2. das.) bildet einen, nach oben gebogenen, Anhang;
3. das rechte Ende (6. das.),
4. die obere Wand (3. das.),
5. die große Krümmung oder Bogen (5. das.),
6. die kleine — — — (4. das.) ist hier gewölbt;

7—7. die äußere oder seröse Haut (7. das.),
8—8. die mittlere oder Muskelhaut (9—11. das.),
9. der Anfang des Zwölffingerdarmes.

Figur 5. Der Magen des Schweines, von oben geöffnet.

1. Die weiße oder Schlundhaut (3. Fig. 2. Tab. 56.) nimmt hier einen kleineren Raum ein, als bei dem Pferde,
2. die faltige Schleimhaut (5. das.),
3. eine Wulst am Pförtner,
4. die Schlundmündung (2. das.),
5. die Höhle des blinden Sackes,
6. die Mündung des gemeinschaftlichen Gallenganges (ostium ductus choledochi), welcher von der Leber und Gallenblase kommt,
7. die Mündung des Wirsung'schen Ganges (ostium ductus Wirsungiani), welcher von der Bauch-Speicheldrüse kommt.

Figur 6. Das Schlundstück vom Magen des Schweines, mit der Schlundklappe, von hinten gesehen.

1. Die Schlundklappe (2. 3. Fig. 3. Tab. 56.) ist halbmondförmig,
2. die Schlundmündung,
3. die Magenwand.

Tabula 58.

Figur 1. Der Magen der Katze, in Natur-Größe; von oben gesehen.

1. Der Schlund (1. Fig. 1. Tab. 56.) mündet trichterförmig in den Magen,
2. das linke Ende des Magens (2. das.) ist hier kugelförmig,
3. das rechte Ende (6. das.) dagegen ist sehr eng, und schon dem Darme ähnlich;
4. die kleine Krümmung (4. das.),
5. die große Krümmung (5. das.),
6. die obere Wand (3. das.),
7. der Zwölffingerdarm.

Figur 2. Der geöffnete Magen der Katze, von oben gesehen.

1. Die Schlundmündung (2. Fig. 2. Tab. 56.),
2—2. die faltige Schleimhaut,
3. die Mündung des gemeinschaftlichen Gallenganges in den Zwölffingerdarm (6. Fig. 5. Tab. 57.),
4. die Mündung des Wirsung'schen Ganges (7. das.),
5. die Stelle, wo der Pförtner war.

Figur 3. Der Magen des Hundes, von oben gesehen.

1—7. wie bei Fig. 1.

8. Die äußere oder seröse Haut (7. Fig. 1. Tab. 56.), ist zum Theil abgelöst und zurückgeschlagen,
9. die Muskelhaut (9—11. das.).

Figur 4. Der geöffnete Magen des Hundes, von oben gesehen.

1. Die Schlundmündung,
2—2. die runzelige Schleimhaut,
3. die Stelle, wo der Pförtner war,
4.} 5.} wie 4. 5. bei Fig. 2.

Figur 5. Das Schlundstück des (getrockneten) Hundemagens, von hinten gesehen.

1. Der Schlund,
2. eine Spur der Schlundklappe,
3. die weite Schlundmündung,
4.4. die Magenwand.

Figur 6. Das Pförtnerstück des (getrockneten) Hundemagens, von der linken Seite gesehen.

1. Der Pförtner,
2. die Pförtnerklappe,
3. der Zwölffingerdarm.

Figur 7. Ein Stück aus der Mitte der Leber des Pferdes, von der Seite gesehen. Natur-Größe.

1.1. Die äußere (seröse) Haut der Leber (tunica externa hepatis),
2.2. das körnige Gewebe (parenchyma hepatis), in welchem
3—3. die (durchschnittenen) Aeste der Pfortader (rami venae portarum) mit offenen Mündungen zu sehen sind, indem das feste Gewebe der Leber das Zusammenfallen verhindert;

4. 4. die (durchgeschnittenen) Aeste der Leberarterie (rami arteriae hepaticae) haben einen viel kleineren Durchmesser, und

5. 5. die (durchgeschnittenen) Gallengänge (ductus biliferi) sind immer gelblich, und dadurch von den Arterien unterschieden.

Figur 8. Ein Stück vom rechten Leberlappen des Pferdes, von der Seite gesehen. Natur-Größe.

Die Bezeichnung ist wie bei Fig. 7.

Tabula 59.

Figur 1. Der Darmkanal des Pferdes, von unten gesehen.

Die Pfeile bezeichnen die Richtung, in welcher der Futterbrei fortgeleitet wird.

1. Das Mittelstück oder der Körper des Blinddarmes (pars media s. corpus intestini coeci) enthält vier Bänder (wie 2. Fig. 6. Tab. 56.), wovon hier zwei sichtbar sind, und viele Poschen, welche durch diese Bänder gebildet werden; an

2. der Spitze (apex) desselben fehlen die Bänder, mithin auch die Poschen. Der Blinddarm ist die erste Abtheilung des dicken oder weiten Darmes, zur zweiten gehört der Grimmdarm (intestinum colon), der aus

3. 3. der untern Lage (stratum intest. coli inferius), welche aus dem Blinddarme entspringt, und aus

4. 4. der obern Lage (stratum intest. coli superius) besteht, jene hat viele, diese nur wenige Poschen. Die beiden Lagen bilden in der Bauchhöhle drei Krümmungen, nämlich

5. die vordere untere Krümmung (curvatura anterior inferior),

6. die vordere obere Krümmung (curvatura anterior superior) und

7. die hintere Krümmung (curvatura posterior), wo die untere Lage in die obere übergeht, und wo der Darm beträchtlich enger ist. Beide Lagen sind durch

8. das Gekröse des Grimmdarmes (mesocolon) mit einander verbunden, welches am vordern Theile sehr kurz ist, so daß sie ganz nahe zusammenliegen. Der dünne oder enge Darm (intestina tenuia) wird eingetheilt, in

9. den Zwölffingerdarm (intestinum duodenum), welcher am Magen entspringt und in

10—10. den Leerdarm (intestinum jejunum) übergeht; dieser ist der längste Theil des Dünndarmes, macht viele unregelmäßige, und sehr veränderliche Windungen, und geht in die dritte Abtheilung, nämlich in

11. 11. den Krumm- oder Hüftdarm (intest. ileum) über, welcher durch eine dickere Muskelhaut ausgezeichnet ist, und in den Blinddarm mündet. Der ganze dünne Darm wird durch

12. 12. das Gekröse des Dünndarmes (mesenterium), welches aus zwei Platten der Bauchhaut besteht, und die Blutgefäße, Lymphgefäße, Lymphdrüsen und Nerven des Darmes einschließt, mit der Wirbelsäule und mit dem Blinddarme verbunden.

13. Ein Theil des Mastdarmes (s. 10. Fig. 2.).

Figur 2. Der dicke oder weite Darm des Pferdes, von oben gesehen.

Die Pfeile bezeichnen auch hier die Richtung, in welcher die Futterstoffe fortgetrieben werden. Der Dünndarm ist, mit Ausnahme des Hüftdarmes, entfernt worden.

1—1. Die oberere Lage des Grimmdarmes (4. Fig. 1.) ist an

3. der vordern obern Krümmung (6. Fig. 1.) sehr weit, und bildet die sogenannte magenähnliche Erweiterung, wird aber an der rechten Seite sehr eng, und geht in den Mastdarm (10.) über.

2—2. Die untere Lage des Grimmdarmes (3. Fig. 1.) bildet

4. die vordere untere Krümmung (5. Fig. 1.), und geht an

5. der hintern Krümmung (7. Fig. 1.) in die obere Lage über; unter ihr tritt

6. 6. das Mittelstück des Blinddarmes (1. Fig. 1.) hervor.

7. Das Grundstück oder der blinde Sack des Blinddarmes (saccus coecus intestini coeci) liegt am weite-

sten nach rechts, an ihm und an der obern Lage des Grimmdarmes ist

8—8. die Stelle zur Anheftung der Bauch-Speidrüse, wo die äußere Haut beider Darmtheile fehlt, indem sie mit dieser Drüse losgetrennt wird.

9. Das Ende des Hüftdarmes (11. Fig. 1.). Die dritte Abtheilung des dicken Darmes bildet

10—10. der Mastdarm (intestinum rectum), welcher am After endigt und durch

11—11. das Mastdarm-Gekröse (mesenterium intestini recti), welches wie das Dünndarmgekröse (12. Fig. 1.) gebildet ist, an die Wirbelsäule befestigt wird.

Tabula 60.

Figur 1. Der Darmkanal des Schafes, von unten gesehen.

Die Pfeile bezeichnen die Richtung, in welcher die Futterstoffe fortgeleitet werden.

1. Der Zwölffingerdarm (intestinum duodenum), welcher vom Magen an bis hierher schon eine Schlinge bildet (s. 8. 9. Fig. 2. Tab. 66.), tritt zwischen die ersten Windungen des Grimmdarmes (5.), kommt an der untern Fläche hervor, und geht in

2—2. den Leerdarm (intest. jejunum) über; dieser ist sehr eng, aber sehr lang, macht viele Windungen, die einer Manchette nicht unähnlich sind und endigt in

3.3. dem Krumm- oder Hüftdarme (intest. ileum), der am Blinddarme nach vorn läuft und in den dicken Darm mündet, da wo der Blinddarm in den Grimmdarm übergeht.

4.4. Der Blinddarm (intestinum coecum) ist am hintern Ende zugerundet, hat keine Bänder, daher auch keine Poschen, und geht ununterbrochen in

5.5. den weiten Theil des Grimmdarmes (pars ampla s. crassa intestini coli) über, welcher vorn eine Schlinge bildet (die aber an der Figur nicht sichtbar ist), dann unter dem Blinddarme hin nach der linken Seite zu läuft und in der Mitte des Gekröses enger wird. Der enge Theil des Grimmdarmes (pars tenuis intestini coli) macht

6—6. drei concentrische, und

7—7. drei excentrische Windungen, in einer Ebene, so daß immer eine concentrische neben einer excentrischen Windung liegt. Die letzte excentrische Windung geht dann durch das Dünndarmgekröse (9. 9.) hindurch, nahe über dem Dünndarme liegend, und geht vorn in

8. den Mastdarm (intest. rectum) über, welcher an einem eigenen Gekröse (11.) hängt.

9. Das Gekröse des Dünndarmes (mesenterium),

10. das — — Grimmdarmes (mesocolon),

11. das — — Mastdarmes (mesent. intestini recti).

Figur 2. Der Darmkanal des Schweines, von unten gesehen.

Die Pfeile haben dieselbe Bedeutung, wie bei Fig. 1.

1. Der Zwölffingerdarm (1. Fig. 1.) tritt zuvor zwischen die Windungen der dicken Därme (4. Fig. 1. Tab. 61.) ehe er in

2—2. den Leerdarm (2. das.) übergeht; dieser ist kürzer, aber weiter, als bei dem Schafe;

3. 3. der Krumm- oder Hüftdarm (3. das.);

4. 4. der Blinddarm (4. das.) ist weit, hat Bänder und Poschen. Der Grimmdarm bildet auch

5—5. concentrische und

6. 6. excentrische Windungen, die aber nicht in einer Ebene, sondern spiralförmig verlaufen. Die übrigen excentrischen Windungen liegen nach oben und sind Tab. 61. Fig. 1. dargestellt.

7. Ein Theil des Mastdarmes,

8. 8. das Gekröse des Dünndarmes (9. Fig. 1.),

9. das Gekröse des Grimmdarmes.

Tabula 61.

Figur 1. Die Windungen des dicken Darmes vom Schweine, von oben gesehen.

1. Der Blinddarm (4. Fig. 2. Tab. 60.) geht ununterbrochen in
2—2. den Grimmdarm über; seine concentrischen Windungen sind Tab. 60. Fig. 2. sichtbar, die letzte excentrische Windung ist hier (unterhalb 4. liegend) dargestellt, und diese geht in
3. den Mastdarm über.
4.4. Der Zwölffingerdarm tritt zuvor zwischen die Windungen des Grimmdarmes, eh er in den Leerdarm übergeht (1. Fig. 2. Tab. 60.);
5. der Krummdarm ist von
6.6. dem Gekröse des Grimmdarmes bedeckt;
7.7. das vom Darme abgeschnittene Gekröse des Dünndarmes,
8. ein Zweig der vordern Gekrös-Arterie.

Figur 2. Der geöffnete Blinddarm des Pferdes, von hinten gesehen.

Ein Viertheil der natürlichen Größe.

1. Das Mittelstück } des Blinddarmes,
2. der blinde Sack }
3. der Ursprung des Grimmdarmes,
4.4.4. die Falten der Schleimhaut in der Höhle des Mittelstückes,
5. die Mündung des Hüftdarmes, welche durch die Hüft-Blinddarmklappe (valvula Bauhini) geschlossen wird,
6. die Oeffnung zum Grimmdarme, vor welcher
7. die Blind-Grimmdarmklappe (valvula coeco-colica) liegt, die den Rücktritt des Futterbreies in den Blinddarm verhindert.

Figur 3. Der Blinddarm des Pferdes, von der linken Seite.

1. Die Spitze,
2. das Mittelstück oder der Körper des Blinddarmes (Tab. 59. Fig. 1.),

3. der Grund oder blinde Sack;
4.4. die oberen und inneren Längenfasern oder Bänder (fibrae longitudinales s. ligamenta intestini coeci), durch welche die Poschen gebildet werden. Der Blinddarm hat, wie der Magen, eine große gewölbte Krümmung (die an der Figur nach unten zu liegt) und eine kleine ausgehöhlte Krümmung, in welcher
5. der Hüftdarm mündet und
6. der Grimmdarm entspringt.

Figur 4. Die Leber des Pferdes, von vorn gesehen.

Die hier vorgestellte vordere Fläche der Leber ist dem Zwerchfelle zugewendet. Die Leber, welche zur Bereitung der Galle dient, wird eingetheilt in
1. den rechten Lappen (lobus, hepatis dexter), welcher gewöhnlich der größeste ist, in
2. den mittleren Lappen (lobus h. medius), der am untern Rande noch mehrere Einschnitte hat, und in
3. den linken Lappen (lobus h. sinister). Am obern Rande hat sie
4. den Ausschnitt für den Schlund (sinus pro oesophago), und an der vordern Fläche eine Rinne für
5. die hintere Hohlvene (vena cava posterior s. inferior hom.), welche
6. die Lebervenen (venae hepaticae) aufnimmt. Durch Bänder, welche aus zwei Platten der äußern Haut (Bauchhaut) bestehen, wird die Leber an das Zwerchfell befestigt, nämlich durch
7. das rechte Band (ligamentum hepatis dextrum), welches am äußern Rande des rechten Lappens entspringt; durch
8. das linke Band (lig. hepat. sinistrum), das am obern Rande des linken und an der vordern Fläche des mittleren Lappens entspringt, ferner durch
9. das Aufhängeband (lig. suspensorium), welches an der vordern Fläche des mittleren Lappens entspringt, und endlich durch
10. das runde Band (lig. teres), dieses ist die geschlossene, aber bei dem Foetus Blut führende, Nabelvene. Am rechten Lappen ist

11. ein Theil der äußern Haut abgetrennt und zurückgeschlagen um
12. die Substanz der Leber (parenchyma hepatis) zu sehen.

Figur 5. Ansicht der hintern Fläche der Leber des Pferdes.

1. Der linke }
2. der mittlere } Lappen,
3. der rechte }
4. der obere oder Spigel'sche Lappen (lobulus Spigelii) liegt an der hintern Fläche des rechten Lappens und hat eine Grube (13.), welche durch das vordere Ende der rechten Niere ausgefüllt wird.
5. Das linke }
6. das rechte }
7. das Aufhänge- } Band der Leber.
8. das runde }

9.9. Die Pfortader (vena portarum), welche der Leber dunkles Blut, zur Gallenbereitung, zuführt (sie wird durch eine Nadel zur Seite gehalten),

10.10. die Aeste des Leberganges (rami ductus hepatici), die in der Substanz der Leber entspringen, und

11. der Lebergang (ductus hepaticus), welcher die Galle in den Zwölffingerdarm führt, liegen in

12. der Querfurche oder Leberpforte (fossa transversa s. porta hepatis). Die Arterie, Lymphgefäße und Nerven, welche auch in dieser Furche liegen, sind nicht gezeichnet.

Tabula 62.

Figur 1. Die Milz des Pferdes, von der innern Seite gesehen.

Das Milz-Magenband und die Blutgefäße sind abgeschnitten, um die äußere Gestalt besser zu erkennen.

1. Das obere (breite) Ende (extremitas lienis superior) liegt unter der linken Niere (1. Fig. 2. Tab. 64.),
2. das untere Ende (extremit. lien. inferior) ist schmal und nach rechts gewendet;
3.3. die Milzrinne (hilus lienalis), in welcher
4.4. die Blutgefäße ein- und austreten, liegt in der Nähe
5. des vordern Randes (margo anterior), der ausgehöhlt ist, diesem gegenüber
6. der hintere Rand (margo posterior), der gewölbt erscheint.

Figur 2. Die Milz des Pferdes, von der äußern Seite gesehen.

1. Der hintere, 2. der vordere Rand;
3. die äußere (seröse) Haut (tunica externa s. serosa) ist zum Theil abgelöst und zurückgeschlagen, verbindet sich aber sehr innig mit
4. der eigenen Haut der Milz (tunica propria lienis), welches eine fibröse ist, die in
5. die Substanz der Milz (parenchyma lienis) mit vielen Fortsätzen eindringt und dadurch der weichen Substanz eine festere Grundlage bildet.

Figur 3. Ansicht eines Durchschnittes der Milz.

Es soll das Schwamm ähnliche des Innern der Milz, welches durch die Fortsätze der eigenen Haut hervorgebracht wird, und in welchem die, aus Bläschen bestehende Milzsubstanz liegt, vorgestellt sein, allein die Steinzeichnung ist sehr mangelhaft.

Figur 4. Die Leber des Hundes, von vorn gesehen.

1. Der rechte oder erste Lappen der Leber (lobus hepatis dexter s. primus),
2. der zweite Lappen der Leber (lobus hepat. secundns),
3. der dritte — — — (— — tertius),
4. der vierte — — — (— — quartus),
5. der linke oder fünfte Lappen der Leber (lobus hepatis sinister s. quintus);

6. der Grund der Gallenblase, welcher zwischen dem dritten und vierten Lappen hervortritt;
7. das rechte Band (7. Fig. 4. Tab. 61.),
8. das **Kranzband** (ligamentum coronarium) entspringt an der vordern Fläche des rechten Lappens, und geht über
10. die hintere Hohlvene hinweg, an das Zwerchfell;
9. das linke Band (8. Fig. 4. Tab. 61.),
11. die Lebervenen.

Figur 5. Die Leber des Hundes, von hinten gesehen.

1. Der linke oder fünfte
2. der vierte
3. der dritte
4. der zweite
5. der rechte oder erste

} Lappen der Leber,

6. der obere oder Spigel'sche Lappen (4. Fig. 5. Tab. 61.). In einer Grube zwischen dem dritten und vierten Lappen liegt
7. die **Gallenblase** (vesicula bilis), deren Ausführungsgang,
8. der **Blasengang** (ductus cysticus), sich mit
9—9. den **Lebergängen** (ductus hepatici) zum
10. **gemeinschaftlichen Gallengange** (ductus choledochus) vereinigt, welcher die Galle in den Zwölffingerdarm führt;
11. die Pfortader.

Figur 6. Die Gallenblase eines großen Hundes, in natürlicher Größe.

Die Gallenblase wird eingetheilt in

1. den **Hals** (collum vesiculae bilis), welcher in den Ausführungsgang übergeht, in
2. den **Körper** (corpus vesiculae bilis), und in
3. den **Grund** (fundus — —). Sie besteht aus
4. der **äußern Haut** (tunica externa), einer Fortsetzung der äußern Haut der Leber, und aus
5. der **innern Haut** (tunica interna), welche eine Schleimhaut ist.

Figur 7. Ansicht der innern Fläche der Gallenblase des Hundes.

Sie hat viele kleine Erhöhungen, die von den Schleimbälgen, durch welche der Schleim abgesondert wird, herrühren.

Figur 8. Die Milz des Hundes, von der innern Seite gesehen.

1. Das obere Ende, }
2. das untere —, } vergleiche Fig. 2.
3. der vordere Rand, }
4. der hintere —, }

Tabula 63.

Figur 1. Die Leber des Schafes, in natürlicher Größe; von vorn gesehen.

Die Leber ist bei den Wiederkäuern sehr klein, und hat die wenigsten Lappen.

1. Der rechte Lappen,
2. der linke Lappen,
3. die Gallenblase,
4. das rechte Band,
5. das linke —,
6. die hintere Hohlvene.

Figur 2. Die Leber des Schafes, in natürlicher Größe; von hinten gesehen.

1. Der linke Lappen,
2. der rechte —,
3. der Spigel'sche Lappen,
4. die Gallenblase ist bei dem Schafe lang, und ragt über den untern Rand der Leber sehr hervor;

5.5. der Blasengang (8. Fig. 5. Tab. 62.) ist in der Mitte aufgeschnitten um
6. einen Leber-Blasengang (ductus hepatico-cysticus) zu zeigen;
7—7. die Lebergänge (9. das.) liegen zum Theil sehr oberflächlich, und
8.8. der gemeinschaftliche Gallengang (10. das.) ist lang und geschlängelt.
9.9. Die Leberpforte,
10. die hintere Hohlvene.

Figur 3. Die Milz des Schafes, in natürlicher Größe; von der äußern Seite gesehen.

Die Milz ist bei dem Schafe im Verhältniß kleiner, als bei den übrigen Hausthieren; es bezeichnet

1. das untere Ende,
2. das obere Ende,
3. den vordern Rand,
4. den hintern Rand,
5. die äußere Fläche.

(1.–5. vergleiche Tab. 62. Fig. 2.)

Figur 4. Die Leber der Katze, in natülricher Größe; von hinten gesehen.

1—6. wie bei Fig. 5. Tab. 62.
7. der Blasengang (8. das.),
8.8. die Lebergänge (9. das.),
9. der gemeinschaftliche Gallengang (10. das.),
10. die Gallenblase (7. das.) ist hier zum Theil zwischen dem zweiten und dritten Lappen verborgen.

Figur 5. Die Milz der Katze, in natürlicher Größe; von der innern Seite gesehen.

1. Das obere Ende,
2. das untere —,

3. der vordere Rand,
4. der hintere —,
5. die innere Fläche, an welcher eine Längenleiste, statt der Milzrinne, vorhanden ist (vergl. Tab. 62. Fig. 1.).

Figur 6. Die Leber des Schweines, von hinten gesehen.

Die körnige Substanz der Leber ist durch die äußere Haut deutlich zu erkennen.

1. Der linke Lappen (3. Fig. 4. Tab. 61.) ist der größeste; von
2.} den beiden mittleren Lappen (2. das.) ist der linke län-
3.} ger, als der rechte,
4. der rechte Lappen (1. das.) mit
5. dem Spigel'schen Lappen (4. Fig. 5. das.),
6. die Gallenblase (7. Fig. 5. Tab. 62.) liegt an dem mittleren rechten Lappen, und erreicht nicht den untern Rand;
7. der Blasengang (8. das.) ist dünn und lang, nimmt
8.8. die Lebergänge (9. 9. das.) auf und bildet mit ihnen
9. den gemeinschaftlichen Gallengang (10. das.).
10. Die Pfortader,
11. die hintere Hohlvene.

Figur 7. Die Milz des Schweines, von der äußern Seite gesehen.

1. Das obere Ende,
2. das untere Ende,
3. der hintere Rand,
4. der vordere Rand,
5. die äußere Fläche (vergl. Tab. 61. Fig. 2.).

Figur 8. Die Milz des Schweines, von der innern Seite.

1. Der vordere Rand,
2. der hintere Rand,
3. die innere Fläche,
4. die Gefäßrinne. Vergl. Tab. 61. Fig. 1.

Tabula 64.

Figur 1. Die Nieren und großen Gefäße des Hinterleibes vom Pferde, in natürlicher Lage; von oben gesehen.

Der letzte Rückenwirbel, alle Lendenwirbel, das Kreuzbein, der Schwanz und die an der Wirbelsäule liegenden Muskeln sind entfernt, so daß die Bauchhöhle von oben nur noch durch

1—1. den Sack der Bauchhaut (saccus peritonaei) geschlossen ist. Die Bauchhaut ist an der äußern Fläche rauh, an der innern glatt, sie bildet einen geschlossenen Sack, der die Bauchwände bekleidet, und giebt nach innen Fortsätze, welche die Eingeweide überziehen. Auf diesem Sacke, also außerhalb seiner Höhle, liegen:

2. die linke Niere (ren sinister),
3. die rechte Niere (ren dexter), diese mehr nach vorn, als jene;
4. die linke Nebenniere (glandula suprarenalis sinistra),
5. die rechte — (— — dextra).

Von jeder Niere geht

6—6. ein Harnleiter (ureter) nach hinten, welcher den Urin in die Urinblase (13. Fig. 3.) führt. Zwischen beiden Nieren liegen die großen Gefäßstämme, nämlich

7.7. die hintere Aorta (arteria Aorta posterior s. descendens hom.), von welcher

8.8. die Schenkel-Arterien (arteriae crurales) und

9.9. die Becken-Arterien (arteriae hypogastricae) abgehen; ferner

10.10. die hintere Hohlvene (vena cava posterior s. inferior hom.), welche

11.11. die Darmbein-Venen (venae iliacae) aufnimmt, und das Blut zum Herzen zurückführt.

12. Der After-Schwanzmuskel (3. Fig. 2. Tab. 47.)

Figur 2. Die Bauchhöhle mit ihren Eingeweiden, vom Pferde; von oben geöffnet.

Die Nieren und die großen Gefäßstämme sind entfernt, und der Sack der Bauchhaut ist geöffnet worden, worauf die Eingeweide innerhalb des Sackes der Bauchhaut sichtbar werden.

1. Das obere Ende der Milz (1. Fig. 3.), liegt in der linken Unter-Rippengegend; gegenüber in der rechten Unter-Rippengegend
2. der rechte Lappen der Leber, hinter welchem
3. der linke Lappen der Bauchspeicheldrüse (lobus pancreatis sinister) liegt, der durch eine Brücke mit
4. dem rechten Lappen dieser Drüse (lobus pancreatis dexter) verbunden ist. An der rechten Seite desselben kommt
5.5. der Zwölffingerdarm (9. Fig. 1. Tab. 59.) vom Magen und macht eine Krümmung nach der linken Seite, wo er in
6—6. den Leerdarm (10. das.) übergeht, dessen Lage aber zwischen den dicken Därmen sehr veränderlich ist. Von der linken und rechten obern Lage
7—7. des Grimmdarmes (1. Fig. 2. Tab. 59.), an welchem die Bauchspeicheldrüse (3. 4.) befestigt ist, sind nur einige Stellen sichtbar; auch von
8—8. dem Mastdarme kommt nur ein Theil zwischen den übrigen Därmen hervor.
9. Das Gekröse des Dünndarmes (12. Fig. 1. Tab. 59.) und
10.10. das Gekröse des Mastdarmes (11. Fig. 2. das.) sind Fortsätze, die vom Sacke der Bauchhaut nach innen gehen; am hintern Ende des Mastdarmes (bei 10.) geht das letztere wieder in die Seitenwände des Sackes über.
11.11. Die Eierstöcke (ovaria) liegen in den Lendengegenden; von ihnen führen
12.12. die Muttertrompeten (tubae Fallopianae) zu
13.13. den Hörnern der Gebärmutter (cornua uteri), welche durch
14.14. die breiten Mutterbänder (ligamenta uteri lata), die ebenfalls Fortsätze der Bauchhaut sind, an die Wirbelsäule befestigt werden.

Von den Blutgefäßen, welche das Blut zu den Eingeweiden hinführen; sind hier sichtbar

15. der Stamm der Bauchschlagader (truncus arteriae coeliacae),
16. der Stamm der vordern Gekrös-Arterie (truncus arteriae mesentericae anterioris), welcher bei dem Pferde auch zugleich zur Verbindung des dicken Darmes mit der Wirbelsäule dient, und

17. der **Stamm der hintern Gekrös-Arterie** (truncus arteriae mesentericae posterioris) sichtbar; ferner
17 b. die **Milzvene** (vena lienalis),
18. 18. die **vordere und hintere Gekrös-Vene** (vena mesenterica anterior et posterior), welche
19. 19. den **Stamm der Pfortader** (truncus venae portarum) bilden; dieser geht über den Lappen der Bauchspeicheldrüse (3. 4.) nach vorn, und führt das venöse Blut zur Leber.

Figur 3. Die Bauchhöhle des Pferdes, von oben gesehen.

Der Darmkanal und die Bauchspeicheldrüse sind entfernt worden.

1. Das obere Ende der Milz (äußere Fläche),
2. die innere Fläche derselben, an welcher das große Netz (10.) befestigt ist; durch
3. das **Zwerchfell-Milzband** (ligamentum phrenico-lienale) wird die Milz mit dem Zwerchfelle und der linken Niere verbunden. Der Magen liegt so, wie er während der Verdauung gefunden wird, indem er sich in der Querachse, von
4. dem linken zu
5. dem rechten Ende (Fig. 1. Tab. 56.) gedreht hat, so daß
6. die obere Fläche nach hinten (die untere nach vorn, die kleine Krümmung nach oben, die große nach unten) gerichtet ist.
7. Der Zwölffingerdarm (5. Fig. 2.) ist mit
8. dem **mittleren Lappen der Bauchspeicheldrüse** (lobus pancreatis medius) verbunden, welcher den kleinen Ausführungsgang enthält.

9. 9. Die Leber (Tab. 61. Fig. 5.) ist nur zum Theil sichtbar;
10. 10. das **große Netz** (omentum majus) ist ein Fortsatz der Bauchhaut, liegt bei dem Pferde zwischen den Windungen des Grimmdarmes, und bedeckt daher die untere Bauchwand (wie bei andern Thieren) nicht.
11. Die hintere Hohlvene (10. Fig. 1.) geht von der Wirbelsäule an der Leber herab, bis zum sehnigen Theile des Zwerchfelles,
12. die Pfortader (19. Fig. 2.) endigt in der Leber.

In der Beckenhöhle sind die Saamen=Organe und die Harnblase sichtbar, indem der oben liegende Mastdarm entfernt ist.

13. Der Grund der Harnblase (fundus vesicae urinariae) reicht über die Beckenhöhle hinaus;

14. 14. das linke und rechte Saamenbläschen (vesicula seminalis sinistra et dextra) dienen zur Aufbewahrung des männlichen Saamens;

15. das mittlere Saamenbläschen (vesic. semin. media) hat nur eine kleine Höhle und liegt zwischen

16. 16. dem linken und rechten Saamenleiter (vas deferens sinistrum et dextrum), welche den Saamen von den Hoden in die Harnröhre und in die Saamenbläschen leiten (der linke ist in der Zeichnung zu klein). Da wo diese Theile in die Harnröhre, welche hier erweitert ist, münden, liegt

17. die Vorsteherdrüse (prostata) und hinter ihr

18. 18. die linke und rechte Cowper'sche Drüse (glandula Cowperi sinistra et dextra), hinter welchen

19. die Harnröhre (urethra) wieder enger ist; mit ihr treten

20. 20. die fächrigen oder schwammigen Körper der Ruthe (corpora cavernosa penis), die an den Sitzbeinen entspringen, zusammen.

Tabula 65.

Figur 1. Die Bauchhöhle des Schweines, von unten gesehen.

Der Darmkanal ist entfernt worden.

1—1. Die Leber (Tab. 63. Fig. 6.), welche fast ganz durch

2. den Magen (Tab. 57. Fig. 5.) verdeckt wird; dieser hat die Lage, wie er sie während der Verdauung annimmt. An dem linken Ende desselben liegt

3. die Milz (Tab. 63. Fig. 7. 8.), welche auch nur zum Theil sichtbar ist.

4. 4. Das große Netz (10. Fig. 3. Tab. 64.) geht von der innern Fläche der Milz und von der großen Krümmung

des Magens ab, und bedeckt die Eingeweide von unten (ist aber hier in Falten gelegt).

5. Der rechte ⎫ Lappen der Bauchspeicheldrüse (3. 4. Fig. 2.
6. der mittlere ⎬ Tab. 64.), die bei dem Schweine nicht
7. der linke ⎭ mit dem Grimmdarme verbunden ist.
8. Der Zwölffingerdarm geht unter der rechten Niere nach hinten;
9. die Pfortader (19. Fig. 2. das.) durchbohrt die Bauchspeicheldrüse und geht zur Leber.
10. Die rechte Nebenniere,
11.11. die beiden Nieren,
12. die hintere Aorta,
13. die hintere Hohlvene,
14.14. die beiden Harnleiter,
15. die Harnblase,
16.16. die Saamenleiter, welche sich mit den Harnleitern (14.14.) kreuzen.
17. Die Vorhaut oder der Schlauch reicht bei dem Schweine bis in die Nabelgegend, und schließt
18.18. die männliche Ruthe, die unter dem Becken ein Knie bildet, ein.

Figur 2. Die Bauchhöhle des Pferdes, von unten geöffnet.

Der Darmkanal ist entfernt worden, weil er die hier dargestellten Eingeweide verdeckt.

1. Das Aufhänge- und runde Band der Leber (9. 10. Fig. 4. Tab. 61.) gehen vom Schaufelknorpel an der hintern Fläche des Zwerchfelles aufwärts, an die vordere Fläche
2.2. der Leber (Fig. 5. das.), deren unterer Rand und hintere Fläche hier sichtbar sind. Hinter ihr liegt
3. der Magen (Tab. 56. Fig. 1.), wie er während der Verdauung gewendet ist;
4. die Milz,
5.5. das große Netz (10. Fig. 3. Tab. 64.),
6. der rechte ⎫
7. der mittlere ⎬ Lappen der Bauchspeicheldrüse;
8. der linke ⎭
9. der Zwölffingerdarm, welcher durch
10. das Nieren-Zwölffingerdarmband (lig. duodeno-renale) mit der rechten Niere verbunden ist.

11. 11. Die linke und rechte Niere sind zum Theil verdeckt,
12. 12. die Harnleiter führen den Urin von den Nieren zur Harnblase;
13. die linke Nebenniere.
14. Die Pfortader,
15. 15. die hintere Hohlvene, welche
16. die linke (und rechte) Nierenvene,
17. 17. die linke und rechte innere Saamenvene, die von den Eierstöcken kommen, aufnimmt.
18. 18. Die hintere Aorta giebt
19. die vordere und
20. die hintere Gekrösarterie (welche beide abgeschnitten sind) ab, auch
21. 21. die linke und rechte innere Saamenarterie.
22. 22. Der linke und rechte Eierstock,
23. 23. die Fransen der Muttertrompeten, welches die freien Enden
24. 24. der Muttertrompeten sind.
25. 25. Die Hörner der Gebärmutter vereinigen sich in
26. dem Körper der Gebärmutter, welche durch
27. 27. die runden Mutterbänder (ligamenta uteri teretia) und durch
28. 28. die breiten Mutterbänder mit den Bauchwänden verbunden wird (vergl. Tab. 70.).
29. Die Harnblase liegt unmittelbar an der untern Beckenwand.

Tabula 66.

Figur 1. Die Bauchhöhle des Schafes, von unten geöffnet.

1. Das Zwerchfell,
2. die Haube oder der Netzmagen (4. Fig. 1. Tab. 57.) liegt nahe am Zwerchfelle und reicht bis auf die untere Bauchwand herab;
3. der Labmagen (6. das.) liegt ganz an der rechten Seite, der Wirbelsäule näher, als die Haube, und ruht auf
4. 4. dem Wanste oder Pansen (1. 2. das.) und zwar auf dessen rechtem Sacke. Der Wanst hat eine schiefe Lage,

der linke Sack reicht in die linke Flankengegend, der rechte ruht auf der untern Bauchwand und wird von
5.5. dem großen Netze, welches in der Regel viel Talg enthält, von unten bedeckt.
6.6. Der Leerdarm (2. Fig. 1. Tab. 60.) liegt auf dem Wanste und tritt an den Seiten nur wenig hervor,
7. der Blinddarm (4. das.) reicht mit seinem Ende bis in das Becken;
8. die Leber (Fig. 2. Tab. 63.) ist nur wenig sichtbar.

Figur 2. Dieselbe Höhle, aus welcher der Magen und Darmkanal entfernt sind.

1. Das Zwerchfell, hinter welchem
2.2. die Leber (Fig. 2. Tab. 63.) in der rechten Unter-Rippengegend liegt, man sieht ihre hintere Fläche, und
3. die Gallenblase mit
4. dem Blasengange, der sich mit
5. dem Lebergange zum
6.6. gemeinschaftlichen Gallengange vereinigt, der in den Zwölffingerdarm mündet, und vorher den Ausführungsgang
7—7. der Bauchspeicheldrüse aufnimmt.
8. Das vom Labmagen getrennte Ende,
9. das vom Leerdarme getrennte Ende des Zwölffingerdarmes, der hinter der Leber eine Schlinge bildet, und dann erst den Gang (6.) aufnimmt.
10.10. Der Mastdarm tritt aus dem Gekröse des Dünndarmes heraus (8. Fig.1. Tab. 60.) und hat nun sein eigenes Gekröse.
11. Die linke Niere (die rechte ist nicht sichtbar),
12. die Harnblase liegt bei dem Schafe in der Bauchhöhle, nicht im Becken.
13.13. Der Schlauch oder die Vorhaut, welcher mit Wolle besetzt ist, enthält
14.14. die männliche Ruthe, und mit dem Schlauche ist auch
15. das Euter verbunden; dieses ist bei männlichen Thieren immer viel kleiner, als bei weiblichen.

Figur 3. Die oberflächlichen Speicheldrüsen am Kopfe des Schafes, von der rechten Seite.

1. Der äußere Thränensack (saccus sebaceus) wird

mit Unrecht so genannt, indem er keine Thränen, sondern Hauttalg enthält, und nur in einer Grube des Thränenbeines liegt.

2. Die Ohr=Speicheldrüse (glandula Parotis) ist verhältnißmäßig klein, und ihr Gang, nämlich
3. der Stenon'sche Gang (ductus Stenonianus) geht quer über die Backe, um in der Gegend des 4ten oberen Backenzahnes in die Maulhöhle zu münden (5. Fig. 4.);
4. die Backendrüse (glandula buccalis) ist dagegen größer, als bei den andern Hausthieren (vergl. Tab. 54. und 55.);
5. die Drosselvene.

Figur 4. Die tiefer liegenden Speicheldrüsen am Kopfe des Schafes, von der rechten Seite gesehen.

Der rechte Ast des Unterkiefers ist entfernt, und die Backenhaut zurückgeschlagen worden.

1. Die Unterkieferdrüse (glandula submaxillaris) hat den Wharton'schen Gang (ductus Whartonianus), der mit
2. dem Bartholin'schen Gange (ductus Bartholinianus), welcher von
3. der Unter=Zungendrüse (glandula sublingualis) kommt, unter der Hungerwarze mündet.
4. Die Mündung des Stenon'schen Ganges (3. Fig. 3.).
5. Die Ausführungsgänge der Backendrüse haben sehr kleine Mündungen, die zwischen den Wärzchen der Backenhaut versteckt sind.

Figur 5. Das aufgeschnittene Endstück des Mastdarmes vom Schafe.

Die innere Haut bildet

1. 1. viele Längen= und gegen das Ende auch Querfalten.

Tabula 67.

Figur 1. Die Bauchhöhle des Hundes, von unten geöffnet.

1—1. Die hintere Fläche der Leber mit
2. der Gallenblase (Tab. 62. Fig. 5.);
3. der Magen (Tab. 58. Fig. 3.), in der Lage, wenn er leer ist;
4. der Zwölffingerdarm (5. Fig. 2.) ist noch zum Theil vom großen Netze (6.) bedeckt.
5. Das **kleine Netz** (omentum minus s. omentum gastro-hepaticum) liegt zwischen der kleinen Krümmung des Magens und der hintern Fläche der Leber;
6.6. das **große Netz** (omentum majus s. omentum gastro-colicum) entspringt an der großen Krümmung des Magens und an der innern Fläche der Milz, bedeckt den Darmkanal von unten, geht vom Becken aus, nach oben umgeschlagen, wieder nach vorn und endigt am Grimmdarme.
7. Die Milz (Tab. 62. Fig. 8.) liegt an der linken Seite, vom Magen entfernt, weil das Milz-Magenband (die Fortsetzung des großen Netzes) bei dem Hunde lang ist.
8. Der **Schlauch oder die Vorhaut** (praeputium) und
9. der **Hodensack** (scrotum) sind mit Haaren besetzt.

Figur 2. Dieselbe Figur, nur mit veränderter Lage des Darmes.

Die beiden Netze sind entfernt, und der Leerdarm ist an der linken Seite (das Thier in aufrechter Stellung gedacht) aus der Bauchhöhle hervorgezogen. Die Pfeile am Darmkanale bezeichnen die Richtung, in welcher die Nahrungsstoffe weiter getrieben werden.

1—3. wie bei Fig. 1.
4. Die **Bauchspeicheldrüse** (pancreas) ist zwischen die Blätter des Gekröses eingeschlossen und liegt nahe am
5.5. **Zwölffingerdarme** (intestinum duodenum), welcher vom Magen anfangend, an der rechten Seite nach hinten geht, sich umbeugt und hinter dem Magen in

6—6.

6—6. den Leerdarm (intest. jejunum) übergeht; dieser ist bei dem Hunde und der Katze kürzer aber im Verhältniß weiter, als bei den Pflanzenfressern.
7. Der Hüftdarm (intest. ileum) unterscheidet sich vom Leerdarme wenig, er mündet an der Grenze des Blind- und Grimmdarmes;
8.8. der Blinddarm (intest. coecum), ist fast spiralförmig und am Ende keulenförmig.
9. Der Grimmdarm (intest. colon) geht nach vorn, macht einen Bogen nach der linken Seite und geht dann als
10. Mastdarm (intest. rectum) in grader Richtung nach hinten.
11—11. Gekröse.
12. Die Harnblase,
13. der linke Saamenstrang,
14.14. die beiden Hoden,
15. die männliche Ruthe.

Figur 3. Hüft-, Blind- und Grimmdarm des Hundes, in natürlicher Größe; von unten gesehen.

1. Der Hüftdarm (7. Fig. 2.),
2. der Blinddarm (8. das.),
3. der Grimmdarm (9. das.),
4. die Hüft-Blinddarmklappe (valvula ilio-colica s. Bauhini).

Figur 4. Der Mastdarm und After des Hundes, in natürlicher Größe; von der rechten Seite gesehen.

1. Der Mastdarm,
2. der After (anus) oder die Mündung des Mastdarmes;
3. der rechte Afterbeutel (bursa ani dextra), welcher hier geöffnet, ist das Absonderungsorgan einer sehr stark und unangenehm riechenden, fettigen Substanz; der linke ist nicht sichtbar; jeder mündet nach außen durch
4.4. den Ausführungsgang (ductus bursae excretorius).

Figur 5. Hüft-, Blind- und Grimmdarm der Katze, in natürlicher Größe; von oben gesehen.

1. Der Hüftdarm,

2. der Blinddarm bildet einen kurzen, stumpfen Kegel;
3. der Grimmdarm.

Der übrige Darm der Katze ist nicht vorgestellt, weil er von dem des Hundes nur im Durchmesser abweicht.

Tabula 68.

Figur 1. Die rechte Niere des Pferdes, von unten gesehen.

Die eigene Haut der Niere, und ein Theil der Nierensubstanz sind hinweggenommen, um

1. das Nierenbecken (pelvis renalis) zu sehen. Es ist ein Behälter, welcher den Urin aus dem Nierenwärzchen (1. Fig. 2.) empfängt, und aus einer Fortsetzung der Schleimhaut
3. des Harnleiters besteht, die mit
2—2. mehreren nicht hohlen Fortsätzen in die Substanz der Niere eindringt.

Figur 2. Die linke Niere des Pferdes, in natürlicher Größe.

Die Niere ist wie bei Fig. 1. vorbereitet und das Nierenbecken geöffnet, wodurch

1—1. das Nierenwärzchen (papilla renalis) sichtbar wird. Dieses besteht aus den Enden aller Bellini'schen Röhrchen (Fig. 9. 10.), durch welche der Urin in
2. das Nierenbecken (welches aufgeschnitten ist) ergossen wird.

Figur 3. Die rechte Niere des Pferdes, in natürlicher Größe.

Sie ist waagerecht aufgeschnitten, und die beiden Hälften sind aus einander gelegt, so daß man die beiden Schnittflächen sieht, und an ihnen zwei Substanzen, nämlich äußerlich

1—1. die Rinden- oder Drüsensubstanz (substantia corticalis s. glandulosa), welche auch nach innen dringt, und viele kleine, dem unbewaffneten Auge als kleine, rothe Punkte erscheinende, runde Körperchen enthält, die man Klümpchen (glomeruli) oder Malpighi'sche Körperchen (corpuscula Malpighiana) (vergl. Tab. 107. Fig. 8.) nennt, von welchen die Harngefäßchen

2.2. der Röhren- oder Marksubstanz (substantia tubulosa s. medullaris) ausgehen. Diese Röhren- oder Marksubstanz besteht aus vielen kleinen Harngefäßchen, die Anfangs geschlängelt, dann aber grade verlaufen, sich immer zwei und zwei verbinden (Fig. 9. 10.) und in

3. dem Nierenwärzchen (1. Fig. 2.) endigen.

4.4. Die Blutgefäße der Niere vertheilen sich in beiden Substanzen, und bilden dadurch mehrere Läppchen (lobuli renales s. renculi), die bei dem Pferde am wenigsten deutlich, bestimmter bei dem Schafe und Hunde (Fig. 5. und 7.) hervortreten, und die das ganze Leben hindurch bei dem Rinde (Fig. 4.) getrennt sind.

5. Die Höhle des Nierenbeckens, von welchem

6. der Harnleiter den Urin aufnimmt.

Figur 4. Die rechte Niere des Rindes, in natürlicher Größe; von unten gesehen.

Die eigene Haut der Niere, die Blutgefäße und die Verzweigungen des Nierenbeckens sind entfernt worden, um die Nierenwärzchen frei zu sehen.

1—1. Die Läppchen der Niere (lobuli renales s. renculi) sind bis tief in die Substanz getrennt, und nur durch die Röhrensubstanz nach innen vereinigt.

2—2. Die Nierenwärzchen (papillae renales), der Zahl nach mehr als 20, sind von verschiedener Größe, und liegen in dem, hier an der untern Fläche der Niere befindlichen, großen Nierenausschnitte (hilus renalis);

3.3. die abgeschnittenen Blutgefäße.

Figur 5. Die rechte Niere des Schafes, in natürlicher Größe.

Sie ist waagerecht aufgeschnitten, und die beiden Hälften sind auseinander gelegt.

1—3. wie bei Fig. 3.,
4. die Höhle des Nierenbeckens,
5—5. die (nicht hohlen) Fortsätze desselben, welche durch Entfernung der linken Hälfte des Nierenwärzchens frei geworden sind.
6. 6. Die durchgeschnittenen Blutgefäße,
7. der Anfang des Harnleiters.

Figur 6. Die rechte Niere des Schweines, in natürlicher Größe.

Sie ist ebenfalls waagerecht aufgeschnitten und die Hälften sind aus einander gelegt.
1. Die Rindensubstanz,
2. die Röhren= oder Marksubstanz,
3—3. Neun Nierenwärzchen, von welchen sieben in der Mitte durchgeschnitten sind, daher liegt an jeder Seite eine Hälfte, und zwei liegen unverletzt im Nierenbecken (5.). Jedes Nierenwärzchen wird von
4—4. einem Nierenkelche oder Nierenbecher (calyx renalis) umfaßt, und ist ein hohler Fortsatz
5. des Nierenbeckens;
6. der Anfang des Harnleiters.

Figur 7. Die rechte Niere des Hundes, in natürlicher Größe.

Wie Fig. 5.

Figur 8. Die rechte Niere der Katze, in natürlicher Größe.

1—5. wie bei Fig. 7.
6. Der Anfang des Harnleiters.

Figur 9. Das Nierenwärzchen des Pferdes, doppelt vergrößert.

Es besteht aus den Harnröhrchen oder Bellini'schen Röhrchen (tubuli uriniferi s. Belliniani) die in der

Rindensubstanz entspringen, wo sie geschlängelt sind, hier aber grade verlaufen und sich immer zwei und zwei verbinden, so daß ihre Zahl kleiner, der Durchmesser aber, gegen das freie Ende des Nierenwärzchens, wo sie in einer gemeinschaftlichen Spalte münden, größer wird.

Figur 10. Zwei Harnröhrchen mit ihren Verzweigungen, vom Pferde; viermal vergrößert.

1.1. Die Harnröhrchen oder Bellini'schen Röhrchen, mit ihren
2.2. Mündungen.

Da ihre Zahl gegen die Rindensubstanz hin ungleich größer ist, als am freien Ende des Nierenwärzchens, so bilden sie liegende Pyramiden (pyramides renales Ferreinii), welche durch die dazwischen tretende Rindensubstanz getrennt werden.

Tabula 69.

Figur 1. Die Harn- und Geschlechts-Werkzeuge (ohne die Hoden und Ruthe) des Hengstes, von oben gesehen.

Die männliche Ruthe ist Fig. 2. und die Hoden sind Tab. 70. dargestellt.

1. Die linke Niere (ren sinistor) ist etwas abweichend in der Gestalt gegen
2. die rechte Niere (ren dexter), welche sich mehr der Herzform nähert. An jeder Niere ist eine obere (hier sichtbare) und eine untere Fläche, ein vorderes und hinteres Ende, und ein äußerer gewölbter, so wie ein innerer ausgeschnittener Rand, durch welchen die Blutgefäße und der Harnleiter ein- und austreten, zu unterscheiden. Ferner ist jede Niere von
3. der eigenen Haut (tunica propria) eingeschlossen, unter welcher
4. die Nierensubstanz (parenchyma renis) liegt. Am innern Rande der linken Niere liegt

5. die linke Nebenniere oder Nierendrüse (ren succenturiatus sinister s. glandula suprarenalis sinistra); am innern Rande der rechten Niere liegt
6. die rechte Nebenniere (ren succent. dexter s. gland. suprar. dextra), vergl. Fig. 6. und 7.
7.7. Die beiden Harnleiter (ureteres) sind die Abführungskanäle des Urins von den Nieren; jeder tritt durch den Ausschnitt am innern Rande seiner Niere hervor, geht unter dem hintern Ende derselben nach hinten, und mündet am Halse der Harnblase (6. Fig. 2.). Ueber
8. der Harnblase (vesica urinaria), welche in den Grund, Körper und Hals eingetheilt wird, liegen die Saamenbehälter, nämlich
9. das mittlere Saamenbläschen (vesicula seminalis media), welches nur bei dem Pferde vorhanden ist, eine kleine Höhle hat, zwischen die Saamenleiter (11. 11.) eingeschlossen ist, und nach vorn in einen faserigen Fortsatz übergeht;
10.10. das linke und rechte Saamenbläschen (vesicula seminalis sinistra et dextra) liegen an den Seiten der Harnblase, sind größer, und dienen zur Aufbewahrung des, durch
11.11. die beiden Saamenleiter (vasa deferentia s. ductus deferentes) aus den Hoden heraufgeführten, männlichen Saamens; diese sind gegen ihr Ende dick und schwammig, näher an den Hoden dünner.
12. Die Vorsteherdrüse (prostata) ist eine zusammengehäufte Drüse, hat zwei Seitenlappen und umfaßt den Anfang der Harnröhre, in welche sie die zur Befruchtung dienende Flüssigkeit (succus prostaticus) ergießt (12. Fig. 2.). Mehr nach hinten liegen an der Harnröhre
13.13. die beiden Cowper'schen Drüsen (glandulae Cowperi), welche jener in Bau und Verrichtung gleichen, und die abgesonderte Flüssigkeit ebenfalls in
14. die Harnröhre (urethra) entleeren.
15. Die hintere Aorta,
16. die hintere Hohlvene,
17.17. die linke und rechte Nierenarterie,
18. die linke Nierenvene,
19.19. die inneren Saamenvenen,
20.20. die inneren Saamenarterien,
21.21. die umgebogenen Darmbeinarterien,
22.22. die Schenkelarterien,

23.23. die Beckenarterien,
24.24. die Nabelarterien des Foetus, oder die runden Bänder der Harnblase bei dem erwachsenen Thiere;
25.25. die Darmbeinvenen.

Figur 2. Männliche Geschlechtstheile (ohne die Hoden) des Pferdes, von unten gesehen.

1.1. Die runden Bänder der Harnblase (24. Fig. 1.), welche durch eine Verdoppelung der Bauchhaut mit der Harnblase verbunden sind; diese besteht aus drei Häuten, nämlich aus
2. der äußern Haut (tunica externa), welche eine Fortsetzung der Bauchhaut und hier zurückgeschlagen ist; aus
3. der Muskelhaut (tunica musculosa), deren Fasern in verschiedenen Richtungen verlaufen, und die bei der Entleerung des Harns sich zusammenziehen; und endlich aus
4. der Schleimhaut (tunica mucosa), welche die Höhle auskleidet und durch die Absonderung des Schleimes die nachtheilige Einwirkung des Harns mildert. Durch die schief eintretenden Harnleiter (7.7. Fig. 1.) wird
5—5. der dreieckige Körper (corpus trigonum) gebildet, an welchem
6. die Mündungen der Harnleiter (orificia ureterum) sichtbar sind.
7.7. Die Seitenlappen der Vorsteherdrüse (11. Fig. 1.).
8. Der Schnepfenkopf (caput gallinaginis) ist eine Wulst der Schleimhaut in der Harnröhre, wo mehrere Mündungen sind, nämlich
9. die Mündung des mittleren Saamenbläschens (9. Fig. 1.),
10. die — — linken Saamenleiters (11. das.),
11. die — — — Saamenbläschens (10. das.), welche von diesen den größten Durchmesser hat und am meisten nach außen liegt. Der größere Gang, wo 10. und 11. mündet, und der an der linken Seite aufgeschnitten, an der rechten unverletzt ist, heißt
11b. der Ausspritzungsgang des Saamens (ductus ejaculatorius spermatis), durch welchen bei der Begattung der männliche Saame aus dem Saamenleiter und dem Saamenbläschen in die Harnröhre ergossen wird, und außer der Begattung gelangt der Saame aus dem Saamenleiter durch diesen Gang in das Saamenbläschen. An beiden Seiten des Schnepfenkopfes sind

12. 12. die Mündungen der Ausführungsgänge von der Vorsteherdrüse, und weiter nach hinten
13. 13. die von den Cowper'schen Drüsen (13. Fig. 1.). Die Harnröhre ist da, wo alle diese Gänge münden weit, nach hinten wird sie enger, und diese Stelle heißt
14. die Harnröhrenenge (isthmus urethrae). Von hier tritt sie aus dem Becken zwischen
15. 15. den beiden schwammigen oder fächrigen Körpern der Ruthe (corpora spongiosa s. cavernosa penis) in die untere Rinne am
16. Mittelstück oder Körper der Ruthe (pars media penis), verläuft in dieser als
17. 17. Ruthenstück der Harnröhre bis an das vordere Ende der Ruthe und hat ihr
18. vorderes Ende vor der Eichel. Die schwammigen Körper der Ruthe (15. 15.) sind an den Sitzbeinen befestigt und von den Aufrichtern der Ruthe umgeben (7. Fig. 2. Tab. 47.); das Mittelstück und
19. die Eichel (glans penis) werden vom
20. Schlauche oder der Vorhaut (praeputium), welcher durch die Haut gebildet ist, bedeckt; sie treten nur beim Entleeren des Harns, und bei der Begattung aus demselben hervor.

Figur 3. Der vordere Theil der Ruthe des Pferdes, der Länge nach durchgeschnitten.

Das vordere Ende der Ruthe hat eine Spitze (die an der Figur aber nicht dünn genug ist), welche von der Eichel (4.) umgeben wird.
1. Eine dicke, feste, faserige Haut umgiebt
2. das fächrige oder schwammige Gewebe der Ruthe, und widersteht einer zu starken Anschwellung bei dem Steifwerden der Ruthe, wobei auch
3. der schwammige Körper der Harnröhre (corpus cavernosum urethrae) anschwillt. Dieser begleitet die Harnröhre nach vorn und bildet
4. 4. die Eichel, die hier ebenfalls durchgeschnitten ist;
5. die Höhle der Harnröhre.

Figur 4. Die Eichel des Pferdes, in natürlicher Größe; von vorn gesehen.

1. 1. Die vordere Fläche oder Scheibe der Eichel, die von einer Fortsetzung des Schlauches bekleidet ist;
2. die äußere Mündnng der Harnröhre (orificium urethrae externum).

Figur 5. Ein Querdurchschnitt der männlichen Ruthe des Pferdes.

1. Die äußere, faserige Haut giebt nach innen
2—2. runde Fortsätze, die in der Mitte eine unvollkommene Scheidewand bilden, und zwischen welchen
3. 3. das schwammige oder fächrige Gewebe liegt.

Figur 6. Die linke Nebenniere des Pferdes, in natürlicher Größe; von oben gesehen.

Sie hat ein vorderes und hinteres Ende, eine obere und untere Fläche, einen innern und äußern Rand, und eine
1. eigene Haut (tunica propria) umgiebt
2. die Substanz der Nebenniere (parenchyma glandulae suprarenalis).

Figur 7. Dieselbe der Länge nach durchgeschnitten.

Auf der Schnittfläche sieht man
1. 1. die äußere oder Rindensubstanz (substantia externa s. corticalis) und
2. 2. die innere oder Marksubstanz (subst. interna s. medullaris); fast in der Mitte bleibt eine kleine Höhle, die bei dem Fötus eine röthliche Flüssigkeit enthält. Ueber die Verrichtung der Nebennieren ist nichts bekannt.

Tabula 70.

Figur 1. Die weiblichen Geschlechtstheile des Pferdes, von oben gesehen.

Die weiblichen Geschlechtstheile werden in die Bildungs- und Begattungstheile eingetheilt; zu den ersteren gehört die Gebärmutter, oder Tragesack (uterus), welche in
1. 1. die Hörner (cornua uteri) und in den
2. Körper (corpus uteri) zerfällt. Sie besteht aus drei Häuten, nämlich aus
3. der äußern, serösen Haut (tunica externa), welche an einer Stelle hier zurückgeschlagen ist, dann aus
4. der mittleren, faserigen Haut (tunica fibrosa), welche die Zusammenziehungen oder Wehen beim Gebären bewirkt; und endlich aus der Schleimhaut (2. Fig. 2.). Von den äußern Enden der Hörner der Gebärmutter gehen
5. 5. die Muttertrompeten oder Fallopiani'schen Trompeten (tubae Fallopianae) ab, welche enge, geschlängelte Gänge sind, und an den äußern Enden
6. 6. die Fransen (fimbriae tubarum) haben, in deren Mitte
7. 7. die äußere Mündung der Trompete (orificium externum) ist. Bei der Begattung umfassen die Fransen (5. 6.)
8. 8. die Eierstöcke (ovaria), in welchen die Eierchen oder Keime der künftigen Thiere enthalten sind, und wenn sie fruchtbar ist, so wird das aus dem Eierstock hervorgetretene Ei'chen von der äußern Mündung der Trompete (7.) aufgenommen und in die Gebärmutter geführt, wo es zunimmt und bis zur vollkommenen Reife bleibt. Jeder Eierstock wird mit seinem Gebärmutterhorn durch
9. 9. das Eierstocksband (ligamentum ovarii) verbunden, und durch
10. 10. die breiten Mutterbänder (ligamenta uteri lata), welche aus zwei Platten der Bauchhaut bestehen, zwischen denen die Gefäße und Nerven der Gebärmutter liegen, wird die ganze Gebärmutter mit dem Rumpfe verbunden. Die runden Mutterbänder s. Tab. 65. Fig. 2.
11. Die Scheide (vagina) ist der nach außen führende Gang der Gebärmutter, in welchen die männliche Ruthe bei der

Begattung eindringt, und durch welchen die reife Frucht herauskommt.

12. Die, von den breiten Mutterbändern bedeckte, Harnblase;
13. das hintere Ende des Mastdarmes mit
14. dem After. Unter dem After liegt die Schaam oder der Wurf (vulva), welche aus
15.15. den beiden Schaamlefzen oder Schaamlippen (labia vulvae) und aus
16. der Schaamspalte (rima vulvae) besteht. Der Raum zwischen Schaam und After heißt der Damm oder das Mittelfliisch (perinaeum).

Figur 2. Dieselben Theile, ohne Eierstöcke, Muttertrompeten, und ohne Mutterbänder; von oben geöffnet.

1. Die innere Mündung der Muttertrompete (orificium internum tubae Fallopianae) bildet ein Wärzchen, durch sie gelangt das Ei'chen in
2. die Höhle der Gebärmutter (cavitas uteri), welche durch eine faltige Schleimhaut ausgekleidet ist.
3. Die Oeffnung zum linken Horne;
4. der (äußere) Muttermund (orificium uteri externum) ist die zur Scheide führende Oeffnung der Gebärmutter, welche von dem faltigen Mutterhalse (collum s. cervix uteri) gebildet wird.

5.5. Die Scheide (11. Fig. 1.) ist auch mit einer Schleimhaut ausgekleidet, welche Längenfalten hat, und gegen die Mitte ihrer Länge auch eine Querfalte, welche

6. die Scheidenklappe (valvula vaginae s. hymen) genannt wird, und welche
7. die Mündung der Harnröhre (orificium urethrae), die bei weiblichen Thieren sehr kurz ist, von dem vorderen Theile der Scheide abscheidet, damit der Harn nicht in die Gebärmutter fließe.
8. Die Harnblase zur Seite gelegt;
9. der Kitzler oder die weibliche Ruthe (clitoris s. penis muliebris) liegt mit der hier sichtbaren Eichel (glans clitoridis) im untern Winkel der Schaam, und ist das Wollustorgan des weiblichen Thieres;

10.10. die Schaamlefzen (15. Fig. 1.).

Figur 3. Ein Eierstock der Stute, in natürlicher Größe; der Länge nach durchgeschnitten.

Auf den Schnittflächen bemerkt man

1. 1. die Substanz des Eierstockes (parenchyma ovarii), welche gelblich und fest ist, und
2—2. die Graaf'schen Eierchen oder Bläschen (ovula Graafiana) enthält; diese Bläschen sind mit einer gelben Flüssigkeit angefüllt, in welcher das eigentliche Ei oder der Keim, als ein sehr kleines, weißes Körperchen, enthalten ist.
3. 3. Die äußere, fibröse Haut (tunica externa fibrosa) umgiebt den ganzen Eierstock.

Figur 4. Der linke Hode des Pferdes, von unten gesehen.

Die den Hoden umhüllenden Scheidenhäute sind aufgeschnitten und zur Seite gelegt, nämlich

1. die gemeinschaftliche Scheidenhaut (tunica vaginalis testis communis), eine feste, faserige Haut, die sehr innig mit
2. der besondern Scheidenhaut (tunica vaginalis testis propria) verbunden ist; diese ist eine seröse Haut, eine Fortsetzung der Bauchhaut, und bildet
3. 3. die Scheidenhaut des Saamenstranges (tunica vaginalis funiculi spermatici), welche die Gefäße und den Hoden selbst überzieht.
4. Der Hode (testiculus s. testis),
5. der Schwanz des Nebenhodens (cauda epididymidis) vergl. Tab. 72. Fig. 1—3. Von diesem ist
6. 6. der Saamenleiter (vas deferens) eine Fortsetzung, die zur Harnröhre hinführt (11. Fig. 1. Tab. 69.).
7. 7. Die unter einander verschlungenen, und in die Scheidenhaut des Saamenstranges eingeschlossenen Blutgefäße.

Figur 5. Der rechte Hode des Pferdes, von oben gesehen.

Die Scheidenhäute sind auch aufgeschnitten, und zur Seite gelegt.

1. 1. Die besondere Scheidenhaut des Hodens,

2.2. die Scheidenhaut des Saamenstranges,
3.3. die Blutgefäße,
4. der Kopf des Nebenhodens (caput epididymidis) welcher durch den Körper in
5. den Schwanz übergeht;
6. der Hode,
7. das Nebenhodenband (ligamentum epididymidis) verbindet Hoden und Nebenhoden der ganzen Länge nach.

Tabula 71.

Figur 1. Der Darmkanal des Rindes, von unten gesehen.

Die Lage des Zwölffingerdarmes und die Windungen des Grimmdarmes weichen von denen des Schafes (Tab. 60. Fig. 1.) etwas ab. Die Pfeile bezeichnen den Gang der Futterstoffe.

1. Der Zwölffingerdarm liegt Anfangs zwischen der ersten und letzten Windung des Grimmdarmes, tritt dann zwischen dem Grimm= und Mastdarme durch und geht in
2—2. den Leerdarm über, welcher im Verhältniß einen größeren Durchmesser hat, als der des Schafes; der Uebergang in
3. den Hüftdarm, und die Endigungen dieses Darmes sind wie bei dem Schafe, nur hier mehr vom Grimmdarme verdeckt.
4. Der Blinddarm geht allmählich in
5—5. den Grimmdarm über; dieser ist am Anfange weiter, als am Ende. Er läuft am Blinddarme zurück, geht dann unter dem Zwölffinger= und Mastdarme (1. 6.) in das Dünndarmgekröse, wo er zwei concentrische und zwei excentrische Windungen macht; hierauf tritt er wieder zwischen die ersten Lagen uud geht in
6.6. den Mastdarm über, welcher grade nach hinten läuft.
7.7. Das Gekröse des Dünndarmes mit
8—8. den Gekrösdrüsen und
9.9. den Blutgefäßen.
10. Das Gekröse des Mastdarmes.

Figur 3 (sollte heißen Fig. 2.). Die Milz des Rindes, von der innern Seite gesehen.

1. Das obere Ende,
2. das untere Ende ist fast dem obern gleich;
3. der hintere und
4. der vordere Rand,
5. die innere Fläche.

Figur 4 (sollte heißen Fig. 3.) Die Leber des Rindes, von hinten gesehen.

1. Der linke Lappen,
2. der viereckige Lappen (lobulus quadratus) liegt zwischen dem linken und
3. dem rechten Lappen; an der hintern Fläche dieses Lappens liegt
4. der Spigel'sche Lappen.
5. Der obere Rand, welcher stumpf, und
6. der untere Rand, welcher scharf ist.
7. Die Gallenblase ist sehr groß,
8. der (aufgeschnittene) Blasengang nimmt mehrere
9—9. Leber-Blasengänge auf, dann
10. den Lebergang, und beide gehen in
11. den gemeinschaftlichen Gallengang über.
12. Die Pfortader,
13. die hintere Hohlvene mit den Lebervenen.

Tabula 72.

Figur 1. Ein Hode und Nebenhode des Pferdes, in natürlicher Größe.

Am Nebenhoden ist die weiße Haut aufgeschnitten und die Windungen sind freigelegt.

1. Der Hode ist von zwei Häuten eng eingeschlossen, nämlich von der Fortsetzung der Scheidenhaut des Saamenstranges, und unter dieser, von der weißen Haut (tunica albuginea testis), welche eine feste, fibröse Haut ist.

2.2. Die weiße Haut des Nebenhodens (tunica albuginea epididymidis) ist eine feste, fibröse Haut, welche die Substanz eng umschließt und dem Organe die bestimmte Gestalt erhält. Der ganze Nebenhode besteht aus unzähligen Gefäßwindungen, die so zusammen liegen, daß parallele Läppchen daraus entstehen und wird eingetheilt, in

3. den Kopf (caput epididym.), welcher im Hoden entspringt (3. Fig. 2.), in

4. den Körper (corpus epididym.), welcher gabelig anfängt, aus parallelen Läppchen besteht und in

5. den Schwanz des Nebenhodens (cauda epididym.) übergeht, an welchem das geschlängelte Gefäß einen größeren Durchmesser hat, eine kuglige Masse bildet und zuletzt in

6. den Saamenleiter (vas deferens) übergeht.

Figur 2. Ein Hode des Pferdes, in natürlicher Größe; der Länge nach durchgeschnitten.

1. Die ausführenden Gefäße (vasa efferentia) kommen aus der Substanz des Hodens (4.), bilden außerhalb derselben

2.2. die kegelförmigen Windungen (coni vasculosi) und setzen überhaupt

3.3. den Kopf des Nebenhodens (3. Fig. 1.) zusammen.

4.4. Die Substanz des Hodens (parenchyma testis) besteht aus vielen Läppchen; die aus den geschlängelten Saamenröhrchen (2. Fig. 3.) gebildet sind, und sondert den männlichen Saamen ab. Dieser geht dann durch die ausführenden Gefäße (1.) in die unendlichen Schlängelungen des Nebenhodens (3—5. Fig. 1.), und gelangt endlich durch den Saamenleiter in die Harnröhre, oder in das Saamenbläschen. Zur Unterstützung der weichen Hodensubstanz dient

5—5. der Highmore'sche Körper (corpus Highmori), welcher eine Fortsetzung

6.6. der weißen Haut des Hodens (tunica albuginea testis) ist, und welcher mit einzelnen fibrösen Fäden die Substanz durchzieht.

7.7. Die abgelöste weiße Haut des Nebenhodens.

Figur 3. Ein Stück der Hodensubstanz vom Pferde; vergrößert.

1—1. Die Läppchen der Hodensubstanz (lobuli parenchymatis testis), welche aus
2—2. den Saamenröhrchen oder geschlängelten Gefäßchen (canaliculi seminales s. vasa serpentina) bestehen, in welchen der männliche Saame aus Blut bereitet wird.

Figur 4. Ein Hode des Schweines, in natürlicher Größe; der Länge nach durchgeschnitten.

1.1. Die Läppchen der Hodensubstanz, denen des Pferdehodens ähnlich;
2.2. der Highmore'sche Körper ist etwas größer, als bei dem Pferde;
3. die weiße Haut.

Figur 5. Ein Hode des Schafbockes, in natürlicher Größe; der Länge nach durchgeschnitten.

1.1. Die Hodensubstanz (4. Fig. 2.) bildet hier keine Läppchen, aber die Saamenröhrchen (2. Fig. 3.) sind so groß, daß sie mit unbewaffneten Augen deutlich zu erkennen sind;
2.2. der Highmore'sche Körper (5. Fig. 2.) ist dicker, und giebt mehr Fäden ab, als bei dem Pferde;
3. der Nebenhode.

Figur 6. Ein Hode des Hundes, in natürlicher Größe; der Länge nach durchgeschnitten.

1.1. Die Hodensubstanz bildet, wie bei dem Hoden des Schafbockes, keine Läppchen, auch sind die Saamenröhrchen sehr deutlich;
2.2. der Highmore'sche Körper geht durch den ganzen Hoden, und hat größere Fortsätze, welche überall die weiße Haut, im Umfange des Hodens, wieder erreichen;
3. der Nebenhode.

Fig. 7.

Figur 7. Das Euter oder die Brüste (mammae) der Stute, in natürlicher Größe; von unten gesehen.

1—1. Die Milchdrüsen (mammae) sind zwei zusammengehäufte Drüsen (glandulae conglomeratae), welche aus einzelnen Körnern (acini) bestehen; sie werden in der Mitte durch eine fibröse Haut, und an der untern Fläche durch die allgemeine Haut (5.) verbunden. Jede Milchdrüse hat

2.2. eine Zitze oder Brustwarze (papilla mammae), welche

3. zwei Ausführungsgänge (ductus lactiferi) enthält. Jeder Ausführungsgang entspringt in

4. dem Milchbehälter (sinus mammae), welcher an der rechten Zitze aufgeschnitten ist, und in welchem sich die Milch ansammelt.

5. Die Haut (cutis), welche die Euter von unten bekleidet, ist runzelig, fein, und fast haarlos.

Figur 8. Die Euter oder Brüste des Schweines, in halber Natur=Größe; von unten gesehen.

1—1. Die verschmolzenen Milchdrüsen, mit
2—2. zehn Zitzen, deren jede nur einen Ausführungsgang hat;
3.3. die Haut.

Figur 9. Ein Theil der Euter oder Brüste der Hündinn, in natürlicher Größe; von unten gesehen.

1.1. Die Milchdrüsen,
2.2. die Zitzen, von welchen jede
3.3. mehrere Ausführungsgänge hat;
4.4. die Haut.

Tabula 73.

Figur 1. Die Harn= und Geschlechtswerkzeuge des Ochsen, von unten gesehen.

1.1. Die linke und rechte Niere (1. 2. Fig. 1. Tab. 69.),

die bei dem Rinde aus vielen Läppchen bestehen, und die ihren Ausschnitt an der untern Fläche haben, durch welchen
3.3. die Nierenbecken (1. Fig. 1. Tab. 68.), die hier aus vielen von den Nierenkelchen kommenden Gefäßen gebildet sind, hervorkommen.
2.2. Die linke und rechte Nebenniere (5. 6. Fig. 1. Tab. 69.) sind in Gestalt und Größe von denen des Pferdes etwas verschieden;
4.4. die Harnleiter (7. das.) münden in
5. die Harnblase (8. das.), indeß sind
6. die Mündungen sehr nahe zusammen, so daß kein dreieckiger Körper entsteht. In dem aufgeschnittenen Beckenstücke der Harnröhre bemerkt man
7. die Ausspritzungsgänge oder Mündungen der Saamenleiter und Saamenbläschen (11 b. Fig. 2. das.),
8—8. die Mündungen von den Ausführungsgängen der Vorsteherdrüse (12. das.);
9. eine Falte der Schleimhaut, in welcher an jeder Seite
10.10. der einzige Ausführungsgang der Cowper'schen Drüse mündet (13. das.), aus jedem Gange steht eine Sonde hervor.
11.11. Die schwammigen oder fächrigen Körper der Ruthe (15. das.),
12. das (aufgeschnittene) Ruthenstück der Harnröhre hat keinen schwammigen Körper, daher ist auch keine Eichel vorhanden, und keinen Harnschnellermuskel; es wird an einigen Stellen der Ruthe von der fibrösen Haut eingeschlossen.
13. Die männliche Ruthe (16. das.) ist dünn und lang, bildet hinten ein Knie, wird aber bei dem Steifwerden grade, und ist am
14. vordern, spitzigen Ende ohne Eichel, und von der Fortsetzung
15. der Vorhaut (20. das.) überzogen, und enthält die Harnröhrenmündung.
16. Die After-Ruthenmuskeln ziehen die Ruthe, wenn sie wieder erschlafft ist, in die Vorhaut zurück.
17. Ein Theil der hintern Aorta, und
18. ein Theil der hintern Hohlvene.

Figur 2. Die Geschlechtswerkzeuge vom Ochsen, von oben gesehen.

1. Die Harnblase (8. Fig. 1. Tab. 69.) mit

2.2. den Harnleitern;
3.3. die Saamenleiter (11. das.),
4.4. die Saamenbläschen (10. das.), welche drüsenartig sind, nur eine kleine Höhle haben und daher auch von Einigen für die Lappen der Vorsteherdrüse gehalten werden.
5.5. Der Vorstehermuskel, welcher in der Mitte abgeschnit- ist, um
6. die Vorsteherdrüse (12. das.), die hier sehr dünn, und den Schleimbälgen ähnlich ist, zu sehen.
7.7. Die Cowper'schen Drüsen (13. das.),
8.8. die schwammigen Körper der Ruthe.

Figur 3. Ein Saamenbläschen des Ochsen, in natürlicher Größe.

1. Die drüsige Substanz,
2. die Höhle,
3. der Ausführungsgang.

Figur 4. Die Harn- und Geschlechtswerkzeuge des Widders, von unten gesehen.

1.1. Die Nieren, welche die wahre Nierenform haben,
2.2. die Nebennieren,
3.3. die Harnleiter,
4. die Harnblase, ist beim Schafbocke klein, und hier aufgeschnitten, um
5. die Mündungen der Harnleiter zu sehen. In der aufgeschnittenen Harnröhre sieht man
6. die Ausspritzungsgänge (vergl. Fig. 1.).
7.7. Die Saamenbläschen,
8. die Falte der Schleimhaut, über welcher die beiden Ausführungsgänge der Cowper'schen Drüsen münden;
9.9. die schwammigen Körper der Ruthe,
10.10. die männliche Ruthe, welche, wie beim Ochsen ein Knie macht, am vordern Ende stumpf, und ohne Eichel ist, über welche hinaus sich aber
11. die Harnröhre verlängert.
12. Die hintere Hohlvene,
13. die hintere Aorta,
15. die Mündungen von den Ausführungsgängen der Vorsteherdrüse.

Figur 5. Die Geschlechtswerkzeuge des Widders, von oben gesehen.

1. Die Harnblase,
2.2. die Harnleiter, oben abgeschnitten;
3—3. die Saamenleiter,
4.4. die Saamenbläschen, welche hier fast ganz drüsig sind (Fig. 6.);
5. die Vorsteherdrüse,
6. der Muskel derselben, welcher vorn abgeschnitten ist;
7.7. die Cowper'schen Drüsen,
9. die Harnröhre, vorn abgeschnitten.
10.10. Die Hoden (Fig. 4. 5. Tab. 70.) sind im Verhältniß sehr groß;
11.11. die Nebenhoden,
12. die gemeinschaftliche mit
13. der besondern Scheidenhaut, und
14. die Scheidenhaut des Saamenstranges.

Figur 6. Ein Saamenbläschen des Widders, in natürlicher Größe.

1. Die drüsige Substanz,
2. die Höhle,
3. der Ausführungsgang.

Tabula 74.

Figur 1. Die Geschlechtstheile der Kuh, von oben gesehen.

1.1. Die Eierstöcke (8. Fig. 1. Tab. 70.) sind kleiner,
2.2. die äußeren Mündungen (7. das.) und
3.3. die Fransen der Muttertrompeten (6. das.) dagegen größer, als bei der Stute;
4.4. die Muttertrompeten (5. das.) selbst sind weniger geschlängelt und gehen allmählich in
5.5. die Hörner der Gebärmutter (1. das.) über; diese scheinen früher im

6. Körper der Gebärmutter (2. das.) sich zu vereinigen, allein ihre Höhlen (2. Fig. 2.) sind doch getrennt, und die Höhle des Körpers ist daher nur kurz.
7. 7. Die breiten Mutterbänder (10. Fig. 1. Tab. 70.) haben deutliche Fasern, die sich mit der Faserhaut der Gebärmutter verbinden;
8. 8. die Harnleiter (oben abgeschnitten),
9. die Scheide (11.) ist bei der Kuh weit,
10. der Mastdarm und
11. der After. Zwischen dem Mastdarme und der Scheide liegen
12. 12. die Scheidendrüsen (bursae vaginae), welche in der Scheide mit ihren Ausführungsgängen münden (7. Fig. 2.), zur Absonderung einer riechenden Substanz dienen, und den Afterbälgen des Hundes ähnlich sind.
13. Die Schaam (15. 16. Fig. 1. Tab. 70.) mit
14. dem Kitzler (9. Fig. 2. das.), der hier sehr klein ist.
15. 15. Die Eierstockbänder (9. das.).

Figur 2. Die Geschlechtstheile der Kuh, von oben geöffnet.

Die Eierstöcke, Muttertrompeten, die breiten Mutterbänder und der Mastdarm sind entfernt worden.

1. Die innere Mündung der Muttertrompete (1. Fig. 2. Tab. 70.),
2—2. die Höhle des rechten Gebärmutterhornes mit den Gebärmutterdrüsen oder Kotyledonen (glandulae uterinae s. cotyledones) welche beim Trächtigseyn zur Verbindung der Mutterkuchen dienen, und den Gebärmuttertheil des Mutterkuchens ausmachen (3. Fig. 2. Tab. 77.).
3. Die Höhle des Körpers der Gebärmutter, die nach außen durch
4. den Muttermund (4. Fig. 2. Tab. 70.) endigt; dieser ist von einem dicken und festen Mutterhalse umgeben;
5. 5. die Harnleiter,
6. die Mündung der Harnröhre (7. das.), an welcher die Scheidenklappe sehr klein ist;
7. 7. die Ausführungsgänge der Scheidendrüsen (12. Fig. 1.),
8. 8. die Mündungen der Gebärmuttergänge (vergl. Tab. 75. Fig. 5.).
9. Der Kitzler.

Figur 3. Die Geschlechtstheile des Mutterschafes, in natürlicher Größe; von oben gesehen.

Man vergleiche Fig. 1.

1. Der Mastdarm,
2. der After (die Scheidendrüsen sind verdeckt);
3. die Schaam,
4. die Scheide,
5. der Körper der Gebärmutter, welcher lang ist,
6.6. die Hörner derselben,
7.7. die breiten Mutterbänder enthalten auch deutliche Fasern,
8.8. die Eierstockbänder,
9.9. die Eierstöcke und
10.10. die Muttertrompeten.

Figur 4. Die Scheide und Schaam des Mutterschafes, von oben geöffnet.

1. Körper der Gebärmutter,
2. der Muttermund,
3. die Scheide,
4. die Mündung der Harnröhre,
5.5. die Mündungen der Scheidendrüsen,
6. der Kitzler, ist sehr klein;
7.7. die Schaamlefzen.

Tabula 75.

Figur 1. Die Harn- und Geschlechtswerkzeuge des Ebers, von oben gesehen.

1.1. Die linke und rechte Niere (1. 2. Fig. 1. Tab. 69.),
2.2. die linke und rechte Nebenniere (5. 6. das.),
3.3. die beiden Harnleiter (7. das.),
4. die Harnblase (8. das.) ist hier sehr groß,
5.5. das linke und rechte Saamenbläschen (10. das.), sind drüsenartig, viellappig, und haben auch nur kleine Höhlen, wie bei den Wiederkäuern; sehr groß sind
6.6. die Cowper'schen Drüsen (13. das.), von denen jede

eine lange Höhle hat, in welcher der einfache Ausführungsgang entspringt.

7. Die Vorsteherdrüse (12. das.) wird von

7b. dem Muskel der Vorsteherdrüse ganz bedeckt, und ist nur klein, wie bei den Wiederkäuern. Die Harnröhre hat nur am Anfange des Ruthenstückes

8. den schwammigen Körper (3. Fig. 3. das.), am übrigen Theile der Harnröhre fehlt er, daher hat auch der Eber keine Eichel.

9. 9. Die schwammigen oder fächrigen Körper der Ruthe (15. Fig. 2. das.),

10. die After-Ruthenmuskeln (16. Fig. 1. Tab. 73.),

11. 11. die männliche Ruthe (16. Fig. 2. Tab. 69.) ist dünn, macht hinten ein Knie, läuft nach vorn verschmälert zu, und bildet eine Schraubenwindnng, an welcher die Harnröhre noch vor der Spitze mündet.

12. Der Schlauch oder die Vorhaut (20. das.) ist lang und eng. An den Hoden sind die Scheidenhäute der Länge nach aufgeschnitten, und der rechte Hode ist gewendet; an jedem bezeichnen

13. 13. die gemeinschaftliche,

14. 14. die besondere Scheidenhaut des Hodens,

15. 15. die Scheidenhaut des Saamenstranges (1. 2. 3. Fig. 4. Tab. 70.);

16. 16. die Hoden (4. das.),

17. 17. die Nebenhoden (4. 5. Fig. 5. das.),

18. 18. die Saamenleiter (6. Fig. 4. das.).

19. Die hintere Aorta,

20. die hintere Hohlvene.

Figur 2. Eine Cowper'sche Drüse des Ebers, in natürlicher Größe.

1. 1. Die Substanz der Drüse,

2. die Höhle, in welche viele kleine Ausführungsgänge münden, und in welcher der Haupt-Ausführungsgang entspringt.

Figur 3. Die weiblichen Geschlechtstheile des Schweines, von oben gesehen.

1. 1. Die Hörner der Gebärmutter (1. Fig. 1. Tab. 70.)

sind bei der Sau so lang, daß sie in Windungen liegen, wie der Darm;
2. der Körper derselben (2. das.) ist ebenfalls lang, und er geht ohne Absatz in
3. die Scheide (11. das.) über.
4.4. Die Muttertrompeten (4. das.), deren
5.5. äußere Mündungen (7. das.) sehr weit sind.
6.6. Die breiten Mutterbänder (10. das.),
7.7. die Eierstöcke (8. das.),
7a.7a. die Eierstockbänder (9. das.);
8. der Mastdarm,
9. der After,
10. die Schaam (15. 16. das.).

Figur 4. Die Gebärmutter und Scheide des Schweines, von oben geöffnet.

Die Eierstöcke, Muttertrompeten, die Mutterbänder und der Mastdarm sind abgeschnitten.
1. Die Höhle des linken Hornes,
2. die Mündung des rechten,
3. die Höhle des Körpers der Gebärmutter, geht ununterbrochen, d. h. ohne daß die Gebärmutter einen Hals bildet, in die Höhle der Scheide über, nur ist sie durch inniges Ineinandergreifen der eckigen Schleimhautfortsätze, im nicht trächtigen Zustande, fest verschlossen.
4. Die Höhle der Scheide;
5. die Harnblase,
6. die Mündung der Harnröhre,
7. die Scheidenklappe,
8. der Kitzler (9. Fig. 2. Tab. 70.).

Figur 5. Die Mutterscheide des Kalbes, in natürlicher Größe; von oben geöffnet.

1. Ein Theil der Gebärmutter,
2. der Muttermund,
3. die Scheide,
5.5. die Gebärmuttergänge (ductus uterini) entsprin-

gen in der Nähe der Eierstöcke, gehen in den breiten Mutterbändern, dann nahe an der Gebärmutter und an der Scheide nach hinten, und münden an den Seiten der Harnröhrenmündung; ihre Verrichtung ist noch unbekannt.
6. Der Kitzler, ist bei dem Kalbe fast größer, als bei der Kuh.

Tabula 76.

Figur 1. Harn- und Geschlechtswerkzeuge der Katze, in natürlicher Größe; von unten gesehen.

1.1. Die beiden Nieren (1. 2. Fig. 1. Tab. 69.) haben an der obern und untern Fläche Blutgefäße,
2.2. die beiden Nebennieren (5. 6. das.),
3.3. die Harnleiter,
4. die Harnblase (7. 8. das.),
5. die Harnröhre.
6.6. Die Eierstöcke (8. Fig. 1. Tab. 70.) sind bei der Katze und der Hündinn in eine Kapsel der Bauchhaut eingeschlossen,
7.7. die Fransen der Muttertrompeten (6. das.),
8.8. die Muttertrompeten selbst (5. das.),
9.9. die Hörner und
10. der Körper der Gebärmutter (1. 2. das.), die schon trächtig gewesen ist;
11.11. die breiten Mutterbänder (10. das.),
12. die Scheide (11. das.),
13. die Schaam (15. 16. das.),
14. der Mastdarm,
15. der After,
16.16. die äußern Mündungen der Afterbeutel (3. Fig. 4. Tab. 67.).

Figur 2. Die Geschlechtstheile der Katze, in natürlicher Größe; von unten geöffnet.

Die Eierstöcke und Muttertrompeten sind abgeschnitten.
1. Das rechte Horn der Gebärmutter,

2. die Höhle des linken Hornes,
3. die innere Mündung der Muttertrompete (1. Fig. 2. T. 70.),
4. der Muttermund (4. das.),
5. die aufgeschnittene Scheide,
6. die Mündung der Harnröhre.

Figur 3. Die Geschlechtstheile des Katers, in natürlicher Größe; von oben gesehen.

1. Die obere Wand der Harnblase,
2.2. die Harnleiter (oben abgeschnitten),
3.3. die Harnröhre, welche von
4. der Vorsteherdrüse (12. Fig. 1. Tab. 69.) umfaßt wird; diese ist rund und bei den Fleischfressern groß. Die Saamenbläschen fehlen.
5.5. Die schwammigen Körper der Ruthe (15. Fig. 2. Tab. 69.),
6. das vordere, spitzige Ende der Ruthe, welches mit hornigen Stacheln besetzt ist (Fig. 4.),
7. der Hodensack,
8.8. die Scheidenhäute der Hoden und Saamenstränge (der Länge nach aufgeschnitten),
9—9. die Saamenleiter,
10.10. die Hoden,
11. der linke Nebenhode,
12.12. die Cowper'schen Drüsen (13. Fig. 1. Tab. 69.), welche dem Hunde fehlen.

Figur 4. Das vordere Ende der Ruthe des Katers, vergrößert.

1. Die hornigen Stacheln an demselben, welche bei der Begattung, durch Anschwellung der Ruthe, aufgerichtet, und in die Scheide der Katze eingestochen werden, wodurch wahrscheinlich die längere Dauer des Begattungs-Actes, die wegen des Mangels der Saamenbläschen nothwendig ist, bedingt wird.

Figur 5. Die Harn- und Geschlechtswerkzeuge des Hundes, in natürlicher Größe; von unten gesehen.

1.1. Die Nieren,
2.2. die Nebennieren,

3.3. die Harnleiter,
4. die Harnblase (aufgeschnitten),
5. die Mündungen der Harnleiter,
6. der dreieckige Körper (5. Fig. 2. Tab. 69.),
7. der Schnepfenkopf (8. das.),
8.8. Mündungen von den Ausführungsgängen
9.9. der Vorsteherdrüse (die Cowper'schen Drüsen fehlen dem Hunde).
10. Das Beckenstück der Harnröhre (aufgeschnitten);
11.11. die schwammigen Körper der Ruthe,
12. das Mittelstück derselben,
13. die Eichel, welche bei dem Hunde lang ist, indem sie bis zur
14. Befestigung der Vorhaut reicht. Sie schwillt bei der Begattung so stark an, daß sie wie ein Knoten, die Trennung beider Thiere verhindert. Dadurch, und wegen des vorhandenen Ruthenknochens wird die lange Dauer des Begattungs-Actes, die wegen des Mangels der Saamenbläschen nothwendig ist, möglich.
15. Der Hodenmuskel,
16. der linke Hode und
17. Nebenhode,
18.18. die Saamenleiter,
19. die Scheidenhäute des Hodens und Saamenstranges.
20. Die hintere Aorta,
21.21. die inneren Saamenvenen,
22. die hintere Hohlvene.

Figur 6. Die männlichen Geschlechtstheile (ohne die Hoden) des Hundes, in natürlicher Größe, von oben gesehen.

1. Die obere Wand der Harnblase,
2.2. die Harnleiter (oben abgeschnitten),
3.3. die Saamenleiter (unten abgeschnitten),
4. die (große) Vorsteherdrüse,
5. das Beckenstück der Harnröhre,
6.6. die schwammigen Körper der Ruthe,
7. der schwammige Körper der Harnröhre, welcher vorn die Eichel bildet,
8.8. das Ruthenstück der Harnröhre (aufgeschnitten), welches in der Rinne des Ruthenknochens (3. Fig. 10. Tab. 8.) liegt, und daher eng ist.

Figur 7. Ein Hode und Saamenstrang des Hundes, in natürlicher Größe.

Die Scheidenhäute des Hodens sind der Länge nach aufgeschnitten.

1. Die gemeinschaftliche,
2. die besondere Scheidenhaut des Hodens,
3. die Scheidenhaut des Saamenstranges (1. 2. 3. Fig. 4. Tab. 70.),
4. der Hode,
5. der Nebenhode,
6.6. der Saamenleiter,
7.7. die Blutgefäße.

Tabula 77.

Figur 1. Die trächtige Gebärmutter der Stute, von unten geöffnet.

1—1. Die Gebärmutter, deren Wände während des Trächtigseyns dicker werden,
2.2. die breiten Mutterbänder,
3.3. die runden Mutterbänder,
4. die Harnblase.

Der aus dem Eierstocke durch die Muttertrompete in die Höhle der Gebärmutter gelangte Keim oder das Ei (ovulum), entwickelt sich in derselben, und besteht dann aus mehreren Häuten, von denen eine die andere einschließt, und aus der Frucht. Die äußerste von den Eihäuten (velamenta ovi) ist

6—6. die Lederhaut (chorion), die an ihrer ganzen äußeren Fläche von

5.5. dem Mutterkuchen (placenta), welcher bei der Stute dünn, häutig ist, und daher Mutterhaut genannt wird, umgeben wird. Er besteht aus Blutgefäßen und ist das Organ, welches die Frucht mit der Mutter verbindet. Die zweite Eihaut, nämlich die Harnhaut (allantois) ist an der Figur nicht dargestellt, sie umschließt die dritte und innerste, nämlich

7. 7. die **Schafhaut** (amnion), welche das Schafwasser (liquor amnii) absondert, und in welchem

8. die **Frucht** (foetus s. embryo) liegt. Die gekrümmte Lage derselben wird später eine mehr grade, so daß der Kopf in der Nähe des Muttermundes, das Hintertheil im Körper oder in einem Horne der Gebärmutter liegt, wobei der Bauch der Frucht dem Bauche der Mutter zugekehrt ist.

9. Die **Nabelschnur oder der Nabelstrang** (funiculus umbilicalis) besteht aus Gefäßen, welche die Frucht mit den Eihäuten und mit dem Mutterkuchen verbinden.

Figur 2. Ein Horn von der trächtigen Gebärmutter der Kuh.

1. Die äußere,
2. die innere Fläche des Hornes,

3—3. die Gebärmutter-Drüsen oder Kotyledonen (2. Fig. 2. Tab. 74.) sind beträchtlich größer, als im nicht trächtigen Zustande, und haben Löcher, welche die Zotten der Mutterkuchen aufnehmen.

4. Der Eierstock,
5. die Muttertrompete.

Figur 3. Ein Horn von der trächtigen Gebärmutter des Schafes.

1—5. wie bei Fig. 2.

Die Gebärmutterdrüsen sind in der Mitte vertieft, und daher kleinen Näpfen ähnlich.

Tabula 78.

Figur 1. Die trächtige Gebärmutter einer Hündinn von kleiner Rage, in halber Naturgröße; von oben gesehen.

Das rechte Horn ist aufgeschnitten, und die Frucht herausgenommen worden.

1. Das linke Horn, welches nur ein Junges enthält,
2. die Höhle des Körpers der Gebärmutter,
3. die innere Fläche des (aufgeschnittenen) rechten Hornes, an welcher
4. der **Gebärmuttertheil des Mutterkuchens** (pars uterina placentae) sichtbar ist; mit diesem ist der zum Ei gehörige Mutterkuchen verbunden (Fig. 3. 4. 5.).
5. Die Scheide,
6. die Harnblase,
7. der Mastdarm mit
8. dem After und
9. den Mündungen der Afterbälge;
10. die Schaam.

Figur 2. Die ungefähr in der vierten Woche trächtige Gebärmutter der Katze.

Das linke Horn der Gebärmutter und das am äußern Ende liegende Ei sind aufgeschnitten.

1.1. Die Gebärmutter,
2.2. der Mutterkuchen (5. Fig. 1. Tab. 77.),
3.3. die Lederhaut (6. das.),
4.4. die Schafhaut (7. das.),
5. die Nabelschnur (9. das.), welche hier noch sehr kurz ist;
6. die Frucht liegt so, daß der Kopf dem Körper der Gebärmutter zugewendet, daher bei der Geburt der zuerst hervortretende Theil ist. Jede Frucht ist von der andern durch
8—8. eine Einschnürung der Gebärmutter getrennt, und jede hat ihre eigenen Eihäute;
7.7. die Eierstöcke.

Figur 3. Ein ungefähr vier Wochen altes Ei, von der Katze

1. Der **gürtelförmige Mutterkuchen** (placenta zonalis) umgiebt
2.2. die Lederhaut des Eies wie ein Ring.

Figur 4. Ein ungefähr sieben Wochen altes Ei, von der Katze.

1—2. wie Fig. 3. Das ganze Ei hat im Querdurchmesser wenig zugenommen, mehr dagegen im Längendurchmesser.

Figur 5. Ein ungefähr vierwöchentliches Ei vom Hunde.

1—1. wie Figur 3.

Figur 6. Eine sechswöchentliche Frucht in der Schafhaut, vom Schafe.

1. 1. Die Schafhaut (7. Fig. 1. Tab. 77.),
2. die Nabelschnur und
3. die Frucht, welche durchschimmern.

Figur 7. Ein sechswöchentliches Ei vom Schafe, in der Gebärmutter.

1—1. Die aufgeschnittene Gebärmutter,
2—2. die Leder= und Harnhaut, welche schon beide Hörner und einen Theil des Körpers der Gebärmutter einnehmen; die Mutterkuchen sind noch nicht deutlich entwickelt;
3. die Frucht, in die Schafhaut eingeschlossen, liegt noch im linken Horne, tritt aber später auch in den Körper.

Figur 8. Ein ungefähr acht Wochen altes Ei vom Schweine.

1. 1. Die Lederhaut, ist an einem Ende abgeschnitten,
2. die Schafhaut mit
3. der Frucht.
(Eine bessere Abbildung ist Tab. 87. Fig. 6.).

Tabula 79.

Figur 1. Die Eihäute und ein reifer Fötus von der Katze.

Die Lederhaut und der Mutterkuchen sind umgestülpt, die Schafhaut ist aufgeschnitten und zur Seite gelegt, am Fötus ist die Bauchhöhle geöffnet.

1.1. Die innere Fläche der Lederhaut, an welcher

2.2. das Nabelbläschen (vesicula umbilicalis s. tunica erythroides) liegt. Es ist an beiden Enden spitzig, wird von einem Fortsatze der Lederhaut eingeschlossen (welche hier aufgeschnitten ist), und ist bei der Reife des Fötus bei dem Hunde und der Katze noch vorhanden.

3.3. Der Mutterkuchen (innere Fläche),

4.4. die aufgeschnittene und in Falten gelegte Schafhaut.

5—5. Die Nabelvene (vena umbilicalis) entspringt im Mutterkuchen und in den Eihäuten, und führt das zur Ausbildung des Foetus dienende Blut in die Leber desselben (sie ist hier blau gefärbt);

6.6. die beiden Nabelarterien (arteriae umbilicales) entspringen aus den Beckenarterien des Fötus, und endigen im Mutterkuchen und in den Eihäuten, indem sie das zur Ernährung untaugliche Blut hinwegführen. Beiderlei Gefäße sind den Lungengefäßen des geborenen Thieres in der Verrichtung zu vergleichen.

7. Die Harnblase liegt zwischen den beiden Nabelarterien und hat ein Gefäß, welches von dem vordern Ende durch den Nabel heraustritt, und Harnschnur (urachus) genannt wird (hier aber nicht zu sehen ist).

8. Die Nabel-Gekrösvene (vena omphalo-mesaraica) entspringt in der Substanz des Nabelbläschens und führt das Blut in

10. den Stamm der Pfortader;

9. die beiden Nabel-Gekrösarterien (arteriae omphalo-mesaraicae) entspringen aus den Zweigen der Gekrösarterien und führen in die Substanz des Nabelbläschens. Die Gefäße 8. und 9. scheinen in einer früheren Periode des Fötus-Lebens das zu leisten, was in einer späteren, nach-

nachdem nämlich der Mutterkuchen gebildet ist, die Gefäße 5. und 6. thun.

11. Die Gekrösgefäße (Arterien und Venen), für den Darmkanal.

Figur 2. Ein Theil der Lederhaut und des Mutterkuchens vom Pferde.

1. Die äußere,

1 a. 1 a. die innere Fläche der Lederhaut, die an einer Stelle von

2. der innern Fläche des Mutterkuchens oder der Mutterhaut abgetrennt ist. An dieser Fläche sind die Blutgefäße deutlich, nämlich

4. die Zweige der Nabelarterien, und

5. die Zweige der Nabelvene.

3. Die äußere Fläche des Mutterkuchens hat viele kleine Flokken oder Schwämmchen, die sich mit der innern Fläche der Gebärmutter verbinden.

Figur 3. Eine Flocke oder Schwämmchen von der äußern Fläche des Mutterkuchens der Stute, vergrößert.

Es besteht aus den kleinsten Zweigen der Nabelgefäße, durch welche die Gefäß-Verbindung mit der Gebärmutter geschieht.

Figur 4. Ein Theil der Lederhaut mit den Mutterkuchen, von der Kuh.

1.1. Die äußere Fläche der Lederhaut enthält

2,2. die Mutterkuchen (placentulae), welche aus langen Zotten bestehen, die in die Vertiefungen der Gebärmutterdrüsen (3. Fig. 2. Tab. 77.) aufgenommen werden. Die Zweige der Nabelarterien sind roth, die der Nabelvene blau illuminirt.

Figur 5. Eine Zotte von einem Mutterkuchen der Kuh, vergrößert.

Sie besteht aus den kleinsten Zweigen der Nabelgefäße, die wie Baumäste zertheilt sind.

Figur 6. Ein Theil der Nachgeburt (secundinae) des Schweines, in natürlicher Größe.

Die Enden der Leder= und Harnhaut sind abgeschnitten (und zugebunden) und die Schafhaut mit dem mittleren Theile der Lederhaut ist aufgeschnitten.

1—1. Der Mutterkuchen ist eine, wie bei der Stute, über die ganze äußere Fläche der Lederhaut ausgebreitete Haut, die an ihrer äußern Fläche auch kleine Flocken oder Schwämmchen hat;

2. die innere Fläche der Lederhaut, welche theils mit

3. der (wurstförmigen) Harnhaut (allantois s. membrana media), die sich über die Lederhaut hinaus verlängert, theils mit

4. der Schafhaut, die hier auf einer Stelle zurückgeschlagen ist, verbindet.

5. Die Harnschnur (urachus) entspringt am Grunde der Harnblase, und führt den Urin aus der Harnblase in die Höhle der Harnhaut.

6. Die Nabelarterien,

7. die Nabelvene.

Tabula 80.

Figur 1. Die Eihäute und die dreizehnwöchentliche Frucht vom Pferde, in natürlicher Größe.

1.1. Die Lederhaut (6. Fig. 1. Tab. 77.) ist aufgeschnitten, und in Falten gelegt; zwischen ihr und der Harnhaut liegt

2.2. das Nabelbläschen (vesicula umbilicalis s. tunica erythroides); es ist ein eiförmiger Behälter, der wahrscheinlich zur Umänderung des Blutes dient, ehe der Mutterkuchen gebildet ist; später verschwindet es ganz.

3. Die Harnhaut ist mit der äußern Fläche

4.4. der Schafhaut verbunden (7. Fig. 1. Tab. 77.), und hat daher ganz die Gestalt, wie diese;

5. die Nabelschnur (9. das.),

6. die Frucht, an der die äußern Theile schon alle gebildet sind;
7. die Mündung der Harnschnur, wo sie in die Harnhaut übergeht.

Figur 2. Die Eihäute und die Frucht, ungefähr 16 Wochen alt, von der Kuh; um die Hälfte verkleinert dargestellt.

1—1. Die Lederhaut mit den Mutterkuchen,
2.2. die Harnhaut, welche zwischen jener und der Schafhaut liegt, und welche länger ist, als die Lederhaut; zu ihr führt
3. die Harnschnur, von der Harnblase;
4.4. die Schafhaut ist zum Theil von der Harn- und Lederhaut abgelöst, und zurückgeschlagen,
5. die Nabelschnur und
6. die Frucht.

Figur 3. Ein 46 Tage alter Fötus vom Rinde, in natürlicher Größe.

1. Die Schafhaut,
2. die Nabelschnur ist kurz und dick, und an
3. der Frucht ist der Bauch kegelförmig, allmählig in die Nabelschnur übergehend; die Gliedmaaßen sind grade Stummel, ohne äußere Einschnürungen für die Gelenke.

Figur 4. Derselbe Fötus, an welchem die Scheide der Nabelschnur geöffnet ist.

1. Die Schafhaut,
2. das Nabelbläschen, welches sehr klein und dreieckig ist,
3. die geöffnete Scheide der Nabelschnur, in welcher
4. die Nabel-Gekrösvene,
5. die Nabel-Gekrösarterie (8. 9. Fig. 1. Tab. 79.) und
6. zwei Schlingen des Darmkanals, die durch den Nabelring hervorgetreten sind, liegen.

Figur 5. Derselbe Fötus mit geöffneter Bauchhöhle.

1. Die Leber, welche so groß ist, daß sie die Bauchhöhle fast ausfüllt, daher liegt ein Theil
2. des Darmes in der Nabelstrangscheide;
3. die Harnblase mit den beiden Nabelarterien (zurückgelegt),
4. die zur Leber führende Nabelvene,
5. die männliche Ruthe, welche zurückgebogen und dem Kitzler noch sehr ähnlich ist,
6. der After.

Figur 6. Derselbe Fötus mit offener Bauchhöhle, ohne die Leber.

1. Die geöffnete Scheide der Nabelschnur, welche einige Schlingen
2. des Darmes enthält; dieser ist noch sehr kurz;
3. der vierfache Magen ist auch noch sehr wenig entwickelt. Dagegen ist
4. der Hode und Nebenhode verhältnißmäßig schon groß,
5. die Harnblase mit den Nabelarterien,
6. die männliche Ruthe,
7. der After.

Tabula 81.

Figur 1. Ein ungefähr 7 Wochen alter weiblicher Fötus vom Pferde, in natürlicher Größe; von der rechten Seite gesehen.

Die äußern Organe sind alle schon bestimmt angedeutet, die hintern Gliedmaaßen gegen die vorderen noch sehr kurz.

Figur 2. Derselbe Fötus, von unten gesehen.

1. Der After,
2. die Schaam,
3. der Kitzler.

Figur 3. Weiblicher Fötus, ungefähr 9 Wochen alt, vom Pferde; in natürlicher Größe von der rechten Seite dargestellt.

Die hinteren Gliedmaaßen treten schon in ein besseres Verhältniß zu den vorderen.

Figur 4. Ein weiblicher, ungefähr 13 Wochen alter, Fötus vom Pferde in natürlicher Größe; von der rechten Seite gesehen.

Figur 5. Derselbe Fötus, von unten gesehen.

Die Bauchhöhle ist geöffnet, und der Darmkanal an beiden Seiten herausgelegt.

1. Die Leber, noch sehr groß, nimmt die ganze hintere Fläche des Zwerchfelles ein;
2. der Magen ist dagegen noch sehr klein,
3. der Zwölffinger-
4.4. der Leer-
5. der Hüft-

} Darm sind noch kurz, aber im Verhältniß zum dicken Darme ziemlich weit;

6. das Gekröse des Dünndarmes.
7. Der Blinddarm ist an der Spitze so weit, wie am Grunde,
8. die obere und untere Lage des Grimmdarmes sind noch zu kurz, um die Windungen, wie bei dem neugebornen und erwachsenrn Thiere, in der Bauchhöhle zu machen;
9. der Mastdarm.
10. Der linke Eierstock, er ist schon sehr groß;
11.11. die Hörner der Gebärmutter sind noch tief gespalten, daher ist der Körper kurz;
12. die Harnblase ist länger, als breit, und reicht bis zum Nabel, wo sie in die Harnschnur übergeht,
13. die Nabel-Gekrösvene (vena omphalo-mesaraica) führt das Blut aus dem Nabelbläschen (2. Fig. 1. Tab. 80.) in die Pfortader,
14. die Nabel-Gekrösarterie (arteria omphalo-mesaraica) ist hier, wie bei den andern Thieren einfach, nur bei der Katze ist sie doppelt; sie führt das Blut vom Fötus zum Nabelbläschen.
15. Die Nabelschnur.

Figur 6. Ein männlicher, ungefähr 17 Wochen alter Fötus vom Pferde, in natürlicher Größe von der rechten Seite dargestellt.

Der Fötus ist noch haarlos, die äußern Ohren sind noch sehr klein, die Augenlieder noch vereinigt, die äußern Geschlechtstheile schon mehr entwickelt.

Figur 7. Derselbe Fötus, von unten gesehen.

Die Bauchhöhle ist geöffnet, der Darmkanal an beiden Seiten herausgelegt.

1. 1. Die Leber in ihrer vollen Größe sichtbar,
2—8. wie 2—9. bei Fig. 5.
9. 9. Die beiden Hoden und Nebenhoden sind groß, liegen hinter den Nieren, und treten erst kurz vor der Geburt oder nach derselben in den Hodensack herab; sie haben einen Ueberzug von der Bauchhaut, und die Scheidenhaut des Saamenstranges ist gebildet, die besondere und gemeinschaftliche Scheidenhaut des Hodens entstehen erst bei dem Heraustreten in den Hodensack.
10. Die beiden Saamenleiter sind noch sehr kurz,
11. 11. die Hunter'schen Leitbänder (gubernacula Hunteri) sind runde Stränge, die von den Hoden, durch die Bauchringe, in den Hodensack gehen, und wahrscheinlich bei dem Herabsteigen der Hoden in den Hodensack thätig sind.
12. Die Harnblase,
13. die Nabel-Gekrösvene,
14. die Nabel-Gekrösarterie,
15. die Nabelschnur,
16. die Vorhaut oder der Schlauch.

Tabula 82.

Figur 1. Ein weiblicher, 157 Tage alter Fötus vom Pferde, auf den vierten Theil verjüngt; von der rechten Seite dargestellt.

Der ganze Körper ist noch kahl, nur

1. 1. an den Lippen zeigen sich die ersten Spuren von Haaren.

Figur 2. Derselbe Fötus, von unten gesehen.

Die Bauchhöhle ist geöffnet und der Darmkanal an beiden Seiten herausgelegt.

1. 1. Die Leber, immer noch sehr groß,
2. der Magen,
3. der Zwölffingerdarm,
4 a. 4 a. der Leerdarm,
4. das Dünndarmgekröse,
5. der Hüftdarm,
6. Der Blinddarm,
7. 7. die obere und untere Lage des Grimmdarmes,
8. der Mastdarm. Der ganze Darm ist fast noch in demselben Verhältniß, wie bei Fig. 7. Tab. 81.,
9. Die Eierstöcke sind sehr groß, und
10. die Gebärmutter ist (gegen 11. Fig. 5. Tab. 81.) darin verändert, daß ihr Körper länger geworden ist, die Hörner also im Verhältniß kürzer sind;
11. die Harnblase,
12. die Euter,
13. der Kitzler ist nicht mehr so lang,
14. die Schaam.

Figur 3. Ein weiblicher, ungefähr 7 Wochen alter Fötus vom Rinde, in natürlicher Größe; von der rechten Seite gesehen.

Die Gliedmaaßen sind schon mehr entwickelt, als bei Fig. 3. Tab. 80., der Kitzler ist noch sehr lang und unter dem After hervorragend.

Figur 4. Ein weiblicher, ungefähr 8 Wochen alter Fötus vom Rinde, in natürlicher Größe; von der rechten Seite gesehen.

Auch hier ist

1. der Kitzler noch sehr hervorstehend.

Figur 5. Ein weiblicher, 10 Wochen alter Fötus vom Rinde, in natürlicher Größe; von der rechten Seite gesehen.

Figur 6. Derselbe Fötus, mit geöffneter Bauchhöhle.

1. Die Leber,
2. der Magen,
3. der Darmkanal, schon beträchtlich mehr entwickelt, als bei Fig. 6. Tab. 80.;
4. 4. die Nieren,
5. 5. die Eierstöcke,
6. 6. die Hörner der Gebärmutter, sind kurz und noch nicht gewunden (vergl. 10. Fig. 4. Tab. 82.),
7. der Kitzler,
8. die Schaam.
9. Die Nabelvene,
10. die Harnblase,
11. die Nabelarterien (die Nabel=Gekrösgefäße sind schon ganz verschwunden, weil das Nabelbläschen bei den Wiederkäuern sehr früh verschwindet).

Tabula 83.

Figur 1. Ein männlicher, ungefähr 16 Wochen alter Fötus vom Rinde, in natürlicher Größe; von der rechten Seite gesehen.

1. Die Vorhaut oder der Schlauch, und
2. der Hodensack sind schon entwickelt, obgleich die Hoden noch in der Bauchhöhle liegen.

Figur 2. Derselbe Fötus, von unten gesehen.

Die Bauchhöhle ist geöffnet, und man sieht, daß
1. die Leber schon ganz in die rechte Unterrippengegend gedrängt, weil
2. der Magen schon mehr entwickelt ist;
3. das große Netz,
4. der Darmkanal,
5. 5. die Nieren,
6. 6. die Hoden, noch in der Bauchhöhle liegend,
7. 7. die inneren Saamenarterien und Venen,

8.8. die Saamenleiter,
9. das Hunter'sche Leitband (11. Fig. 7. Tab. 81.),
10. die Harnblase mit
11. den beiden Nabelarterien,
12. die Nabelvene.

Figur 3. Ein weiblicher, 19 Wochen alter, Fötus vom Rinde, in natürlicher Größe; von der rechten Seite gesehen.

1. Der Kitzler ist noch so groß, daß er unter dem After hervorragt.

Figur 4. Derselbe Fötus, mit geöffneter Bauchhöhle, von unten gesehen.

1. Die Leber mit
2. der Gallenblase,
3. die Milz,
4. der Magen, schon deutlich in seinen vier Abtheilungen;
5. der Zwölffingerdarm,
6.6. der Leerdarm,
7. die Windungen des Grimmdarmes,
8. der Mastdarm.
9.9. Die Nieren,
10.10. die Eierstöcke sind hier kleiner, als bei dem jüngern Fötus Tab. 82. Fig. 6.; dagegen sind
11.11. die Hörner der Gebärmutter länger und deutlich gewunden.
12. Die Harnblase,
13.13. die Zitzen an den Eutern.

Tabula 84.

Figur 1. Ein 5 bis 6 Wochen alter Fötus vom Schaf, in natürlicher Größe; von der rechten Seite gesehen.

Am Kopfe ist der Angesichtstheil noch sehr unvollkommen, das Maul bildet noch eine große Spalte; der Bauch ist (wegen der großen Leber) sehr dick.

Figur 2. Ein 6 bis 7 Wochen alter weiblicher Fötus von der Ziege, in natürlicher Größe; von der rechten Seite gesehen.

Figur 3. Ein weiblicher, ungefähr 8 Wochen alter Fötus von der Ziege, in natürlicher Größe; von der rechten Seite gesehen.

Der Angesichtstheil des Kopfes ist, gegen Fig. 2., schon um ein Merkliches länger.

Figur 4. Derselbe Fötus, von unten gesehen.

Die Bauchhöhle ist geöffnet, und die Verdauungs-Eingeweide sind herausgenommen.

1. Der Mastdarm,
2.2. die Nieren, verhältnißmäßig groß;
3.3. die Eierstöcke,
4. die Gebärmutter, deren Hörner noch ganz grade sind,
5. die Harnblase.

Figur 5. Ein männlicher, ungefähr 9 Wochen alter Fötus von der Ziege, in natürlicher Größe; von der rechten Seite gesehen.

Figur 6. Derselbe Fötus, mit geöffneter Bauchhöhle.

1. Die Leber nimmt fast die ganze rechte Seite des Bauches ein,
2. der Magen ist in die linke Seite gedrängt,
3. die Harnblase mit
4. den Nabelarterien.

Figur 7. Derselbe Fötus, von unten gesehen.

Alle Verdauungs-Eingeweide, bis auf den Mastdarm, sind aus der Bauchhöhle entfernt worden.

1. Die Nabelschnur,

2. der Mastdarm,
3. 3. die Nieren,
4. 4. die Hoden, unmittelbar hinter den Nieren liegend;
5. 5. die Saamenarterien und Venen,
6. 6. die Hunter'schen Leitbänder, an der rechten Seite ist der Bauchring aufgeschnitten;
8. 8. die Saamenleiter,
9. die Harnblase und die Nabelarterien.

Figur 8. Ein weiblicher, ungefähr 12 Wochen alter Fötus vom Rinde, in natürlicher Größe; von der rechten Seite gesehen.

Tabula 85.

Figur 1. Ein männlicher, ungefähr 8 Wochen alter Fötus vom Schweine, in natürlicher Größe; von der rechten Seite gesehen.

Figur 2. Derselbe Fötus, von unten gesehen.

Die Bauchhöhle ist geöffnet, und der Darmkanal zur Seite gelegt.

1. Die Nabelschnur,
2. die Nabelvene,
3. die Leber,
4. der Magen,
5. die Milz,
6. 6. der Dünndarm,
7. die Windungen des Blind- und Grimmdarmes,
8. der Mastdarm.
9. Die linke Niere,
10. 10. die Hoden, welche noch in der Bauchhöhle liegen;
11. der linke Nebenhode, der noch vom Hoden entfernt ist,

12.12. die Saamenleiter;
13.13. die Saamenarterien und Venen,
14. das linke Hunter'sche Leitband (der Bauchring ist aufgeschnitten),
15. die männliche Ruthe, mit geöffneter Vorhaut,
16. die Harnblase mit den Nabelarterien.

Figur 3. Ein männlicher, ungefähr 11 Wochen alter Fötus vom Schweine, in natürlicher Größe; von der rechten Seite gesehen.

Am Rüssel, an der Unterlippe, und an den Augenliedern zeigen sich die ersten Spuren von Borsten.

Figur 4. Derselbe Fötus, von unten gesehen.

Die Bauchhöhle ist geöffnet, und der Darmkanal zur Seite gelegt.

1. Die Nabelvene erreicht bei den Wiederkäuern, dem Schweine und bei den Fleischfressern das Zwerchfell nicht, sondern geht vom Nabel unmittelbar zur Leber.
2.2. Die Leber mit
3. der Gallenblase,
4. der Magen,
5. die Milz,
6.6. der Dünndarm,
7. der Blind= und Grimmdarm,
8. der Mastdarm,
9. die linke Niere.
10.10. Die Saamenarterien= und Venen,
11.11. die Saamenleiter,
12. der linke Hode im Hodensacke. Die Hoden treten beim Schweine=Fötus früher in den Hodensack, als bei den der übrigen Thiere;
13. die Scheidenhäute des Hodens; sie und der Bauchring sind aufgeschnitten.

Tabula 86.

Figur 1. Ein 22 Tage alter weiblicher Fötus mit den Eihäuten, in natürlicher Größe; vom Hunde.

Die Eihäute sind der Länge nach aufgeschnitten.

1.1. Das Nabelbläschen (Tab. 79. Fig. 1.) hat die Länge des ganzen Ei's,

2.2. die Schafhaut ist oben zurückgeschlagen,

3. die Frucht, noch sehr wenig entwickelt; am Kopfe ist der Angesichtstheil noch sehr unvollkommen, die vordern Gliedmaaßen sind wie Flossen gestaltet, die hintern nur kleine Stümpfchen, und liegen mit dem Schwanze fast in einer Ebene.

4.4. Der Mutterkuchen,

5.5. die Lederhaut.

Figur 2. Derselbe Fötus ohne die Eihäute, von unten gesehen.

1.1. Die Brust- und Bauchhöhle sind in der Mittellinie noch nicht geschlossen, daher sieht man die Eingeweide, die nur von der Brust- und Bauchhaut umgeben werden, liegen.

2.2. Die Vorkammern des Herzens,

3.3. die Kammern desselben,

4. die vordere Aorta und vordere Hohlvene,

5. die Lungen sind nur als kleine Erhöhungen sichtbar, die in der Tiefe der Brusthöhle liegen;

6. die Leber ist nächst dem Herzen das Größeste der vorhandenen Organe;

7. der Magen, eine kleine Kugel, liegt unmittelbar an der Leber,

8. der Darmkanal ist noch so kurz, daß er vom Magen fast in grader Richtung zum After geht, nur in der Mitte der Bauchhöhle macht er eine kleine Krümmung, die sich später zu einer Schlinge verlängert und durch den Nabelring in die Scheide des Nabelstranges tritt (vergl. Fig. 4. 5. 6).

9. Der Kitzler ist schon sehr entwickelt.

Figur 3. Derselbe Fötus, von unten und vergrößert dargestellt.

Die Eingeweide sind nun deutlicher zu unterscheiden, besonders der Darm mit seiner Krümmung in der Mitte.

1.1. Die hintere Hohlvene liegt in der Bauchhöhle ganz an der rechten Seite,
2.2. die hintere Aorta ganz an der linken Seite;
3. der Schlund.

Figur 4. Ein ungefähr 4 Wochen alter Fötus mit den Eihäuten vom Hunde, in natürlicher Größe; von der linken Seite gesehen.

1. Der Mutterkuchen,
2. die Lederhaut,
3. das Nabelbläschen,
4. die Schafhaut,
5. die Scheide des Nabelstranges, in welcher eine Schlinge des Darmes liegt,
6. die männliche Ruthe, welche vom Kitzler kaum zu unterscheiden ist.

Figur 5. Dieselben Theile, nur ist die Scheide des Nabelstranges und die Bauchhöhle der Frucht geöffnet.

1. Die Scheide des Nabelstranges, in welcher
2. die Nabel=Gekrösvene,
3. die Nabel=Gekrösarterie (die Gefäße des Nabelbläschens) und
4. die Schlinge des Darmes sichtbar sind.
5. Die Leber ist schon groß,
6. der Magen und
7. die Milz.

Figur 6. Ein Hunde=Fötus mit den Eihäuten, der ungefähr 32 Tage alt ist, in natürlicher Größe; von der linken Seite gesehen.

1. Das Nabelbläschen,
2. die Scheide des Nabelstranges, in welcher noch eine Darmschlinge liegt.

Figur 7. Derselbe Fötus, mit geöffneter Bauchhöhle.

1. Die Nabelarterien,
2. die Nabel-Gekrösarterie,
3. die Nabelvene,
4. die Nabel-Gekrösvene,
5. die Leber, 6. der Magen, 7. die Milz,
8. 8. der Darmkanal, die Schlinge aus der Scheide der Nabelschnur ist zur Seite gelegt.

Figur 8. Ein reifer (9 Wochen alter) Fötus vom Hunde, in natürlicher Größe; von unten gesehen.

Die Bauchhöhle ist geöffnet, und der Darmkanal zur Seite gelegt.

1. 1. Die Leber,
2. die Milz,
3. der Magen,
4. 4. die Bauch-Speicheldrüse,
5. 5. der Zwölffingerdarm,
6. 6. der Leerdarm,
7. der Hüftdarm,
8. der Blinddarm,
9. der Grimmdarm,
10. der Mastdarm,
11. der linke Eierstock,
12. 12. die Hörner und
13. der Körper der Gebärmutter;
14. 14. die Harnleiter,
15. die Harnblase mit
16. den Nabelarterien,
17. die Nabel-Gekrösvene,
18. die Nabel-Gekrösarterie.

Tabula 87.

Figur 1. Ein männlicher, ungefähr 5 Wochen alter Fötus vom Hunde, in natürlicher Größe; von der linken Seite gesehen.

Der Bauch ist schon mehr abgerundet, am Nabel nicht mehr so hervorstehend, weil der Darm in die Bauchhöhle zurückgezogen ist.

Figur 2. Derselbe Fötus, mit geöffneter Bauchhöhle.

Die Darmschlinge ist aus der Scheide des Nabelstranges in die Bauchhöhle zurückgezogen.

1. Die linke Niere mit
2. dem Harnleiter,
3. der linke Hode,
4. das Hunter'sche Leitband,
5. der Saamenleiter,
6. die Ruthe, die wie ein Kitzler zurückgebogen ist.

Figur 3. Ein männlicher, ungefähr 4 Wochen alter Katzen-Fötus mit den Eihäuten, in natürlicher Größe; von der rechten Seite gesehen.

Die Eihäute sind aufgeschnitten, um den Fötus frei zu sehen.

1.1. Der Mutterkuchen,
2.2. die Lederhaut,
3.3. die Schafhaut,
4.4. das Nabelbläschen,
5. die Scheide der Nabelschnur, die noch eine Darmschlinge einschließt,
5. die Frucht.

Figur 4. Derselbe Fötus, mit geöffneter Bauchhöhle.

Die Darmschlinge ist aus der Scheide des Nabelstranges entfernt worden, um die Gefäße zu sehen.

1. Die Leber,

2. der

2. der Darmkanal,
3. die Nabel-Gekrösvene,
4. die Nabel-Gekrösarterie,
5. die Nabelvene.

Figur 5. Ein weiblicher, 176 Tage alter Fötus vom Pferde, um die Hälfte verkleinert; von der rechten Seite dargestellt.

An den Lippen, den Augenliedern und an der Schwanzspitze zeigen sich schon Haare.

Figur 6. Ein ungefähr 6 Wochen altes Ei vom Schweine, in natürlicher Größe.

(Zur Ergänzung von Fig. 8. Tab. 78.).

1. 1. Die Harnhaut ist an beiden Enden des Ei's geschlossen und ragt birnförmig über
2—2. die Lederhaut mit dem Mutterkuchen hervor;
3. 3. die Schafhaut bildet einen kleineren, für sich bestehenden geschlossenen Sack, in welchem
4. die Frucht liegt.

Tabula 88.

Figur 1. Der Brustkasten des Pferdes; von der linken Seite geöffnet.

1. 1. Die **Luftröhre** (trachea s. arteria aspera) fängt am Kehlkopfe an, und endigt in den Lungen (Fig. 2 u. 4.);
2. 2. der Schlund liegt anfangs über der Luftröhre, tritt dann zwischen ihr und der Aorta herab, und erreicht, frei schwebend, das Zwerchfell, welches er durchbohrt um in den Magen überzugehen.
3. die äußere, gewölbte Fläche der **linken Lunge** (pulmo sinister), welche ihre Hälfte der Brusthöhle ganz ausfüllt, wenn sie mit Luft angefüllt ist; ihr vorderer Lappen bedeckt zum Theil

4. den Herzbeutel (pericardium), der oben an die großen Gefäße, unten an das Brustbein und die Rippenknorpel der linken Seite so befestigt ist, daß er vorn nur mit einem scharfen Rande, hinten mit einer Fläche aufsitzt.
5. Der Stamm der linken Achselarterie oder die linke Schlüsselbeinarterie (arteria subclavia sinistra hom.) theilt sich in folgende Aeste, nämlich in
6. den Stamm der vorderen Zwischenrippenarterien (truncus arteriarum intercostalium),
7. die tiefe Nackenarterie (art. cervicalis profunda),
7b. die Halswirbelarterie (art. vertebralis),
8. die untere Halsarterie (art. cervicalis adscendens),
9. die Achselarterie (art. axillaris),
10. die äußere Brustarterie (art. thoracica externa), und in
11. die innere Brustarterie (art. mammaria interna).
12. Der Stamm der Drossel- oder Kopfarterien (truncus carotidum) entspringt aus dem Stamme der rechten Achselarterie.
13. Die vordere Hohlvene (vena cava anterior s. superior hom.) nimmt folgende Venen auf:
14. einen Venenstamm, welcher aus
14a. dem Stamme der vorderen Zwischenrippenvenen (truncus venarum intercostalium anteriorum) und aus
14b. der tiefen Nackenvene (vena cervicalis profunda) gebildet ist; ferner
15. die Halswirbelvene (vena vertebralis),
16. die linke Achselvene (v. axillaris sinistra) und
17. die linke Drosselvene (v. jugularis sinistra).
18. Die hintere Aorta (Aorta posterior s. descendens hom.) liegt zwischen den beiden Mittelfellen, von welchen
19. das linke Mittelfell (mediastinum sinistrum) hier sichtbar; es ist die innere Wand des linken Sackes der Brusthaut (pleura), welche die Hälfte der Brusthöhle auskleidet, die Lunge überzieht und durch Verdoppelung
20. das Lungenband (ligamentum pulmonis) bildet, welches die Lunge mit
21. der vordern Fläche des Zwerchfelles verbindet.
22. 22. Der große sympathische Nerve (nervus sympathicus).

Figur 2. Der Kehlkopf und der obere Theil der Luftröhre des Pferdes, von hinten und oben geöffnet.

1. Der Kehldeckel,
2.2. die inneren Flächen der Gießkannenknorpel, welche, so wie der ganze Kehlkopf und die Luftröhre, mit einer Schleimhaut bekleidet sind.
3.3. Die oberen Schild-Gießkannenbänder oder Taschenbänder (ligamenta thyreo-arytaenoidea superiora) und
4.4. die unteren Schild-Gießkannenbänder oder Stimmritzenbänder (ligamenta thyreo-arytaenoidea inferiora) liegen etwas von einander entfernt nnd haben
5.5. die Morgagni'schen oder Kehlkopftaschen (ventriculi laryngis s. Morgagnii) zwischen sich. Die beiden unteren Schild-Gießkannenbänder sind durch
6. eine Querfalte der Schleimhaut verbunden. An der äußern Fläche der Luftröhrenschleimhaut liegen
7. Längenfasern (fibrae longitudinales) und
8. Querfasern (fibrae transversae). Die Luftröhre besteht aus knorpligen Ringen, die aber hinten und oben nicht geschlossen, sondern mit ihren Enden über einander geschoben sind; sie führt die Luft zu und von den Lungen.

Figur 3. Die Schilddrüsen und ein Theil der Luftröhre des Pferdes, in natürlicher Größe; von unten gesehen.

1. Luftröhrenringe,
2.2. die Schilddrüsen (glandulae thyreoideae), deren Verrichtung nicht bekannt ist, sind durch
3. einen schmalen Fortsatz verbunden.

Figur 4. Die Lungen des Pferdes, von oben gesehen.

A. Die linke Lunge (pulmo sinister) ist etwas kleiner, als
B. die rechte Lunge (pulmo dexter).
1. Der hintere Theil der Luftröhre, welcher an der obern Fläche
2.2. Knorpelplatten hat, durch welche die Enden der Ringe bedeckt werden. Die Luftröhre theilt sich in

3. den rechten und
4. den linken Luftröhrenast (bronchus dexter et sinister), von welchen sich jeder in einer Lunge so vielfach verzweigt, daß die letzten Enden kleine Kanäle ohne Knorpel sind, die als Lungenzellen endigen. An dem linken, der Länge nach aufgeschnittenen Äste sieht man
5. 5. die Mündungen der Zweige. An jeder Lunge wird unterschieden:
6. eine äußere (und eine innere) Fläche (superficies externa),
7. der obere und
8. der untere Rand (margo superior et inferior),
9. der vordere Lappen (lobus anterior),
10. der hintere Lappen (lobus posterior), und die rechte Lunge hat noch
11. einen mittleren Lappen (lobus medius).
12. Ein Stamm der Lungenvenen,
13. die hintere Aorta.

Die Lungen dienen zur Umänderung des dunkelrothen Blutes in hellrothes, und zugleich zur Umwandlung des Speisesaftes in Blut.

Tabula 89.

Figur 1. Das Herz mit dem Herzbeutel vom Pferde, von der linken Seite gesehen.

1. 1. Der Herzbeutel (pericardium) ist aufgeschnitten und an beiden Seiten zurückgeschlagen,
2. die Seitenwand der vorderen oder rechten Kammer (paries lateralis ventriculi anterioris s. dextri) ist durch die linke und rechte Längenfurche von
3. der Seitenwand der hintern oder linken Kammer (paries later. ventriculi posterioris s. sinistri) geschieden. Ueber den Kammern liegen
4. das rechte oder vordere Herzohr (auricula cordis dextra s. anterior) und
5. das linke oder hintere Herzohr (auricula cordis sinistra s. posterior), welche Anhänge der Vorkammern (2. 3. Fig. 3.) sind.

6. Die Spitze des Herzens (apex cordis) liegt nach unten, und klopft bei der Bewegung an die Rippen; am Grunde (basis) entspringen
7. die Lungenarterie (arteria pulmonalis) und
8. der Stamm oder Bogen der Aorta (truncus s. arcus Aortae), welcher sich in
8a. die vordere und
9. die hintere Aorta (Aorta anterior et posterior) theilt. Diese wird mit der Lungenarterie durch
10. den Botalli'schen Gang (ductus arteriosus Botallii) verbunden, der bei dem Fötus Blut führt, hier aber nur ein Band ist. In der linken Längenfurche des Herzens verläuft
11. die linke Kranzarterie (art. coronaria cordis sinistra) und
12. die linke Kranzvene oder die große Vene des Herzens (vena cornaria sinistra s. magna cordis).

Figur 2. Der Grund des Herzens, von der linken Seite gesehen.

Die rechte Herzkammer und die Lungenarterie an ihrem Ursprunge sind aufgeschnitten.

1. Der Stamm der Aorta (8. Fig. 1.),
2. die Lungenarterie (7. das.) hat bei ihrem Ursprunge aus dem Herzen
3—3. drei halbmondförmige Klappen (valvulae semilunares), welche durch Verdoppelung der innern Haut gebildet sind, und den Rücktritt des Blutes aus der Lungenarterie in die Kammer verhindern. In der Mitte des freien Randes jeder Klappe ist
4. das Aranti'sche oder Morgagni'sche Knötchen (nodulus Arantii s. Morgagnii), welches an den Klappen der Aorta deutlicher ist.

Figur 3. Das Herz mit dem Herzbeutel von der rechten Seite.

1.1. Der Herzbeutel (1. Fig. 1.),
2. die Seitenwand der rechten oder vordern Vorkammer, oder des Vorhofes (paries lateralis atrii cordis dextri s. anterioris),

3. die Seitenwand der linken oder hintern Vorkammer (paries lat. atrii sinistri s. posterioris); beide Vorkammern liegen über den Kammern, von welchen sie durch die Kranzfurche getrennt sind.
4. Die Seitenwand der rechten oder vorderen Kammer (2. Fig. 1.),
5. dieselbe der linken oder hinteren Kammer (3. das.); in die rechte Vorkammer ergießen sich
6. die vordere und
7. die hintere Hohlvene (vena cava anterior et posterior s. superior et inferior hom.), welche das Blut vom Körper zum Herzen zurückführen; in der linken Vorkammer münden
8.8. die Lungenvenen (venae pulmonales). In der Kranzfurche verläuft, von der linken Seite kommend
9. die große oder rechte Kranzvene (12. Fig. 1.), und in der Längenfurche
10. die mittlere oder rechte Kranzvene (vena media cordis s. coronaria dextra) und beide münden in der rechten Vorkammer;
11.11. die rechte Kranzarterie (arteria coronaria cordis dextra) kommt von der linken Seite und verläuft in der rechten Längenfurche.

Figur 4. Darstellung der Muskelfasern am Herzen des Pferdes.

Die äußere Haut des Herzens, eine Fortsetzung vom Herzbeutel, ist entfernt worden, und man sieht
1—1. die oberflächlichen Fasern, die in verschiedenen Richtungen liegen, und
2. die tiefer liegenden Muskelfasern. Durch diese, in mehreren Richtungen liegenden Muskelfasern wird das Herz von allen Seiten gleichmäßig zusammengezogen, und die Höhlen werden kleiner, folglich wird das Blut herausgetrieben.

Figur 5. Ansicht der linken oder hinteren Kammer und Vorkammer im Herzen des Pferdes.

Die Seitenwand der Kammer und Vorkammer ist der Länge nach durchgeschnitten.

1. Die **Scheidewand der Vorkammern** (septum atriorum) ist viel dünner, als die der Kammern;

2—2. die **Mündungen der Lungenvenen** (orificia venarum pulmonalium), durch welche das hellrothe Blut in die Vorkammer einströmt,

3. die Höhle des linken Herzohres hat netzähnlich verbundene Fleischbündel, die man **Muskelbalken** (trabeculae carneae) nennt.

4. Die **Scheidewand der Kammern** (septum ventriculorum) ist dick, fleischig und ausgehöhlt,

5.5. die Schnittflächen der dicken Seitenwand,

6.6. die **Warzen- oder Zitzenmuskeln** (musculi papillati) sind runde Muskelmassen, mit welchen die sehnigen Fäden der Klappenzipfel verbunden sind, und welche dieselben anspannen.

7.7. Muskelbalken in der Kammer; an der Grenze der Kammer und Vorkammer liegt

8—8. die **mützenförmige Klappe** (valvula mitralis), sie hat drei Zipfel, welche mittelst

9.9. der **sehnigen Fäden** (fibrae tendineae) an die Warzenmuskeln befestigt sind, und welche, wenn sie angespannt sind, den Rücktritt des Blutes aus der Kammer in die Vorkammer verhindern. Hinter dem mittleren Zipfel ist

10. die **Oeffnung zur Aorta** (ostium arteriosum), durch welche das aus der Vorkammer in die Kammer gelangte hellrothe Blut ausgetrieben wird.

Figur 6. Ansicht der rechten oder vordern Vorkammer und Kammer im Herzen des Pferdes.

1. Die Scheidewand der Vorkammern (1. Fig. 5.) enthält in der Mitte

2. den **Herzknorpel** (cartilago cordis), welcher freigelegt ist nnd bei alten Pferden bisweilen verknöchert;

3. die Höhle des rechten Herzohres,

4. die **Mündung der vordern Hohlvene** (ostium venae cavae anterioris),

5. die **Mündung der hintern Hohlvene** (ostium venae cavae posterioris); durch beide fließt das dunkelrothe Blut in die Vorkammer,

6. die **Mündung der großen Kranzvene** (ostium venae coronariae cordis), vor welcher

7. die Thebesius'sche Klappe (valvula Thebesii) liegt.
8. Die Scheidewand der Kammern (4. Fig. 5.) ist hier gewölbt, daher ist auch die Kammer mehr breit, als lang, und reicht nicht bis zur Spitze des Herzens;
9. 9. die Schnittfläche der Seitenwand, welche schwächer ist, als an der linken Kammer;
10—10. drei Warzenmuskeln (6. Fig. 5.),
11—11. Muskelbalken,
12—12. die dreizipflige oder dreispitzige Klappe (valvula tricuspis) mit ihren
13. 13. sehnigen Fäden;
14. die Oeffnung zur Lungenarterie (ostium arteriosum) liegt hinter dem vordern Zipfel der Klappe, und durch sie wird das in die Kammer aufgenommene dunkelrothe Blut ausgestoßen;
15. 15. die durchgeschnittene rechte Kranzarterie des Herzens.

Tabula 90.

Figur 1. Die Lungen des Rindes, von oben gesehen.

1. Die Luftröhre (1. Fig. 1. Tab. 88.) ist bei dem Rinde von der Seite zusammengedrückt, und die zusammenstoßenden Enden der Knorpelringe bilden oben einen Kamm; sie theilt sich in
2—2. drei Aeste (4. Fig. 4. das.), zwei führen zur rechten und einer geht zur linken Lunge,
3. der vordere Lappen der Lunge, }
4. der hintere — — — } (9—11. Fig. 4. das.).
5. der mittlere — — — }
6. die äußere Haut der Lunge (pleura pulmonalis) ist an einer Stelle abgetrennt um
7—7. die Läppchen der Lunge (lobuli pulmonis), welche bei dem Rinde tief getheilt sind, deutlicher zu sehen.
8. Ein Lungenvenenstamm,
9. die hintere Aorta,
10. 10. die unteren Lappen der Lunge, welche durch Einschnitte am untern Rande gebildet sind.

Figur 2. Der Luftröhrenkopf des Rindes, von hinten und oben geöffnet.

1. Der Kehldeckel,
2.2. die Gießkannenknorpel,
3.3. die unteren Schild=Gießkannenbänder (4. Fig. 2. Tab. 88.); die oberen fehlen, daher fehlen auch die Kehlkopfstaschen (5. das.).
4. Der obere Theil der Luftröhre.

Figur 3. Das Herz des Rindes, um den vierten Theil verjüngt, von der linken Seite dargestellt.

1—1. Der Herzbeutel (aufgeschnitten),
2. die Seitenwand der vordern oder rechten Kammer (2. Fig. 1. Tab. 89.),
3. die Seitenwand der hintern oder linken Kammer (3. das.),
4. die linke Kranzarterie und Vene (11. 12. das.),
5. das vordere oder rechte Herzohr (4. das.),
6. das hintere oder linke Herzohr (5. das.),
7. die Lungenarterie (7. das.),
8. der Stamm oder Bogen der Aorta (8. das.),
9. die vordere Aorta (8a. das.),
10. die hintere Aorta (9. das.),
11. der Botalli'sche Gang (10. das.).

Figur 4. Das Herz des Rindes, von der rechten Seite gesehen.

1.1. Der Herzbeutel (aufgeschnitten),
2. die Seitenwand der hintern oder linken Kammer,
3. die — — vordern oder rechten — ,
4. die rechte Kranzarterie und Vene (10. 11. Fig. 3. Tab. 89.),
5. die Seitenwand der hintern oder linken Vorkammer (3. das.),
6. die — — vordern oder rechten — (2. das.),
7. das hintere oder linke Herzohr,
8. das vordere oder rechte Herzohr,
9. die vordere Hohlvene (6. das.),
10. die hintere — (7. das.),
11—11. die Lungenvenen (8. das.).

Figur 5. Ansicht der linken Kammer und Vorkammer im Herzen des Rindes.

Die Seitenwand der linken Kammer und Vorkammer ist der Länge nach durchgeschnitten, jedoch so, daß die Zipfel der mützenförmigen Klappe noch zusammenhängen.

1. Die Scheidewand der Vorkammern (1. Fig. 5. Tab. 89.),
2.2. die Mündungen der Lungenvenen (2. das.),
3. die Höhle des linken oder hintern Herzohres,
4. der kleine Herzknochen (os cordis minus) liegt in der Scheidewand der Vorkammern, und ist frei gelegt;
5.5. die Schnittflächen an der Seitenwand der Vorkammer,
6.6. die — — — — — Kammer, um das Verhältniß der Stärke beider zu zeigen;
7. die Scheidewand der Kammern (4. Fig. 5. Tab. 89.),
8.8. Warzenmuskeln (6. das.),
9. Muskelbalken,
10.10. die mützenförmige Klappe (8. das.), mit ihren
11.11. sehnigen Fäden (9. das.),
12. die Oeffnung zur Aorta.

Figur 6. Ansicht der rechten Kammer und Vorkammer im Herzen des Rindes.

1. Die Scheidewand der Vorkammern (1. Fig. 6. Tab. 89.),
2.2. die Schnittflächen an der Seitenwand der Vorkammer,
3. die Höhle des rechten oder vordern Herzohres,
4. die Mündung der hintern Hohlvene (5. Fig. 6. das.),
5. die — — vordern — (4. das.),
6. die — — großen Kranzvene (6. das.) mit der Klappe,
7. der große Herzknochen (os cordis majus),
8.8. die Schnittflächen an der Seitenwand der Kammer,
9. die Scheidewand der Kammern (8. das.),
10.10. Warzenmuskeln (10. das.),
11.11. die dreispitzige oder dreizipflige Klappe (12. das.),
12.12. die sehnigen Fäden derselben,
13. die Oeffnung zur Lungenarterie (14. das.).

Tabula 91.

Figur 1. Der Luftröhrenkopf des Schafes, von hinten und oben geöffnet.

Ihm fehlen auch die oberen Schild-Gießkannenbänder, folglich auch die Morgagni'schen Taschen.

Figur 2. Die Lungen des Schafes, von oben gesehen.

1. Die Luftröhre (1. Fig. 1. Tab. 88.) theilt sich, wie bei dem Rinde, in
2—2. drei Aeste (2. Fig. 1. Tab. 90.).
3. die linke Lunge hat drei,
4. die rechte Lunge hat auch drei Lappen und
5. den mittleren Lappen; die Läppchen sind nicht so deutlich gesondert.
6. Ein Stamm der Lungenvenen,
7. die hintere Aorta,
8. die Arm-Kopfarterie oder unbenannte Arterie (arteria anonyma),
9. der Stamm der linken Achselarterie oder Schlüsselbeinarterie (arteria subclavia sinistra).

Figur 3. Das Herz des Schafes, von der linken Seite gesehen.

1. Die Seitenwand der vordern oder rechten Kammer (2. Fig. 1. Tab. 89.),
2. die Seitenwand der hintern oder linken Kammer (3. das.),
3. das vordere Herzohr (4. das.),
4. das hintere — (5. das.),
5. die Lungenarterie (7. das.),
6. der Botalli'sche Gang (10. das.),
7. die hintere Aorta (9. das.),
8. die Arm-Kopfarterie (8. Fig. 2. Tab. 91.),
9. der Stamm der linken Achselarterie (9. das.).

Figur 4. Das Herz des Schafes, von der rechten Seite gesehen.

1. Die Seitenwand der hintern oder linken Kammer,
2. die — — vordern — rechten — ,
3. die — — — — — Vorkammer (2. Fig. 3. Tab. 89.),
4. die Seitenwand der hintern oder linken Vorkammer (3. das.),
5. die vordere Hohlvene (6. das.),
6. die hintere — (7. das.),
7. die Lungenvenen (8. das.).

Figur 5. Ansicht der rechten Kammer und Vorkammer im Herzen des Schafes.

1. Die vordere Hohlvene,
2. die hintere — ,
3.} die Mündungen derselben in die Vorkammer (4. 5. Fig.
4.} 6. Tab. 89.),
5. die Mündung der großen Kranzvene des Herzens (6. das.),
6. die Scheidewand der Vorkammern (1. Fig. 5. das.) mit
7. dem großen Herzknochen (7. Fig. 6. Tab. 90.);
8. die dreizipflige oder dreispitzige Klappe (12. Fig. 6. Tab. 89.),
9—9. die Warzen= oder Zitzenmuskeln (10. das.),
10. die Scheidewand der Kammern (8. das.),
11. die Oeffnung zur Lungenarterie.

Figur 6. Ansicht der linken Kammer und Vorkammer im Herzen des Schafes.

1—1. Die Lungenvenen,
2—2. die Mündungen derselben (2. Fig. 5. Tab. 89.),
3. die Höhle des linken Herzohres (3. das.),
4. der kleine Herzknochen (4. Fig. 5. Tab. 90.),
5—5. die mützenförmige Klappe (8. Fig. 5. Tab. 89.),
6.6. die Warzenmuskeln (6. das.),
7. die Scheidewand der Kammern (4. das.),
8. die Oeffnung zur Aorta (10. das.).

Figur 7. Der Kehlkopf des Esels, von hinten und oben geöffnet.

Der Kehlkopf ist wie der des Pferdes beschaffen, und hat auch

1—1. die Morgagni'schen Taschen.

Figur 8. Die Schilddrüsen des Esels.

Vergleiche Tab. 88. Fig. 3.

Tabula 92.

(Der Maaßstab für diese Tafel ist wie bei Tab. 91.)

Figur 1. Der Kehlkopf des Schweines, von oben und hinten geöffnet.

1. Der Kehldeckel ist an das Zungenbein befestigt, mit dem Schildknorpel aber nur durch die Schleimhaut verbunden, welche zwischen beiden
2. einen blinden Sack bildet;
3. das Schnäuzchen der Gießkannenknorpel,
4. 4. die Morgagni'schen Taschen liegen weiter hinten, als bei den übrigen Thieren.

Figur 2. Die Lungen des Schweines, von oben gesehen.

Die Bezeichnung der einzelnen Theile ist wie bei Tab 91. Fig. 2.

An den Lungen des Schweines zeigen sich die Läppchen deutlicher, als an denen des Schafes.

Figur 3. Das Herz mit dem geöffneten Herzbeutel des Schweines, von der linken Seite gesehen.

Vergl. Tab. 91. Fig. 3.

Figur 4. Das Herz mit dem geöffneten Herzbeutel vom Schweine, von der rechten Seite gesehen.

Vergl. Tab. 91. Fig. 4.

Figur 5. Ansicht der rechten Kammer und Vorkammer im Herzen des Schweines.

Vergl. Tab. 91. Fig. 5. (Der große Herzknochen (7.) fehlt hier.)

Figur 6. Ansicht der linken Kammer und Vorkammer im Herzen des Schweines.

Vergl. Tab. 91. Fig. 6. (Der kleine Herzknochen (4.) fehlt hier ebenfalls.)

Tabula 93.

Figur 1. Die vordere Körperhälfte mit geöffneter Brusthöhle, vom Hunde; von der rechten Seite gesehen.

1. 1. Das Zwerchfell,
2—2. die rechte Lunge,
3. 3. der Herzbeutet mit dem Herzen, welcher nicht an das Brustbein und die Rippenknorpel, sondern an das Zwerchfell befestigt ist;
4. die hintere Aorta,
5. der Schlund (vergl. Tab. 88. Fig. 1.).
6. Die unpaarige Vene (vena azygos);
7. die Luftröhre, von welcher die Muskeln entfernt worden sind,
8. der Kehlkopf,
9. die rechte Schilddrüse, welche länglich ist.

Figur 2. Der Kehlkopf, die Luftröhre und Lungen des Hundes, von oben gesehen.

Der Kehlkopf und ein Theil der Lufröhre sind geöffnet.

1. Der Kehldeckel,
2.2. die Morgagni'schen Taschen sind weit, aber nicht tief;
3. die Höhle der Luftröhre ist geräumig, weil die Enden der Knorpelringe oben nicht zusammenstoßen;
4. die Schleimhaut, welche die Luftröhre auskleidet und mit
5. den Querfasern die obere Wand derselben bildet.
6.6. Die linke Lunge hat drei Lappen,
7.7. die rechte Lunge hat drei seitliche und
8. den mittleren Lappen;
9. das Lungenband der rechten Lunge,
10. der Herzbeutel mit dem Herzen,
11. die Arm = Kopfarterie,
12. der Stamm der linken Achselarterie,
13. die hintere Aorta,
14. ein Stamm der Lungenvenen.

Figur 3. Das Herz mit dem geöffneten Herzbeutel vom Hunde, von der linken Seite gesehen.

1.1. Der Herzbeutel (1. Fig. 1. Tab. 89.),
2. die Seitenwand der vordern oder rechten Kammer (2. das.),
3. die — — hintern oder linken — (3. das.),
4. das vordere oder rechte Herzohr (4. das.),
5. das hintere oder linke — (5. das.),
6. die Lungenarterie (7. das.),
7. der Botalli'sche Gang (10. das.),
8. die Arm= Kopfarterie (8. Fig. 1. Tab. 91.),
9. der Stamm der linken Achselarterie (9. das.),
10. die hintere Aorta.

Figur 4. Das Herz mit dem geöffneten Herzbeutel vom Hunde, von der rechten Seite gesehen.

1.1. Der Herzbeutel,
2. die Seitenwand der hintern oder linken Kammer,
3. die — — vordern oder rechten — ,
4. die — — — — — Vorkammer (2. Fig. 3. Tab. 89.),

5. die Seitenwand der hintern oder linken Vorkammer (3. das.),
6. die hintere Hohlvene (7. das.),
7. die vordere — (6. das.),
8—8. die Lungenvenen (8. das.).

Figur 5. Ansicht der rechten Kammer und Vorkammer im Herzen des Hundes.

1. Die vordere Hohlvene,
2. die hintere — ,
3.
4. } die Mündungen derselben (4. 5. Fig. 6. Tab. 89.),
5. die Mündung der großen Kranzvene (6. das.),
6. die Scheidewand der Vorkammern (1. Fig. 5. das.),
7—7. die dreizipflige oder dreispitzige Klappe (12. Fig. 6. das.),
8. 8. Warzenmuskeln (10. das.),
9. die Scheidewand der Kammern (8. das.),
10. die Oeffnung zur Lungenarterie (14. das.).

Figur 6. Ansicht der linken Kammer und Vorkammer im Herzen des Hundes.

1. 1. Die Lungenvenen,
2—2. die Mündungen derselben (2. Fig. 5. Tab. 89.),
3. die Höhle des linken Herzohres (3. das.),
4. die Scheidewand der Vorkammern (1. das.),
5—5. die mützenförmige Klappe (8. das.),
6. 6. die Warzenmuskeln (6. das.),
7. die Scheidewand der Kammern (4. das.),
8. die Oeffnung zur Aorta (10. das.),
9. 9. die Schnittflächen von der Seitenwand der linken Kammer (5. das.).

Tabula 94.

(Alle Figuren auf dieser Tafel sind in Natur-Größe.)

Figur 1. Die Brusthöhle der Katze, von der linken Seite geöffnet.

1. Der Kehlkopf,

2. die

2. die Luftröhre,
3. der Schlund,
4. die Schilddrüse,
5—5. das linke Mittelfell (19. Fig. 1. Tab. 88.),
6. die linke Lunge,
7. der Herzbeutel und Herz, welche wie bei dem Hunde (3. Fig. 1. Tab. 93.) liegen.

Figur 2. Der Kehlkopf, die Luftröhre und die Lungen der Katze, von oben gesehen.

1. Der Kehldeckel,
2.2. die Morgagni'schen Taschen, die so beschaffen sind, wie bei dem Hunde (2. Fig. 2. Tab. 93.);
3. die Höhle der Luftröhre,
4. die Luftröhre, an welcher die Enden der Knorpelringe zusammenstoßen (vergl. 4. 5. Fig. 2. Tab. 93.).
5. Der Herzbeutel und das Herz,
6.6. die linke Lunge,
7.7. die rechte Lunge,
8. der mittlere Lappen der rechten Lunge,
9. die hintere Hohlvene,
10. die hintere Aorta,
11. ein Stamm der Lungenvenen.

Figur 3. Das Herz der Katze, von der linken Seite gesehen.

Die Bezeichnung der Theile ist wie bei Tab. 93. Fig. 3.

Figur 4. Das Herz der Katze, von der rechten Seite gesehen.

Vergl. Tab. 93. Fig. 4.

Figur 5. Ansicht der rechten Kammer und Vorkammer im Herzen der Katze.

Vergl. Tab. 93. Fig. 5.

Figur 6. Ansicht der linken Kammer und Vorkammer im Herzen der Katze.

Vergl. Tab. 93. Fig. 6.

Figur 7. Ein Stückchen von der Lunge der Katze.

Das Stückchen ist von der Oberfläche der Lunge, und zeigt alle Lungenzellen gewölbt und geschlossen. Diese Zellen sind die blinden Enden der kleinsten Zweige der Luftröhre, bestehen aber nur aus der Schleimhaut, indem die Knorpel sich nicht so weit fortsetzen.

Figur 8. Ein Durchschnitt eines Stückchens von der Lunge der Katze.

Die Lungenzellen, welche bei dem Hunde und der Katze größer sind, als bei den übrigen Thieren, erscheinen hier eckig.

Tabula 95.

Figur 1. Die Lungen, das Herz und die Brustdrüse eines neugebornen Fohlens, um die Hälfte verjüngt und von unten dargestellt.

1. Die Luftröhre,
2. die Brustdrüse (thymus) ist ein drüsen-ähnliches Organ, aber ohne Ausführungsgänge, von dem die Verrichtung noch unbekannt ist; nach der Geburt schwindet die Brustdrüse allmählich.
3. Das Herz im Herzbeutel,
4. die hintere Aorta,

5—5. die Lungen.

Figur 2. Ansicht der rechten Vorkammer im Herzen eines neugebornen Fohlens.

1. Die Mündung der vordern Hohlvene,
2. die hintere Hohlvene ist von ihrer Mündung an aufgeschnitten, um
3. das eirunde Loch (foramen ovale) zu sehen. Durch dieses fließt bei dem Foetus alles Blut, welches die hintere Hohlvene zurückbringt, nämlich das von der hintern Körperhälfte des Fötus, und das aus dem Mutterkuchen kommende, in die linke Vorkammer, um durch die linke Herzkammer in die Aorta getrieben zu werden.
4. Die Mündung der großen Kranzvene des Herzens;
5. die Scheidewand der Vorkammern,
6. die Höhle des rechten Herzohres.

Figur 3. Ansicht der linken Vorkammer im Herzen eines neugebornen Fohlens.

1. Die Arm=Kopfarterie,
2. der Stamm der linken Achselarterie,
3. die hintere Aorta,
4. der Botalli'sche Gang (ductus arteriosus Botallii) verbindet die hintere Aorta mit
5. der Lungenarterie, und führt bei dem Fötus das venöse Blut, welches durch die vordere Hohlvene in die rechte Vorkammer geführt worden, aus dieser in die rechte Kammer und so in die Lungenarterie gelangt ist, in die hintere Aorta, weil die Lungen das Blut noch nicht aufnehmen können.
6. Die Höhle des linken Herzohres,
7. die Klappe des eirunden Loches (valvula foraminis ovalis) verhindert den Rücktritt des Blutes aus der linken in die rechte Vorkammer, verwächst nach der Geburt mit den Rändern
8. des eirunden Loches, und hebt dadurch die Verbindung zwischen den beiden Vorkammern auf;
9. die Mündungen der Lungenvenen.

Figur 4. Die Lungen, das Herz und die Brustdrüse eines neugebornen Kalbes, von unten gesehen; in natürlicher Größe.

1—1. Die Brustdrüse (2. Fig. 1.) oder die sogenannte Kälbermilch ist hier am größesten, und reicht fast bis an den Kehlkopf;
2. das Herz im Herzbeutel,
3—3. die Lungen, an welchen die Bildung der Läppchen schon deutlich ist.

Figur 5. Dieselben Organe vom neugebornen Hunde, um die Hälfte verjüngt.

1. Der Kehlkopf,
2. die Luftröhre,
3. 3. die Schilddrüsen,
4—4. die Brustdrüse,
5. das Herz im Herzbeutel,
6—6. die Lungen.

Figur 6. Eine Schilddrüse vom Schweine-Fötus, in natürlicher Größe.

Figur 7. Die Lungen, das Herz und die Brustdrüse eines Schweine-Fötus, von unten gesehen; in natürlicher Größe.

1. Der Kehlkopf,
2—2. die Brustdrüse,
3. das Herz mit dem Herzbeutel,
4—4. die Lungen sind bei dem Fötus derb und schwer, indem sie noch keine Luft enthalten.

Tabula 96.

Figur 1. Die Arterien am Kopfe und Halse des Pferdes, von der rechten Seite gesehen.

1.1. Die Drossel- oder Kopfarterie (arteria Carotis) geht zwischen der Luftröhre und dem Halse nach oben, und führt dem Kopfe das Blut zu; sie giebt bis zum Kopfe ab:

2—2. Muskelzweige (rami musculares) für den gemeinschaftlichen Muskel des Kopfes, Halses und Armes (b. b.), für den (hier quer durchgeschnittenen) Schulter-Zungenbeinmuskel (c. c.), den Brust-Kinnbackenmuskel (d. d.) und für die Brust Schild- und Zungenbeinmuskeln (e. e.);

3 Luftröhrenzweige (rami tracheales), die sich in der Schleimhaut und den Knorpeln der Luftröhre (f.) verzweigen;

4. die obere Schilddrüsenarterie (art. thyreoidea superior), welche für die Schilddrüse (g.), für die Lymphdrüsen (h.) und für den Kehlkopf bestimmt ist. Hierauf tritt die Drosselarterie unter die Ohrspeicheldrüse (i. i.), und theilt sich in drei Aeste (9. 10. 15. Fig. 1. Tab. 97.), von welchen der stärkste, nämlich die äußere Kopfarterie (15. das.) die äußeren Theile des Kopfes mit Blut versieht. Sie theilt sich in die äußere und innere Kinnbackenarterie (24 a. 17. das.), und von der Letzten sind hier sichtbar:

5. 5. die äußere Kaumuskelarterie (art. masseterica), welche sich in dem äußern Kaumuskel (u.) verzweigt;

6. die große Ohrarterie (art. auricularis magna s. posterior hom.), die sich in

7. die vordere Ohrarterie (art. auricularis anterior), in

8. die hintere — (art. — posterior) und in die untere Ohrarterie theilt (die aber hier nicht sichtbar ist), welche in der Ohrspeicheldrüse aufsteigen, sie, den kurzen und langen Auswärtszieher (r.), den langen Aufheber (l.), den Niederzieher (m.), welcher abgeschnitten ist, und die Ohrmuschel (q.), wo sie Anastomosen bilden, mit Blut versehen; ferner

9. die **Schläfenart.** (art. temporalis), die sich bald in zwei Arterien theilt, nämlich in

10. die **hintere Schläfenart.** (art. temporalis posterior), welche sich in dem untern Einwärtszieher (n.), im gemeinschaftlichen Ohrmuskel (o. o.) und unter dem (hier durchgeschnittenen) Schildknorpel des Ohres (p. p.) durchgehend, im Schläfenmuskel verzweigt; ferner in

11, 11. die **eigentliche Schläfenart.** oder **querlaufende Antlitzart.** (art. transversa faciei), die über dem Antlitznerven (v.) und unter der Jochleiste herabgeht, um sich im äußern Kaumuskel (u.) und in der Haut zu verzweigen.

Von der äußern Kinnbackenarterie ist nur der eine Ast für das Antlitz bestimmt, nämlich

12, 12. die **Antlitz- oder Lippenart.** (art. facialis s. labialis), die sich um den untern Rand des Unterkiefers umbeugt (wo man den Puls fühlt), und am Antlitz folgende Aeste abgiebt:

13, 13. die **Kranzart. der Unterlippe** (art. coronaria labii inferioris), diese geht unter dem Auswärtszieher der Unterlippe (aa.) und neben dem Niederzieher derselben (bb.) nach vorn, bildet am Kinn mit der untern Zahnart.

14. eine **Anastomose**, und endigt im Kreismuskel der Unterlippe, giebt aber vorher

15. die **Maulwinkelart.** (art. anguli oris) ab, welche sich im Kreismuskel der Oberlippe (dd.) verzweigt. Aus der Antlitzarterie (12.), nachdem sie unter dem Jochmuskel (z.) auswärts gegangen ist, entspringt ferner

16, 16. die **Kranzart. der Oberlippe** (art. coronaria labii superioris), welche unter dem Pyramidenmuskel der Nase (g. g.) und dem Auswärtszieher der Oberlippe (w. w.) nach vorn geht, um sich in der Nase und in der Oberlippe zu verzweigen.

17. Die **Arterie des falschen Nasenloches** (art. tubae nasalis) entspringt über 16., verbindet sich durch Zweige mit ihr, und nimmt

18. die **obere Zahnart.** (art. alveolaris superior) auf, die unter dem Aufheber der Oberlippe (x. x.) aus dem Kanal hervortritt; der letzte Zweig der Antlitzarterie ist

19. die **Augenwinkelart.** (art. angularis), die sich nach oben mit einem Zweige der Thränenarterie, nach unten mit der Kranzarterie der Oberlippe verbindet.

Figur 2. Die Arterien in der Brusthöhle und am Halse des Pferdes, von der rechten Seite gesehen.

1. Die vordere Hohlvene (vorn abgeschnitten).
2.2. Die vordere Aorta (art. Aorta anterior) liegt unmittelbar unter der Luftröhre (k. k.), und giebt zuerst
3. den Stamm der vordern Zwischenrippen- und tiefen Nakkenart. ab, der aber oft fehlt, und dann entspringt jede dieser Arterien aus der Aorta selbst; von ihm gehen Zweige an die Luftröhre uud an die Lymphdrüsen (l. l.);
4. die vordere Zwischenrippenart. (art. intercostalis anterior) geht über die Luftröhre (k. k.) und den innern Beuger des Halses (f. f.) nach oben, und giebt
5. die zweite Zwischenrippenart. (art. intercostalis secunda),
6. die dritte Zwischenrippenart. (art. intercostalis tertia), und
7. die vierte Zwischenrippenart. (art. interc. quarta) ab, die an den Rippen herablaufen; dann
8. die querlaufende Schulterart. (art. transversa scapulae), welche zwischen der zweiten und dritten Rippe aus der Brust geht, und sich im breiten gezahnten Muskel (c. c.) und in den Rückenmuskeln verzweigt.
9. Die tiefe Nackenart. (art. cervicalis profunda) giebt
10. die erste Zwischenrippenart. (art. intercostalis prima) ab, tritt dann zwischen der ersten und zweiten Rippe nach oben, theilt sich in
11. die aufsteigende Nackenart. (art. cervicalis posterior adscendens), die Zweige an den Aufheber des Schulterblattes (a.), an den rautenförmigen Muskel (b.) giebt, und dann am Nacken aufsteigt (37. Fig. 2. Tab. 97.); dann in
12. die querlaufende Nackenart. (art. cervicis transversa).
13. Die Halswirbelart. (art. vertebralis) geht unter dem ungleich dreiseitigen Muskel (e.) nach vorn, giebt
14. einen Muskelzweig (ramus muscularis) ab, und tritt vom 6ten Halswirbel an in die Wirbellöcher, durch welche sie nach oben geht (28. Fig. 1. Tab. 97.).

Aus der unbenannten Arterie (art. anonyma), welche der rechte Ast der vordern Aorta ist, entspringen folgende Gefäße:

15. der Stamm der Drosselarterien (truncus Carotidum), der unter der Luftröhre nach vorn geht, und sich in
16. die rechte Drosselart. (art. Carotis dextra), und in
17. die linke — (art. — sinistra) theilt, deren Verlauf Fig. 1.;
18. der Stamm der rechten Achselart. oder die rechte Schlüsselbeinart. (art. subclavia dextra hom.), von welchem zuerst
19. die innere Brustart. (art. mammaria interna) abgeht, die wieder
20. die vordere Mittelfellart. (art. mediastini anterioris), und
21. 21. die Zwischenrippenzweige (rami intercostales) abgiebt; dann geht
22. die untere Halsart. (art. cervicalis adscendens) ab, von welcher ein Zweig an die Lymphdrüsen (i.) und an den gemeinschaftlichen Muskel des Kopfes, Halses und Armes (d.) geht; der andere Zweig für die Brustmuskeln ist abgeschnitten.
23. Die Achselarterie (art. axillaris) und
24. die äußere Brustart. (art. thoracica externa) sind die letzten Aeste vom Stamme der rechten Achselart., und ihren Verlauf s. Tab. 100. Fig. 1.
25. 25. Die hintere Aorta (art. Aorta posterior s. descendens hom.) geht unter der Wirbelsäule nach hinten, und endigt am Becken, sie giebt ab:
26. einen Ast, der sich in
27. 27. die Bronchialarterien (rami bronchiales) und in
28. die Schlundart. (art. oesophagea) theilt; die Ersten begleiten die Luftröhrenäste in die Lungen, und verzweigen sich auch an der Oberfläche des hintern (m.) und des vordern (zurückgeschlagenen) Lungenlappens (n.); die Schlundarterie läuft über dem Schlunde (o. o.) nach hinten, und verbindet sich mit
29. dem Schlundaste der Bauch-Schlagader (ramus oesophageus arteriae coeliacae), der auch Zweige an die Oberfläche der Lunge giebt.
30. Die vordere Zwerchfellart. (art. phrenica anterior s. superior hom.) verzweigt sich im Zwerchfelle (p.). Aus der obern Wand der hintern Aorta entspringen
31. die vereinigte fünfte und sechste Zwischenrippenart. (art. intercostalis quinta et sexta) und
32. 32. die siebente bis siebenzehnte Zwischenrip-

penart. (art. intercost. septima ad decimam septimam), welche an die Wirbel, an den Anfang des großen Lendenmuskels (q.) Zweige geben, mit einem Zweige an der Rippe herablaufen, (vergl. Tab. 103. Fig. 1.), und mit

33. 33. den obern Zweigen in den Rückenmuskeln und in der Haut endigen. Aus dem Stamme oder Bogen der Aorta entspringt

34. die rechte Kranzart. des Herzens (art. coronaria cordis dextra), die unter dem rechten Herzohre (s.) in der Längenfurche am Herzen (r.) herabläuft, und dessen Substanz mit Blut versieht.

Tabula 97.

Figur 1. Arterien am Kopfe und Halse des Pferdes, von der linken Seite.

Der linke Ast des Unterkiefers ist entfernt, und die Luftröhre mit dem Schlunde sind frei gelegt worden.

1—3. wie bei Fig. 1. Tab. 96.

4. 4. Schlundzweige (rami oesophagei), verbreiten sich in den Häuten des Schlundes (p. p.), und verbinden sich mit den Luftröhrenzweigen (3.).

5. Die untere Schilddrüsenart. (art. thyreoidea inferior) entspringt tiefer, als die obere, aus der Drosselart., geht an die Schilddrüse, und verbindet sich mit

6. der obern Schilddrüsenart. (4. Fig. 1. Tab. 96.), und diese mit

6*. der Kehlkopfart. (art. laryngea), welche häufig nur ein Zweig von 6. ist;

7. die untere Ohrdrüsenart. (art. parotidis inferior) tritt in das untere Ende der Ohrspeicheldrüse (sie ist abgeschnitten);

8. die aufsteigende Schlundkopfart. (s. 4. Fig. 2.). Nachdem die Drosselart. zwischen dem Kehlkopfe und der Unterkieferdrüse (h. h.) hindurchgegangen ist, theilt sie sich in

9. die innere Kopfart. (art. Carotis cerebralis) s. Tab. 98. Fig. 4., in

10. die **Hinterhauptsart.** (art. occipitalis) und in die äußere Kopfart. (15.); die Hinterhauptsart. theilt sich in der Flügelgrube des Atlas in
11. den **hintern Ast** (ramus posterior), welcher durch das hintere Loch des Atlas aufwärts steigt, und sich mit der Halswirbelart. (28.) verbindet; dann in
12. den **vordern äußern Ast** (ramus anterior externus), der durch das vordere äußere Loch des Trägers hindurchgeht, und sich in den Nackenmuskeln verzweigt (den vordern innern Ast s. 7. Fig. 2.); vor der Theilung entspringen aus der Hinterhauptsart. noch
13. die obere oder hintere Hirnhautart. (7b. Fig. 2.), und
14. die **untere Hirnhautart.** (art. meningea media hom.), welche durch das Loch des Knopffortsatzes in die Schädelhöhle tritt.
15. Die **äußere Kopfart.** (art. Carotis facialis) ist von den drei Aesten der Drosselart. der stärkste, geht unter dem zweibäuchigen (f.) und Griffel-Kinnbackenmuskel (g. g.) aufwärts, giebt
16. die **obere Arterie der Unterkieferdrüse** (art. glandulae submaxillaris superior) ab, und theilt sich in
17. 17. die **innere Kieferart.** (art. maxillaris interna) und in die äußere (s. 17. 10. Fig. 2.); aus der innern Kieferart. entspringt
18. die äußere Kaumuskelart. (5. Fig. 1. Tab. 96.),
19. die große Ohrarterie (6. das.),
20. 20. die **untere Zahnart.** (art. alveolaris inferior), welche Zweige an den innern Kaumuskel (e.) giebt, und dann in den Kanal des Unterkiefers tritt, hier aber abgeschnitten ist (vergl. Tab. 101. Fig. 10. 11.);
21. die hintere Schläfenart. (10. Fig. 1. Tab. 96.) } abge-
22. die eigentliche Schläfenart. (11. das.) } schnitten;
23. die **Wangenart.** (art. buccinatoria), welche in der Augengrube aus der innern Kieferart. entspringt (30. Fig. 2.), und sich in dem äußern (d.) und innern Kaumuskel (e.) verzweigt.
24a. Die **äußere Kieferart.** (art. maxillaris externa) theilt sich in die Antlitz- und tiefe Zungenart. (12. 15. Fig. 2.), ist aber hier vom innern Kaumuskel (e.) bedeckt; aus
24b. der Antlitz- oder Lippenart. entspringt, ehe sie sich um den Unterkiefer umbeugt (12. Fig. 1. Tab. 96.)
25. 25. die **Unterzungenart.** (art. sublingualis), die über

dem breiten Zungenbeinmuskel (b. b.) und unter der Unterzungendrüse (c.) nach vorn geht, und im Zahnfleische des Unterkiefers endigt; sie giebt ab

26. die Unterkinnart. (art. submentalis), welche sich im breiten Zungenbeinmuskel und in der Haut verzweigt.

27, 27. Die tiefe Zungenart. (art. profunda linguae s. ranina) geht im Fleische der Zunge (a. a.) bis zur Spitze nach vorn (s. 15. Fig. 2.).

28, 28. Die Halswirbelart. (13. Fig. 2. Tab. 96.) geht durch die Wirbellöcher an der Seite der Halswirbel nach oben, wird vom gemeinschaftlichen Muskel (l. l.) und den Quermuskeln des Halses bedeckt, giebt in der Tiefe

29, 29. Muskelzweige an die Nackenmuskeln, und verbindet sich mit dem hintern Äste der Hinterhauptsarterie (11.).

Figur 2. Die tieferen Arterien am Kopfe und Halse des Pferdes, von der linken Seite gesehen.

Der Unterkiefer und die Muskeln unter der Luftröhre sind entfernt worden; die Zunge ist so gewendet, daß vorn die untere Fläche sichtbar ist.

1. Die Drosselarterie,
2. die obere Schilddrüsenart. (4. Fig. 1. Tab. 96.),
3. die Kehlkopfart. (6*. Fig. 1.) ist hier ein Zweig von 2.;
4. die aufsteigende Schlundkopfart. (art. pharyngea adscendens) verzweigt sich in dem Schild- (u.) und Ring-Schlundkopfmuskel (v.).
5. Die Hinterhauptsart. (10. Fig. 1.),
6. der vordere äußere Ast derselben (12. das.) verbindet sich mit einem obern Äste der Halswirbelart. (36.), und verzweigt sich im dicken Strecker des Halses (w.), im großen durchflochtenen Muskel (x. x.), der vom Nackenbande (aa. aa.) abgetrennt und zur Seite gelegt ist, und im kleinen durchflochtenen Muskel (z. z.);
7. der vordere innere Ast (ramus anterior internus) tritt durch das vordere innere Loch des Trägers, wo er von dem dicken Strecker des Halses (w.) bedeckt wird, in den Wirbelkanal, und bildet die Grundarterie des Gehirns (12. Fig. 2. Tab. 98.);

7b. die obere oder hintere Hirnhautart. (art. meningea postica) geht mit einem Zweige an den schiefen Kopfmuskel, der andere geht durch den Schläfengang in die Schädelhöhle;

8. die innere Kopfart. (9. Fig. 1.).
9. Die äußere Kopfart. (15. das.) geht unter dem zweibäuchigen Muskel (e. e.) und dem langen Zungenbeinmuskel (f. f.) aufwärts, und theilt sich in
10. die äußere Kieferart. (24 a. das.) und in die innere Kieferart. (17.); jene giebt ab:
11. die aufsteigende Gaumenart. (art. palatina adscendens), die unter dem großen Zungenbeinaste (g.) an den Schlundkopf (i.) geht; ferner
12. 12. die Antlitz- oder Lippenart. (12. Fig. 1. Tab. 96.), von welcher
13. die untere Arterie der Unterkieferdrüse (art. glandulae submaxillaris inferior) abgeht, die aber hier abgeschnitten ist,
14. die Unterzungenart. (25. Fig. 1.);
15. 15. die tiefe Zungenart. (27. das.) ist bis zur Spitze der Zunge (c. c.) verfolgt, und giebt Zweige an die Oberfläche, welche unter dem Zungenbein-Zungenmuskel (d. d.) aufsteigen, vorher aber
16. die Arterie des Zungenrückens (art. dorsalis linguae), die sich um den kleinen Zungenbeinast umbeugt.
17. Die innere Kieferart. (17. Fig. 1.) mit ihren Aesten, nämlich
18. der äußern Kaumuskelart. (5. Fig. 1. Tab. 96.),
19. der großen Ohrart. (6. das.), von welcher
20. die Arterie der Paukenhöhle (art. tympanica) hinter dem äußern Gehörgange (tt.) durch das Warzenloch in die Paukenhöhle geht, (vergl. Tab. 101. Fig. 7.);
21. die hintere Schläfenart. (10. Fig. 1. Tab. 96.),
22. die eigentliche Schläfenart. (11. das.) und
23. die untere Zahnart. (20. Fig. 1.), die alle abgeschnitten sind. Nachdem nun die innere Kieferart. über den Luftsack (m.) und die Gaumenmuskeln (n. l.) fortgegangen ist, giebt sie
24. die mittlere Hirnhautart. (art. meningea media secunda) ab, die durch das gerissene Loch in die Schädelhöhle tritt, dann nähert sie sich dem Flügelloche des Keilbeines und giebt vor und nach dem Durchgange durch dasselbe
25. 25. die tiefen Schläfenart. (arteriae temporales profundae) ab, welche sich in dem Schläfenmuskel (t.) verästeln. Hierauf entspringt aus der innern Kieferart.
26. die Augenart. (art. ophthalmica), welche

27. die Stirnart. (art. frontalis s. supraorbitalis),
28. die obere Nasenart. (art. nasalis superior) abgiebt, und sich dann im obern Augenliede (o.), in der Thränendrüse (p.), in den Augenmuskeln (q.) und im Augapfel verliehrt. Aus der fortlaufenden innern Kieferart. entspringen ferner:
29. die Fettart. (art. adipis), die für das Fett in der Augenhöhle (s.) bestimmt ist,
30. die Wangenart. (23. Fig. 1.),
31, 31. die obere Zahnart. (art. alveolaris superior), durch die Oberkieferhöhle (n.), wo sie Zweige an die Bakkenzähne giebt, hindurchgehend, und am Antlitz sich mit der Arterie des falschen Nasenloches verbindend (18. Fig. 1. Tab. 96.),
32. die Thränenart. (art. lacrymalis) für den Thränensack und Thränenkanal bestimmt,
33. die hintere Nasenart. (art. nasalis posterior), die durch das Gaumennasenloch in die Nasenhöhle tritt (2. Fig. 6. Tab. 99.); der letzte Ast der innern Kieferart. ist
34. die Gaumenart. (art pterygo-palatina), welche durch den Gaumenkanal an den harten Gaumen (b. b.) tritt, und in diesem nach vorn geht, eben so wie
35. die Gaumenart. der rechten Seite, mit der sie sich über den Gaumenfortsätzen der knorpeligen Nasenscheidewand (a.) verbindet, durch das Schneideloch hindurchgeht, und in die Kranzarterien der Oberlippe übergeht.
36. 36. Die obern Aeste der Halswirbelart. (29. Fig. 1.), die sich mit
37. der aufsteigenden Nackenart. (11. Fig. 2. Tab. 96.) an der innern Fläche des großen durchflochtenen Muskels (x. x.) verbinden.

Tabula 98.

Figur 1. Verbindung der beiden innern Kopfarterien an der Grundfläche des Gehirns vom Pferde, in halber Natur-Größe und von unten gesehen.

Die Schädelhöhle ist von unten geöffnet, so daß
a. die Schleimdrüse oder der Gehirnanhang,

b. das verlängerte Mark, in seinen Häuten eingeschlossen, sichtbar werden;
c. c. die Zwischenknorpel der Kiefergelenke.
1. 1. Die innern Kopfarterien (arteriae Carotides cerebrales) machen einige Windungen und verbinden sich in der Mittellinie durch
2. den äußern Verbindungsast (ramus communicans externus), welcher hinter der Schleimdrüse (a.) und außerhalb der harten Hirnhaut liegt; von beiden, in die Schädelhöhle eindringenden, innern Kopfart. gehen noch
3. Zweige an den Trichter (rami ad infundibulum).

Figur 2. Die Arterien des Gehirns vom Pferde, in natürlicher Größe von unten gesehen.

Die harte Hirnhaut und Spinnwebenhaut sind am großen und kleinen Gehirn entfernt worden, nur am verlängerten Marke noch erhalten.
1. 1. Die innern Kopfart. (1. Fig. 1.) sind nahe am Gehirn abgeschnitten; jede theilt sich in
2. 2. den vordern Ast (ramus anterior), der unter der Schleimdrüse (c.) nach vorn geht, und sich mit dem der andern Seite verbindet, und in den hintern Ast (8.); aus dem vordern Aste entspringen:
3. 3. die Arterie der Sylvi'schen Grube (art. fossae Sylvii), welche sich an der untern und Seitenfläche des großen Gehirns (t. t.) verzweigt,
4. 4. die Arterie des Adergeflechtes (art. plexus choroidei), welche am Sehnerven in die Seitenkammer tritt und dort das Adergeflecht bildet (vergl. Fig. 5.),
5. 5. die vordere Hirnhautart. (art. meningea antica), die Zweige an das große Gehirn und den Riechnerven (a. a.) giebt, und dann in den Sichelfortsatz der harten Hirnhaut tritt, hier aber abgeschnitten ist; endlich entsteht aus der Vereinigung der beiden vordern Aeste
6. die Arterie des Hirnbalkens (art. corporis callosi), welche über den Sehnerven (b. b.) zwischen den beiden vordern Lappen nach vorn und oben geht, und noch
7. 7. die Siebbeinarterien (arteriae ethmoidales), welche abgeschnitten sind, abgiebt.
8. 8. Der hintere Ast der innern Kopfart. (ramus posterior) giebt

9. 9.

9.9. die tiefe Gehirnart. (art. cerebri profunda) ab, und verbindet sich dann durch

10.10. den innern Verbindungsast (ramus communicans internus) mit der Grundart. des Gehirns (12.). Durch die gegenseitige Verbindung des vordern und hintern Astes der innern Kopfart. und mit der Grundart. wird der Cirkel des Willis (circulus Willisii) gebildet.

Aus dem Verbindungsaste entspringt

11.11. die obere Arterie des kleinen Gehirns (art. cerebelli superior), welche unter dem gemeinschaftlichen Augenmuskelnerven (d. d.) und über den Rollnerven (e.e.) an das kleine Gehirn geht (3. Fig. 3.).

12.12. Die Grundart. (art. basilaris) wird durch die Vereinigung der beiden vorderen innern Aeste der Hinterhauptsarterien (15. 15.) gebildet, geht unter dem verlängerten Marke (r. r.) und dem Hirnknoten (p.) nach vorn, und giebt kleine Zweige an den dreiästigen Nerven (f. f.), den Augen abziehenden (g. g.), den Zungen-Schlundkopfnerven (k. k.), den Lungen-Magennerven (l. l.), den Beinerven (m. m.) und an den Unterzungennerven (n. n.); ferner

13. die innere Gehörart. (art. auditoria interna), welche mit dem Antlitz- (h.) und Gehörnerven (i.) in den innern Gehörgang tritt, und sich im Labyrinthe verzweigt (vergl. Tab. 101. Fig. 8. und 9.);

14. die untere Arterie des kleinen Gehirns (art. cerebelli inferior), die an der untern Fläche des kleinen Gehirns (q. q.) nach hinten geht (4. Fig. 3.).

15.15. Die vordern innern Aeste der Hinterhauptsarterien (7. Fig. 2. Tab. 97.) durchbohren die harte Rückenmarkshaut, da wo das erste Halsnervenpaar (o. o.) entspringt, und verbinden sich in der Grundart. (12. 12.), von welcher nach hinten

16. die untere Rückenmarksart. (art. spinalis inferior) abgeht, die unter dem Rückenmarke (s.) nach hinten geht (s. Tab. 102. Fig. 1.).

Figur 3. Die Arterien am Gehirn des Pferdes, in natürlicher Größe, von oben gesehen.

1. Die Arterie des Hirnbalkens (6. Fig. 2.) verzweigt sich an den Halbkugeln und am Balken des großen Gehirns (a. a.),

2—2. die Zweige von der Arterie der Sylvi'schen Grube (3. das.) und der tiefen Gehirnart. (9. das.),
3.3. die obere Arterie des kleinen Gehirns (11. das.), die sich mit
4.4. der untern Arterie des kleinen Gehirns (14. das.) verbindet, und auf dem kleinen Gehirn (b. b.) verzweigt; von der letzteren Arterie gehen neben der rautenförmigen Grube (c.)
5. die oberen Rückenmarkszweige (rami spinales superiores) ab, welche sich auf dem Rückenmarke (d.), dem Beinerven (e.) und dem ersten Halsnerven verbreiten.

Figur 4. Die Arterien am Pferde-Gehirn, welches in der Schädelhöhle liegt; in halber Naturgröße und von der rechten Seite dargestellt.

Die Schädelhöhle ist von der rechten Seite geöffnet, und die Gehirnhäute sind hinweggenommen worden.

1. Die Drosselarterie
2. die Hinterhauptsart. } abgeschnitten,
3. die äußere Kopfart.
4. die innere Kopfart. (art. Carotis cerebralis) geht unter dem kurzen (g.) und langen Beuger des Kopfes (h.) an der innern Wand des Luftsackes nach vorn, macht einige Windungen, und tritt an der Eustach'schen Trompete (f.) in die Schädelhöhle, wo sie sich verzweigt;
5. die Centralart. der Netzhaut (art. centralis retinae) begleitet den Sehnerven (d.) in's Auge (sie ist an der Figur zu dick gezeichnet), vergl. Tab. 101. Fig. 3.;
6. die Arterie der Sylvi'schen Grube (3. Fig. 2.), verzweigt sich am großen Gehirn (a.),
7. die tiefe Gehirnart. (9. das.),
8. der innere Verbindungsast (10. das.),
9. die obere Arterie des kleinen Gehirns (11. das.) geht an das kleine Gehirn (b.),
10. die Grundart. (12. das.) geht unter dem Rückenmarke (c.) nach vorn und wird aus
11.11. den vordern innern Aesten der Hinterhauptsarterien (7. Fig. 2. Tab. 97.) gebildet, sie giebt
12. die untere Arterie des keinen Gehirns (14. Fig. 2. Tab. 98.) ab.

Figur 6. Die Adergeflechte in den Seitenkammern des Gehirns vom Pferde, in natürlicher Größe und von oben dargestellt.

a a. Die gestreiften Körper (corpora striata),
b. das vordere Markbändchen (commissura cerebri anterior) und hinter ihm die vordere Gehirnöffnung (aditus ad infundibulum),
c—c. die Ammonshörner (cornua Ammonis), deren vordere Schenkel vorn abgeschnitten und zurückgelegt sind, um
d. d. die Sehnervenhügel (thalami nervorum opticorum) zu sehen;
e. e. die seitlichen Adergeflechte (plexus choroidei laterales) sind jedes aus einer kleinen Arterie (4. Fig. 2.) gebildet, und bilden durch ihre Vereinigung
f. das mittlere Adergeflecht (plexus choroideus medius).

Auf der Schnittfläche des Gehirns sieht man die von unten herkommenden Gefäßzweige.

Tabula 99.

Figur 1. Die Arterien am linken Auge des Pferdes, in natürlicher Größe, von oben gesehen.

1. 1. Die Aeste der Augenart. (26. Fig. 2. Tab. 97.), der größere giebt
2. 2. einen Zweig an das obere Augenlied (a.) und an die Thränendrüse (b.); von beiden Aesten gehen
3. 3. die Ciliararterien (arteriae ciliares), welche die harte Haut des Auges durchbohren (vergl. Tab. 101. Fig. 1. und 2.), und
4. 4. Muskelzweige ab, für den Aufheber des obern Augenliedes (c.), den oberen graden Muskel (d—d.), den innern (e.) und äußern graden (f.), den größen schiefen (g.), und für den Grundmuskel (h.); der Blinzknorpel ist mit i., der Sehnerv mit k. bezeichnet.
5. Die obere Nasenart. (28. Fig. 2. Tab. 97.) ist die Fortsetzung vom stärkeren Aste der Augenart. (vergl. Tab. 99. Fig. 5. und 6.).

Figur 2. Die Arterien am linken Auge des Pferdes, in natürlicher Größe, von unten gesehen.

1. Die Augenart. giebt
2. einen Zweig an das untere Augenlied (a.), den Blinzknorpel (c.), den kleinen schiefen und innern graden Muskel (e.);
3. Ciliararterien, die im untern graden Muskel (f.) aufsteigen.

Figur 3. Die tiefer liegenden Arterien am rechten Augapfel des Pferdes, von oben gesehen.

a. Der Augapfel,
b. der obere grade Augenmuskel,
c. c. der Grundmuskel,
d. der Sehnerv,
e. e. die Ciliararterien.

Figur 4. Dieselben von unten gesehen.

a. Der Augapfel,
b. b. der Grundmuskel,
c. der Sehnerv,
d. d. Ciliararterien,
e. Muskelzweige.

Figur 5. Die Arterien an der Nasenscheidewand und am Gaumen des Pferdes, von der linken Seite gesehen.

Der Antlitztheil des Kopfes ist der Länge nach durchgeschnitten, so daß die Nasenscheidewand an der rechten Hälfte erhalten ist.

1. 1. Die obere Nasenart. (art. nasalis superior) geht von der Augenart. durch das Siebbeinloch in die Schädelhöhle und über das Siebbein hinweg in die Nasenhöhle, wo sie sich auf der Nasenscheidewand (a. a.) verzweigt, und mit
3. 3. den Nasenzweigen (rami nasales) der

2.2. Gaumenart. (art. pterygo-palatina), welche durch die Löcher des knöchernen Gaumens (b. b.) in die Nasenhöhle gehen, anastomosirt; die Gaumenart. geht durch das Schneideloch an die Oberlippe.

Figur 6. Die Arterien der linken Nasenhöhle des Pferdes, von der innern Seite gesehen.

1.1. Die Zweige der obern Nasenart. (1. Fig. 5.), die sich an der Schleimhaut der oberen Nasenmuschel (a.) und des Siebbein-Labyrinthes (c. c.) verbreiten;
2. die hintere Nasenart. (art. nasalis posterior) tritt durch das Gaumen-Nasenloch in die Nasenhöhle (vergl. 33. Fig. 2. Tab. 97.), und verzweigt sich an der untern Nasenmuschel (b.), an der hintern Nasenöffnung und im untern Nasengange, wo sie sich mit
4.4. den Nasenzweigen der
3. Gaumenarterie verbindet.

Figur 7. Die tief liegenden Arterien am linken Vorderfuße des Pferdes, von hinten gesehen.

Die Muskeln sind, bis auf den Beuger des Fesselbeines, entfernt worden.

1. Die hintere Kniebogenarterie (arcus carpi volaris hom.) ist ein Ast der Speichenart. (15. Fig. 2. Tab. 100.), geht an der Speiche (a.) herab, und verzweigt sich in den Bändern der Vorder-Fußwurzel;
2.2. die hintere innere Zwischenknochenart. (20. Fig. 2. Tab. 100.) geht zwischen dem Beuger des Fesselbeines (c.) und dem innern Griffelbeine (d.) herab, und verbindet sich über den Sesambeinen mit
3.3. der hintern äußern Zwischenknochenart. (19. Fig. 2. Tab. 100.), welche über das Hakenbein (b.), am äußern Griffelbeine (d.) herabgeht; beide Arterien sind durch
4. den Querast (ramus transversus) oben verbunden, und aus der innern entspringt noch
5. die Ernährungsart. des Schienbeines (art. nutritia ossis metacarpi medii), welche durch ein Loch in die Markhöhle dieses Knochens tritt.
6. Die große Schienbeinart. (21. Fig. 2. Tab. 100.), welche abgeschnitten ist, bildet mit 3. und 4.

7. den tiefen Bogen (arcus volaris profundus); und theilt sich dann in
8—8. die beiden Seitenart. der Zehe (arteriae digitales), welche durch
9. die hintere Fesselbeinart. (art. phalangis primae posterior) und durch
10. die hintere Kronenbeinart. (art. phalangis secundae posterior), von der Sehne des Hufbeinbeugers (e.e.) bedeckt, verbunden werden. Der letzte Zweig jeder Seitenarterie ist
11.11. die Arterie der Fleischsohle (art. phalangis tertiae inferior), die theils unter den Fleischstrahl (f.) geht, und
12. einen oberflächlichen Zweig (ramus superficialis) abgiebt (vergl. Tab. 107. Fig. 13.).

Figur 8. Die Arterien am linken Vorderfuße des Pferdes, von vorn gesehen.

1. Der vordere Kniebogen (arcus carpi dorsalis) wird durch Zweige der äußern Zwischenknochenart. (8. Fig. 3. und 4. Tab. 100.), welche über die Sehne des Schienbeinstreckers (a.) und Kniestreckers (b.) herablaufen, gebildet, und aus ihm entspringen:
2. die vordere äußere Zwischenknochenart. (art. interossea dorsalis externa), die zwischen dem äußern Griffelbeine und dem Schienbeine (d.), und
3. die vordere innere Zwischenknochenart. (art. interossea dorsalis interna), die zwischen dem innern Griffelbeine (e.) und dem Schienbeine (d.) herabläuft.
4. Gelenkzweige (rami articulares) gehen an die Sehne des Hufbeinstreckers (c.c.), an die Bänder des Fesselgelenkes, und verbinden sich mit
5. der vorderen Fesselbeinart. (art. phalangis primae anterior), welche mit
6. der vordern Kronenbeinart. (art. phalangis secundae anterior) anastomosirt und zugleich mit
7. der Arterie der Kronenwulst (art. tororum ungulae mollium) entspringt, die an die Hornröhrchen des Hufes die Ernährungsgefäße abgiebt (vergl. Tab. 107. Fig. 9.).

8. Die Arterie der Fleischwand (art. phalangis tertiae anterior) liegt in der Rinne des Hufbeines, und verbindet sich mit den Zweigen
9. der Arterie der Fleischsohle (11. Fig. 7.), welche durch die Löcher des Hufbeines vorn durchtreten (vergl. Tab. 107. Fig. 12.).

Tabula 100.

Figur 1. Die Arterien an der obern Hälfte der linken vordern Gliedmaaße des Pferdes, von der innern Seite gesehen.

Der Maasstab ist $\frac{1}{3}$ der Natur-Größe.

1.1. Die Achselarterie (art. axillaris) ist das größeste Gefäß an der vordern Gliedmaaße, sie giebt zuerst
2.2. die äußere Brustart. (art. thoracica externa) ab, welche an den kleinen (a. a) und großen Brustmuskel (b. b.) Zweige giebt, und im Bauch-Hautmuskel (c.) endigt, dann
3. die Schulterhöhenart. (art. acromialis), die an den kleinen Brustmuskel (a. a.), den vorderen Grätenmuskel (d.), Unterschultermuskel (e. e.) und das Armbein Zweige giebt; hierauf theilt sich die Achselart. in
4.4. die Unterschulterart. (art. subscapularis) und in die Armart. (8.); erstere geht zwischen dem Unterschultermuskel (e. e.) und dem Niederzieher des Armbeines (f. f.) aufwärts, und giebt ab:
5. die hintere umschlungene Armbeinart. (art. circumflexa humeri posterior), welche zwischen dem Niederzieher des Armbeines (f.) und dem kurzen Beuger des Vorarmes (i.) nach außen geht;
6. die umschlungene Schulterart. (art. circumflexa scapulae), die den dicken Vorarmstrecker durchbohrt, und
7—7. Muskelzweige (rami musculares) an e., f., die Lymphdrüsen (g.), an den breiten Rückenmuskel (h.) und Hautmuskel (c.) abgiebt.
8. Die Armart. (art. brachialis) geht an der innern Seite des Armbeines herab, und giebt folgende Arterien ab:

9. die vordere umschlungene Armbeinart. (art. circumflexa humeri anterior), geht unter dem Aufheber des Armbeines (m. m.) und dem langen Beuger des Vorarmes (n.) nach vorn und außen;
10. die tiefe Armart. (art. brachii profunda), verzweigt sich in dem kurzen (n.), langen (l. l.), dicken und mittleren Strecker des Vorarmes; sie vertritt hier durch einen Zweig die obere Seitenart. des Ellenbogens;
11. die untere Ernährungsart. des Armbeines (art. nutritia humeri inferior), welche in die Markhöhle desselben (s.) eindringt,
12. 12. die untere Seitenarterie des Ellenbogens (art. collateralis ulnaris inferior), die am innern Beuger des Knie's (q. q.) herabgeht, Zweige an den breiten Brustmuskel (o.) giebt, und am Vorderknie endigt (vergl. 9. Fig. 4.);
13. einen Hautzweig (ramus cutaneus). Die Armarterie theilt sich nun in
14. die Ellenbogenart. (7. Fig. 3.) und in
15. 15. die Speichenart. (art. radialis), die bis unter die Mitte des Vorarmes (t.) diesen Namen behält, und bis dahin abgiebt:
15*. die zurücklaufende Speichenart. (art. recurrens radialis), welche unter dem Beuger des Schienbeines zurückgeht, und sich mit Zweigen der untern Seitenart. des Ellenbogens verbindet;
16. die äußere Zwischenknochenart. (8. Fig. 3.),
17. 17. Muskelzweige an die Beuger des Knie's und Schienbeines (r. r.) und an den Strecker des Schienbeines (p.).

Figur 2. Die Arterien an der untern Hälfte der linken vordern Gliedmaaße des Pferdes, von der innern Seite gesehen.

15. 15. Die Speichenart. giebt ferner ab:
18. einen Zweig an den vordern Kniebogen (1. Fig. 8. Tab. 99.),
19. die hintere äußere Zwischenknochenart. (art. interossea volaris externa), die über das Hakenbein herabgeht (vergl. 3. Fig. 7. Tab. 99.),
20. 20. die hintere innere Zwischenknochenart. (art. interossea volaris interna), welche bis zum obern Ende des innern Griffelbeines oberflächlich, dann aber in der

Tiefe verläuft (vergl. 2. Fig. 7. Tab. 99.); der letzte und stärkste Ast der Speichenart. ist

21.21. die große Schienbeinart. (art. volaris sublimis), die an den Sehnen des Kronen- (v. v.) und Hufbeinbeugers (w. w.) herabläuft, an beide, und an die die Haut (aa.) Zweige abgiebt, um sich über den Sesambeinen mit 19. und 20. zu verbinden (vergl. 6. Fig. 7. Tab. 99.).

22.22. Ein Theil des vordern Kniebogens (1. Fig. 8. Tab. 99.) versieht die Sehnen des Kniestreckers (u.) mit Zweigen, und aus ihm entspringt

23. die vordere innere Zwischenknochenart. (3. das.), welche zwischen dem Schienbeine (x.) und dem innern Griffelbeine (y.) herabläuft;

24.24. die Seitenart. der Zehe (8. Fig. 7. das.),

25. die vordere Fesselbeinart. (5. Fig. 8. das.),

26. die vordere Kronenbeinart. (6. das.),

27. die Arterie der Kronenwulst (7. das.),

28. die Arterie der Fleischwand (8. das.), die einen Zweig an die Ballen abgiebt;

29.29. Zweige der Fleischsohlenart. (11. Fig. 7. das.),

30.30. Hautzweige.

Figur 3. Die Arterien an der obern Hälfte der rechten vordern Gliedmaaße des Pferdes, von der äußern Seite gesehen.

1.1. Die umschlungene Schulterart. (6. Fig. 1.) verzweigt sich in dem vordern (a. a.) und hintern Grätenmuskel (b. b.); und giebt

2. die Ernährungsart. des Schulterblattes (art. nutritia scapulae) ab;

3.3. der äußere Ast der Unterschulterart. (4. Fig. 1.) ist für den hintern Grätenmuskel (b. b.), den langen Auswärtszieher des Armbeines (d. d.) und für den Schulterhautmuskel (g.) bestimmt;

4.4. die hintere umschlungene Armbeinart. (5. Fig. 1.) tritt zwischen dem kurzen (c.) und langen Auswärtszieher des Armbeines (d. d.) hervor, giebt an beide und an den dikken (e.), so wie an den mittlern Strecker des Vorarmes (f.) Zweige. Zwischen diesem Muskel und dem langen Beuger des Vorarmes (h. h.) tritt

5. die vordere umschlungene Armbeinart. (9. Fig. 1.) hervor, und geht bis an das Schultergelenk.
6. Die tiefe Armart. (10. das.) geht zwischen dem mittleren Strecker (f. f.) und dem kurzen Beuger des Vorarmes (i. i.) nach außen;
7. 7. die **Ellenbogenart.** (art. ulnaris) ist der letzte äußere Ast der Armarterie, geht zwischen den Beugern des Vorarmes (h. i.) und dem Strecker des Schienbeines (k. k.), an welche sie so wie an den Hufbeinstrecker (l. l.) Zweige giebt, hervor, und verbindet sich mit
8. der **äußern Zwischenknochenart.** (art. interossea externa), die aus der Speichenart. entspringt, zwischen der Speiche und dem Ellenbogenbeine nach außen geht, und am Vorderknie aufhört (8. Fig. 4.); aus ihr entspringt vorher
9. die **zurücklaufende äußere Zwischenknochenart.** (art. interossea externa recurrens), die an dem äußern Beuger des Vorderknie's (m. m.) aufwärts läuft, und sich mit 6. verbindet.

Figur 4. Die Arterien an der untern Hälfte der rechten vordern Gliedmaaße des Pferdes, von der äußern Seite gesehen.

8. 8. Die äußere Zwischenknochenart. (8. Fig. 3.) verzweigt sich an dem Strecker des Schienbeines (k. k.), des Hufbeines (l. l.), des Fesselbeines (n. n.) und des Vorderknie's (o. o.), und bildet dann den vordern Kniebogen (1. Fig. 8. Tab. 99.)
9. 9. die untere Seitenart. des Ellenbogens (12. Fig. 1.), geht über den äußern Beuger des Vorderknie's (m. m.) herab;
10. die vordere äußere Zwischenknochenart. (2. Fig. 8. Tab. 99.),
11. 11. die äußere Seitenart. des Fußes (8. Fig. 7. das.) verläuft eben so, wie die gleichnamige Arterie an der innern Seite (24. Fig. 2.).

Tabula 101.

Figur 1. Die Ciliar-Arterien am Auge des Pferdes, in natürlicher Größe, von vorn und oben gesehen.

Die durchsichtige und undurchsichtige Hornhaut sind durch Kreuzschnitte geöffnet, und in vier Lappen zurückgelegt (a—a.), zwischen welchen der Sehnerv (b.) hervorkommt, und die Regenbogenhaut (c.) mit der Pupille (d.) und dem Schwämmchen (e.) in derselben, so wie die Aderhaut (f.) sind dadurch frei geworden.

1—1. Die Ciliar-Arterien (3. Fig. 1. Tab. 99.) sind Zweige der Augenart., welche die undurchsichtige Hornhaut durchbohren, sich strahlig theilen, und unter einander zu einem zusammenhängenden Gefäßnetze verbinden, welches die Grundlage der Aderhaut (f. f.) ausmacht.

Figur 2. Die Arterien am Faltenkranze und der Regenbogenhaut des Pferdeauges, in natürlicher Größe, von hinten gesehen.

a. Die Pupille oder der Stern (pupilla),

b. die Schwämmchen oder Traubenkörner (flocculi pigmenti nigri) sind Fortsätze des schwarzen Pigments im Auge;

c. c. ein kleiner Theil der Aderhaut (f. f.), welche

d. d. den Faltenkranz (corpus ciliare) bildet, auf dessen Fältchen die Ciliar-Arterien verzweigt sind, und die auch

e. e. die Arterien der Regenbogenhaut (arteriae iridis), welche geschlängelt bis an die Pupille laufen, abgeben.

Figur 3. Die Arterie der Netzhaut am Pferdeauge in natürlicher Größe, von vorn gesehen.

Das Auge ist wie bei Fig. 1. aufgeschnitten, daher sind

a—a. die Lappen der durchsichtigen und undurchsichtigen Hornhaut; die Regenbogenhaut und der Faltenkranz sind abgeschnitten;

b. der Sehnerv,
c. die Aderhaut,
d. der Eintritt des Sehnervens, welcher sich als
e. Netzhaut (tunica retina) ausbreitet, und auf welcher sich
1. die Zweige der Centralart. der Netzhaut (art. centralis retinae) als sehr kleine Gefäße verbreiten (die Arterie selbst s. 5. Fig. 4. Tab. 98.).

Figur 4. Die Ciliarvenen am Auge des Pferdes, in natürlicher Größe, von vorn und oben gesehen.

Sie verhalten sich so, wie die Ciliararterien (Fig. 1.).

Figur 5. Die Arterien der Regenbogen- und Pupillarhaut am Auge des Pferde-Fötus, in natürlicher Größe und von vorn gesehen.

a. a. Der Faltenkranz (d. Fig. 2.),
b. b ein Theil der Aderhaut.
1. Die Arterien der Regenbogenhaut (c. Fig. 2.) geben auch
2. die Arterien der Pupillarhaut (arteriae membranae pupillaris) ab, welche mit der Haut schon vor der Geburt verschwinden, nur bei den Fleischfressern sind sie noch nach der Geburt vorhanden.

Figur 6. Die Fortsetzung der Central-Arterie der Netzhaut im Glaskörper und der Krystall-Linse des Fötus-Auges vom Pferde, in natürlicher Größe.

1. Die Centralart. (art. centralis) geht durch den Glaskörper (a.) und theilt sich in
2. Zweige für die Linsenkapsel (rami capsulae lentis crystallinae), welche sich in der hintern Kapsel der Krystallinse (b.) ausbreiten.

Figur 7. Die Arterien der Paukenhöhle am linken Ohre eines sechsmonatlichen Pferde-Fötus, doppelt vergrößert.

Der Felsentheil ist von dem Paukentheile getrennt, und

zur Seite gelegt, so daß die innere und äußere Wand der Paukenhöhle sichtbar ist.

a. Die Ohrmuschel,

b. die Zellen der Paukenhöhle (cellulae tympanicae),

c. der Ring für das Paukenfell (annulus membranae tympani), an welchem eine kleine Arterie verläuft, welche die Zweige an die Zellen (b.) abgiebt, sie ist ein Zweig der Paukenhöhlenarterie (20. Fig. 2. Tab. 97.);

d. das Paukenfell (membrana tympani), zwischen dessen Platten

e. der Handgriff des Hammers (manubrium mallei) steckt, an welchem zwei kleine Gefäße herablaufen, die sich auf dem Paukenfelle verzweigen.

ee. Der Kopf des Hammers (caput mallei) ist mit

f. dem Körper des Amboses (corpus incudis) durch ein Kapselband verbunden, und dieser verbindet sich durch

af. den langen oder krummen Fortsatz (processus longus), an welchem das Linsenbeinchen (os orbiculare s. lenticulus) befestigt ist, mit dem Steigbügel; durch

bf. den kudzen oder graden Fortsatz (processus brevis) wird der Ambos mit der äußern Wand der Paukenhöhle verbunden.

g. Das Köpfchen des Steigbügels (capitulum stapedis), dessen Fußtritt im eirunden Fenster steckt; vor ihm liegt

h. das Vorgebirge (promontorium), welches mit feinen Arterienzweigen bedeckt ist. (Das runde Fenster, welches zwischen den Buchstaben h. und k. liegt, ist nicht bezeichnet.)

i. i. Der Spanner des Paukenfelles (musculus tensor tympani) ist quer durchgeschnitten, entspringt an der innern Wand der Paukenhöhle, und endigt an einem kleinen Fortsatzr am Handgriff des Hammers, er zieht das Paukenfell nach innen und spannt es;

k. der Steigbügelmuskel (m. stapedius) entspringt am hintern Ende der Paukrnhöhle, und endigt am Steigbügel, den er im eirunden Fenster bewegt.

Figur 8. Die Schnecke vom linken Ohre eines sechsmonatlichen Pferde-Fötus, doppelt vergrößert dargestellt.

1. Die Spindel (modiolus s. columella), um welche

2. 2. das Spiralblättchen (lamina spiralis) zwei und eine halbe Windung von links nach rechts macht und mit
3. dem Häkchen (hamulus) endigt. Durch das Spiralblättchen werden zwei Gänge oder Treppen gebildet, nämlich
4. 4. die hintere Treppe oder Paukentreppe (scala posterior s. scala tympani), welche zum runden Fenster führt, und
5. 5. die vordere Treppe oder Vorhofstreppe (scala anterior s. scala vestibuli), welche in den Vorhof führt; in beiden verlaufen die kleinen Arterien der Schnecke, die aus der innern Gehörart. (13. Fig. 2. Tab. 98.) entspringen.
6. 6. Die Fortsätze der Kuppel (die hier entfernt worden ist), welche an die Spindel gehen.

Figur 9. Der Vorhof und die Bogengänge aus dem linken Ohre desselben Pferde-Fötus, doppelt vergrößert.

1. Der obere Bogengang (canalis semicircularis superior),
2. der untere Bogengang (canalis semicircularis inferior), deren
3. gemeinschaftliche Oeffnung zu
4. dem Vorhofe (vestibulum) führt; in welchen mit
5. dem Gehörnerven (nervus auditorius) die innere Gehörart. (13. Fig. 2. Tab. 98.) geht, und sich, in die Bogengänge und in die Schnecke verzweigt. (Der äußere Bogengang (can. semicircul. externus) ist hier nicht sichtbar.)

Figur 10. Die Arterien der Schneidezähne und des Hakenzahnes in dem linken Unterkieferaste des Pferdes, von unten gesehen.

Die Zahnwurzeln sind blos gelegt und die Höhlen derselben zum Theil geöffnet, um die kleinen eintretenden Arterienzweige zu sehen, welche aus der untern Zahnarterie (e. Fig. 11.) entspringen.

Figur 11. Die Arterien der Backenzähne im rechten Unterkieferaste des Pferdes, um die Hälfte verjüngt, und von der innern Seite dargestellt.

a. a. Die Kronen der Backenzähne, welche über
b. b. das Zahnfleisch (gingiva) hervorstehen;
c — c. kleine Knochenstückchen von der innern Tafel des Unterkiefers, welche an den freigelegten Kronen festsitzen,
d. der Unterkieferkanal, geöffnet, um
e. e. die untere Zahnart. (20. Fig. 1. Tab. 97.) zu sehen, deren Zweige in die Wurzeln der Backenzähne eindringen (Fig. 12.), in der Knochensubstanz des Unterkiefers, in der Markhaut und in dem Zahnfleische (b.) verbreitet sind, und die mit einem Aestchen in den Körper des Unterkiefers (Fig. 10.) tritt, mit dem andern aber durch das Kinnloch herausgeht, um sich mit der Kranzarterie der Unterlippe zu verbinden (14. Fig. 1. Tab. 96.).

Figur 12. Die Arterien eines Backenzahnes vom Pferde, in natürlicher Größe.

a. Die Krone (corona dentis),
b. b. die Wurzeln (radices dentis),
c. die Höhle der Wurzeln, in welchen sich
d. die kleinen Gefäße verbreiten.

Figur 13. Die Arterien der Zähne im linken Unterkieferaste eines reifen Pferde-Fötus, in natürlicher Größe und von der äußern Seite dargestellt.

a. a. Drei Backenzähne, die noch ganz in die äußere Zahnhaut (membrana dentis externa), auf welcher viele Gefäße verlaufen, eingeschlossen sind; diese äußere Haut tritt auch in die Höhlen der Zähne und bildet die innere Zahnhaut (membrana dentis interna), die Fig. 14. dargestellt ist. Von den Schneidezähnen sind erst
b. der Zangenzahn (dens incisorius internus), und
c. der Mittelzahn (dens incisorius medius) gebildet, und noch in die äußere Zahnhaut ganz eingeschlossen;
d. d. die Gefäße im [illegible]terkieferkanale.

Figur 14. Ein Theil eines Backenzahnes vom reifen Pferde-Fötus, an welchem die innere Zahnhaut (membrana dentis interna) mit ihren zahlreichen Arterien dargestellt ist.

Tabula 102.

Figur 1. Das Rückenmark mit seinen Nerven und Arterien vom Pferde, in natürlicher Größe von unten dargestellt.

Die harte Rückenmarkshaut ist der Länge nach aufgeschnitten.

a. Das Rückenmark (medulla spinalis) ist die Fortsetzung des verlängerten Markes und wird von

b—b. der harten Rückenmarkshaut (dura mater) eingeschlossen. Die innere Fläche derselben wird von einem Blatte der Spinnwebenhaut überzogen, welches durch

c—c. das gezahnte Band (ligamentum denticulatum) in das Blatt übergeht, welches das Rückenmark bekleidet. Der hintere Theil des Rückenmarkes wird

d. d. Pferdeschweif (cauda equina) genannt.

e. Der Beinerv (nervus accessorius Willisii) entspringt in der Gegend des sechsten Halsnervens, geht am Rükkenmarke nach vorn und tritt in die Schädelhöhle, um mit dem 9ten und 10ten Gehirnnerven durch das gerissene Loch wieder herauszutreten.

f—f. Die untern Wurzeln der Rückenmarksnerven treten mit den oberen Wurzeln zusammen, und bilden einfache Knoten, aus welchem jeder Nerve mit zwei Aesten hervorgeht.

g. Die untere Rückenmarksart. (16, Fig. 2. Tab. 98.) läuft in der Mittellinie nach hinten und nimmt

h—h. Zweige der Halswirbelarterien, der Zwischenrippenart., der Lenden- und Kreuzbeinart. (rami spinales) auf, welche an den Nerven in den verschiedenen Gegenden durch die Zwischenwirbellöcher in den Wirbelkanal treten.

1. bis 8. Acht Halsnervenpaare (nervi cervicales), von welchen das erste Paar durch die vordern innern Löcher des Atlas, das letzte zwischen dem 7ten Halswirbel und dem ersten Rückenwirbel heraustritt.

9. bis 26. Achtzehn Rücken- oder Brustnervenpaare (nervi dorsales s. thoracici), das erste Paar geht zwischen dem ersten und zweiten Rückenwirbel, das 18te durch die Zwischenwirbellöcher zwischen dem letzten Rücken- und ersten Lendenwirbel aus dem Wirbelkanale.

27 bis 32. Sechs Lendennervenpaare (nervi lumbales), das letzte Paar geht zwischen dem sechsten Lendenwirbel und dem ersten falschen Wirbel des Kreuzbeines hervor.

33 bis 37. Fünf Kreuznervenpaare (nervi sacrales) treten durch die unteren und oberen Löcher des Kreuzbeines mit ihren Aesten.

38 bis 42. Fünf Schwanznervenpaare (nervi coccygei) gehen zwischen den vordern sechs Schwanzwirbeln aus dem Wirbelkanale.

Figur 2. Darstellung der innern Brustarterien und hintern Bauchdeckenarterien des Pferdes, auf den dritten Theil verjüngt; von oben.

Das Brustbein mit allen Rippenknorpeln und den Bauchmuskeln ist im Zusammenhange erhalten.

a. Die innere Brustart. (19. Fig. 2. Tab. 96.) geht am Seitenrande des Brustbeines (1. 1.) nach hinten, giebt Zweige an den Brustbeinmuskel und

b—b. die Zwischenrippenzweige (rami intercostales) ab, die sich mit den von oben kommenden Zwischenrippenart. (Tab. 103. Fig. 1.) verbinden; dann theilt sie sich in

c. die Zwerchmuskelart. (ramus musculo-phrenicus), die zwischen dem fleischigen Theile des Zwerchfelles (2. 2. 2.) und dem Quer-Bauchmuskel (3. 3.), der abgeschnitten ist, und dessen Sehne (4. 4.) in der weißen Linie (5. 5.) sich mit den andern Bauchmuskeln verbindet, nach hinten geht, sich in beiden verzweigt, und die hinteren Zwischenrippenäste (b.) abgiebt. Der zweite Ast der innern Brustarterie ist

d. die vordere Bauchdeckenart. (ramus epigastricus),

die zwischen dem Schaufelknorpel und den Rippenknorpeln hindurchgeht, an den graden Bauchmuskel (6. 6.) tritt, und

e. eine Anastomose mit

f. der hintern Bauchdeckenart. (art. epigastrica posterior s. inferior hom.) bildet; diese entspringt aus der Schenkelart. (vergl. 21. Fig. 2. Tab. 103.).

Tabula 103.

Figur 1. Einige Zwischenrippenarterien der linken Seite, von der innern Seite gesehen.

Jede Zwischenrippenarterie (arteria intercostalis) geht an der Wirbelsäule (a.) herab, läuft am hintern Rande der Rippe (b. b.) nach unten, und liegt oben bei

1. mehr in die Tiefe, indem sie von den Zwischenrippenmuskeln (c.) bedeckt wird; bei

2. 2. sind sie frei gelegt, und bei

3. 3. sind sie nur von der Brusthaut bedeckt, und gehen unter dem fleischigen Theile des Zwerchfelles (d. d.) und unter dem Querbauchmuskel (e. e.), über die Rippenknorpel (f.) hinweg, in die Zwischenrippenäste der innern Brustarterie (6. Fig. 2. Tab. 102.) über.

Figur 2. Die Arterien in der Bauch- und Beckenhöhle des Pferdes, von unten gesehen.

Alle Eingeweide, bis auf die Nieren, sind aus der Bauchhöhle genommen, und die Bauchhaut ist entfernt worden.

1. 1. Die Bauchaorta (art. Aorta abdominalis) tritt zwischen den Pfeilern des Zwerchfelles (a.) hervor, geht an der linken Seite der Wirbelsäule nach hinten, und theilt sich in der Nähe des Beckens.

2. Die rechte Nierenarterie (art. renalis dextra) geht an die rechte Niere (b.) und giebt eine

3. Nebennierenart. (art. suprarenalis) an die rechte Nebenniere (c.), welche hier etwas zur Seite gelegt ist.

4. Die linke Nierenart. (art. renalis sinistra) ist für die linke Niere (d.) und Nebenniere (e.) bestimmt. Aus der untern Wand der Aorta entspringen:

5. die Bauchschlagader (art. coeliaca), die (hier abgeschnitten) für den Magen, die Leber, Milz = Bauchspeicheldrüse und den Zwölffingerdarm (vergl. Tab. 104.) bestimmt ist;

6. die vordere Gekrösart. (art. mesenterica anterior s. superior hom.) ist auch abgeschnitten, sie führt das Blut zum Darme (vergl. Tab. 105. Fig. 1.);

8.8. die inneren Saamenarterien (arteriae spermaticae internae), welche an die Hoden bei männlichen, an die Eierstöcke bei weiblichen Thieren gehen (vergl. Tab. 106. Fig. 2. und 3.);

9. die hintere Gekrösart. (art. mesenterica posterior s. inferior hom.) ist für den Mastdarm bestimmt (13. Fig. 1. Tab. 105.). Aus der obern Wand der Aorta entspringen

7.7. die Lendenarterien (art. lumbales), welche über dem Psoasmuskel (g.) nach außen gehen und theils an den Rücken, theils an die Bauchmuskeln Zweige geben.

10—10. Die Schenkelart. (arteriae crurales) sind die vorletzten Aeste der Aorta, führen das Blut zu den hintern Gliedmaaßen (vergl. Tab. 108. Fig. 1. und 2.) und geben noch folgende Arterien am Becken ab:

11.11. die umschlungene Darmbeinart. (art. circumflexa ilii) geht unter dem Psoasmuskel (g.), dem großen Lenden = (f.) und Darmbeinmuskel nach außen, und theilt sich in

12. den vordern Ast (ramus anterior), der an die Bauchmuskeln geht, und in

13. den hintern Ast (ramus posterior), welcher über dem kleinen schiefen Bauchmuskel (h. h.) aus dem Becken und an den Spanner der breiten Schenkelbinde geht; aus der Schenkelart. entspringt noch die äußere Saamenart. (6. Fig. 1. Tab. 108.) und die Bauchdeckenarterie (20.).

14.14. Die Beckenart. (arteriae hypogasticae) sind die letzten Aeste der hintern Aorta, und jede giebt folgende Arterien ab:

15.15. die innere Schaamart. (art. pudenda interna),

16.16. die seitliche Kreuzbeinart. (art. sacralis lateralis),

17.17. die Lenden=Darmbeinart. (art. ilio-lumbalis),

die über dem Psoasmuskel und großen Lendenmuskel (f.g.) nach außen geht,

17b. 17b. Die Gesäßart. (art. glutaea anterior s. iliaca superior),

18. 18. die äußere umschlungene Backenbeinart. (art. circumflexa femoris externa) und

19. 19. die Verstopfungsart. (art. obturatoria). Am Poupart'schen Bande entspringt aus der Schenkelart. noch

20. die Bauchdeckenart. (art. epigastrica), die sich in

21. die hintere Bauchdeckenart. (art epigastrica posterior), welche am graden Bauchmuskel nach vorn läuft (vergl. f. Fig. 2. Tab. 102.), und in

22. die äußere Schaamarterie (art. pudenda externa) theilt; diese geht bei weiblichen Thieren in das Euter (i.), bei männlichen an die Ruthe und Vorhaut (9. Fig. 1. Tab. 108.).

23. 23. Die mittlere Schwanzart. (art. coccygea hom.) ist unpaarig und entspringt entweder aus der linken oder rechten Seiten = Kreuzbeinarterie;

24. 24. die seitlichen Schwanzarterien (arteriae caudae laterales) entspringen jede aus ihrer seitlichen Kreuzbeinarterie.

Tabula 104.

Figur 1. Die Bauchschlagader mit ihren Aesten vom Pferde, in halber Naturgröße und von oben dargestellt.

1. Die Bauchschlagader (arteria coeliaca) hat einen sehr kurzen Stamm, und theilt sich über dem linken Ende des Magens in drei Aeste, nämlich in die linke Kranzarterie des Magens, in die Leber= und Milzarterie.

2. Die linke Kranzart. des Magens (art. coronaria ventriculi sinistra) verzweigt sich an der untern oder vordern Wand des Magens (1. 1. Fig. 2.). Aus der Leberartrie, bisweilen auch aus der linken Kranzarterie entspringt

3—3. die rechte Kranzarterie des Magens (arteria coronaria ventriculi dextra), die sich an der obern oder hintern Magenwand (c. c.) verzweigt, indem sie zwischen die Muskel- und Schleimhaut (d.) tritt; auch giebt sie Arterien an den rechten Lappen der Bauchspeicheldrüse (h.), unter welcher sie nach rechts läuft. Aus der linken Kranzart. entspringt auch

4. ein Schlundast (ramus oesophageus), der am Schlunde (b.) in die Brusthöhle tritt, und sich mit dem Schlundaste der hintern Aorta verbindet (vergl. 28. Fig. 2. Tab. 96.).

5.5. Die Leberart. (art. hepatica) giebt Zweige an den linken Lappen der Bauchspeicheldrüse (rami pancreatici), und tritt an die Leber (a.), s. 8. Fig. 2.

6.6. Die Milzart. (art. splenica s. lienalis) geht an der großen Krümmung des Magens an die Milz (e. e.), läuft in der Rinne derselben nach rechts, giebt viele Zweige an die Milz, und an das große Netz (f. f.), deren Verlauf Tab 107. Fig. 2. dargestellt ist, uud giebt noch

7.7. die kurzen Arterien des Magens (arteriae ventriculi breves) ab, welche mit den Kranzart. des Magens

8. Anastomosen bilden. Die Fortsetzung der Milzart. ist

9. die linke Magen-Netzart. (art. gastro-epiploica sinistra), die an der großen Krümmung des Magens nach rechts geht, und sich mit

10. der rechten Magen-Netzart. (7. Fig. 2.) verbindet.

Figur 2. Die Verzweigung der Bauchschlagader des Pferdes, von unten gesehen.

1. Die linke Kranzart. des Magens (2. Fig. 1.) geht über die kleine Krümmung des Magens neben dem Schlunde (b.), an welchen sie einen Zweig giebt, an die untere oder vordere Wand des Magens (c—c.), und verzweigt sich zwischen der Muskel- und Schleimhaut (d.), wo sie mit den kurzen Arterien (5. 5.) des Magens

2. die Anastomosen bildet.

3. Der Schlundast (ramus oesophageus),

4.4. die Milzart. (6. 6. Fig. 1.) verläuft an der Milz (g. g.),

5.5. die kurzen Arterien des Magens (7. das.),

6. die linke Magen-Netzart. (9. das.),

7.7. die rechte Magen-Netzart. (art. gastro-epiploica dextra) entspringt aus der Magen-Zwölffingerdarmart., geht an der großen Krümmung des Magens von rechts nach links, und verbindet sich mit der vorigen Arterie, indem sie auch Zweige an das große Netz (h.) abgiebt.

8. Die Leberart. (5. Fig. 1.) geht von links nach rechts und giebt ab:
9. den linken Ast oder die eigentliche Leberarterie (ramus sinister arteriae hepaticae), aus welcher
10. Zweige für den rechten und
11. für den mittleren Lappen, die über dem Gallengange (aa.) an die Leber (a.) gehen, und
12. für den linken Lappen abgehen; die Leberarterie giebt ferner ab:
13. Zweige an die Bauchspeicheldrüse (rami pancreatici),
14. die Pförtnerart. (art. pylorica), die an dem Pförtner sich verzweigt, und endlich
15. die Magen-Zwölffingerdarmart. (art. gastroduodenalis) oder den rechten Ast, aus welchem entspringen:
16. ein Zweig an den rechten Leberlappen, (die rechte Magen-Netzart. 7.) und
17. die Bauchspeicheldrüsen-Zwölffingerdarmart. (art. pancreatico-duodenalis), die im mittleren Lappen der Bauchspeicheldrüse (f. f.) an den Zwölffingerdarm (e.) geht, und an diesem mit einem Zweige der vorderen Gekrösart. anastomosirt.

Tabula 105.

Figur 1. Darstellung der Verzweigung der vordern und hintern Gekrösarterie des Pferdes, von unten; auf den vierten Theil verjüngt.

1. Die vordere Gekrösart. (arteria mesenterica anterior s. superior hom.) hat einen kurzen, aber mit dicken Wänden versehenen Stamm, und giebt folgende Arterien ab:

2.2. die Dünndarmarterien (rami intestinales), welche im Gekröse (g. g.) herablaufen, und sich im Zwölffingerdarme (d.), im Leerdarme (e. e.) und in einem Theile des

Hüftdarmes (f.) verzweigen, indem nahe am Darme immer zwei Aeste
3. einen Gefäßbogen (arcus arteriosus) bilden;
4. die vordere Mastdarmart. (art. colica media hom.), welche am vordern Theile des Mastdarmes nach hinten geht, und bei
5. mit der mittleren Mastdarmart. (14.) sich verbindet;
6. die Hüft-Blinddarmart. (art. ilio-colica hom.), die sich in drei Aeste theilt, nämlich in
7. die obere Blinddarmart. (art. intestini coeci superior),
8.8. die untere Blinddarmart. (art. intestini coeci inferior), welche an dem untern Bandstreifen des Blinddarmes (a.a.) bis an die Spitze geht;
9. die Hüftdarmart. (art. ilia) geht am Hüftdarme (f.) hin, und verbindet sich mit dem letzten Dünndarmaste.
10. Die untere Grimmdarmart. (art. colica inferior) und
11. die obere — (— — superior) verlaufen an den beiden Lagen des Grimmdarmes (b—b.), und gehen bei
12. an der hintern Krümmung in einander über.
13. Die hintere Gekrösart. (art. mesenterica posterior s. inferior hom.) theilt sich in
14. die mittlere Mastdarmart. (art. colica sinistra hom.) und in
15. die hintere Mastdarmart. (art. haemorrhoidalis interna hom.); beide laufen im Gekröse des Mastdarmes (h. h.) herab, bilden wie am Dünndarme Bogen, aus welchen die Zweige an den Mastdarm (c. c.) gehen.

Figur 2. Ein Theil des Dünndarmes mit den Arterien, vom Pferde; in natürlicher Größe.

1.1. Die Zweige, welche aus den Bogen (3. Fig. 1.) entspringen, und am Darme
2—2. die Anastomosen bilden.

Tabula 106.

Figur 1. Die Arterien an den Geschlechtstheilen der Stute, um die Hälfte verjüngt und von unten dargestellt.

a. Die innere Saamenart. (art. spermatica interna) geht im breiten Mutterbande (4.) und über das runde Mutterband (5.) hinweg, und theilt sich in zwei Aeste, von welchen der äußere

b. der Ast für den Eierstock (ramus ovarii) ist, der sich im Eierstocke (1.) und der Muttertrompete (a 1.) verzweigt (vergl. Fig. 2.), der innere ist

c. der Ast für die Gebärmutter (ramus uteri), der an das Horn derselben (2.) geht, und mit der Gebärmutterarter. anastomosirt.

d. Die Gebärmutterart. (art. uterina) giebt Zweige an das breite und runde Mutterband (4. 5.), an das Horn und den Körper der Gebärmutter, und verbindet sich bei

e. mit der innern Saamenart., bei

f. mit der Gebärmutterart. der andern Seite, und bei

g. mit der innern Schaamarterie.

h. Die innere Schaamart. (art. pudenda interna) giebt zuerst die Nabelart. (art. umbilicalis) ab, welche Zweige an die Harnblase (7.) giebt, und dann geschlossen endigt; dann geht ein Zweig an den Harnleiter (11.), ferner ein starker Ast an den Körper der Gebärmutter (3.), wo er sich mit der Gebärmutterart. bei g. verbindet. Dann gehen Aeste an die Scheide (6.) und Harnröhre, an den Mastdarm (9.) und

i. i. die fortlaufende innere Schaamart. geht aus dem Bekken heraus an die Schaam (8.), an den Kitzler und an den After (10.).

Figur 2. Die innere Saamenarterie der Stute, in natürlicher Größe und von unten gesehen.

a. Die innere Saamenart., liegt im breiten Mutterbande (6.),

b. der Ast für die Gebärmutter (5.),

c. der Ast für den Eierstock (4.), von welchem Zweige an die Fransen (1.) der Muttertrompete (3.) gehen und die äußere Mündung (2.) umgeben.

Figur 3. Die innere Saamenarterie des Hengstes, auf drei Viertel der natürlichen Größe verjüngt.

a. Die innere Saamenart. geht in der Scheidenhaut des Saamenstranges (1. 1.), von welcher die gemeinschaftliche und besondere Scheidenhaut des Hodens (2.) entfernt sind, herab, giebt viele kleine Arterien an sie, eine größere, die den Saamenleiter (5. 5.) begleitet, und bildet über dem Hoden

b. viele Windungen, aus welchen die Arterie wieder heraustritt, und unter dem Nebenhoden (4. 4.) hindurchgehend,

c. die Arterie für den Hoden (3. 3.) abgiebt, welche am untern Rande desselben von links nach rechts läuft und

d. d. die geschlängelten Gefäße an die Substanz des Hodens giebt. Vom rechten Ende des Hodens geht

e. e. die Arterie an den Nebenhoden (4. 4.), an welchem sie nach links läuft und am linken Ende desselben endigt.

Figur 4. Ein Stück vom Hoden des Hengstes, an welchem die Arterien an den Läppchen dargestellt sind; in doppelter Vergrößerung.

Tabula 107.

Figur 1a. Ein Stückchen von der Ohr-Speicheldrüse des Pferdes, mit den Arterien in natürlicher Größe.

Figur 1. Dasselbe Stückchen viermal vergrößert.

1. Ein Arterienzweig, welcher sich auf

2. 2. den Drüsenkörnern (acini) verästelt, und das Blut zur Absonderung des Speichels hinführt.

Figur 2. Die Arterien der Milz und des großen Netzes des Pferdes, in halber Naturgröße.

1. 1. Die Milzart. (6. Fig. 1. Tab. 104.) läuft in der Rinne der Milz (a. a.) von links nach rechts, giebt viele
2. 2. Zweige in die Substanz der Milz, dann
4—4. die Arterien des großen Netzes (arteriae epiploicae), welche zwischen den Blättern des großen Netzes (b. b.) vielfach unter sich anastomosiren; die Fortsetzung der Milzarterie ist
3. die linke Magen-Netzart. (9. Fig. 1. Tab. 104.).

Figur 3. Ein Stückchen von der Substanz der Milz des Pferdes, in natürlicher Größe,

an welchem die rundlichen Körner, oder Bläschen in den fibrösen Zellen dargestellt sind.

Figur 4. Ein Stückchen von der Milzsubstanz des Pferdes, doppelt vergrößert, an welchem die Arterien auf den Körnern oder Bläschen dargestellt sind.

Figur 5. Darmzotten aus dem Dünndarme des Pferdes, 11mal vergrößert.

Die Darmzotten (villi intestinales) sind Fortsätze der innern Haut des Darmes, in welchen die kleinen Blutgefäße ganz deutlich sind.

Figur 6. Darmzotten mit ihren Arterien aus dem Dünndarme des Hundes, eben so stark vergrößert.

Sie sind an den Enden mehr keulenförmig, als die des Pferdes, auch sind sie länger.

Figur 7. Darmzotten mit ihren Arterien aus dem Dünndarm der Ziege, in derselben Vergrößerung,

sind etwas kürzer, aber dicker, als die Darmzotten des Pferdes.

Figur 8a. Ein Stückchen von der Niere des Pferdes, in natürlicher Größe.

Figur 8. Dasselbe 11mal vergrößert.

1. 1. Die Arterienzweige gehen an
2—2. die Malpighi'schen Körperchen, auf welchen sie sich verästeln.

Figur 9. Ein Vorderfuß, von welchem der Huf abgenommen ist, vom Pferde; in natürlicher Größe.

1. 1. Die Zotten an der Kronenwulst, welche in die Hornröhrchen am Saume des Hufes eintreten, und deren Arterien das Blut zur Erzeugung des Horns hergeben;
2. 2. die sogenannte Fleischwand, welche aus vielen Blättchen der Lederhaut besteht, die mit den Hornblättchen des Hufes abwechseln, wodurch eine sehr feste Verbindung beider Theile entsteht.

Figur 10. Zwei doppelt vergrößerte Zotten von der Kronenwulst, an welchen die Arterien erkennbar sind.

Figur 11. Ein Stückchen von einem Blättchen der Fleischwand, mit den Arterien,

die ebenfalls zur Hornerzeugung das Blut hinführen.

Figur 12. Die Arterien am Vorderfuße des Pferdes, in natürlicher Größe.

Die Zotten und Fleischblättchen (1. 2. Fig. 9.) sind entfernt worden, um die Arterienzweige, welche zwischen der Leder= und Knochenhaut verlaufen, zu sehen.

1. 1. Die Zweige von der Arterie der Kronenwulst (7. Fig. 8. Tab. 99.) gehen von oben herab, und verbinden sich mit
2. 2. den Zweigen von der Arterie der Fleischsohle (11. Fig. 7. das.), welche durch die Löcher des Hufbeines vorn durchgehen; diese verbinden sich mit
3. der Arterie der Fleischwand (8. Fig. 8. das.).

Figur 13. Die Arterien an der untern Fläche des Pferdefußes, in natürlicher Größe.

1.1. Die Seitenarterien der Zehe (8. Fig. 7. Tab. 99.),
2.2. der Fleischstrahl, dessen Arterienzweige an der linken Seite freigelegt sind,
3. die Fleischsohle, welche an der rechten Seite unverletzt ist, und viele aber kurze Zotten enthält, die in die Hornröhrchen der Hornsohle eindringen;
4. der untere Zweig von der Arterie der Fleischsohle, (11. Fig. 7. Tab. 99.), die sich mit
5. den Zweigen derselben Arterie verbindet, welche durch die Löcher des Hufbeines heraustreten.

Figur 14. Das vordere Stück der männlichen Ruthe des Pferdes, mit Arterien und Venen, in natürlicher Größe und von der linken Seite dargestellt.

1. Das fächrige Gewebe der Ruthe,
2. die vordere Fläche der Eichel,
3. das vorder: Ende der Harnröhre,
4. ein Ast der äußern Schaamart. (9. Fig. 1. Tab. 108), von welchem
5. ein Zweig in den schwammigen Körper der Ruthe (1.),
6. ein anderer an die Vorhaut geht; der fortlaufende Ast endigt im schwammigen Körper der Eichel.
7.7. Die Venen des schwammigen Körpers der Eichel, und
8. die Venen des schwammigen Körpers der Harnröhre, die mit jenen in Verbindung stehen.

Tabula 108.

Figur 1. Die rechte Schenkel- und Beckenarterie des Pferdes, auf den dritten Theil verjüngt; von der innern Seite.

1. Das hintere Ende der Bauchaorta,
2.2. die Schenkelart. (10. Fig. 2. Tab. 103.) geht über

dem Poupart'schen Bande (k.) aus dem Becken heraus, und giebt bis dahin folgende Arterien ab:

3. die umschlungene Darmbeinart. (11. das.), die sich in
4. den vordern Ast (12. das.), und in
5. den hintern Ast (13. das.) theilt;
6.6. die äußere Saamenart. (art. spermatica externa) giebt einige Zweige an das Bauchfell, geht am Hodenmuskel herab, und tritt über dem Bauchringe (a.) heraus;
7. die Bauchdeckenart. (20. das.) geht unter dem Poupart'schen Bande (k.) hinweg, giebt zuerst einen unbenannten Zweig ab, dann
8. die hintere Bauchdeckenart. (21. das.), und
9.9. die äußere Schaamart. (art. pudenda externa), welche sich beim männlichen Thiere mit mehreren Zweigen in der Ruthe (g.) und in der Vorhaut verzweigt;
10. die linke äußere Schaamart. (abgeschnitten).
11. Die innere Saamenart. (8. das. und Tab. 106. Fig. 3.) ist bei dem Wallachen sehr dünn, weil der Hode fehlt.
12. Die Beckenart. (14. Fig. 2. Tab. 103.) theilt sich in folgende Aeste:
13. die innere Schaamart. (art. pudenda interna), aus welcher
14. die Nabelart. (art. umbilicalis) entspringt, die bei dem Fötus das Blut zum Mutterkuchen führt, bei dem erwachsenen Thiere aber am Grunde der Harnblase geschlossen ist, und Zweige an die Harnblase (e.) giebt; sie kreuzt sich mit dem Saamenleiter (b.) und mit dem Harnleiter (f.);
15.15. die innere Schaamart. geht im Becken nach hinten, giebt Zweige an die Vorsteherdrüse (d.), an die Cowper'sche Drüse (dd.), anastomosirt mit der Verstopfungsart. (18.); und endigt im schwammigen Körper der Harnröhre; in der Mitte des Beckens giebt sie noch
16. die innere Mastdarmart. (art. haemorrhoidalis media hom.) ab, die an die Harnblase (e.), an das Saamenbläschen (c.), an die Vorsteherdrüse (d) und an den Mastdarm (c.c.) Zweige giebt.
17. Der hintere Theil der linken innern Schaamart., der sich im schwammigen Körper der Harnröhre (i.) verzweigt.
18.18. Die Verstopfungsart. (art. obturatoria) geht durch das eirunde Loch, giebt vorher einen Zweig an die Harnblase (e.), und theilt sich am Sitzbeine in einen

vordern und hintern Ast, die in die Muskeln und in den schwammigen Körper der Ruthe (g. h.) gehen.

19. Die Lenden-Darmbeinart. (17 Fig. 2. Tab. 103.),
20. die Gesäßart. (1. Fig. 2. Tab. 109.),
21. die äußere umschlungene Backenbeinart. (18. das.) geht an die Muskeln an der äußern Seite des Backenbeines;
22. die Seiten-Kreuzbeinart. (s. 22. Fig. 2.).
23.23. Die innere Hautart. (art. subcutanea interna s. saphena) entspringt aus der Schenkelart., geht zwischen dem dünnen (m.) und breiten Einwärtszieher des Schenkelbeines (n.) hervor, über den letzteren Muskel herab, und verbindet sich mit
25. der zurücklaufenden Schenkelbeinart. (art. recurrens tibialis), die ein Ast
24. der innern Sprunggelenkart. (art. malleolaris interna) ist.

Figur 2. Die Verzweigung der rechten Schenkelarterie und einiger Aeste der Beckenarterie des Pferdes, von der innern Seite gesehen.

1. Die Bauchaorta,
2.2. die Schenkelarterie (10. Fig. 2. Tab. 103.) geht am Psoas- (a.) und kleinen Lendenmuskel (b.) aus dem Becken, und giebt außerhalb desselben ab:
3. die vordere Backenbeinart. (art. femoris anterior), sie geht unter dem dünnen Einwärtszieher des Schenkelbeines (c. c.) nach vorn an die Schenkelmuskeln;
4—4. Muskelzweige (rami musculares), welche an die vordern und hintern Muskeln am Backenbeine gehen; dann durchbohrt die Schenkelart. den dicken Einwärtszieher des Backenbeines (f.), und tritt in die Kniekehle, wo sie den Namen ändert, vorher aber noch einen starken Ast abgiebt, der an den dicken (m.) und langen (n.) Einwärtszieher des Schenkelbeines geht. Bei dem Austritt aus dem Becken entspringt noch aus ihr
5. die tiefe Backenbeinart. (art. femoris profunda), die unter dem breiten Einwärtszieher des Schenkelbeines (d. d. d.), der hier zurückgeschlagen ist, und unter dem mittleren Einwärtszieher des Backenbeines (e.) in die Tiefe geht, und sich in

6. die innere umschlungene Backenbeinart. (art. circumflexa femoris interna), und in
7. die fortlaufende tiefe Backenbeinart. theilt, die sich in den Muskeln an der hintern Fläche des Backenbeines verzweigt.
8. Die Kniekehlenart. (art. poplitaea) liegt zwischen den Knopffortsätzen des Backenbeines, und wird von dem äußern (g.) und innern (h.) Zwillingsmuskel, der hier abgeschnitten und zur Seite gelegt ist, bedeckt; sie theilt sich bald in die vordere Schenkelbeinart. (7. Fig. 2. Tab. 109.), und in
9. 9. die hintere Schenkelbeinart. (art. tibialis postica); diese geht am Schenkelbeine herab, wird vom Kniekehlenmuskel (m.) und dünnen Beuger des Hufbeines (n.) bedeckt, und spaltet sich am Sprunggelenke in
10. die äußere Sprunggelenkart. (art. malleolaris externa) und in
11. die innere Sprunggelenkart. (art. malleolaris interna), aus welcher
12. die Gelenkzweige (rami articulares) und
13. die zurücklaufende Schenkelbeinart. (25. Fig. 1.) entspringen; mit dieser Arterie verbindet sich
14. die innere hintere Hautart. (art. subcutanea interna posterior), welche aus dem hintern Aste der Schenkelart. entspringt, und am Beuger des Kronenbeines (i. i.) herabläuft.

Die Aeste der Beckenart. sind:

15. die Seiten-Kreuzbeinarterie,
16. die innere Schaamart.,
17. die Gesäßart.,
18. die Lenden-Darmbeinart.,
19. 19. die Verstopfungsart., deren hinterer Ast sich in den Muskeln am Becken verzweigt;
20. die äußere umschlungene Backenbeinarterie.
21. Die umschlungene Darmbeinart. ist abgeschnitten.
22. Die linke Seiten-Kreuzbeinart. theilt sich in die Sitzbeinart. (2. Fig. 2. Tab. 109.) und in
23. die seitliche Schwanzart. (art. caudae lateralis), die an dem Seitenrande des Schwanzes herabläuft, und auch an die obere Fläche einen starken Zweig abgiebt.

Tabula 109.

Figur A. Der rechte Hinterfuß des Pferdes, als Fortsetzung von Figur 2. Tab. 108.

1. 1. Die vordere innere Zwischenknochenart. (arteria interossea dorsalis interna) ist ein Zweig der innern Sprunggelenkart., und läuft zwischen dem innern Griffelbeine und Schienbeine herab.
2. 2. die innere zurücklaufende Schienbeinarterie (art. metatarsea recurrens interna) verbindet die innere Sprunggelenkart. mit
3. der innern Seitenart. der Zehe, welche wie am Vorderfuße verläuft, und aus welcher
4. die vordere Fesselbeinart. u. s. w. entspringt.

a. Die Sehne des Kronenbeinbeugers,
b. die — — Hufbeinbeugers,
c. die — — Fesselbeinbeugers,
d. der innere wurmförmige Muskel,
e. die Sehne des Hufbeinstreckers,
f. der Hufbeinknorpel,
g. der Huf.

Figur 2. Die Arterien an der linken hintern Gliedmaaße des Pferdes, von der äußern Seite gesehen.

1. Die Gesäßarterie (arteria glutaea anterior s. superior hom.) ist ein Ast der Beckenart., und verzweigt sich in dem dicken Backenmuskel (a.);
2. 2. die Sitzbeinart. (art. glutaea posterior s. ischiadiaca) ist ein Ast der Seiten-Kreuzbeinart., und verzweigt sich in dem langen Auswärtszieher (c. c.) und im langen Einwärtszieher (f. f.) des Schenkelbeines.
3. Die äußere umschlungene Backenbeinart. (art. circumflexa femoris externa) ist auch ein Ast der Beckenart., und verzweigt sich im Spanner der breiten Schenkelbinde (b.), im äußern Backenmuskel (aa.) und in den Schenkelmuskeln.
4. Das Ende der tiefen Backenbeinart. (5. Fig. 2. Tab. 108.);

5. 5. die äußere hintere Hautart. (art. subcutanea externa posterior) entspringt aus dem letzten hintern Aste der Schenkelart., der sich in dem kurzen (d.) und mittleren Auswärtszieher des Schenkelbeines (e.) verzweigt, und verbindet sich mit einem zurücklaufenden Zweige der äußern Sprunggelenkart. (11.).
6. Zweige der Kniekehlenart. für den dicken Beuger (g.) und den seilichen Strecker (h.) des Hufbeines;
7. die vordere Schenkelbeinart. (art. tibialis antica) ist der stärkere der beiden Aeste der Kniekehlenart., welcher zwischen dem Waden- und Schenkelbeine durchgeht, vom Beuger des Schienbeines (i.) und vom vordern Strekker des Hufbeines (k.) bedeckt wird, am Schenkelbeine herabgeht, und am untern Ende desselben sich in
8. 8. die große Schienbeinart. (art. plantaris externa) und in
9. die kleine Schienbeinart. (2. Fig. 4.) theilt, welche zwischen den Knochen des Sprunggelenkes nach hinten durchgeht. In der Mitte des Unterschenkels entspringt
10. die Wadenbeinart. (art. peronaea), die sich im seitlichen Strecker (h.) und im dicken Beuger (g.) des Hufbeines verzweigt.
11. Die äußere Sprunggelenkart. (10. Fig. 2. Tab. 108.) giebt Zweige an das Gelenk, und nimmt
12. die äußere zurücklaufende Schienbeinarterie (art. recurrens metatarsea externa) auf.

Figur 3. Arterien am linken Hinterfuße des Pferdes, als Fortsetzung von Figur 2.

8. Die große Schienbeinart. (8. Fig. 2.) vertritt hier die Stelle der vordern äußern Zwischenknochenart., läuft zwischen dem äußern Griffelbeine und dem Schienbeine herab, und tritt dann an die hintere Fläche, um den Sohlenbogen zu bilden (3. Fig. 4.);
12. die äußere zurücklaufende Schienbeinart. (12. Fig. 2.) entspringt aus der großen Schienbeinart.;
13. 13. die äußere Seitenart. der Zehe, welche Zweige an die Haut (l.) und
14. die vordere Fesselbeinart. u. s. w., wie am Vorderfuße, abgiebt.

Figur 4. Die Arterien am linken Hinterfuße des Pferdes, von hinten gesehen.

1.1. Die hintere äußere Zwischenknochenart. (art. interossea plantaris externa) entspringt aus der innern Sprunggelenkart. (11. Fig. 2. Tab. 108.), geht am äußern Griffelbeine herab, und in die große Schienbeinart. über;
2.2. die hintere innere Zwischenknochenart. oder kleine Schienbeinart. (art. interossea plantaris interna) entspringt aus der vordern Schenkelbeinart. (9. Fig. 2.); diese und die vorige Arterie werden vom Beuger des Fesselbeines (a.), welcher durchgeschnitten, und zur Seite gelegt ist, bedeckt, und beide verbinden sich mit der von vorn herkommenden großen Schienbeinart. zum
3. Sohlenbogen (arcus plantaris), aus welchem
4.4. die beiden Seitenarterien der Zehe entspringen, deren Zweige von dem untern Gleichbeinbande (b.b.) und von der Sehne des Hufbeinbeugers (c.) bedeckt werden.

Tabula 110.

Figur 1. Die oberflächlichen Venen am Kopfe und Halse des Pferdes, an der rechten Seite.

1.1. Die Drosselvene (vena jugularis externa) wird vom Hals-Hautmuskel (a. a), welcher hier durchgeschnitten ist, bedeckt, und durch den Schulter-Zungenbeinmuskel (b.) von der Drosselart. getrennt; sie geht in der Rinne zwischen dem gemeinschaftlichen Muskel und der Luftröhre (c.) herab, und nimmt am untern Ende der Ohrspeicheldrüse (d.) die äußere Kinnbackenvene (q.) und
2. die innere Kinnbackenvene (vena facialis posterior hom.) auf; diese wird zusammengesetzt aus:
3. der großen Ohrvene (vena auricularis posterior hom.),
4. der äußern Kaumuskelvene (vena masseterica), und aus
5. der Schläfenvene (v. temporalis), die aus
6. der hintern Schläfenv. (v. temporalis posterior) und
7. der eigentlichen Schläfenvene (v. transversa faciei) besteht, diese verbindet sich bei

8. mit der äußern Kinnbackenvene. Alle verlaufen so, wie die gleichnamigen Arterien (vergl. Tab. 96. Fig. 1.).
9. Die äußere Kinnbackenvene (v. facialis anterior hom.) nimmt
10. die Gesichts- oder Lippenvene (vena labialis) auf, welche folgende Venen empfängt:
10. 10. die Kranzvene der Oberlippe (v. coronaria labii superioris),
11. die Maulwinkelvene (v. anguli oris),
12. die Kranzvene der Unterlippe (v. coronaria labii inferioris); diese drei Venen bilden einen Stamm, der sich tiefer mit der Lippenvene verbindet, als die Arterien abgehen;
13. die Augenwinkelvene (v. angularis),
14. die Vene des falschen Nasenloches oder die Vene des Nasenrückens (v. tubae nasalis s. dorsalis nasi) bilden den Anfang der Gesichts- oder Lippenvene.

Figur 2. Darstellung der großen Venenstämme in der Brusthöhle des Pferdes, von der rechten Seite.

1. Die vordere Hohlvene (vena cava anterior s. superior hom.) geht vom ersten Rippenpaare, zwischen welchem sie durch ein Band (n.) an das Brustbein befestigt wird, bis in den rechten Vorhof des Herzens, und nimmt folgende Venen auf:
2. einen Stamm, welcher aus
3. der vordern Zwischenrippenvene (v. intercostalis anterior), die über dem innern Beuger des Halses (e.) verläuft, und
4. der querlaufende Schulterblattvene (v. transversa scapulae) gebildet ist, die beide den gleichnamigen Arterien entsprechen, dann aus
5. der tiefen Nackenvene (v. cervicalis profunda) zusammengesetzt ist; diese empfängt
6. die querlaufende Nackenvene (v. transversa cervicis), die aus mehreren Aesten besteht, und mit 4. anastomosirt, und
7. die herabsteigende Nackenvene (v. cervicalis posterior descendens), welche ebenfalls den gleichnamigen Arterien entsprechen;
8. die äußere Wirbelvene (v. vertebralis externa) tritt zwischen dem obern (a.) und untern (b.) Rippenhalter aus der Tiefe hervor;

9. die Achselvene (v. axillaris), neben welcher
10. die vordere Hautvene (v. cephalica) in die Drosselvene (11.) mündet;
10*. die untere Halsvene (v. cervicalis descendens), welche vom gemeinschaftlichen Muskel (a.) und vom Brust-Kinnbackenmuskel (d.) Zweige aufnimmt, und sich in
11. die Drosselvene (1. Fig. 1.) ergießt, die aber hier von der Luftröhre beträchtlich entfernt liegt, indem die Arterien den Raum zwischen beiden einnehmen. Die vordere Hohlvene nimmt endlich noch
12—12. die unpaare Vene (v. azygos) auf, welche, aus der Bauchhöhle kommend, an der rechten Seite der Wirbelsäule nach vorn läuft, und
13. 13. die fünfte bis achtzehnte Zwischenrippenvene (venae intercostales) der rechten Seite, und auch die fünfte bis neunte der linken Seite aufnimmt, in welche sich
14. 14. die Rückenmarksvenen (v. spinales) ergießen, indem sie durch Löcher der Wirbelkörper aus dem Kanale heraustreten; ferner gehen zur unpaaren Vene:
15. die Schlundvene (v. oesophagea), die am Schlunde (h.) nach vorn läuft,
16. die Luftröhrenastvene (v. bronchialis), die hier am linken Äste (g.) dargestellt ist, denn der rechte Luftröhrenast (f.) und die rechte Lunge sind abgeschnitten; endlich geht auch die halb unpaare Vene (20.) in die unpaare.
17. Die hintere Hohlvene (v. cava posterior s. inferior hom.) kommt aus der Bauchhöhle, tritt durch das Zwerchfell (m.), und nimmt
18. die vordere Zwerchfellsvene (v. phrenica anterior) und
19. die hinteren Mittelfellvenen (venae mediastini posterioris) auf; sie geht, an der rechten Seite der Lungenvenen (k. l.) liegend, in den rechten Vorhof.
20. Die halb unpaare Vene (v. hemi-azygos) kommt von der linken Seite, und geht zwischen der hintern Aorta (i.) und der Wirbelsäule hindurch in die unpaare Vene.
21. Der Milch-Brustgang (ductus thoracicus) ist der Hauptstamm der Lymphgefäße.

Tabula 111.

Figur 1. Die tiefer liegenden Venen am Kopfe des Pferdes, von der rechten Seite gesehen.

Die Antlitzmuskeln, der äußere Kaumuskel, der Gelenk- und Kronenfortsatz des Unterkiefers und der Jochbogen sind entfernt worden.

1. Die Drosselvene,
2. die innere Kiefervene, die in der Ohr-Speicheldrüse (a.a.) herabgeht und
3. einen Venenstamm aufnimmt, welcher aus der Hinterhaupts- und untern Gehirnvene (s. 5. 6. Fig. 2.) zusammengesetzt ist;
4. die große Ohrvene (3. Fig. 1. Tab. 110.),
5. die Schläfenvene (5. das.),
6. die hintere Schläfenvene (6. das.), an

7.7. der eigentlichen Schläfenvene (7, das.) fehlt ein Theil, der mit dem äußern Kaumuskel hinweggenommen ist; sie nimmt eine Vene aus dem Fett (f.) auf.

8. Die äußere Kaumuskelvene (4. das.) ist abgeschnitten;

9.9. der tiefe Ast der innern Kiefervene oder der untere Verbindungsast (ramus profundus venae facialis posterioris s. ramus communicans inferior) verbindet die Antlitzvene (15.) mit der innern Kiefer- oder hintern Gesichtsvene, und nimmt

10. die untere Zahnvene (v. alveolaris inferior), die aus dem Kanal des Unterkiefers kommt, nebst einigen Zweigen vom innern Kaumuskel (d.) auf; dann empfängt derselbe noch
11. die tiefen Schläfenvenen (venae temporales profundae), die vom Schläfenmuskel (e.) das Blut herableiten; endlich tritt noch
12. eine oberflächliche Wangenvene (ramus buccalis superficialis) hinzu, die im Backenzahnmuskel (g.) entspringt.
13. Der tiefe Ast der Antlitzvene oder der obere Verbindungsast (ramus profundus venae facialis anterioris s. ramus communicans superior) entspringt in der Augenhöhle (s. Tab. 112. Fig. 1.), und geht unter der eigentlichen Schläfenvene in die Antlitz- oder Lippenvene.

14. Die äußere Kiefervene (9. Fig. 1. Tab. 110.),
15. die Antlitz- oder Lippenvene (10. das.),
16. die Vene der Ober- und Unterlippe (11. 12. das.),
17. die Vene des Nasenrückens oder des falschen Nasenloches (14. das.),
18. die Augenwinkelvene (13. das.).

Figur 2. Die tiefer liegenden Venen am Kopfe und Halse des Pferdes, von der rechten Seite gesehen.

Der rechte Ast des Unterkiefers ist hinweggenommen, die Wangenhaut und der äußere Kaumuskel sind zurückgeschlagen.

1. Die Drosselvene,
2. die äußere Kiefervene und
3.3. die innere — schließen die Ohrspeicheldrüse (b.) ein; zur innern Kiefervene treten folgende Venen hinzu:
4. ein Venenstamm, welcher über die Unterkieferdrüse (a.) herabgeht, und aus
5. der Hinterhauptsvene (vena occipitalis), die vom Hinterhaupte und dem Atlas das Blut zurückführt, und aus
6. der untern Gehirnvene (vena cerebralis inferior) besteht; diese tritt durch das gerissene Loch aus der Schädelhöhle.
7. Die große Ohrvene (3. Fig. 1. Tab. 110.),
8. die Schläfenvene (5. das.), ist oben abgeschnitten.
9. Die tiefen Schläfenvenen (11. Fig. 1.) kommen vom Schläfenmuskel (d.);
10.10. die Antlitz- oder Lippenvene (10. Fig. 1. Tab. 110.) ist durchgeschnitten, und mit
11.11. dem Wangengeflecht (plexus venosus buccalis) verbunden; dieses kommt aus den Muskeln und der Schleimhaut der Wange, und geht in
12. den untern Verbindungsast (9. Fig. 1.) über, der unter dem äußern Kaumuskel (e.) aufwärts steigt, und noch
13. die untere Zahnvene (10. Fig. 1.), welche am Kanal abgeschnitten ist,
13b. die innere Kaumuskelvene (ramus pterygoideus), und
14. die Vene des Zungenrückens (vena dorsalis linguae) aufnimmt, diese verbindet sich durch Verbindungszweige mit der Unterzungenvene (16.).

15.15. Die Zungenvene (v. lingualis) geht mit zwei Aesten aus der Zunge (f.) hervor, und endigt in der äußern Kiefervene (2.);
16. die Unterzungenvene (v. sublingualis) verläuft über der Unterzungendrüse (g.) und über dem breiten Zungenbeinmuskel (h.), verbindet sich mit der Vene des Zungenrückens (14.) und mit
17.17. der Unter-Kinnvene (v. submentalis), die unter dem zweibäuchigen Muskel (i.) rückwärts geht, mit zwei Zweigen in der Zungenvene (15.) und in der Antlitzvene (10.) mündet, vorher aber einen Zweig an
18. die äußere Kaumuskelvene (welche abgeschnitten ist) abgiebt.
19.19. Die äußere Wirbelvene (vena vertebralis externa) läuft durch die Löcher der Halswirbel herab, und mündet in die vordere Hohlvene (8. Fig. 2. Tab. 110.).

Figur 3. Die Hirnschädelgrundfläche und die ersten Halswirbel des Pferdes, mit den Hinterhaupts-Blutleitern, von unten dargestellt.

a. a. Der Oberkiefer,
b. der linke Knopffortsatz des Hinterhauptsbeines,
c. die linke Hälfte des Grundstückes desselben Knochens; die rechte Hälfte und der rechte Knopffortsatz sind hinweggenommen worden, so daß die harte Hirnhaut frei liegt.
d. Der Zahnfortsatz des zweiten Halswirbels,
e. die Flügel des Atlats, von welchem der Körper weggeschnitten ist;
f. die linke Ohrtrompete,
g. der lange Beuger des Halses, oben abgeschnitten.
1.1. Der Verbindungsast der Augenvenen und der unteren Hinterhauptsblutleiter, welcher durch das Flügelloch des Keilbeines nach hinten und in
2.2. die untern Hinterhauptsblutleiter (sinus occipitales inferiores) übergeht; diese ergießen sich in die innere Wirbelvene (s. 1. Fig. 4.). Vor dem Knopffortsatze entspringt aus dem Verbindungsaste
3.3. die untere Gehirnvene (6. Fig. 2.).

Figur 4. Die Wirbelvenen des Pferdes, von oben gesehen.

a. a. a. Das Hinterhauptsbein,
b. b. die Felsenbeine,
c. der erste Halswirbel,
d. e. der zweite bis siebente Halswirbel; von allen Wirbeln sind die Bogen abgesägt, um
f. den Wirbelkanal zu sehen.
1. Die unteren Hinterhauptsblutleiter (2. Fig. 3.) ergießen sich in die inneren Wirbelvenen (3. 3.), und geben vorher
2. 2. die Hinterhauptsvenen (5. Fig. 2.) ab, welche durch die vordern Löcher des Atlas heraustreten;
3—3. die innern Wirbelvenen (venae vertebrales internae) laufen durch den ganzen Wirbelkanal, an jeder Seite des obern langen Bandes, und ergießen sich am Halse durch die Zwischenwirbellöcher in
4—4. die äußere Wirbelvene (8. Fig 2. Tab. 110.), die in den Wirbellöchern der Querfortsätze herabläuft.

Tabula 112.

Figur 1. Die tiefen Venen am Kopfe und Halse des Pferdes, von der rechten Seite.

Die Augenhöhle ist geöffnet, der Unterkiefer entfernt worden, die Zunge ist gewendet, und die Nackenmuskeln sind auf der linken Seite abgeschnitten.

1. 1. Die Drosselvene, zur Seite gelegt;
2. 2. die Luftröhren= und Schlundvenen,
3. die innere Kiefervene,
4. die obere und untere Schilddrüsenvene (vena thyreoidea superior et inferior), die aus der Schilddrüse (a.), dem Schlundkopfe und Kehlkopfe entspringen.
5. Der Stamm, welcher aus
6. der Hinterhauptsvene und
7. der untern Gehirnvene zusammengesetzt ist (s. Tab. 111. Fig. 2.);
8. Die große Ohrvene,
9. die Schläfenvene mit der obern Gehirnvene (s. Fig. 5.),
10. der untere Verbindungsast (8—10. sind abgeschnitten);
11. der Verbindungsast der Augenvenen und der untern Hinterhauptsblutleiter (1. Fig. 3. Tab. 111.), welcher durch das Flügelloch des Keilbeines nach hinten geht, und sich mit dem untern Verbindungsaste vereinigt, vorher aber

11b. eine tiefe Schläfenvene aufnimmt.
12. Die Augenvenen (venae ophthalmicae) ergießen sich in 11. und in den obern Verbindungsast (15);
13. die Unteraugenhöhlen- und obere Zahnvene (vena infraorbitalis et alveolaris superior) münden vereinigt mit
14. der hintern Nasenvene (Fig. 3.), in
15. dem obern Verbindungsaste (13. Fig. 1. Tab. 111.), welcher auch
16. die Gaumenvene (vena pterygo-palatina) aufnimmt; s. Fig. 2.
17. Die Zungenvene (15. Fig. 2. Tab. 111.) geht unter der Unterkieferdrüse (b.) mit der Antlitzvene zusammen;
18. die herabsteigende Nackenvene (7. Fig. 2. Tab. 110.) der linken Seite, die am großen durchflochtenen Muskel herabgeht.

Figur 2. Die linke Gaumenvene des Pferdes, von unten gesehen; $^2/_3$ der natürlichen Größe.

Sie bildet ein Gefäßnetz zwischen der Gaumenhaut und dem knöchernen Gaumen, und geht in den obern Verbindungsast über (16. Fig. 1.).

Figur 3. Die Venen der rechten Nasenhöhle des Pferdes, von der Seite gesehen; halbe Naturgröße.

1. Der äußere Ast der hintern Nasenvene (vena spheno-palatina) kommt von den Nasenmuscheln, und verbindet sich mit
2. dem innern Aste (Fig. 4.), der an der Nasenscheidewand entspringt.

Figur 4. Die Venen der Nasenscheidewand des Pferdes, von der rechten Seite.

1. Der innere Ast der hintern Nasenvene (2. Fig. 3.),
2.2. die obere Nasen- oder Siebbeinvene geht durch das Siebbeinloch in die Augenhöhle.

Figur 5. Die oberen Blutleiter des Gehirns, von der linken Seite gesehen; in halber Naturgröße.

1.1. Der obere Längenblutleiter (s. Fig. 6.) liegt am Sichelfortsatze der harten Hirnhaut, ist aufgeschnitten, und nimmt

2.2. die Venen der beiden Halbkugeln des großen Gehirns auf (die der rechten Halbkugel sind von den Gehirnhäuten bedeckt.

3.3. Der obere Felsenbeinblutleiter (sinus petrosus superior) verbindet sich mit dem Längenblutleiter, und geht durch

4. den vierten Blutleiter (sinus quartus) in

5. den Querblutleiter (sinus transversus) über; dieser liegt im Hirnzelte, nimmt die Venen des kleinen Gehirns auf, und geht durch den Schläfenkanal in

6. die obere Gehirnvene (vena cerebralis superior), welche sich mit der hintern Schläfenvene verbindet.

Figur 6. Die Längenblutleiter und innern Gehirnvenen des Pferdes, von der linken Seite, und in natürlicher Größe dargestellt.

1.1. Der obere Längenblutleiter (sinus longitudinalis superior) läuft zwischen den beiden Halbkugeln des großen Gehirns nach hinten (s. 1. Fig. 5.), und nimmt

2.2. den untern Längenblutleiter (sinus longitudinalis inferior) auf, der von der innern Fläche (n.) der Halbkugeln die Venen empfängt. Mit ihm verbindet sich

3. die große innere Gehirnvene, welche aus der Vene des Hirnbalkens (c.),

4. der Vene des gestreiften Körpers (e.) und

5.5. der Vene des Adergeflechtes gebildet ist, zu welchen die Venen des Ammonshornes (d.), der Zirbel (f.) und der Vierhügel (g.) hinzutreten;

6. die oberen Rückenmarksvenen (venae spinales superiores).

b. Die Riechnervenknollen,

h. das Mark der linken Halbkugel,

i. das kleine Gehirn, von den Häuten bedeckt,

n. das knöcherne Zelt.

Tabula 113.

(Der Maasstab ist ⅛ der natürlichen Größe.)

Figur 1. Die Hautvenen und Lymphgefäße am rechten Vorderschenkel des Pferdes, von vorn gesehen.

1, 1. Die innere Hautvene oder Hauptader (vena cephalica) entspringt im tiefen Bogen, begleitet bis zum Vorderknie die große Schienbeinarterie, und nähert sich dann der vordern Fläche der Speiche, wo sie am Gelenk sich in
3. die fortlaufende innere Hauptvene, und in
4. die Mittelvene (v. mediana) theilt. Jene nimmt noch
2. eine Vene auf, die mit zwei Aesten am Vorderknie entspringt, und der v. cephalica pollicis und v. salvatella des Menschen entspricht.
5. Die fortlaufende innere Hautvene geht zwischen dem breiten Brustmuskel (a.) und dem gemeinschaftlichen Kopf-, Hals- und Armbeinmuskel (b.) aufwärts, empfängt
6. einen Zweig von diesem und
7. einen Zweig von jenem Muskel, und sie ergießt sich dann in die Drosselvene.
7b. Der Ursprung der äußern Zwischenknochenvene (5. Fig. 4.).
8. 8. Die Lymphgefäße, welche die innere Hautvene begleiten (vasa lymphatica cephalica),
9. 9. die Lymphgefäße, welche den vordern äußern Hautzweig begleiten.

Figur 2. Die tiefen Venen am linken Vorderschenkel des Pferdes, von der innern Seite dargestellt.

1. Die Achselvene (vena axillaris),
2. die vordere Schultervene (v. acromialis),
3. die Unter-Schultervene (v. subscapularis), welche ganz den Arterien entsprechen;
4. 4. die äußere Brustvene oder Sporader (v. thoracica externa) entspringt im großen Brustmuskel (a. a.), im Bauchhautmuskel (b.), und geht mit einem Aste in

die Armvene (6.), indem er sich mit zwei anderen Aesten vom breiten Rückenmuskel, vom Bauchhautmuskel (b.) und vom langen Strecker des Vorarmes (c.) verbunden hat; mit dem andern geht sie in die Achselvene, welche auch noch

5. einen Ast aus dem großen (a.) und kleinen Brustmuskel (d.) erhält.
6. Die Armvene (v. brachialis),
7. die tiefe Armvene (v. brachii profunda),
8. die vordere umschlungene Armbeinvene (vena circumflexa humeri anterior),
9. die obere,
10. 10. die untere Seitenvene des Ellenbogens (v. collateralis ulnaris superior et inferior),
11. die Ellenbogenvene (v. ulnaris), wie die Arterien.
12. 12. Die innere Hautvene (1. Fig. 1.),
12b. die Mittelvene (4. das.) mündet in die Armvene.
13. 13. Die Speichenvene (v. radialis), welche einige Aeste
14. der äußern Zwischenknochenvene (v. interossea externa) und
15. der hintern äußern Zwischenknochenvene (v. interossea volaris externa) aufnimmt.

Figur 3. Die Venen am linken Vorderfuße des Pferdes, von der innern Seite gesehen. (Fortsetzung von Fig. 2.)

Der Huf ist bis zur Hälfte hinweggenommen, und das Venengeflecht an der Fleischwand und am Hufbeinknorpel dargestellt, aus welchem die Seitenvene der Zehe entspringt.

Figur 4. Die Venen an dem linken Vorderschenkel des Pferdes, von der äußern Seite gesehen.

1. Die Unterschultervene (3. Fig. 2.),
2. die umschlungene Schultervene (v. circumflexa scapulae),
3. die tiefe Armvene (7. Fig. 2.),
4. die Ellenbogenvene (11. das.), mit welchen sich der stärkere Ast
5. der äußern Zwischenknochenvene (14. das.) verbindet;
6. 6. die untere Seitenvene des Ellenbogens (10. 10. das.).

Figur 5. Die Venen am linken Vorderfuße des Pferdes, von der äußern Seite gesehen. (Fortsetzung von Figur 4.)

Der Huf ist nicht so weit abgenommen, wie bei Fig. 3., übrigens verhalten sich die Gefäße eben so.

Tabula 114.

Figur 1. Die tiefen Venen am rechten Vorderfuße des Pferdes, $\frac{1}{3}$ der natürlichen Größe; von hinten gesehen.

Alle Muskeln, bis auf einige Sehnen, sind entfernt worden.

1. Die hintere Kniebogenvene (vena carpi volaris) entspringt in den Bändern der Vorder-Fußwurzel, und endigt in der Speichenvene.
2.2. Die Seitenvenen der Zehe (venae digiti laterales) nehmen
3. die hintern Kronenbeinvenen (venae phalangis secundae volares),
4. die hintern Fesselbeinvenen (venae phalangis primae volares) auf, und treten dann über den Sesambeinen (a.) zusammen, um
5. den tiefen Bogen (arcus volaris profundus) zu bilden, welcher vom Beuger des Fesselbeines (b.) bedeckt wird (dieser ist durchgeschnitten).

Aus dem tiefen Bogen entspringen:

6. die hintere innere Zwischenknochenvene (vena interossea volaris interna), die am innern Griffelbeine, und
7. die hintere äußere Zwischenknochenvene (vena interossea volaris externa), die am äußern Griffelbeine aufwärts steigt; jede besteht aus zwei Aesten, die durch
8.8. Verbindungszweige (rami communicantes) verbunden sind.

Figur 2. Die Venen der Fleischsohle des Pferdefußes, um die Hälfte verjüngt; von unten gesehen.

Sie bilden ein Gefäßnetz, welches zwischen der Leder- und Knochenhaut liegt, und sind mit den Venen der Fleischwand verbunden; aus ihnen werden die Seitenvenen der Zehe (2. Fig. 1.) zusammengesetzt.

Figur 3. Darstellung des Bauchtheiles der hintern Hohlvene des Pferdes, von unten; $\frac{1}{3}$ der natürlichen Größe.

Alle Verdauungs-Eingeweide sind aus der Bauchhöhle entfernt worden; der linke Eierstock und die Gebärmutter sind auf die rechte Seite gelegt, so daß die obere Fläche derselben sichtbar ist.

1.1. Die hintere Hohlvene (vena cava posterior s. inferior hom.) liegt an der rechten Seite der Lendenwirbelkörper, und fängt am Becken, durch die Vereinigung
2.2. der Darmbeinvenen (venae iliacae) an, von welchen jede aus der Vereinigung
3. der Beckenvene (vena hypogastrica) und
4. der Schenkelvene (v. cruralis) entsteht. Diese nimmt
5. die Lenden-Darmbeinvenen (v. v. ilio-lumbales),
6. die äußern umschlungenen Backenbeinvenen (v. v. circumflexae femoris externae) auf, und beide werden von dem Psoas- (a.), dem großen Lenden- (b.), und Darmbeinmuskel (c.), welche hier durchgeschnitten sind, bedeckt; auch
7. die Verstopfungsvene (vena obturatoria) mündet in die Schenkelvene, aber alle drei gleichnamige Arterien entspringen aus der Beckenarterie (vergl. Tab. 103. Fig. 2.).
8.8. Die hintere Bauchdeckenvene (v. epigastrica posterior) läuft am graden Bauchmuskel (d.) nach hinten, ergießt sich in die Schenkelvene und empfängt nur
9. einen Verbindungsast (ramus communicans) von
10. der äußern Schaamvene (v. pudenda externa), welche, nachdem sie die Venen des Euters (e.), oder der Vorhaut bei männlichen Thieren und
11. die Bauchhautvene (v. abdominalis) aufgenommen hat, in die tiefe Backenbeinvene mündet. An

12. der linken äußern Schaamvene (deren Stamm von der tiefen Backenbeinvene abgeschnitten ist) ist die Verbindung zwischen ihr und
13. 13. der innern Schaamvene (v. pudenda interna) an den Schaamlippen (f.) sichtbar; diese mündet in die Beckenvene (3.), nachdem sie vorher
14. die innere Mastdarmvene (v. haemorrhoidalis interna), die von der Harnblase (g.), der Mutterscheide (h.), vom Mastdarme (i.) und von dem Gebärmutterkörper (k.) Venenzweige erhält, aufgenommen hat. Zur Beckenvene geht auch
15. die seitliche Kreuzbeinvene (v. sacralis lateralis), welche
16. die mittlere Schwanzvene (v. caudae media) aufnimmt. In ihrem Laufe nach der Brust hin nimmt die hintere Hohlvene noch folgende Gefäße auf:
17. 17. die linke und rechte umschlungene Darmbeinvene (v. circumflexa ilei),
18. 18. die Lendenvenen (venae lumbales),
19—19. die linke und rechte innere Saamenvene (vena spermatica interna), welche einen Ast aus dem Eierstocke (l. l.) (ramus ovarii) und einen aus der Gebärmutter (k. m.), dem breiten Mutterbande (n.) und von dem Harnleiter (o.) (ramus uterinus) erhält; zuletzt empfängt sie
20. 20. die linke und rechte Nierenvene (vena renalis s. emulgens), erreicht dann die Leber, an deren vorderer Fläche sie herabgeht, und tritt durch das Zwerchfell in die Brusthöhle (vergl. Tab. 110. Fig. 2.).

Tabula 115.

Figur 1. Die Venen und Lymphgefäße des rechten Hinterschenkels und der männlichen Geschlechstheile des Pferdes, von der innern Seite.

1. Die Darmbeinvene (2. Fig. 3. Tab. 114.);
2. die Beckenvene (3. das.);

3. die innere Schaamvene (14. das.) erhält hier Zweige von der Harnblase (a.), der Saamenblase (b.), der Vorsteherdrüse (c.) und der Harnröhre (d.).
4. Die Schenkelvene (4. das.),
5. die hintere Bauchdeckenvene (8. das.) verbindet sich mit
5b. der äußern Schaamvene (10. das.), welche die Zweige aus der Vorhaut (e.), der Eichel (f.), und aus dem schwammigen Körper der Ruthe erhält;
6. die Bauchhautvene (11. das.) kommt vom Bauchhautmuskel (h.).
7. Die Verbindung der (linken) innern Schaamvene mit der äußern Schaamvene, welche unter dem Sitzbeinruthenbande (i.) hindurchgeht.
8. Die innere Hautvene (vena saphena magna) wird aus
9. dem hintern Aste, der am Sprunggelenke entspringt, und aus
10. dem vordern Aste gebildet; dieser kommt aus dem Sohlenbogen.
11.11. Die Lymphgefäße (vasa lymphatica saphena), welche den vorderen,
12.12. die Lymphgefäße, welche den hintern Ast der innern Hautvene begleiten, und in die Leistendrüsen (20. Fig. 2.) gehen;
13. die Lymphgefäße, welche den Verbindungszweig des hintern Astes begleiten, und in die Kniekehlendrüsen (18. das.) gehen.

Figur 2. Die Venen und Lymphgefäße am rechten Hinterfuße des Pferdes, von der innern Seite (Fortsetzung von Fig. 1.).

10. Der vordere Ast der innern Hautvene (10. Fig. 1.),
11.11. die Lymphgefäße, welche ihn begleiten und in der Gefäßhaut des Hufbeines entspringen.

Figur 3. Die tieferen Venen und Lymphgefäße am linken Hinterschenkel des Pferdes, von der innern Seite gesehen.

1. Die Darmbeinvene,
2. die Lenden-Darmbeinvene (5. Fig. 3. Tab. 114.),

3. die äußere umschlungene Backenbeinvene (6. das.),
4. die innere Schaamvene,
5. die seitliche Kreuzbeinvene (15. das.),
6. die mittlere Schwanzvene (16. das.),
6b. 6b. die seitlichen Schwanzvenen (venae caudae laterales).
7. 7. Die Schenkelvene (4. das.),
8. 8. die Verstopfungsvene (vena obturatoria),
9. die tiefe Backenbeinvene (v. femoris profunda),
10. die äußere Schaamvene;
11. die vordere Backenbeinvene (v. femoris anterior),
12. die Kniekehlenvene (v. poplitaea),
13. die hintere Schenkelbeinvene (v. tibialis postica),
14. die hintere innere Zwischenknochenvene (2. Fig. 5.); alle diese Venen verlaufen wie die gleichnamigen Arterien.
15. Der Verbindungszweig zwischen der Schenkelvene und dem hintern Aste der innern Hautvene.
16. Die Lymphgefäße, welche den hintern Ast,
17. die Lymphgefäße, welche den Verbindungszweig begleiten und in
18. die Kniekehlendrüsen (glandulae poplitaeae) übergehen. Diese liegen hinter den Zwillingsmuskeln (a. b.), von welchen der innere (a.) durchgeschnitten ist; c. bezeichnet den dünnen Hufbeinbeuger.
19. Zwei kleine Lymphgefäße, welche die hintere Schenkelbeinvene begleiten (vasa l. tibialia postica), und so, wie die von den Kniekehlendrüsen kommenden, in
20. die Leistendrüsen (glandulae inguinales) übergehen. (Die Lymphgefäße, welche mit der innern Hautvene aufsteigen, sind abgeschnitten).

Figur 4. Die Venen und Lymphgefäße am linken Hinterfuße des Pferdes, von der innern Seite gesehen. (Fortsetzung von Fig. 3.).

14. Die innere Hautvene,
16. die sie begleitenden Lymphgefäße.

Figur 5. Die tiefen Venen am rechten Hinterfuße des Pferdes, von hinten gesehen.

1. Die hintere äußere Zwischenknochenvene (vena interossea plantaris externa),
2. die hintere innere Zwischenknochenvene (v. interossea plantaris interna) entspringen nebst einem dritten Äste, welcher
3. die Ernährungsvene des Schienbeins aufnimmt, aus dem Sohlenbogen, in welchen
5. 5. die Seitenvenen der Zehe übergehen. Auch hier entsprechen im Verlaufe die Venen den gleichnamigen Arterien.

Tabula 116.

Figur 1. Die Venen und Lymphgefäße am linken Hinterschenkel des Pferdes, von der äußern Seite; $\frac{1}{3}$ der natürlichen Größe.

1. Die Gesäßvene (vena glutaea superior) entspringt in den Backenmuskeln (a.);
2. die Sitzbeinvene (v. ischiadica) entspringt in dem langen Auswärtszieher (b.), und im langen Einwärtszieher (e. e.) des Schenkelbeines;
3. die äußere umschlungene Backenbeinvene fängt in den drei Auswärtsziehern des Schenkelbeines (b. c. d.) an.
4. 4. Die vordere Schenkelbeinvene (v. tibialis antica) wird von dem Schienbeinbeuger und vorderen Hufbeinstrecker (f.) bedeckt; g. der Seitenstrecker, h. der dünne Strecker des Sprunggelenkes, i. der dicke Beuger des Hufbeines.
5. Die äußere Hautvene (v. saphena parva) entspringt am Sprunggelenk, und endigt in der Schenkelvene.
6. Lymphgefäß, welches die vordere Schenkelbeinvene begleitet (v. l. tibiale anticum).

Figur 2. Die Venen und Lymphgefäße des Hodens und Saamenstranges des Hengstes; in natürlicher Größe.

1. Die innere Saamenvene (vena spermatica interna) entspringt im Hoden (b.) und bildet im Aufsteigen in der Scheidenhaut des Saamenstranges (a. a.)
2. 2. das ranckenförmige Geflecht (plexus pampiniformis).
3—3. Die Lymphgefäße des Hodens und Saamenstranges (v. l. spermatica);
c. der Schweif des Nebenhodens,
d. der Saamenleiter.

Tabula 117.

Darstellung der Pfortader an sämmtlichen Verdauungs-Eingeweiden des Pferdes.

1. 1. Die Pfortader (Vena Portarum) ist aus den Venen des Magens, der Milz, Bauchspeicheldrüse und des Darmes gebildet, liegt an der rechten Seite der vordern Gekrösarterie (g.), und tritt, durch die Bauchspeicheldrüse (e. e.) hindurchgehend, an der hintern Fläche der Leber (a.) in die Pforte, um sich zu verzweigen, und der Leber das Blut zur Gallenbereitung zuzuführen. Sie empfängt daher
2. die Magen-Zwölffingerdarmvene (v. gastroduodenalis), welche, die gleichnamige Arterie begleitend,
3. die rechte Magen-Netzvene (vena gastro-epiploica dextra) und
4. die Bauchspeicheldrüsen-Zwölffingerdarmvene (v. pancreatico-duodenalis) aufnimmt; diese kommt von der Drüse (e. e.) und dem Zwölffingerdarme (f.).
5. 5. Die Bauchspeicheldrüsenvenen (venae pancreaticae) ergießen sich auch in den Hauptstamm, und hinter ihnen
6. 6. die hintere Gekrösvene (vena mesenterica posterior s. vena colica sinistra), die im Gekröse des Mast-

darmes (k. k.) horizontal nach vorn geht, und bisweilen auch in

7. 7. die Milzvene (v. splenica s. lienalis) mündet; diese nimmt Venen von der Milz (c.), vom großen Netze (d.) auf, dann

8. 8. die linke Magen-Netzvene (v. gastro-epiploica sinistra) und

9. 9. die kurzen Venen des Magens (venae breves ventriculi); zuletzt erhält die Milzvene noch

10. die linke Kranzvene des Magens (v. coronaria ventriculi sinistra), welche in der obern Magenwand (b.)

11. ein Gefäßnetz und Anastomosen mit den kurzen Venen des Magens bildet.

Die vordere Gekrösvene (v. mesenterica anterior) ist der Anfang der Pfortader, und nimmt folgende Venen auf:

12. die Hüft-Blinddarmvene (v. ilio-colica), welche

13. die Blinddarmvene aus dem Blinddarme (l. l.) und

14. die Hüftdarmvene vom Hüftdarme (c.) empfängt;

15. 15. die Dünndarmvenen (venae intestinales s. jejunales) vereinigen sich in zwei große Aeste, entspringen im Leerdarme (h—h.), bilden Gefäßbogen wie die gleichnamigen Arterien, und vereinigen sich mit

16. der Grimmdarmvene (v. colica dextra hom.); diese wird zwischen den beiden linken Lagen des Grimmdarmes gebildet aus

17. der untern, und

18. der obern Grimmdarmvene, die an der untern (m. m.) und der obern Lage (n. n.) des Grimmdarmes verlaufen.

19. Die rechte Kranzvene des Magens (v. corori. ventric. dextra) entspr. an der untern Magenwand und mündet in die Pfortader, kurz vor ihrer Theilung; bisweilen auch in die linke Kranzvene (10.).

Tabula 118.

Figur 1. Die Haut-Lymphgefäße am ganzen Pferde, von der linken Seite gesehen.

1. Die Lymphgefäße des Antlitzes (vasa lymphatica faciei) gehen in die Drüsen im Kehlgange;

2. die Lymphgefäße des Nackens (v. lymphatica cervicis), gehen in die Drüsen, die unter dem gemeinschaftlichen Muskel liegen;
3.3. die Lymphgefäße des Rückens und der Schulter (vasa lymph. dorsi et humeri) gehen in dieselben Drüsen;
4. die Lymphgef. der Brust (vasa lymph. thoracis) gehen ebenfalls dahin.
5. Die Lymphgef. des Bauches (vasa lymphatica abdominis) gehen in die Drüsen an der Vorhaut oder am Euter; eben so
6. die Lymphgef. der Lendengegend und der Croupe (vasa lymphat. regionis lumbalis et sacralis),
7.7. die äußern, und
8. die innern Lymphgef. der Hinterschenkel (vasa lymphatica externa et interna extremitatum posteriorum).
9. Die äußern und
10. die innern Lymphgef. der Vorderschenkel (v. lymph. externa et interna extremitatum anteriorum) gehen in die Nackendrüsen unter dem gemeinschaftlichen Muskel.
a. Der Schulterhautmuskel;
b. der Bauchhautmuskel.

Diese Haut-Lymphgefäße dienen zur Auffaugung der flüssigen und luftförmigen Stoffe, welche mit der Haut in Berührung kommen, und erscheinen bei dem Hautwurm als knotige Stränge.

Figur 2. Ein Stück vom Bogen der Aorta des Pferdes; natürliche Größe.

1. Die äußere Fläche mit einer Zellhaut bedeckt,
2. die Faserhaut (tunica fibrosa), welche elastisch ist;
3. die innere Haut (tunica interna s. serosa), ist äußerlich rauh, nach innen zu glatt;
4. die Höhle der Arterie,
5. Ein Gefäß des Gefäßes (vas vasis),
6.6. die Zwischenrippenarterien (arteriae intercostales).

Figur 3. Ein Stück von einer Hautvene des Pferdes, die innere Fläche dargestellt.

1.1. Die Klappen (valvulae vasorum) sind halbmondförmig, durch Verdoppelung der innern Haut gebildet, und zur Beförderung des Blutlaufes bestimmt.

Figur 4. Ein Lymphgefäß vom Armbeine des Pferdes, die innere Fläche dargestellt.

1.1. Die Klappen sind wie in den Venen, nur noch viel zahlreicher, als in jenen.

Figur 5. Eine Lymphdrüse des Pferdes, von oben dargestellt.

1. Das zuführende Lymphgefäß,
2.2. das Gewebe der Lymphdrüse, welches aus einem eigenen Parenchyma und aus den verästelten Lymphgefäßen besteht, und zur Umänderung der Lymphe dient;
3. das abführende Lymphgefäß kommt an der untern Fläche hervor.

Figur 6. Dieselbe Drüse von unten.

1.
2.
3. } wie Fig. 5.

Tabula 119.

Figur 1. Die Lymphgefäße des Kopfes und Halses des Pferdes, von der rechten Seite; halbe Größe.

1. Die Lymphgefäße des Angesichts (von der rechten Seite),
2. dieselben von der linken Seite; alle gehen um den untern Rand des Unterkiefers herum, und endigen in

3. den Kehlgangsdrüsen (glandulae submaxillares). Aus diesen wird die Lymphe in
4. die obern Luftröhrendrüsen (glandulae tracheales superiores) geführt, welche auch die aus
5. den hinteren Kieferdrüsen (gland maxillares posteriores) aufnehmen.
a. Die Schilddrüse,
b. b. die Luftröhre.
6. 6. Die Luftröhrengefäße (vasa jugularia) führen die Lymphe in
7. die mittleren Luftröhrendrüsen (gland. tracheales mediae), aus welchen sie durch
8. mehrere Stämme in
11. die untern Luftröhrendrüsen (gland. tracheales inferiores) übergeht.
9. 9. Die Lymphgefäße des Nackens gehen in
10. die Lymphdrüsen des Nackens (gland. cervicales), die unter dem gemeinschaftlichen Muskel (c.) liegen, und von welcher die Lymphe in die Luftröhrengefäße übergeht.

Figur 2. Darstellung des Milchbrustganges des Pferdes, von unten.

(NB. Die Figur muß durch den Spiegel gesehen werden, wenn man sie mit dem Präparat vergleichen will, weil sie aus Versehen nicht verkehrt gezeichnet worden ist.)
1. 1. Die Schenkel-Lymphgefäße (vasa cruralia) kommen von den Leistendrüsen und führen zu
2. 2. den Lendendrüsen (glandulae lumbares), aus welchen
3. die Lendengeflechte (plexus lumbares) entstehen, die in
4. die Lendencisterne (cisterna s. receptaculum chyli) übergehen, aus dieser geht der Milchbrustgang hervor.
5. 6. Die Lymphgefäßstämme vom Darmkanal (trunci intestinales),
7. der Stamm vom Magen und der Milz (truncus gastricus et lienalis),
8. der Stamm von der Leber (truncus hepaticus).
9. 9. Der Milchbrustgang (ductus thoracicus) liegt anfangs über der Aorta (a. a.), geht dann zwischen ihr und der unpaarigen Vene (d d.) an der rechten Seite bis zum sechsten Rückenwirbel nach vorn, tritt an die linke Seite,

zwischen der Aorta und Wirbelsäule hindurchgehend, und mündet in die linke Achselvene (i.).

10. Der rechte Luftröhrenstamm (truncus trachealis s. jugularis dexter) geht neben der rechten Drosselvene (k.) herab, und mündet in die rechte Achselvene (h.).
11. Die linken Luftröhrengefäße, welche
12. die linken Nackengefäße aufnehmen, begleiten die linke Drosselvene (l.), und endigen in den untern Luftröhren- und vordern Brustdrüsen, von welchen die Lymphe in die beiden Stämme (9. 10.) geht.

13. 13. Die hintern Brustdrüsen nehmen die Lymphgefäße der Brustwände auf.

b. Die rechte Niere,
c. die linke Niere,
e. die Luftröhre,
f. der Schlund,
g. die hintere Hohlvene
} hinten abgeschnitten.

Figur 3. Die mittleren Luftröhrendrüsen mit ihren Lymphgefäßen von beiden Seiten.

Tabula 120.

Figur 1. Die Haut-Lymphgefäße des linken Vorderschenkels des Pferdes, von der äußern Seite dargestellt.

1. Die Lymphgefäße des Rückens gehen über den Bauchhautmuskel (a.), verbinden sich mit
2. den Lymphgefäßen der Schulter, die über den Schulterhautmuskel (b.) hinweggehen, und endigen in
3. dem obern Häufchen der Nackendrüsen, die unter dem gemeinschaftlichen Muskel (c.) liegen.

4. 4. Die Lymphgefäße des Armes endigen in
5. dem mittleren Häufchen der Nackendrüsen;

6.6. die Lymphgefäße des Vorarmes und Fußes endigen im mittleren und in
7. dem untern Häufchen dieser Drüsen, welche auch
8.8. die Lymphgefäße der innern Seite aufnehmen.

Figur 2. Die Haut-Lymphgefäße des linken Vorderschenkels des Pferdes, von der innern Seite.

1. Einige Lymphgefäße der Brust gehen unter dem breiten Brustmuskel (a.) von hinten nach vorn, um mit
2.2. den Lymphgefäßen des Vorarmes und Fußes in das untere Häufchen der Nackendrüsen (7. Fig. 1.) überzugehen.

Tabula 121.

Figur 1. Die tiefen Lymphgefäße (vasa lymphatica profunda) des linken Vorderschenkels des Pferdes; von der innern Seite gesehen.

Die Muskeln an der Schulter und am Arme sind nur in Umrissen dargestellt, vom großen Brustmuskel ist ein Stück ausgeschnitten, um die Lymphdrüsen und Gefäße am Armbeine zu sehen (vergl. Tab. 113. Fig. 2.).

1.1. Die Haupt-Lymphgefäße (vasa lymphatica cephalica) entspringen am Fuße, begleiten die innere Hautvene oder Hauptader, und ergießen sich in die Armdrüsen (3.).
2.2. Die Speichen-Lymphgefäße (v. l. radialia) entspringen an der innern und äußern Seite des Fußes, begleiten anfangs die innere und äußere hintere Zwischenknochenvene, dann die Speichenvene, und endigen ebenfalls in
3. den Armdrüsen (glandulae brachiales). Diese liegen an den großen Blutgefäßen des Armes, und werden von dem großen Brustmuskel bedeckt; aus ihnen entspringen die Armgefäße (v. l. humeri), zwei starke Stämme, von welchen der vordere in die Achseldrüsen (5.5.) geht; vom hintern Stamme geht der innere Zweig in dieselben Drüsen, der vordere geht unter ihnen hindurch, und begleitet die Achselvene.

5.5. Die Achseldrüsen (glandulae axillares) nehmen außer den Armgefäßen auch
6.6. die äußern Brust-Lymphgefäße (v. l. thoracica externa), welche die äußere Brustvene begleiten, und
7.7. die Unterschulter-Lymphgefäße (v. l. subscapularia) auf; diese gehen mit den Zweigen der Unterschultervene herab. Aus den Achseldrüsen entspringen
8.8. die Achselgefäße (v. l. axillaria), welche die Achselvene begleiten und in
9. den untern Luftröhrendrüsen (11. Fig. 1. Tab. 119.) endigen.

Figur 2. Die oberflächlichen Lymphgefäße (vasa lymphatica superficialia) an einem Stück von einer Lunge des Pferdes, in natürlicher Größe.

Die oberflächlichen Lymphgefäße liegen zwischen der Lungen-Pleura und der Substanz der Lunge. Sie bilden viele anastomosirende Schlingen, und vereinigen sich in größere Aeste, die in den Bronchialdrüsen endigen (vergl. Tab. 122. Fig. 1.). Sie dienen zur Aufsaugung des Serum's.

Figur 3. Die oberflächlichen Lymphgefäße an einem Theile der Milz des Pferdes; in natürlicher Größe.

Sie liegen zwischen der serösen und fibrösen Haut der Milz, sind ungemein zahlreich, und bilden ein ununterbrochenes Netz über die ganze Milz. Ihr Aeußeres ist perlschnurartig, weil sie viele Erweiterungen haben. Sie endigen theils in den Milzdrüsen, theils in dem Magen-Milzstamme (truncus gastrico-lienalis).

Figur 4. Die oberflächlichen Lymphgefäße von der hintern Fläche eines Stückes der Leber vom Pferde; in natürlicher Größe.

Zwischen der serösen Haut und dem Parenchyma der Leber breiten sich die Lymphgefäße baumartig (dendritisch) aus, und sind sehr zahlreich. Sie saugen das Serum auf, und ergießen sich in die Leberdrüsen (Vgl. Tab. 122. Fig. 3.).

Tabula 122.

Figur 1. Die oberflächlichen Lymphgefäße des Herzens und der Lungen des Pferdes, von der linken Seite gesehen; $\frac{1}{4}$ der natürlichen Größe.

1. Das **vordere linke Herzgefäß** (vas lymphaticum cordis sinistrum anterius) entspringt an der Seitenwand der rechten Herzkammer, und geht in eine der vorderen Brustdrüsen (3.);
2. das **hintere linke Herzgefäß** (v. l. c. s. posterius) entspringt an der Spitze des Herzens, an der rechten Seite, geht in der linken Längenfurche mit der Vene aufwärts, und nimmt am linken Herzohre noch ein Gefäß auf, welches mit vielen Zweigen seinen Ursprung an der Seitenwand der linken Herzkammer hat (vergl. Fig. 2.). Hierauf geht das Gefäß zwischen der Lungenarterie (h.) und der hinteren Aorta (f.) aufwärts und endigt in
3. den **vorderen Brustdrüsen** (glandulae thoracicae anteriores).
4. Das **rechte Herzgefäß** (v. l. c. dextrum) entspringt an der rechten Seite des Herzens (vergl. Fig. 3.), geht über die Lungenarterie (h.) an die linke Seite, und endigt mit dem vorderen linken Gefäße in einer Drüse (3.).
5. Die **Lymphgefäße** an der innern Fläche des vorderen Lungenlappens (m.), und
6. die **Lymphgefäße** an der äußern Fläche des hinteren (l.) Lungenlappens (vasa lymphatica superficialia pulmonum) endigen in
7. den **Bronchialdrüsen** (glandulae bronchiales), aus welchen die Lymphe in die vorderen Brustdrüsen (3. 3.) übergeht.
8. Der **rechte Stamm** (truncus dexter), und
9. der **linke Stamm des Milchbrustganges** (truncus sinister ductus thoracici) vereinigen sich unter dem Körper des sechsten Rückenwirbels, und hierauf geht

10\. 10. der **Milchbrustgang** (ductus thoracicus) an der linken Seite der Luftröhre (i.), zwischen ihr und den Blutgefäßen nach vorn, und ergießt sich in

a. die linke Achselvene.

b. Die linke Drosselvene;
c. die vordere Hohlvene;
d. der Stamm der tiefen Nacken- und vorderen Zwischenrippenvene;
e. die vordere,
f. die hintere Aorta;
g. die linke Seite des Herzens,
h. die Lungenarterie,
i. die Luftröhre,
k. der Schlund,
l. der hintere,
m. der vordere Lappen (gewendet) der linken Lunge.

Figur 2. Die oberflächlichen Lymphgefäße an der linken Seite des Herzens vom Pferde; halbe Naturgröße.

1. Das vordere linke Herzgefäß (1. Fig. 1.),
2. das hintere linke Herzgefäß (2. das.).

a. Die Aorta,
b. die Lungenarterie.

Figur 3. Die oberflächlichen Lymphgefäße an der rechten Seite des Herzens vom Pferde; halbe Naturgröße.

1. Das rechte Herzgefäß (4. Fig. 1.) entspringt an den Seitenwänden beider Kammern, geht dann in vielen Krümmungen aufwärts, und über die linke Vorkammer (d.) nach der linken Seite.
2. Das vordere linke Herzgefäß (1. Fig. 1.).

a. Die hintere,
b. die vordere Hohlvene;
c. die Lungenvenen;
d. die linke,
e. die rechte Vorkammer.

Figur 4. Die Lymphgefäße an der hinteren Fläche der Leber, der oberen Fläche des Magens und an der inneren Fläche der Milz, vom Pferde.

a. Hintere Fläche der Leber,
b. die obere Fläche des Magens,
c. Schlund,
d. die innere Fläche der Milz,
e. e. das große Netz (abgeschnitten),
f. das kleine Netz.
1—1. Die oberflächlichen Lymphgefäße der Leber (vasa lymph. superficialia hepatis) entspringen mit vielen Zweigen an der serösen Haut der Leber, vereinigen sich in
2. 2. die Stämmchen, welche auch die tiefen Lymphgefäße der Leber aufnehmen, und endigen in
3. den Leberdrüsen (glandulae hepatis lymphaticae);
4. ein Zweig vom linken Leberlappen geht durch das kleine Netz (f.) in die Magendrüsen (7.). Aus den Leberdrüsen kommend, vereinigen sich die Lymphgefäße in
5. dem Leberstamme (truncus hepatis lymphaticus), der sich mit dem Magen-Milzstamme (8.) vereinigt.
6. Die Lymphgefäße der oberen Magenwand (v. v. lymph. superficiei ventriculi superioris) gehen in
7. die Magendrüsen (glandulae l. gastricae). Die heraustretenden Gefäße verbinden sich mit den Magen- Netz-, und Milzgefäßen, und bilden
8. den Magen-Milzstamm (truncus gastro-linealis).
9. 9. Die Magen-Netzgefäße (v. v. gastro-epiploica) entspringen im Milz-Magenbande und im großen Netze, gehen durch die Magen-Netzdrüsen (glandulae gastro-epiploicae) und endigen in dem Magen-Milzstamme.
10. 10. 10. Die oberflächlichen Lymphgefäß der Milz (v. v. l. lienis superficialia) bilden über die ganze Milz ein dichtes, knotiges Netz, und verbinden sich theils mit den Magen-Netzgefäßen und ihren Drüsen (9. 9.), theils gehen sie in den Magen-Milzstamm (8.) über. Sämmtliche Gefätze der Leber, Milz, des Magens, der Bauchspeicheldrüse und des Netzes bilden
11. den Eingeweidestamm (trunc. coeliacus), mit welchem sich
12. der Darmstamm (truncus l. intestinorum) verbindet, und in
13. dem Milch-Brustgange endigt.

Tabula 123.

Figur 1. Die Lymphgefäße des Darmkanales des Pferdes.

1.1. Die Lymph= oder Milchsaft=Gefäße des Dünndarms (vasa lymphatica s. chylifera intestini tenuis) entspringen theils in den Darmzotten, theils zwischen den Häuten des Dünndarmes (d—d.), laufen im Gekröse aufwärts und ergießen sich in

2.2. die Gekrösdrüsen (glandulae mesenterii), in welche auch

3.3. die Saugadern des Mastdarmes, c. c. (v. l. intestini recti) übergehen, nachdem sie vorher durch

4.4. die kleinen Drüsen des Mastdarmgekröses gegangen sind.

5—5. Die Lymphgefäße des Grimmdarmes (v. v. l. coli) laufen an beiden Lagen des Grimmdarmes (b—b.) von hinten nach vorn, gehen durch viele

6—6. Drüsen des Grimmdarmgekröses (glandulae mesocoli), und vereinigen sich theils mit

7.7. den Lymphgefäßen des Blinddarmes, a. (v. l. intestini coeci), theils ergießen sie sich in die Drüsen des Dünndarmgekröses. Jene vereinigen sich zu

8. einem großen Aste, zu welchem noch

9.
10. } zwei andere stoßen, die aus den Gekrösdrüsen des Mast= und Dünndarmes kommen, und alle drei bilden

11. den Lymphgefäßstamm des Darmes (truncus lymph. intestinorum), welcher sich in die Lendencysterne ergießt.

Figur 2. Die Lymphgefäße an einem Stück des Dünndarmes des Pferdes.

1—1. Die oberflächlichen, d. h. zwischen der serösen und Muskelhaut verlaufenden,

2—2. die tiefen Lymphgefäße, welche zwischen der Muskel- und Schleimhaut verlaufen und in den Darmzotten entspringen; diese gehen in jene über und laufen, nachdem sie den Darm verlassen haben, im Gekröse aufwärts (1—1. Fig. 1.).

Tabula 124.

Figur 1. Die oberflächlichen Lymphgefäße, am rechten Hinterschenkel des Pferdes; von der äußern Seite.

1.} 2.} Die oberflächlichen Lymphgefäße der Croupe und des Oberschenkels bilden im Gewebe der Haut ein großes Geflecht, und gehen theils um den hintern Rand (bei 1.) an die innere Fläche, theils gehen sie um den vordern Rand (bei 2.) in die Drüsen der Kniefalte (vergl. 5. Fig. 2.).

3.3. Die Lymphgefäße des Unterschenkels und Fußes gehen zum Theil an die innere Fläche,

4. einige derselben laufen am hintern Rande aufwärts und ergießen sich in die Kniekehlendrüsen (18. Fig. 3. Tab. 115).

Figur 2. Die oberflächlichen Lymphgefäße am rechten Hinterschenkel des Pferdes; von der innern Seite.

1.1. Die Schenkel-Lymphgefäße (vasa lymphatica cruralia) begleiten die Schenkelvene und entspringen in

2. den Leistendrüsen (glandulae inguinales), in welche sich 4—5 starke Aeste aus

3. den Hodensackdrüsen (2. Fig. 1. Tab. 126.), die bei Stuten vom Euter bedeckt werden, ergießen. In die zuletzt genannten Drüsen ergießen sich auch

4.4. die meisten oberflächlichen Lymphgefäße der inneren und äußeren Fläche, indem die der äußeren Fläche sich um den vorderen und hinteren Rand nach innen umschlagen; nur wenige vom Unterschenkel und von der Croupe kommende endigen in

5. den Lymphdrüsen der Kniefalte, welche von der Aponeurose des Bauchhautmuskels gebildet wird. Aus diesen Drüsen gehen die Gefäße in die äußern Darmbein-Lymphgefäße (vergl. 13. Fig. 1. Tab. 126.) über.

Tabula 125.

Figur 1. Die Lymphgefäße am Magen des Pferdes, von vorn und oben gesehen.

a. Der Schlund,
b. der Magen,
c. der Pförtner.
1. 1. Die Lymphgefäße der untern Magenwand vereinigen sich in
2. den untern Lymphdrüsen des Magens; aus diesen geht
3. ein dicker Stamm in
4. die obern Lymphdrüsen, zu welchen auch
5. die Lymphgefäße der obern Magenwand kommen, und aus welchen
6. zwei größere Gefäße zum Magen-Milzstamme (6. Fig. 4. Tab. 122.) gehen.

Figur 2. Darstellung der Lymphgefäße an der Gebärmutter der Stute, in natürlicher Lage.

a. Die rechte Niere,
b. die linke Niere,
c. die Aorta,
d. die hintere Hohlvene,
e. e. die Eierstöcke,
f. f. die Muttertrompeten,
g. die Gebärmutter (zurückgeschlagen, so daß die obere Fläche etwas sichtbar wird),
h. der Mastdarm,
i. die Harnblase.
1—1. Die Lymphgefäße der Gebärmutter (vasa lymph. uterina) gehen an beiden Flächen hervor und ergießen sich in

2. 2. die Lendendrüsen (glandulae lumbales), zu welchen auch
3. 3. die Lymphgefäße des Beckens (v. l. hypogastrica) gehen.

Figur 3. Die Lymphgefäße an der Gebärmutter der Stute, halbe Naturgröße; von oben gesehen.

1. 1. Die Fransen der Muttertrompeten,
2. 2. die Muttertrompeten,
3. 3. die Eierstöcke,
4. 4. die breiten Mutterbänder,
5. der Körper und
6. 6. die Hörner der Gebärmutter.

Die Lymphgefäße bilden ein Netz zwischen der Schleim- und Faserhaut der Gebärmutter, welches an der linken Hälfte freigelegt ist, und gehen dann aus dem breiten Mutterbande an der Wirbelsäule nach vorn in die Lendendrüsen (vergl. Fig. 2.), hier aber sind sie gerade gelegt, um sie deutlicher darstellen zu können.

Tabula 126.

Figur 1. Die Lymphgefäße der männlichen Geschlechtstheile und Nieren des Pferdes.

a. Die linke Niere,
b. die Bauch-Aorta,
c. die Scheidenhäute des Hodens (aufgeschnitten),
d. der Saamenleiter,
e. e. Vorhaut und Hodensack (geöffnet),
f. die Ruthe,
g. die Bauchdecken.
1. Die Lymphgefäße des Hodensackes (vasa lymph. scroti) laufen von hinten nach vorn in
2. die Hodensackdrüsen (glandulae scroti).

3.} 4.} Die Lymphgefäße des Schlauches (v. v. l. praeputii) laufen theils von hinten nach vorn, theils von vorn nach hinten und endigen in

5. 5. den Schlauchdrüsen (gland. praeputii), welche auch
6. 6. die Lymphgefäße der Ruthe (v. v. l. penis) aufnehmen. Von diesen Drüsen gehen, nachdem sie auch die oberflächlichen Lymphgefäße vom Schenkel aufgenommen haben (vergl. Tab. 124. Fig. 2.),
7. einige starke Gefäße in die Leistendrüsen über, in welche sich auch
8. die Lymphgefäße der hinteren Bauchdecken (v. v. l. epigastrica) endigen.
9. 9. Die Lymphgefäße des Hodens (v. v. l. testiculi) entspringen in beträchtlicher Anzahl theils im Hoden und Nebenhoden, theils in den Scheidenhäuten, und endigen in
10. 10. den Lendendrüsen (gland. lumbales), zugleich mit
11. den Lymphgefäßen der Niere (v. v. l. renalia). In
12. die äußern Darmbeindrüsen (gland. iliacae externae) münden
13. die äußern Darmbein-Lymphgefäße (v. v. l. iliaca externa), und
14. einige Zwischenrippengefäße (v. v. l. intercostalia), und gehen dann in die Lendendrüsen über.
15. Die Beckenlymphgefäße (v. v. l. hypogastrica), welche in den Beckeneingeweiden entspringen, münden in
16. den innern Darmbeindrüsen (gland. iliacae internae).

Figur 2. Die Schädelhöhle eines Fohlenkopfes, von der rechten Seite geöffnet, um die Fortsätze der harten Hirnhaut darzustellen.

1. Der Sichelfortsatz (processus falciformis s. falx cerebri), welcher die Halbkugeln des großen Gehirns scheidet und den Längenblutleiter enthällt;
2. das Hirnzelt (tentorium cerebelli) scheidet das kleine und große Gehirn, und dient den hinteren (oberen) Lappen des letzteren zur Grundlage.

Figur 3. Das Gehirn des Pferdes, von unten.

1. 1. Die Riechnerven oder das erste Paar (nervi olfactorii s. par primum) sind hohle Fortsätze des Gehirns und endigen in

2.2. den Riechnervenknollen (bulbi nerv. olfact.), von welchen die eigentlichen Riechnerven erst entspringen.

3.3. Die Sehnerven oder das zweite Paar (nervi optici s. par secundum) machen

4. eine Kreuzung (chiasma), so daß der auf der linken Seite entspringende zum rechten Auge, und der von der rechten Seite zum linken Auge geht. Hinter diesen liegt

5. der Trichter (infundibulum), welcher

6. den Hirnanhang oder die Schleimdrüse (hypophysis cerebri s. glandula pituitaria) mit der dritten Kammer und mit

7. dem Markkügelchen (corpus candicans s. mammillare) verbindet.

8.8. Die Schenkel des großen Gehirns (crura cerebri) verbinden dieses mit dem verlängerten Marke; aus ihnen entspringen

9.9. die gemeinschaftlichen Augenmuskelnerven oder das dritte Paar (nervi oculo-motorii s. par tertium), hinter welchen

10. der Hirnknoten oder die Varolsbrücke (nodus cerebri s. pons Varolii) die Hirnschenkel umfaßt.

11.11. Die Rollmuskelnerven oder das vierte Paar (nervi trochleares s. par quartum) sind die kleinsten Nerven des Gehirns; die größesten dagegen sind

12.12. die dreigetheilten Nerven oder das fünfte Paar (nervi trigemini s. par quintum), die bald in

13.13. die platte Wulst oder den Gasser'schen Knoten (intumescentia plana s. ganglion Gasseri) anschwellen und sich dann in zwei starke Aeste theilen, nämlich in

14.14. den vereinigten Augen- und Oberkiefer-Ast (ramus ophthalmicus et maxillaris superior) und in

15.15. den Unterkiefer-Ast (ramus maxillaris inferior); aus ihnen entspringt

16. der große sympathische Nerv (nervus sympathicus maximus s. trisplanchnicus).

17.17. Die äußern Augenmuskelnerven oder das sechste Paar (nervi abducentes s. par sextum) entspringen hinter dem Hirnknoten (10.), und an den Seiten desselben

18.18. die Antlitznerven oder das siebente Paar (nervi faciales s. par septimum) und

19.19. die Hörnerven oder das achte Paar (nervi acustici s. par octavum).

20.20. Die Zungen-Schlundkopfnerven oder das neunte Paar (nervi glosso-pharyngei s. par nonum),
21.21. die Lungen-Magennerven oder das zehnte Paar (nervi pneumogastrici s. vagi, s. par decimum) und
22.22. die Zungenfleisch- oder Unterzungennerven oder das zwölfte Paar (nervi hypoglossi s. par duodecimum) entspringen aus dem verlängerten Marke, an dessen Seiten
23.23. die Beinerven des Willis (nervi accessorii Willisii) oder das sogenannte eilfte Paar (par undecimum) heraufgeht. Das verlängerte Mark hat unten drei Erhabenheiten, nämlich
24.24. die pyramidenförmigen (eminentiae pyramidales),
25.25. die olivenförmigen (eminentiae olivares) und
26.26. die strangförmigen Erhabenheiten (eminentiae restiformes).
27.27. Das kleine Gehirn (cerebellum).

Figur 4. Die beiden Halbkugeln des großen Gehirns, von den gestreiften Körpern getrennt, und von unten gesehen.

1.1. Die vorderen (unteren) Lappen (lobi anteriores),
2.2. die hinteren (oberen) Lappen (lobi posteriores),
3.3. die mittleren Lappen oder zitzenförmigen Erhabenheiten (lobi intermedii s. processus mammillares).
4.4. Die vorderen Schenkel des Gewölbes (crura fornicis anteriora), zwischen welchen
5. das vordere Markbändchen (commissura cerebri anterior) liegt.
6. Die untere Fläche des Gewölbes enthält viele in einem Dreieck verbundene Markstreifen, welches man die Harfe oder Leyer (psalterium s. lyra) nennt.
7.7. Die hinteren Schenkel des Gewölbes (crura fornicis posteriora), die sich mit
8.8. dem hinteren Ende des Hirnbalkens verbinden.
9.9. Die Decken der Seitenkammern, aus dem Marke der Halbkugeln gebildet.
10.10. Die Stellen, wo das Mark des großen Gehirns von den gestreiften Körpern abgeschnitten ist.

Figur 5. Die Ganglien des großen Gehirns, das kleine Gehirn und verlängerte Mark, von oben gesehen.

1.1. Die gestreiften Körper oder die vorderen Hirnganglien (corpora striata s. ganglia cerebri antica) sind aus der Verbindung mit dem Marke der Halbkugeln gelöst (bei † †).
2.2. Die Sehhügel oder hinteren Hirnganglien (thalami nervorum opticorum s. ganglia cerebri postica) sind von jenen durch
3.3. die Hornstreifen oder Grenzstreifen (striae terminales s. taeniae striatae) geschieden, und haben zwischen sich
4. die hintere (obere) Oeffnung der dritten Kammer oder den Zugang zur Sylvischen Wasserleitung (ostium posterius ventriculi tertii s. aditus ad aquaeductum Sylvii), hinter welcher
5. das hintere Markbändchen (commissura cerebri posterior) liegt. Mit diesem verbindet sich
6. die Zirbel (conarium s. glandula pinealis); sie ruht auf
7.7. dem vorderen Paar der Vierhügel oder den Hoden (eminentia quadrigemina s. testes), an welche
8.8. das hintere Paar derselben oder die Hinterbacken (nates) grenzt.
9.9. Die Schenkel des kleinen Gehirns zu den Vierhügeln (crura cerebelli ad eminentiam quadrigeminam), von welchen der linke hier abgeschnitten ist, um
10. das Mark des Seitenlappens vom kleinen Gehirn zu sehen, in welchem die graue Masse rautenförmiger Körper (corpus rhomboideum) genannt wird.
11. Der durchschnittene Wurm des kleinen Gehirns mit dem Lebensbaume (arbor vitae);
12. die vierte Kammer und rautenförmige Grube (ventriculus quartus et fossa rhomboidea), welche nach hinten in
13. den Kanal des verlängerten Markes übergeht.

Tabula 127.

Alle Figuren auf dieser Tafel sind in natürlicher Größe dargestellt.

Figur 1. Das Gehirn des Pferdes, an welchem die Halbkugeln bis auf den Balken abgeschnitten und das kleine Gehirn senkrecht durchgeschnitten ist; von oben gesehen.

1.1. Das Mark der Halbkugeln, welches die Decke der Seitenkammern (lacunar ventriculorum lateralium) bildet, und Querfasern enthält (vergl. Tab. 126. Fig. 4. No. 9. 9.). In der Mitte befindet sich der Hirnbalken oder schwielige Körper (trabs cerebri s. corpus callosum), an welchem
2.2. die Nath (raphe s. sutura externa corp. callosi), eine seichte Längenfurche von
3.3. den seitlichen Längenstreifen (striae laterales longitudinales) begrenzt wird. Zwischen den hinteren Lappen des großen Gehirns liegen
4.4. das vordere Paar } der Vierhügel (eminentia qua-
5.5. das hintere Paar } drigemina), an welche
6. die Hirnklappe oder das Marksegel (valvula cerebri s. velum medullare) grenzt; diese deckt
7. die vierte Hirnkammer (ventriculus quartus), die in
8. die rautenförmige Grube (fossa rhomboidea) übergeht.
9.9. Der Lebensbaum (arbor vitae) oder das strahlig verbreitete Mark des mittleren Lappens (oder Wurmes) des kleinen Gehirns.

Figur 2. Das Gehirn des Pferdes, an welchem der Balken und die Decken der Seitenkammern hinweggenommen sind; von oben gesehen.

Die Seitenkammern sind von oben geöffnet; in ihnen liegen

1.1. die gestreiften Körper oder die vorderen Hirnganglien (corpora striata s. ganglia cerebri antica), von welchen der linke eingeschnitten ist, um die Streifen der Marksubstanz zu sehen; zwischen beiden liegt

2. der Körper des Gewölbes (pars media fornicis), der nach hinten in

3.3. die Ammonshörner oder Seepferdsfüße (cornua Ammonis s. pedes Hippocampi) übergeht; an jedem liegt nach außen

4.4. der Saum (fimbria s. taenia). Zwischen diesem und dem gestreiften Körper findet sich ein schmaler Markstreif, welcher

5.5. Grenz= oder Hornstreif (stria terminalis s. stria cornea) genannt wird. Unter dem Körper des Gewölbes bleibt eine Oeffnung,

6. das Monro'sche Loch (foramen Monroi), durch welches die beiden Seitenkammern unter sich und mit der dritten Hirnkammer in Verbindung stehen.

7.7. Der mittlere Lappen oder Wurm (vermis cerebelli), und

8.8. die Seitenlappen (lobi laterales) des kleinen Gehirns, von welchen die Spinnwebenhaut abgenommen ist, um die Furchen und Blätter zu sehen.

9. Das verlängerte Mark.

Figur 3. Das große Gehirn des Pferdes mit geöffneten Seitenkammern; von oben gesehen.

1.1. Die vorderen Lappen,

2.2. die hinteren Lappen.

3.3. der Balken, quer durchgeschnitten und nach beiden Enden zurückgelegt. Mit ihm ist

4.4. die halbdurchsichtige Scheidewand (septum pellucidum) verbunden; sie scheidet die Seitenkammern und ruht auf

5.5. dem Gewölbe, unter welchem sich

6.6. das Monro'sche Loch befindet.

7.7. Die Ammonshörner mit

8.8. dem Saume und

9.9. dem Hornstreif (vergl. 2—5. Fig. 2.). In jeder Seitenkammer befinden sich zwei Gänge oder Hörner, nämlich

10.10. das untere Horn (cornu inferius) welches in die Höhle des Riechnervens übergeht,

11. 11. das obere Horn (cornu superius), welches vom Monro'schen Loche ausgeht, durch
12. 12. den gestreiften Körper von jenem getrennt ist, nach außen und unten geht, und bei
13. 13. an der untern Fläche in der zitzenförmigen Erhabenheit endigt; es enthält
14. die Vogelklaue oder den kleinen Seepferdsfuß (calcar avis s. pes Hippocampi minor).

Figur 4. Die rechte Hälfte des der Länge nach senkrecht durchgeschnittenen Pferdegehirns, von der inneren Seite gesehen.

1. Die innere Fläche der rechten Halbkugel,
2. der Balken,
3. die halbdurchsichtige Scheidewand,
4. das Gewölbe,
5. das Ammonshorn.
6. Der Riechnervenknollen (bulbus nervi olfactorii),
7. der Sehnerv,
8. der Hirnanhang oder die Schleimdrüse (nicht durchgeschnitten);
9. der Sehnervenhügel (Schnittfläche),
10. die Zirbel (in der Mitte durchgeschnitten),
11. das rechte Paar der Vierhügel.
12. Die vordere Oeffnung zur dritten Kammer oder der Gang zum Trichter (ostium anterius ventriculi tertii s. aditus ad infundibulum s. vulva),
13. der Trichter (infundibulum),
14. die dritte Hirnkammer (ventriculus tertius),
15. die hintere Oeffnung zur dritten Kammer oder der Gang zur Sylvischen Wasserleitung (ostium posterius ventriculi tertii s. aditus ad aquaeductum Sylvii s. anus),
16. die Sylvische Wasserleitung (aquaeductus Sylyii),
17. die vierte Hirnkammer (ventriculus quartus). Alle diese Höhlen stehen unter einander, und durch das Monro'sche Loch auch mit den Seitenkammern, in Verbindung.
18. Schenkel des großen Gehirns,
19. Hirnknoten,
20. verlängertes Mark,
21. kleines Gehirn, alle in der Mitte durchgeschnitten.

Figur 5. Ein Theil des Rückenmarkes des Pferdes, von unten gesehen.

1.1. Die harte Rückenmarkshaut mit dem äußeren Blatte der Spinnwebenhaut, der Länge nach aufgeschnitten und zurückgeschlagen.
2—2. Das gezahnte Band (ligamentum denticulatum) macht den Uebergang vom äußern zum inneren Blatte der Spinnwebenhaut.
3.3. Die inneren,
4.4. die mittleren,
5.5. die äußeren Stränge des Rückenmarkes;
6.6. die unteren Wurzeln der Rückenmarksnerven,
7—7. die einfachen Knoten (ganglia simplicia) der Nerven, von wo aus sich jeder Nerve in einen unteren und oberen Ast theilt.

Figur 6. Dasselbe von oben gesehen.

1. Die Längenfurche des Rückenmarkes,
2.2. die obern Wurzeln der Rückenmarksnerven.

Tabula 128.

Auch die Figuren auf dieser Tafel sind alle in natürlicher Größe dargestellt.

Figur 1. Das Siebbein und die Riechnerven des Pferdes, von der rechten Seite gesehen.

a. Das Siebbeinlabyrinth,
b. die oberste Muschel.
1. Die Höhle des Riechnervenknollens,
2.2. die Riechnerven (nervi olfactorii), welche aus dem Knollen entspringen und sich in der Schleimhaut des Siebbeins verbreiten;
3. der Siebbeinast des fünften Nervens (10. Fig. 2.).

Figur 2. Die Nerven am rechten Auge des Pferdes, von innen und oben gesehen.

Der Schädel ist der Länge nach senkrecht durchgeschnitten, die innere Wand der Augenhöhle, der Augenbogen und die Augenhöhlenhaut sind hinweggenommen.

a. Die Thränendrüse,
b. der Heber des oberen Augenliedes,
c. der Rollmuskel,
d. der Rollknorpel,
e. der obere gerade,
f. der innere gerade Augenmuskel,
g. das obere Augenlied,
h. Schnittfläche des Augenbogens,
i. die Jochbrücke,
2. die Schläfengrube,
3. Höhle für das große Gehirn,
4. Höhle für das kleine Gehirn.
5. Der Sehnerv (nervus opticus), ist nur bis an die Au-
6. genmuskeln sichtbar,
7. der dritte oder gemeinschaftliche Augenmuskel-
8. nerv (nervus tertius s. oculo-motorius communis)
9. theilt sich in
10. den oberen Ast, und in
11. den unteren Ast (beide s. 3. und 4. Fig. 3.).
12. Der vierte oder Rollmuskelnerv (nervus quartus s. trochlearis s. patheticus) liegt am weitesten nach außen und verzweigt sich in den Rollmuskel (c.).
13 a. Der erste und zweite Ast des fünften Nervens, noch verbunden;
14 b. der erste oder Augenast (ramus primus s. ophthalmicus nervi trigemini) theilt sich in drei Aeste, nämlich in
5. den Thränenast (ramus lacrymalis), welcher wieder getheilt unter der Augenhöhlenhaut nach vorn läuft und sich in
6. den äußeren und
7. den inneren Zweig spaltet, welche sich unter einander verbinden; jener geht über die Jochbrücke nach hinten, dieser durch die Thränendrüse in die Stirnhaut und ins obere Augenlied. Der zweite aus dem Augenaste entspringende Nerv ist
8. der Stirnast (ramus frontalis), welcher durch das Augenbogenloch heraustritt, hier aber abgeschnitten ist. Der dritte Ast heißt

9. Na-

9. Nasenast oder Nasenaugenast (ramus naso-ciliaris s. naso-ocularis); er theilt sich wieder in
10. den Siebbeinnerven oder inneren Nasennerven (ramus ethmoidalis s. nasalis internus), welcher abgeschnitten ist, und in
11. 11. den unteren Rollnerven (ramus infratrochlearis), welcher sich am inneren Augenwinkel in der Haut verzweigt.
12. 12. Der sechste oder äußere Augenmuskelnerv (nervus sextus s. abducens).

Figur 3. Die Nerven am rechten Auge des Pferdes, von innen und unten gesehen.

a. Das untere Augenlied,
b. der Blinzknorpel,
c. der untere schiefe Augenmuskel,
d. der äußere gerade,
e. der untere gerade,
f. der innere gerade Augenmuskel,
g. der Grundmuskel,
h. der Rollmuskel.
1. 1. Der Sehnerv, ist bis zu seinem Eintritt in den Augapfel frei,
2. der dritte oder gemeinschaftliche Augenmuskelnerv; er theilt sich in
3. den oberen Ast (ramus superior), welcher in dem oberen und inneren geraden Augenmuskel (f.), im Heber des Augenliedes und im Grundmuskel sich verzweigt;
4. der untere Ast (ramus inferior) ist stärker, und giebt zuerst die kurze Wurzel zum
5. Augenhöhlen- oder Blendungsnervenknoten (ganglion ciliare), aus welchem
6. kleine Fäden zum Keil-Gaumenbeinknoten (rami ad ganglion sphenopalatinum) abgehen (die hier abgeschnitten sind); dann giebt der untere Ast noch Zweige für den inneren (f.) und unteren (e.) geraden Augenmuskel, und
7. einen langen Zweig zum unteren schiefen Muskel (c.).
8. Der vierte oder Rollnerv.
9. Der Nasenast vom Augenaste des fünften Nervens (9. Fig. 2.), giebt ab

10. den Blendungsnerven (ramus ciliaris), und dieser theilt sich in
11. die lange Wurzel zum Blendungsknoten (ram. cil. ad ganglion), und in
12. 12. den eigentlichen Blendungsnerven, von welchem zwei Aestchen mit mehreren dünnen Faden am Ende des Sehnervens in den Augapfel treten.
13. Der fortlaufende Nasenast theilt sich in
14. den Siebbeinnerven (abgeschnitten) und in
15. den unteren Rollnerven (11. 11. Fig. 2.).
16. 16. Der sechste oder äußere Augenmuskelnerv verzweigt sich im äußeren geraden (d.) und im Grundmuskel (g.).
17. Der zweite oder Oberkieferast des fünften Nervens (ramus secundus s. maxillaris superior nervi trigemini) giebt ab:
18. die Unteraugenlied- oder Wangenhautnerven (nervi subcutanei malae),
19. den kleinen Gaumennerven (nervus palatinus minor),
20. den großen Gaumennerven (nervus palatinus major),
21. den Nasen-Gaumennerven (nervus naso-palatinus),
22. den Unteraugenhöhlennerven (n infraorbitalis) und
23. den oberen Zahnnerven (nerv. dentalis superior).

Figur 4. Der Blendungsknoten des Pferdes, von der rechten Seite.

1. Der Sehnerv,
2. der gemeinschaftliche Augenmuskelnerv,
3. der Blendungsknoten,
4. die kurze Wurzel desselben, vom gemeinschaftlichen Augenmuskelnerven;
5. ein dünner Faden, der vom Blendungsknoten wieder an den dritten Nerven geht,
6. Zweige zum Keil-Gaumenbeinknoten.

Figur 5. Die Blendungs- oder Ciliarnerven am rechten Auge des Pferdes

a. a. Die durchsichtige und undurchsichtige Hornhaut, in vier Lappen zurückgelegt,
b. der Sehnerv,
c. die Aderhaut,
d. die Regenbogenhaut,

e. die Pupille.

Die Nerven gehen von hinten nach vorn über die Aderhaut hinweg, einige verbinden sich an der Regenbogenhaut zu einem Kranze, andere gehen unter diesem Kranze hinweg unmittelbar zur Regenbogenhaut.

Tabula 129.

Figur 1. Der rechte Augapfel mit den an seiner inneren Seite liegenden Nerven, vom Pferde; in Naturgröße.

a. Der Augapfel, von der Augenhöhlenhaut bedeckt;
b. der Oberkiefer,
c. die Schedelhöhle,
d. Durchschnitt des Keilbeinkörpers.
1. Der Sehnerv,
2. der gemeinschaftliche Augenmuskelnerv,
3. der äußere Augenmuskelnerv,
4. der erste und zweite Ast des fünften Nervens,
5. der Unteraugenhöhlennerv (2. Fig. 2.),
6. der Gaumen = Nasennerv,
7. der große Gaumennerv,
8. die kleinen Gaumennerven, alle drei sind Aeste des Keil = Gaumenbeinnervens.
9. Der Keil=Gaumenbeinknoten (ganglion spheno-palatinum), aus welchem
10. der Flügelnerv, zurücklaufende oder Vidi'sche Nerv (nervus quinti recurrens s. pterygoideus s. Vidianus) entspringt; dieser giebt
11. kleine Zweige an die Schleimhaut der hintern Nasenöffnungen und des Schlundkopfes ab.
12. Verbindungszweige zwischen dem dritten,
13. Verbindungszweig zwischen dem sechsten Nerven und dem Keil = Gaumenbeinknoten.
14. Geflecht, welches die Siebbeinarterie und den Siebbeinnerven (10. Fig. 2. Tab. 128.) begleitet (plexus ethmoidalis), aus dem Keil=Gaumenbeinnerven entspringend.

Figur 2. Die Zahnnerven am rechten Oberkiefer des Pferdes, von der äußern Seite gesehen.

a—a. Die Wurzeln der Backenzähne,
b. die Wurzel des Hakenzahnes } durchgespalten.
c. die Wurzel des äußeren Eckzahnes }
d. d. Die Oberkieferhöhle,
e. der Unteraugenhöhlenkanal.
1. Der Sehnerv,
2. 2. der Unteraugenhöhlennerv (nervus infraorbitalis), bei seinem Austritt aus dem Kanale abgeschnitten; er giebt vorher
3. 3. den vorderen Zahnnerven (nervus dentalis anterior) ab, und von diesem gehen
4—4. Zweige an die drei vorderen Backenzähne, an den Hakenzahn und an die Schneidezähne.
5. Zweige für den vierten und fünften Backenzahn, welche aus dem Unteraugenhöhlennerven entspringen.
6. Die hinteren Zahnnerven (nervi dentales posteriores) entspringen aus demselben Aste, und gehen theils an den sechsten Backenzahn, theils an die Schleimhaut der Kieferhöhle.
7. Die Aeste des Keil-Gaumenbeinnervens (6—8. Fig. 1.).

Figur 3. Darstellung der rechten Gaumennerven des Pferdes, von unten gesehen.

1. Die kleinen Gaumennerven (nervi palatini minores) verzweigen sich in dem Gaumensegel (a.);
2. 2. der große Gaumennerv (nervus palatinus major) tritt aus dem Gaumenkanale hervor, geht zwischen dem knöchernen Gaumen und der Gaumenhaut nach vorn, bildet viele Geflechte, und endigt im Zahnfleische der Schneidezähne.

Figur 4. Die Nerven vom dritten Aste des dreiästigen Nerven des Pferdes; von der linken Seite gesehen.

a. Backenmuskel,
b. Backenzahnmuskel,
c. c. Herabzieher der Unterlippe,
d. der äußere Kaumuskel,

e. e. Schnittflächen der abgenommenen Jochbrücke,
f. Schläfenmuskel,
g. Kronenfortsatz des Unterkiefers (durch Punkte bezeichnet),
h. Gelenkfortsatz desselben (abgeschnitten),
i. der äußere Gehörgang,
k. k. Backendrüse.
1. Der oberflächliche Schläfennerv (abgeschnitten),
2. der Zungenast,
3. die Paukensaite, } (9. 15. 18. Fig. 1. Tab. 130.).
4. der Unterkiefernerv,
5. 5. Der Kaumuskelnerv (nervus massetericus) geht zwischen dem Kronen- (g.) und Gelenkfortsatze (h.) des Unterkiefers hindurch, und verzweigt sich im äußeren Kaumuskel (d.); vorher aber giebt er
6. die tiefen Schläfennerven (nervi temporales profundi) ab, welche für den Schläfenmuskel (f.) bestimmt sind.
7. Der Backennerv oder Wangennerv (nervus buccinatorius) verläuft bei
8. 8. zwischen dem Backenzahnmuskel (b.) und dem äußeren Kaumuskel, giebt an jenen mehrere Zweige, andere an die Backendrüse (k. k.), an den Backenmuskel (a) und endigt im Kreismuskel der Unterlippe; er giebt auch
9. einen Verbindungszweig an
10. einen Zweig des Antlitznervens, welche vereinigt im Herabzieher der Unterlippe (c. c.) verlaufen.

Tabula 130.

Figur 1. Die linke Hälfte des Kopfes vom Pferde, die Nasen- und Zungennerven enthaltend; von der innern Seite gesehen. Halbe Naturgröße.

a. Die Schädelhöhle,
b. die Schleimhaut der Nasenscheidewand, von welcher der Knorpel und das Pflugschaarbein entfernt worden sind,
c. c. der Jacobson'sche Kanal der linken Seite (geöffnet),
d. die hintere Nasenöffnung,
e. der harte Gaumen,

f.f. der linke große Ast des Zungenbeines (ein Stück ist herausgeschnitten und das Fehlende durch Puncte bezeichnet),
g. der obere Zungenbein-Schlundkopfmuskel (m. stylo-pharyngeus),
h.h. der Flügelmuskel oder innere Kaumuskel (ein Theil ist herausgeschnitten),
i. der breite Zungenbeinmuskel (m. stylo-hyoideus),
k. die Unterzungendrüse,
l.l. die Zunge, auf die rechte Seite gelegt, so daß die linke Seite oben und an der Spitze die untere Fläche oben ist,
m. der Kinn-Zungenmuskel,
n. die innere Kinnbackenarterie,
o. die innere Kopfarterie.
1. Der innere Zweig des Siebbeinnervens (10. Fig. 2. Tab. 128.), welcher sich in der Schleimhaut der Scheidewand verzweigt;
2. dünne Zweige, des Riechnervens,
3. längere und stärkere (graue) Zweige des Riechnervens, die in den Jacobson'schen Kanal (c. c.) dringen.
4. Der innere Ast des Nasen-Gaumennervens (21. Fig. 3. Tab. 128.), welcher
5. Zweige an die Schleimhaut der Nasenscheidewand abgiebt, dessen
6. stärkerer Ast mit einem Zweige in den Jacobson'schen Kanal geht, und mit dem anderen, der unter dem Kanal nach vorn geht bei
7. an den harten Gaumen tritt.
8. Der Stamm des Zungen- und Unterzahnhöhlennervens (vom dritten Aste des fünften Nervens),
9. der Zungennerv (ramus lingualis s. gustatorius) geht zwischen der inneren Fläche des Unterkiefers und der äußeren Fläche des Flügelmuskels nach unten und vorn, giebt zuerst
10. einen kleinen Zweig an die Maulschleimhaut, und theilt sich dann in
11. den unteren (kleineren) Ast, welcher Zweige an die Maulschleimhaut abgiebt, durch die Unterzungendrüse (k.) hindurchgeht, ihr Zweige giebt, und dann im Zahnfleische der Schneidezähne und des Hakenzahnes endigt;
12.12. der obere (größere) Ast des Zungennervens geht zwischen dem Grund- und Kinnzungenmuskel nach vorn, giebt in der Mitte der Zunge
13. viele kleine Zweige an das Fleisch und die Haut der

Zunge, welche den Unterzungennerven (25. 26.) fast ganz bedecken, verbindet sich mit dem unteren Aste durch einen Zweig und verzweigt sich bei

14. in der Spitze der Zunge, wo er mit den Zweigen des Unterzungennervens Schlingen bildet. Mit dem Zungennerven verbindet sich
15. die Paukensaite (chorda tympani), ein Zweig des siebenten Nervens.
16. Der innere Kaumuskelnerv (ramus pterygoideus), ein Zweig des dritten Astes vom fünften Nerven;
17. Zweige des Ohrdrüsengeflechtes (plexus parotideus), die sich mit Zweigen des siebenten Nervens verbinden.
18. Der Unterkiefernerv oder Unterzahnhöhlennerv (ramus maxillaris inferior s. alveolaris maxillae inferioris) tritt in den Unterkieferkanal und geht in diesem nach vorn (vergl. Fig. 3.); vorher giebt er
19. den Nerven des breiten Zungenbeinmuskels (nervus mylo-hyoideus) ab.
20. Der große sympathische Nerv,
21. der Zungenast vom neunten oder Zungenschlundkopfnerven,
22. der zehnte, oder herumschweifende Nerv,
23. der eilfte oder Beinerv,
24. 24. der Unterzungen- oder Zungenfleischnerv (nervus hypoglossus s. sublingualis) geht unter dem großen Zungenbeinaste herab und nachdem er die Zunge erreicht hat, theilt er sich in
25. den äußeren, und in
26. 26. den inneren Ast, welcher bis an die Zungenspitze geht, und dort sich mit dem Zungennerven (vom fünften) verbindet.

Figur 2. Die linke Nasenhöhle des Pferdes, von der inneren Seite gesehen.

a. Das Siebbeinlabyrinth,
b. die obere (vordere) Nasenmuschel,
c. c. die untere (hintere) Nasenmuschel (der Länge nach aufgeschnitten),
d. die Stirnhöhle.

1. Der Stamm des Nasen-Gaumennervens,
2. der äußere Ast, welcher kleine Zweige an die untere und obere Nasenmuschel abgiebt, und

3. einen langen Zweig, der sich in der unteren Muschel verbreitet;
4. der innere Ast (abgeschnitten), welcher an die Scheidewand geht (4. Fig. 1.).
5. Der Siebbeinnerv (10. Fig. 2. Tab. 128.),
6. der Zweig an die Scheidewand (1. Fig. 1. Tab. 130.), welcher abgeschnitten ist,
7. Zweige an die obere Muschel.

Figur 3. Darstellung des rechten Unterzahnhöhlennervens vom Pferde; von der inneren Seite.

a. a. Die Kronen der Backenzähne,
b—b. die Wurzeln derselben,
c. die Schneidezähne,
d. der Hakenzahn.
1.1. Der Unterzahnhöhlennerv (nervus alveolaris maxillae inferioris) tritt in den Kanal des Unterkiefers (s. 18. Fig. 1.), geht unter den Backenzähnen nach vorn, und nachdem er noch Zweige an die Schneidezähne und den Hakenzahn abgegeben hat, tritt er durch das Kinnloch wieder heraus, um sich in der Unterlippe zu verzweigen. Von ihm gehen ab,
2—2. sehr dünne Zweige an das Zahnfleisch, welche zwischen den Tafeln des Unterkiefers und den Zahnwurzeln schräg vorwärts gehen und durch kleine Löcher heraustreten;
3—3. Nervenzweige, welche in die Zahnwurzeln treten (rami dentales); sie sind auch sehr dünn, und bilden kleine Geflechte;
4. ein Zweig für den Hakenzahn,
5. Zweige für die Schneidezähne.

Figur 4. Ein Backenzahn mit seinen Nerven, vom Pferde; in natürlicher Größe.

1. Der Stamm des Nervens,
2.2. die Zweige für den Zahn.

Tabula 131.

Figur 1. Die Lippen-Nerven des Pferdes, von der rechten Seite. Naturgröße.

a. Der Heber der Oberlippe,
b. b. mehrere Haarzwiebeln der Fühlhaare, an welche Nervenzweigchen gehen.
1.–3. Die oberflächlichen Nasen-Nerven (nervi nasales superficiales) sind Zweige des Unter-Augenhöhlen-Nervens, und gehen an die Haut der Nase.
2. Der untere Nasen-Nerv (nervus nasalis inferior) kommt von demselben Stamme, geht unter dem falschen Nasenloche und über den oberen Rand des Zwischenkieferbeines in die Nase, und verzweigt sich in der Nasenschleimhaut.
4. Der Stamm des Unter-Augenhöhlen-Nervens (nervus infraorbitalis) theilt sich in
5. 5. viele Nerven der Oberlippe (nervi labii superioris), welche den Kreismuskel durchbohren und in der Haut endigen; daher die große Empfindlichkeit der Lippen.
6. Zweige des Antlitz-Nervens, welche sich theils mit jenen verbinden, theils in den Muskeln endigen.
7. Der Kinn-Ast (ramus mentalis) des Unterkiefer-Nervens tritt durch das Kinnloch aus dem Unterkieferkanal hervor, und theilt sich in die Nerven der Unterlippe (nervi labii inferioris).
8. Zwei Hautzweige vom oberflächlichen Schläfen-Nerven (s. Fig. 2.).

Figur 2. Die Nerven am Antlitz des Pferdes, von der rechten Seite.

1. Der Antlitz- oder Gesichts-Nerv (nerv. facialis s. communicans faciei) tritt durch das Warzenloch aus der Schädelhöhle, ist anfangs von der Ohrspeicheldrüse bedeckt und giebt ab:
2. den hinteren Ohrnerven (nerv. auricularis poste-

rior), welcher sich in den Hebern und Auswärtsziehern des Ohres verzweigt;

3. den unteren Ohrnerven (nerv. auricularis inferior), welcher unter der Ohrmuschel nach der Mitte des Kopfes hingeht, um sich in den Einwärtsziehern und in dem gemeinschaftlichen Ohrmuskel zu endigen;

4. den inneren Ohrnerven (nerv. auricularis internus), welcher an dem langen Fortsatze der Ohrmuschel hinaufgeht, durch ein Loch an die innere Fläche der Ohrmuschel tritt, und sich in der Haut verzweigt.

5. Der Schläfen-Joch-Nerv (nerv. temporali-zygomaticus), auch Stirn-Nerv genannt, ist der stärkste von den bisher genannten Aesten, geht über die Jochbrücke aufwärts bis an den Augenbogen; er giebt ab:

6. den vorderen Ohrnerven (nerv. auricularis anterior) für die Ohrmuskeln,

7. einige Zweige an den Kreismuskel der Augenlieder und an die Haut,

8. mehrere Zweige, die unter dem gemeinschaftlichen Ohrmuskel bis an den Augenbogen nach vorn gehen, und dort mit Zweigen

9. des äußeren Astes des Thränen-Nervens (6. Fig. 2. Tab. 128.), so wie mit

10. Zweigen des Stirn-Nervens (8. Fig. 2. Tab. 128.) sich verbinden. Von dem unteren Rande des Antlitz-Nervens gehen ferner ab:

11. der Griffel-Zungenbein-Nerv (nerv. stylohyoideus), welcher sich in den Griffel-Zungenbein-, Griffel-Kiefer- und zweibäuchigen Muskel verzweigt,

12. der Halshaut-Nerv (nerv. subcutaneus colli), welcher mehrere Schlingen bildet und sich mit dem Hautnerven vom dritten Halsnerven verbindet. (Das Ohrdrüsengeflecht ist hier nicht erhalten, sondern 17. Fig. 1. Tab. 130. abgebildet.) Der Antlitz-Nerv theilt sich nun in zwei Aeste, nämlich in die Backen-Nerven (nervi buccales), welche eine Schlinge bilden und den oberflächlichen Schläfen-Nerven zwischen sich haben.

13. 13. Der untere Backen-Nerv wird vom oberflächlichen Schläfen-Nerven, mit dem er sehr innig verbunden ist, begleitet, giebt einen starken Ast (15.) an den oberen und verzweigt sich in den Muskeln der Backe, nachdem er vorher noch eine Schlinge (16.) mit dem oberen Aste gebildet hat.

14. Der obere Backen-Nerv erhält Zweige vom Stamme und vom oberflächlichen Schläfen-Nerven, macht in der Mitte des äußeren Kaumuskels
15. die erste Schlinge, und am vorderen Rande dieses Muskels
16. die zweite Schlinge mit dem oberen Backen-Nerven und giebt dann
17. Verbindungszweige an den Unter-Augenhöhlen-Nerven, und Zweige an die Lippenmuskeln.
18. Der oberflächliche Schläfen-Nerv (nervus temporalis superficialis) ist ein Ast des Unterkiefer-Nervens vom 5ten, tritt am Gelenkfortsatze des Unterkiefers hervor, und theilt sich in zwei Aeste,
19. der obere Ast ist der schwächere; er geht mit zwei Zweigen an der Jochleiste nach vorn, giebt zwei Zweige an den oberen Backen-Nerven, indem er bei
20. eine Schlinge mit ihm bildet, und endigt in der Haut;
21. der untere und stärkere Ast begleitet den unteren Backen-Nerven, giebt oben mehrere Hautzweige ab, die bei
22. eine Schlinge bilden, giebt ferner
23. einen Zweig an den Halshautnerven, bildet bei
24. eine Schlinge mit einem Zweige des oberen Backen-Nervens und endigt mit mehreren Zweigen in der Wangenhaut und in der Unterlippe.
25. Der Unter-Augenhöhlen-Nerv.

Figur 3. Die rechte Hälfte des Hirnschädels mit geöffneter Paukenhöhle vom Pferde; von der inneren Seite gesehen.

a. Die Eustach'sche Trompete,
b. die innere Kopf-Arterie (nach oben zurückgeschlagen),
c. der Paukenfellspanner,
d. der Steigbügel,
e. das Paukenfell und der Hammerstiel,
f. die innere Fläche des Paukenknochens.
1. Der Flügelnerv oder Vidi'sche Nerv (nerv. pterygoideus s. Vidianus) tritt aus dem Flügelkanal hervor, läuft über der Eustach'schen Trompete nach hinten und giebt
2. zwei Fäden an

3. den großen sympathischen Nerven (welcher nach oben zurückgeschlagen ist) ab; der fortlaufende Nerv heißt
4. der oberflächliche Felsenbein-Nerv (nerv. petrosus superficialis) und verbindet sich mit
5. dem Antlitz-Nerven.
6. Der Paukenhöhlen-Nerv (nerv. tympanicus Arnold) geht durch die Paukenhöhle und endigt im
7. Knoten des Zungen-Schlundkopf-Nervens.
8. Der zehnte,
9. der eilfte Nerv.
10. Der fünfte Nerv,
11. ein Nervenfaden für den Paukenfellspanner.

Figur 4. Der hintere Theil der rechten Hälfte des Hirnschädels mit geöffneter Paukenhöhle vom Pferde, von der inneren Seite.

a. Der Paukenfellspanner,
b. der Steigbügel,
c. das Paukenfell und der Hammerstiel,
d. die innere Fläche des Paukenknochens.
1. Der fünfte Nerv,
2. der erste und zweite Ast (vereinigt) desselben,
3. der dritte Ast.
4. Ein kleiner Nervenknoten auf dem dritten Aste, von welchem Fäden zu
5. dem Ohrknoten (ganglion oticum Arnold) gehen; aus diesem gehen mehrere Fäden hervor und auch
6. ein Faden für den Paukenfellspanner.

Figur 5. Der hintere Theil der linken Hälfte des Hirnschädels mit geöffneter Paukenhöhle vom Pferde, von der äußeren Seite gesehen.

a. Die Eustach'sche Trompete,
b. der Hammerstiel,
c. der Ambos und Steigbügel,
d. das Vorgebirge (unter welchem die Schnecke liegt).
1. Der Antlitznerv giebt vor seinem Austritt aus dem Warzenloch

2.2. die Paukensaite (chorda tympani) ab, welche in einem kleinen Knochenkanal in die Paukenhöhle tritt, zwischen dem Hammer und Ambos nach vorn durch geht, aus der Paukenhöhle heraustritt und sich mit
3. dem Zungenaste des fünften Nervens verbindet.
4. Der Paukenhöhlen-Nerv,
5. der 9te, 10te und 11te Nerv,
6. der zwölfte Nerv.

Figur 6. Das rechte Labyrinth des Pferdes, von der inneren Seite geöffnet.

a. Die Schnecke,
b. der Vorhof.
1. Der Antlitz-Nerv (zurückgeschlagen),
2. der Hör-Nerv (nervus acusticus); er theilt sich in
3. den Nerven der Schnecke (nerv. cochleae) und in
4. den Nerven des Vorhofes (nerv. vestibuli).

Figur 7. Der rechte Hör-Nerv mit dem Felsenbeine vom Pferde, von der inneren Seite gesehen.

1. Der Hör-Nerv,
2. ein Zweig für die Schnecke,
3. der Nerv des Vorhofes,
4. Zweige für die Bogengänge.

Figur 8. Die linke Schnecke des Pferdes mit dem Nerven, von der inneren Seite.

1. Der Nerv der Schnecke.
a. Die Schnecke (geöffnet).

Figur 9. Die Gehör-Knöchelchen mit den Muskeln vom rechten Ohre des Pferdes; von der äußeren Seite gesehen. Naturgröße.

1. Der Hammer (malleus),
2. der Ambos (incus),

3. der Steigbügel (stapes),
4. der Paukenfellspanner (tensor tympani),
5. der Steigbügelmuskel (musc. stapedius).

Figur 10. Zwei Gehörknöchelchen mit einem Muskel, vom Pferde. Naturgröße.

1. Der Paukenfellspanner,
2. der Stiel } des Hammers,
3. der Kopf }
4. der Körper }
5. der kurze Schenkel } des Amboses,
6. der lange Schenkel }
7. das Linsenbeinchen (os lenticulare).

Figur 11. Der Steigbügel mit seinem Muskel, vom Pferde. Naturgröße.

1. Der Steigbügel,
2. der Steigbügelmuskel.

Tabula 132.

Figur 1. Der hintere Theil der linken Hälfte des Kopfes mit den letzten Gehirn-Nerven, vom Pferde. Naturgröße.

a. Die Nasenscheidewand,
b. die Eustach'sche Trompete,
c. der linke Luftsack,
d. der Schlund,
e. der Schlundkopf,
f. die Schilddrüse,
g. die Luftröhre,
h. der große Ast des Zungenbeines (durch Punkte bezeichnet),
i. der Grund der Zunge.

1. Der Schädeltheil des fünften Nervens (nervus trigeminus),
2. der Schädeltheil des sechsten Nervens (nerv. abducens), eine Strecke frei gelegt;
3. der Antlitz-Nerv (nerv. facialis),
4. der Hör-Nerv (nerv. acusticus), beide sind, durch Entfernung des Knochens, freigelegt, um
5. den oberflächlichen Zweig des Vidi'schen Nervens (nervus petrosus superficialis) und
6. den Verbindungszweig zwischen beiden Stämmen zu sehen.
7.7. Der Zungen-Schlundkopf-Nerv oder der neunte (nervus glosso-pharyngeus) bildet außerhalb der Schädelhöhle einen länglichen Knoten, und geht an Schlundkopf und Zunge (vergl. 37—40.). Zuvor giebt er noch
7a. einen Zweig ab, der sich um die Hinterhauptsarterie umschlägt, und im Schlundkopfgeflecht (16.16.) endigt.
8.8. Der herumschweifende oder Lungen-Magen-Nerv oder der zehnte (nervus vagus s. pneumo-gastricus) entspringt mit mehreren Wurzeln, tritt mit dem 9ten und 11ten Nerven durch das gerissene Loch (welches hier aufgebrochen ist), läuft mit dem sympathischen Nerven neben der Luftröhre herab, und giebt vorher ab:
9.9. den Schlundkopfast (vergl. 41.),
10. den oberen Kehlkopfast (vergl. 42. und Fig. 2.). Dieser giebt noch
11. einen Zweig an den sympathischen und an den Stamm des Lungen-Magen-Nervens, und
12. einen besonderen Zweig an den letzten; ferner erhält der obere Kehlkopfast
13. zwei Zweige vom ersten Halsknoten des sympathischen Nervens. Der Schlundkopfast giebt noch
14. einen Zweig an den Stamm des Lungen-Magen-Nervens, und
15. einen Zweig an den Zungenfleisch-Nerven (20.).
16.16. Das Schlundkopfgeflecht (plexus pharyngeus) wird aus Zweigen vom 9ten, 10ten, 11ten und 12ten Nerven und vom sympathischen Nerven gebildet, und versieht den Luftsack und Schlundkopf.
17.17. Der Bei-Nerv oder eilfte Nerv (nerv. accessorius) ist ein Rückenmarksnerv, er geht aber durch das gerissene Loch aus der Schädelhöhle und giebt
18. einen starken Zweig an den Knoten des sympathischen Nervens, dann

19. einen schwachen Zweig, der sich mit dem ersten Halsnerven und indem er sich um die Hinterhauptsarterie umschlägt mit dem Schlundkopfgeflecht verbindet.

20. 20. Der Zungenfleisch- oder Unterzungen-Nerv oder der zwölfte (nerv. hypoglossus) geht durch das Loch im Knopffortsatze, und endigt in der Zunge (vergl. 43. und Fig. 1. Tab. 130.). Nahe am Schädel giebt er

21. zwei Zweige an den Knoten des sympathischen Nervens.

22. 22. Der erste Hals- oder Nacken-Nerv (nerv. cervicalis primus) schickt auch

23. einen Zweig an

24. den spindelförmigen oder obersten Halsknoten des großen sympathischen Nervens (ganglion fusiforme s. cervicale supremum nervi sympathici). Von diesem Knoten gehen nach oben:

25. mehrere zu einem Geflecht verbundene Zweige, welche die innere Kopfpulsader begleiten,

26. ein Zweig an den 9ten und 10ten Nerven,

27. ein Zweig an den 7ten Nerven,

28. den stärksten Ast an den 5ten und 6ten Nerven; dieser theilt sich in

29. den hinteren, stärkeren Zweig, welcher an den Gasser'schen Knoten des 5ten Nervens geht, und in

30. den vorderen, schwächeren Zweig, von welchem

31. sehr schwache Zweige mit der inneren Kopfpulsader in die Schädelhöhle gehen,

32. zwei Zweige an den Vidi'schen Nerven und

33. zwei Zweige an den 6ten Nerven treten. Aus dem Knoten geht

34. 34. der Stamm des sympathischen Nervens herab, ferner

35. einige Zweige an das Schlundkopfgeflecht (16.) und

36. ein Zweig, welcher die Drosselarterie abwärts begleitet.

37. Der Zungen-Schlundkopf-Nerv der rechten Seite; er theilt sich in

38. 38. den Schlundkopfast (ramus pharyngeus), der sich im Schlundkopfe und Gaumensegel verzweigt, und in

39. 39. den Zungenast (ramus lingualis), welcher die Zungenbein-Muskeln, den Grund der Zunge und mit

40. einigen sehr schwachen Zweigen die wallförmige Warze der Zunge versorgt.

41. 41. Der Schlundkopfast des Lungen-Magen-Nervens, (ramus pharyngeus),
42. der obere Kehlkopf-Nerv (ramus laryngeus superior) desselben,
43. 43. der Zungenfleisch-Nerv,
44. der untere Kehlkopf-Nerv des Lungen-Magen-Nervens (ramus laryngeus inferior).

} von der rechten Seite.

Figur 2. Die Nerven des Kehlkopfes des Pferdes; von der rechten Seite. Naturgröße.

a. Der Kehldeckel,
b. die Gießkannenknorpel,
c. ein Theil des Schildknorpels (das Uebrige ist entfernt),
d. der Ringknorpel,
e. der obere } Schild-Gießkannen-Muskel,
f. der untere }
g. der seitliche } Ring-Gießkannen-Mukel,
h. der hintere }
i. der Gießkannen-Muskel.
1. Der obere Kehlkopf-Nerv (nerv. laryngeus superior) tritt durch das vordere Loch in den Kehlkopf, giebt
2. Zweige an die Schleimhaut, dann
3. Verbindungszweige an den unteren Kehlkopfnerven, und
4. einen Zweig an die Luftröhre.
5. Der untere Kehlkopf- oder zurücklaufende Nerv (nerv. laryngeus inferior s. recurrens) kommt aus der Brusthöhle herauf, giebt
6. 6. zwei lange Zweige und einen kurzen an den hinteren Ring-Gießkannen-Muskel (h.),
7. einen Zweig an den Gießkannen-Muskel (i.) und
8. Zweige an die drei übrigen Muskeln (e. f. g.).

Tabula 133.

Figur 1. Hals und Brust mit dem Lungen-Magen-, großen sympathischen und Zwerchfells-Nerven des Pferdes; von der rechten Seite.

a. Die Schilddrüse, b. b. die Luftröhre (die rechte Lunge ist abgeschnitten), c. der Brust-Kiefermuskel, d. der untere

Rippenhalter (m. scalenus inferior), e.e. die Wirbelarterie, f.f. die Drosselarterie, g. Stamm der Achselarterie oder Schlüsselbeinarterie, h. Stamm der tiefen Nacken- und vorderen Zwischenrippen-Arterie, i.i. die hintere Aorta, k.k. der Milchbrustgang, l.l. die ungepaarte Vene (vorn abgeschnitten), m. die vordere Hohlvene, n. die hintere Hohlvene, o. der Herzbeutel mit dem Herzen, p. der hintere Theil des Mittelfelles, q.q. das Zwerchfell, r. der Schlund.

1—1. Der herumschweifende oder Lungen-Magen-Nerv (nervus vagus s. pneumo-gastricus) läuft mit dem sympathischen Nerven verbunden an und über der Drosselarterie (f.f.) herab, giebt in der Brusthöhle die oberen Luftröhrenzweige (rami tracheales) und

2. Zweige an die rechte Lunge; dann spaltet er sich in

3. den unteren und

4.4. den oberen Ast, welche den Schlund zwischen sich haben, das obere Lungengeflecht (plexus pulmonalis superior s. posterior) bilden, mit

5. dem linken Lungen-Magen-Nerven

6. das Schlundgeflecht (plexus oesophageus) bilden und dann mit dem Schlunde an den Magen gehen. Vor dem Herzen giebt er

7.7. den zurücklaufenden oder unteren Kehlkopfnerven (nervus recurrens s. laryngeus inferior) ab, welcher sich um die vordere Zwischenrippen-Arterie (auf der rechten Seite) umschlägt, mit dem sympathischen mehrfach verbunden ist, dann an der Luftröhre, vor der Drosselarterie hinaufläuft, viele Luftröhrenzweige abgiebt, und endlich in den Kehlkopf dringt (vergl. Tab. 132. Fig. 2.).

8.8. Der große sympathische oder Dreihöhlen-Nerv (nerv. sympathicus maximus s. trisplanchnicus) begleitet den herumschweifenden Nerven bis gegen das untere Ende des Halses, giebt dort

9. einen starken Zweig an den zurücklaufenden Nerven, und bildet mit ihm und mit Zweigen vom herumschweifenden Nerven

10.10. das untere Lungen- oder Luftröhren-Geflecht (plexus pulmonalis inferior s. anterior), endlich geht er in

11. den unteren Halsknoten (ganglion cervicale infimum) über. Aus diesem geht

12. ein starker Ast an den siebenten Halsnerven,

13. ein anderer an den achten Halsnerven und
14. ein dritter an den ersten Rückennerven. Dieser Knoten verbindet sich mit
15. dem ersten Brustknoten (ganglion thoracicum primum), giebt aber vorher
16. einen rückwärtslaufenden Nerven ab, welcher an das obere Lungengeflecht geht und sich mit
17, 17. den Verbindungsfäden, die zum Zwerchfellsnerven gehen, vereinigt.
18, 18. Das Herzgeflecht (plexus cardiacus) wird aus Fäden des herumschweifenden und des sympathischen Nervens gebildet, und versorgt das Herz mit Nerven (vergl. Tab. 135. Fig. 1. 2.).
19. 19. Der Brusttheil des sympathischen Nervens (pars thoracica nervi sympathici) geht unter den Rippenköpfen nach hinten und theilt sich in
20. den fortlaufenden Stamm oder Bauchtheil, und in
21. den großen (und kleinen) Eingeweide-Nerven (nervus splanchnicus major et minor), welche an die Bauch-Eingeweide gehen. Der Brusttheil des Nervens giebt an jeden Zwischenrippen-Nerven (32.)
22—22. Verbindungszweige, die um die Zwischenrippen-Arterien Geflechte bilden; ferner
23. Zweige an das Herzgeflecht und an den Zwerchfells-Nerven, und
24.)
25.) Zweige an das obere Lungengeflecht.

Der Zwerchfells-Nerv wird aus drei Wurzeln gebildet, nämlich aus
26. einem Zweige vom 5ten Halsnerven,
27. einem Zweige vom 6ten Halsnerven, und
28. einem Zweige vom 7ten Halsnerven.
29. 29. Der Stamm des Zwerchfell-Nervens (nervus phrenicus) geht an den Hohlvenen und über den Herzbeutel nach hinten, und verzweigt sich mit vielen Zweigen im Zwerchfelle.
30. Ein starker Zweig, der vom ersten Brustknoten in den Wirbelkanal geht;
31. der erste Rücken-Nerv,
32—32. die Zwischenrippen-Nerven.

Figur 2. Die Halswirbel und der erste Rückenwirbel des Pferdes, mit geöffnetem Wirbelkanal; von der linken Seite gesehen.

a. Der erste, b. der zweite, c. der dritte, d. der vierte, e. der fünfte, f. der sechste, g. der siebente Halswirbel, h. der erste Rückenwirbel, i. die erste, k. die zweite Rippe (abgeschnitten), l. l. der lange Halsbeuger, m—m. die Wirbel-Arterie, n—n. die Wirbelvene.

1. Der zweite
2. der dritte
3. der vierte
4. der fünfte
5. der sechste
6. der siebente
7. der achte

} Hals-Nerv.

8. Der erste Rücken-Nerv,
9. der untere Halsknoten und erste Brustknoten des sympathischen Nervens (vereinigt). Vom unteren Halsknoten geht
10. ein Zweig an den ersten Rücken-Nerven,
11. ein Zweig an den achten Hals-Nerven,
12. ein Zweig an den siebenten Hals-Nerven. Vom ersten Brustknoten tritt
13. 13. ein Zweig in den Wirbelkanal, der vom 6ten bis 2ten Hals-Nerven an jeden Verbindungszweige, auch kleine Zweige an die Wirbel-Arterie abgiebt, und so die Verbindung des sympathischen Nervens mit den Hals-Nerven vermittelt.

Tabula 134.

Figur 1. Darstellung der Eingeweide-Nerven der Bauchhöhle des Pferdes, von unten.

a. Der Schlund, b. der Magen (untere Fläche), c. Zwölffingerdarm, d. d. Leber (hintere Fläche), e. Milz, f. Pfeiler des Zwerchfelles, g. linke Nebenniere, h. linke Niere, i. Harnleiter, k. k. Eierstöcke, l. l. Gebärmutter, m. Harnblase, n. Harnröhre, o. Mutterscheide.

1. Die Eingeweide-Nerven (nervi splanchnici) treten aus der Brusthöhle hervor und gehen sogleich in
2. den halbmondförmigen Knoten oder das Sonnengeflecht (ganglion semilunare s. plexus solaris) über, welcher die vordere Gekrös- und Eingeweide-Pulsader umgiebt. Aus ihm entspringen;
3. das Nierengeflecht (plexus renalis), welches mit den Arterien an die Niere und Nebenniere geht;
4. ein dünner Zweig an das Zwerchfell,
5. das Eingeweidegeflecht (plexus coeliacus). Dieses theilt sich mit den drei Arterien in drei Geflechte, und zwar in
6. das Lebergeflecht (plexus hepaticus), welches die Leberarterie umschlingt und an die hintere Fläche der Leber geht; dann in
7. das Magengeflecht (plexus gastricus), welches mit der Kranzarterie an den Magen geht, um sich dort mit
8. dem linken und
9. dem rechten Lungen-Magen-Nerven verbindet; endlich geht
10. das Milzgeflecht (plexus splenicus) mit der Milzarterie an die Milz und an den Magen. Von dem Eingeweidegeflecht gehen Nervenfäden an
11. das vordere (obere) Gekrösgeflecht (plexus mesentericus anterior s. superior), welches ebenfalls aus dem halbmondförmigen Knoten entspringt, und mit den Dünndarm-Arterien gehen
11a. die Nerven an den Dünndarm (welche mit dem Gekröse abgeschnitten sind). Mit den Arterien gehen
12. die Nerven an den Blind- und Grimmdarm; endlich gehen
13. Verbindungszweige in dem Mastdarmgekröse nach hinten an das hintere Gekrösgeflecht, zu welchem auch noch
14. Fäden vom halbmondförmigen Knoten hinzutreten, die mit anderen vom Stamme des sympathischen Nervens kommenden
15. das Aortageflecht (plexus aorticus) bilden.
16. Das hintere (untere) Gekrösgeflecht (plexus mesentericus posterior s. inferior) enthält ebenfalls einen Knoten; aus ihm entspringen
17. die Nerven für den Mastdarm, welche mit den Arterien im Gekröse (das hier abgeschnitten ist) zum Darme hingehen. Aus ihm entspringt ferner
18. das Saamengeflecht (plexus spermaticus), welches

an die Eierstöcke (bei männlichen Thieren an die Hoden) geht; endlich gehen noch
19. zwei stärkere Aeste in die Beckenhöhle, um dort
20. 20. das Beckengeflecht (plexus hypogastricus), welches die Becken-Eingeweide versieht, zu bilden.

Figur 2. Der Bauch- und Becken-Theil des sympathischen Nervens vom Pferde, von unten gesehen.

a. Der Psoas-Muskel, b. der Pfeiler des Zwerchfelles, c. c. die Aorta, d. Seiten-Kreuzbein-Arterie (rechte), e. e. mittlere Schwanz-Arterie.
1. 1. Der Stamm des sympathischen Nervens geht neben der Wirbelsäule nach hinten, giebt
2. Zweige an das vordere, und
3. Zweige an das hintere Gekrösgeflecht, die zusammen das Aortageflecht bilden; ferner
4—4. Verbindungszweige an
5—5. } die Lenden-Nerven und an
6. }
7. die vorderen Kreuznerven. Am Kreuzbeine theilt sich der Nerv in den inneren und
8. den äußeren Zweig, welcher die seitliche Schwanzarterie begleitet, sich mit allen Schwanznerven verbindet, und bei
9. in dem fortlaufenden Schwanznerven endigt;
10. der innere Zweig des linken und
11. der innere Zweig des rechten sympathischen Nervens begleiten die mittlere Schwanzarterie (e. e.), verbinden sich bei
12. 13. 14. 15. zu Schlingen und kleinen Knoten, und endigen fast am hinteren Ende des Schwanzes.

Tabula 135.

Figur 1. Die Nerven an der linken Seite des Herzens vom Pferde.

a. a. Der Herzbeutel (aufgeschnitten), b. die vordere, c. die hintere Aorta, d. die Lungenarterie, e. die Kranzarterie,

f. die Seitenwand der rechten Kammer, g. die Seitenwand der linken Kammer.

1. Der große Herznerv (nervus cardiacus magnus) theilt sich in
2. den vorderen Ast, welcher sich an dem rechten Herzohr und an der Seitenwand der rechten Kammer verzweigt, und in
3. 3. } den hinteren Ast, welcher sich am linken Herzohr und
4. } an der Seitenwand der linken Kammer verzweigt.

Figur 2. Die Nerven an der rechten Seite des Herzens vom Pferde.

a. Die hintere, b. die vordere Hohlvene, c. die Lungenvenen, d. die linke, e. die rechte Vorkammer, f. die Seitenwand der linken Kammer, g. die Seitenwand der rechten Kammer.

1. Zweige des großen Herznervens,
2. der kleine Herznerv (nervus cardiacus parvus) verbreitet sich an der rechten Seite des Herzens und verbindet sich mit den Fäden des großen.

Figur 3. Die Hautzweige der Halsnerven an der linken Seite des Pferdes.

1—6. Die Hautzweige der oberen Aeste der sechs vorderen Halsnerven.

7. Der Hautzweig vom unteren Aste des zweiten Halsnervens, er giebt ab:
8. den großen Ohrnerven (nervus auricularis magnus), welcher sich in der Haut des Nackens und der Ohrmuschel verzweigt, ferner
9. den unteren Ast, der
10. Zweige an die Haut des Kehlganges und des Antlitzes, und
11. Zweige an die Haut des Halses giebt.
12. Der Hautzweig vom unteren Aste des dritten } Halsnervens.
13. — — — — — — vierten }
14. — — — — — — fünften }
15. — — — — — — sechsten }
16. 16. Der Bei-Nerv oder eilfte Nerv geht geschlängelt rückwärts und endigt an der Schulter (die Fortsetzung desselben s. Tab. 136. Fig. 2.).

Figur 4. Die Hautnerven an der unteren Fläche am Kopfe des Pferdes.

1. Die nach vorn gehenden Hautzweige des zweiten Halsnervens.

Tabula 136.

Figur 1. Die Halsnerven des Pferdes von der linken Seite; die oberflächlichen Zweige sind abgeschnitten.

a. Die Schilddrüse,
b. der Schulter-Zungenbein-Muskel (zweimal durchgeschnitten),
c. der Brust-Kinnbacken-Muskel.
1. Der obere Ast des ersten Halsnervens (ramus superior nervi cervicalis primi) ist stärker, als der untere, tritt durch das vordere innere Loch des Atlas heraus, und theilt sich in mehrere Zweige, die theils in die Kopfstrecker, theils an das Ohr gehen.
2. Der untere Ast desselben (ramus inferior) tritt durch das vordere äußere Loch unten hervor, und giebt
3. den vorderen Zweig ab, welcher mit mehreren Fäden in den Gesichtshautmuskel und in die Haut dringt, und einen Verbindungszweig an den zweiten Halsnerven schickt;
4. der hintere Zweig dieses Astes ist schwächer, und geht mit einem Zweige des zweiten an den unteren Ast des Beinervens.
5. Der zweite Halsnerv (nervus cervicalis secundus) tritt durch das vordere Loch des zweiten Halswirbels heraus, giebt sogleich Zweige an die Nackenmuskeln und
6. den oberen Ast, der an die Nackenmuskeln und mit mehreren Zweigen an die Haut des Nackens geht;
7.} 8.} der untere Ast geht größtentheils an die Haut des Halses, giebt aber
9. einen langen Zweig ab, der an der Luftröhre herabläuft, den Schulter-Zungenbein-Muskel versieht und im gemeinschaftlichen Muskel endigt.
11. Der dritte Halsnerv (nerv. cervicalis tertius) theilt sich in

12. den

12. den oberen und in
13. den unteren Ast; jener verzweigt sich in den Muskeln über der Wirbelsäule und in der Haut, dieser in den Muskeln unter der Wirbelsäule und auch in der Haut.
14. Der vierte Halsnerv (nervus cervicalis quartus) theilt sich wie der vorige in
15. den oberen und
16. den unteren Ast. Auch
17. der fünfte Halsnerv (nerv. cervicalis quintus) theilt sich in
18. den oberen und
19. den unteren Ast. Der sechste Halsnerv ist auch auf der Zeichnung dargestellt, aber nicht weiter bezeichnet.
20.20. Der obere Ast des Beinervens (abgeschnitten),
21.10. der untere Ast desselben empfängt einen Zweig vom zweiten Halsnerven, geht über die Schilddrüse herab, tritt schon oben in den Brust-Kinnbacken-Muskel und verzweigt sich in ihm.

Figur 2. Die Hautnerven am Rumpfe des Pferdes; von der linken Seite.

1.1. Das hintere Ende des Beinervens, welches sich in dem dreieckigen Muskel der Schulter verzweigt.
2—2. Die oberen Aeste der Rückennerven (nervi dorsales), welche in die Haut und in die Muskeln über der Wirbelsäule gehen.
3. Ein Hautzweig des sechsten Halsnervens, welcher aufwärts an die Haut der Schulter, und abwärts an die Haut des Armes geht.
4.
5. } Drei Hautzweige vom unteren Aste des Mittelnervens.
6.
7.7. Hautzweige der Zwischenrippennerven.

Tabula 137.

Figur 1. Die Nerven der linken vorderen Gliedmaaße des Pferdes; von der inneren Seite gesehen.

a. Der fünfte,
b. der sechste,
c. der siebente Halswirbel,
d. der erste Rückenwirbel (sämmtlich der Länge nach durchgeschnitten);
e. das Schulterblatt,
f. der breite gezahnte Muskel,
g. der breite Rückenmuskel und Bauch=Hautmuskel,
h. der Niederzieher des Armbeines,
i. i. der lange Strecker des Vorarmes,
k. k. der große Brustmuskel (durchgeschnitten),
l. der kleine Brustmuskel,
m. der lange Beuger des Vorarmes,
n. der Heber des Armes,
o. das untere Ende des Armbeines,
p. der Beuger des Schienbeines.
1. 1. Das Rückenmark,
2. der untere Ast des 6ten Halsnervens giebt
3. den Verbindungszweig zum Armgeflecht;
4. der siebente } Halsnerv,
5. der achte }
6. der erste Rückennerv; sie bilden vereinigt
7. das Armgeflecht (plexus brachialis); aus diesem entspringen
8. } die unteren Brustnerven (nervi thoracici inferiores)
9. } für die Brustmuskeln.
10. Der obere Schulternerv (nerv. scapularis) ist stärker und geht an die äußere Fläche des Schulterblattes (Fig. 3.); neben und hinter ihm liegt
11. der Muskel=Hautnerv (nerv. musculo-cutaneus), welcher sich um die Achselarterie umschlägt, dort
12. den Muskelzweig abgiebt, der sich im Heber des Armes und im langen Beuger des Vorarmes verzweigt,
13. den stärkeren Ast aber an den Speichennerven sendet.
14. Die Unterschulternerven (nervi subscapulares) gehen an die innere Fläche der Schulter;

15. der Speichennerv (nerv. radialis) wird durch den Muskel-Hautnerv beträchtlich verstärkt, giebt
16. einen Zweig an den großen Brustmuskel,
17. einen anderen an den breiten Brustmuskel und an die Haut, und bildet mit einem Zweige des Ellenbogennervens
18. eine Nervenschlinge. Hierauf spaltet sich der Speichennerv in
19. den inneren Hautnerven (nerv. subcutaneus internus) und in
20. den fortlaufenden Stamm; dieser giebt am Vorderarme
21. Zweige an die Zehenbeuger, und theilt sich weiter unten in
22. den inneren oder oberflächlichen Ast (ramus internus s. superficialis) und in
23. den äußeren oder tiefen Ast (ramus externus s. profundus), welche sich tiefer unten wieder durch
24. einen querlaufenden Zweig verbinden. An der Zehe spaltet sich jeder Ast wieder in
25. den vorderen (ramus dorsalis) und in
26. den hinteren Ast (ramus volaris), welche in der das Hufbein umgebenden Lederhaut endigen.
27.27. Der Ellenbogennerv (nerv. ulnaris) begleitet den Mittelnerven und sendet
28.28. zwei starke Zweige an die Muskeln hinter der Schulter und an die Haut; tiefer unten
29. einen Zweig an die Haut des Vorarmes, und theilt sich am Ellenbogengelenk in einen Muskel-, und in einen Hautast.
30. Der Mittelnerv (nervus medianus), der stärkste der Armnerven, theilt sich bald in
31. den hinteren Ast, welcher für die Strecker des Vorderarmes bestimmt ist, und in
32. den vorderen, der nach außen und unten geht, und in den Streckern an der vorderen Fläche des Vorderarmes sich verzweigt (vergl. Fig. 3.).
33. Der obere Brustnerv (nervus thoracicus superior) ist allein für den breiten gezahnten Muskel bestimmt.
34.34. Hautzweige der Zwischenrippenerven (abgeschnitten).
35. Verbindungszweig vom großen sympathischen Nerven.

Figur 2. Die Hautnerven an der inneren Seite des linken Vorderarmes des Pferdes.

1. Hautzweige vom Achselnerven (2. Fig. 3.),
2. Hautzweig vom Ellenbogennerven (29. Fig. 1.),
3. der innere Hautnerv (19. Fig. 1.).

Figur 3. Die Nerven an der äußeren Seite der linken vorderen Gliedmaaße des Pferdes.

a. Der vordere,
b. der hintere Grätenmuskel,
c. c. der lange Auswärtszieher des Armes,
d. der gemeinschaftliche Muskel,
e. der kurze Beuger des Vorderarmes,
f. f. der Strecker des Schienbeines,
g. der Strecker des Hufbeines,
h. der Strecker des Fesselbeines,
i. der äußere Kniebeuger,
k. der mittlere,
l. der lange Strecker des Vorderarmes,
m. der Kniestrecker.
1. Der vordere Schulternerv (10. Fig. 1.) verzweigt sich in den beiden Grätenmuskeln.
2. Der Achsel- oder umschlungene Armnerv (nerv. axillaris s. circumflexus humeri) tritt hinter dem Schultergelenk hervor, giebt Zweige an die Auswärtszieher des Armes, an den hinteren Gräten- und an den gemeinschaftlichen Muskel, dann noch einen Hautzweig an die innere Seite (1. Fig. 2.).
3. Der vordere Ast des Mittelnervens (32. Fig. 1.) geht an die Strecker und an den kurzen Beuger des Vorderarmes, dann an die Strecker am Vorderarm und an den äußeren Kniebeuger.
4. 4. Der Hautast des Ellenbogennervens geht am hinteren Rande des Vorderames herab, giebt
5. einen Verbindungszweig an
6. den äußeren Ast des Speichennervens, und endigt dann in der Haut.

Figur 4. Die Hautnerven an der äußeren Seite des linken Vorderarmes und Fußes des Pferdes.

1.} 2.} Hautzweige vom vorderen Aste des Mittelnervens,
3. Oberer Hautzweig vom Ellenbogennerven,
4.} 5.} Hautzweige vom Ellenbogennerven (4. 4. Fig. 3.).

Tabula 138.

Figur 1. Die oberflächlichen Nerven an der rechten hinteren Gliedmaaße des Pferdes, von der inneren Seite gesehen.

a. Die zurückgeschlagene Bauchdecke,
b. die Vorhaut,
c. männliche Ruthe,
d.d. Harnröhre,
e. Mastdarm,
f. After,
g. der Heber des Afters (durchgeschnitten),
h. der Seitwärtszieher des Schwanzes.
1. Der hintere Ast des Darmbein-Bauchnervens (n. ilio-hypogastricus) entspringt aus dem ersten Lendennerven und endigt in den Bauchmuskeln und in der Leistengegend.
2. Der hintere Ast des Darmbein-Leistennervens (n. ilio-inguinalis) entspringt aus dem ersten und zweiten Lendennerven und endigt in der Leistengegend in den Drüsen und im Hodensacke.
3. Der äußere Saamennerv (n. spermaticus externus) entspringt aus dem zweiten und dritten Lendennerven und endigt im Hodenmuskel.
4. Der innere Schaamnerv (n. pudendus internus) entspringt aus dem dritten Kreuznerven, verbindet sich mit dem vierten, giebt einen Zweig an den Seitwärtszieher des Schwanzes und an den Heber des Afters, dann

4.4. den Rückennerven der Ruthe (n. dorsalis penis), welcher sich um den hinteren Rand des Sitzbeines umschlägt und so an die Ruthe gelangt; endlich geht noch
5. der mittlere Mastdarmnerv (n. haemorrhoideus medius) an die inneren Geschlechtstheile und an das hintere Ende des Mastdarmes.
6. Der hintere Mastdarmnerv (nerv. haemorrhoideus posterior) entspringt aus dem vierten Kreuznerven und endigt im hinteren Ende des Mastdarmes.
7.7. Der innere Hautnerv (nerv. saphenus) geht vom Schenkelnerven ab (6.6. Fig. 2.), theilt sich in mehrere Zweige, und verbreitet sich an der inneren Fläche des Schenkels bis unter das Sprunggelenk in der Haut.

Figur 2. Die tieferen Nerven der rechten hinteren Gliedmaaße des Pferdes, von der inneren Seite gesehen.

a.a. Der Psoas-Muskel (durchgeschnitten),
b. der große Lendenmuskel,
c.c. der dünne Einwärtszieher des Unterschenkels (durchgeschnitten und umgeschlagen),
d. der Darmbeinmuskel,
e. der birnförmige Muskel,
f.f. der breite Einwärtszieher des Unterschenkels (durchgeschnitten),
g. der dicke Einwärtszieher des Oberschenkels,
h. der äußere Verstopfungsmuskel (alle vier sind vom Bekken abgetrennt),
i. der mittlere Einwärtszieher des Oberschenkels.
1.1. Der äußere Hautnerv (n. subcutaneus externus) entspringt aus dem dritten Lendennerven, geht am Spanner der Schenkelbinde herab, und verzweigt sich in der Haut. Drei Wurzeln aus
2. dem vierten
3. dem fünften und } Lendennerven bilden
4. dem sechsten
5. den Schenkelnerven (nerv. cruralis), welcher sich in
6.6. den inneren Hautnerven (7.7. Fig. 1.) und in
7. den Muskelast theilt, der sich in den Streckern des Unterschenkels verzweigt. Ebenfalls drei Wurzeln aus

8. dem vierten
9. dem fünften und } Lendennerven bilden
10. dem sechsten

11.11. den Verstopfungs- oder Hüftbeinloch-Nerven (n. obturatorius), der durch das eirunde Loch heraustritt, und sich in den Muskeln (f g. h. i.) verzweigt. Durch die Vereinigung

12. des sechsten Lendennervens,
13. des ersten und
14. des zweiten Kreuznervens entsteht
15. das Kreuzgeflecht (plexus sacralis), aus welchem zuerst
16. der Gesäßnerv (n. glutaeus superior) entspringt; hierauf gehen
17. kleine Zweige an den Sitzbein- und birnförmigen Muskel ab, dann
18. der Hüftnerv (n. ischiadicus), der stärkste Nerv am ganzen Körper. Endlich entspringen noch aus dem Kreuzgeflecht
19. der Sitzbeinnerv (n. glutaeus inferior) und
20. die hinteren Hautnerven des Oberschenkels (nervi subcutanei femoris posteriores).
21. Der innere Schaamnerv (4. Fig. 1.).

22—36. Die fünf Schwanznerven (nervi coccygei) verbinden sich unter einander, geben Zweige an die Schwanzmuskeln und bilden endlich

27.27. den fortlaufenden Ast, der bis an das Ende des Schwanzes geht.

28. Der Schienbein- oder Schenkelbeinnerv (nervus tibialis).

Tabula 139.

Figur 1. Die Nerven an der äußeren Seite des rechten Hinterschenkels des Pferdes.

a. Der lange,
b. der kurze Heber des Schwanzes,
c. der äußere,

d. der große Backenmuskel (eingeschnitten),
e. der lange,
f. der kurze und
g. der mittlere Auswärtszieher des Unterschenkels,
h. der lange Einwärtszieher des Oberschenkels,
i. der dicke Einwärtszieher des Unterschenkels,
k. k. der äußere Zwillingsmuskel,
l. l. der Beuger des Kronenbeines (beide durchgeschnitten),
m. der dicke Beuger des Hufbeines,
n. der dünne Strecker des Sprunggelenkes,
o. o. der seitliche und
p. p. der vordere Strecker des Hufbeines.

1. Der Gesäßnerv (16. Fig. 2. Tab. 138.) verbreitet sich in den Backenmuskeln,
2. 2. der Sitzbeinnerv (19. das.) verzweigt sich im langen Auswärtszieher des Unterschenkels. Der Hüftnerv tritt hinter dem Oberschenkel hervor und theilt sich in den Schenkelbeinnerven und in
3. 3. den Wadenbeinnerven (nerv. peroneus); er giebt
4. einen Zweig an den kurzen und mittleren Auswärtszieher des Unterschenkels; hierauf geht er über den äußern Zwillingsmuskel an den Unterschenkel und theilt sich in
5. 5. den tiefen Ast (ramus profundus), welcher an die Muskeln am Unterschenkel Zweige abgiebt, dann herabläuft, und sich am Sprunggelenk in
6. den inneren und
7. äußeren Zweig spaltet, dann in
8. 8. den oberflächlichen Ast (ramus superficialis), welcher an den seitlichen Hufbeinstrecker und an die Haut geht.
9. 9. Der Schienbein- oder Schenkelbeinnerv (n. tibialis) ist der stärkere Ast des Hüftnervens, er giebt schon oben
10. 10. Zweige an den dicken und langen Einwärtszieher des Unterschenkels; dann
11. 11. den langen hinteren Hautnerven (n. cutaneus longus posterior tibiae), welcher in der Haut unter dem Sprunggelenk endigt, ferner
12. die Zweige für die Muskeln (k. l. m.) an der hinteren Fläche des Unterschenkels, und
13. den fortlaufenden Stamm, der sich an der inneren Seite des Sprunggelenkes in die beiden Sohlennerven spaltet, die wie die beiden Aeste des Speichennervens am Vorderfuße verlaufen.

14—18. Die

14—18. Die oberen Aeste der fünf Schwanznerven verbinden sich unter einander (wie die unteren 22—26. Fig. 2. Tab. 69.), und von ihnen geht ein Zweig bis zum Ende des Schwanzes.

Figur 2. Die Thränenorgane am rechten Auge des Pferdes.

1. Die Thränendrüse (glandula lacrymalis),
2. die Ausführungsgänge derselben;
3. das obere und
4. das untere Augenlied bilden den äußeren und inneren Augenwinkel, in diesem liegt
5. die Thränenkarunkel (caruncula lacrymalis), und von beiden Augenliedern kommen
6.6. die Thränenröhrchen (canaliculi lacrymales), welche sich im
7. Thränensacke (saccus lacrymalis) vereinigen; aus diesem geht
8.8. der Thränenkanal (canalis lacrymalis) hervor, der unter dem Thränen-, Nasen- und Oberkieferbeine herabläuft und im Nasenloche bei
9. mündet, nahe an
10. der Nasenscheidewand.

Figur 3. Der Blinzknorpel mit der Harder'schen Drüse des Pferdes.

1.1. Der Blinzknorpel (cartilago membranae nictitantis),
2. die Harder'sche Drüse (glandula Harderi).

Figur 4. Die beiden Augenlieder mit dem Blinzknorpel des Pferdes, von der inneren Seite gesehen.

1. Der Blinzknorpel,
2.2. die Harder'sche Drüse mit ihrem
3. Ausführungsgange (in welchen eine Borste eingebracht ist).

4.4. Die Thränenpunkte (puncta lacrymalia) sind die äußeren Oeffnungen der Thränenröhrchen,
5. die Thränenkarunkel;
6. das obere Augenlied (palpebra superior) mit
7.7. den Maibom'schen Talgdrüsen (glandulae Maibomianae) und
8. den Augenwimpern (cilia);
9. das untere Augenlied (palpebra inferior).

Tabula 140.

Figur 1. Die Arterien und Venen an der linken Seite des Kopfes und Halses einer Kuh.

1. Die Drosselarterie (arteria Carotis) giebt ab:
2. die obere Schilddrüsenarterie (art. thyreoidea superior), welche Schilddrüse, Schlundkopf, Schlund- und Kehlkopf versorgt; dann
3. einen Muskelzweig nach unten und
4. einen andern nach oben. Nahe am Kopfe entspringt
5. die Hinterhauptsarterie (a. occipitalis),
6. der äußere Ast der Wirbelarterie (8. Fig. 3.), der am Atlas hervortritt, um sich in den Nackenmuskeln zu verzweigen.
7. Die äußere Kinnbackenarterie (a. maxillaris externa) ist hier ungetheilt (bei 2. 3. Fig. 2. entspringt jeder Ast für sich).
8. Die innere Kinnbackenarterie (art. maxillaris interna) geht in der Ohrspeicheldrüse aufwärts und giebt zuerst
9. die große Ohrarterie (art. auricularis) ab, die an der Ohrmuschel Anastomosen bildet; etwas höher, wo die letzten äußeren Arterien abgehen tritt
10. der Stamm an die innere Fläche des Unterkiefers. Die äußere Kaumuskel- und die eigentliche Schläfenart. (nicht bezeichnet) sind kleine Gefäße, aber stärker ist
11. die hintere Schläfenart. (a. temporalis posterior), welche bis an die Hornwurzel geht, und die den Stirnzapfen überziehende Lederhaut mit Gefäßen versieht.

12. Die Gesichts- oder Lippenarterie (a. facialis s. labialis) schlägt sich um den untern Rand der Kinnlade um, giebt
13. die Kranzart. der Unterlippe (a. coronaria labii inferioris), und
14. die Kranzart. der Oberlippe (a. coronaria labii superioris) ab, erreicht aber die Nase nicht; statt derselben geht
15. die Unteraugenhöhlenarterie (art. infraorbitalis) an die Nase und an die Lippenmuskeln.
16. Die äußere Gesichtsvene (vena facialis s. labialis) verbindet sich mit
17. der inneren Kinnbackenvene (v. maxillaris interna s. facialis posterior) und bildet
18. die Drosselvene (v. jugularis).

Figur 2. Die tiefen Arterien der rechten Seite am Kopfe der Kuh.

Der rechte Ast des Unterkiefers ist entfernt, die Augenhöhle geöffnet, und die Wangen sind nach oben umgeschlagen.

1. Die Drosselarterie geht hinter der (hier durchgeschnittenen) Unterkieferdrüse aufwärts und giebt
2.2. die Gesichts- oder Lippenarterie, dann
3.3. die Zungenarterie (a. lingualis) ab, von welcher hierauf
4. die Unterzungenarterie (a. sublingualis) abgeht.
5. Die Hinterhauptsarterie, aus welcher die Arterie des Knopffortsatzes (arteria codyloidea) (5. Fig. 3.) entspringt;
6. dei große Ohrarterie,
7. die Schläfenarterie (deren Aeste abgeschnitten sind),
8. Arterien für den inneren Kaumuskel und Unterzahnhöhlenarterie (a. alveolaris inferior).
9. Die tiefe Schläfenarterie (a. temporalis profunda) geht an den Schläfenmuskel,
10. die mittlere Hirnhautarterie (a. meningea media) geht mit den weiter nach vorn abgehenden Zweigen in das wunderbare Geflecht (3. Fig. 3.) über und sie ersetzen die innere Kopfarterie.

11. Die Wangenarterie (a. buccalis s. buccinatoria),
12. die Augenarterie (a. ophthalmica facialis), welche ein Gefäßnetz bildet,
13. der Stamm, aus welchem die Thränen-, hintere Nasen-, Unteraugenhöhlen- und die
14. Gaumenarterie hervorgehen (die rechte Gaumenarterie wird größtentheils gedeckt).

Figur 3. Darstellung des wunderbaren Netzes und der Wirbelarterien der Kuh; von unten gesehen.

Die Basis des Hirnschädels und die Körper der vorderen Halswirbel sind entfernt, so daß die Gefäße auf dem Gehirn und auf dem Rückenmark, die von ihren Häuten bedeckt sind, liegen.

1.1. Die Drosselarterien,
2.2. die inneren Kinnbackenarterien, von welchen die Zweige an
3. das wunderbare Netz (rete mirabile) gehen. Aus diesem Gefäßnetz entspringen dann die inneren Kopfarterien (a. a. carotides cerebrales) mit zwei Stämmen und verbreiten sich wie am Gehirn des Pferdes, daher sind sie hier nicht vorgestellt. Zu diesem Netze gehen auch
4.4. die mittleren Hirnhautarterien (10. Fig. 2.),
5.5. die Arterien der Knopffortsätze (arteriae condyloideae), welche durch die Löcher der Knopffortsätze eintreten, und auch
6.6. die Wirbelarterien (arteriae vertebrales), die am hinteren Ende des zweiten Halswirbels in den Wirbelkanal dringen, und an der unteren Fläche des Rückenmarkes unter sich Anastomosen bilden; dann theilt sich jede in
7.7. den inneren Ast, die zum wunderbaren Netz gehen, und in
8.8. den äußeren Ast, welche durch die vorderen inneren Löcher des Atlas heraustreten und sich in den Nackenmuskeln verzweigen (6. Fig. 1.).

Figur 4. Die Arterien und Venen an der linken Seite des Kopfes und Halses eines Schafes.

1. Die Drosselarterie,
2. die große Ohrarterie,

3. die Schläfenarterie, sie theilt sich in
4. die hintere Schläfenarterie, und in
5. die querlaufende Gesichtsarterie (a. facialis transversa), aus welcher
6. die Kranzarterie der Unterlippe, und
7. die Kranzarterie der Oberlippe abgehen.
8. Die Unteraugenhöhlenarterie,
9. die Thränenarterie (a. lacrymalis).
10. Die Drosselvene,
11. die innere Kinnbackenvene,
12. die Gesichts- oder Lippenvene.

Figur 5. Die tiefen Arterien an der rechten Seite des Kopfes des Schafes.

1. Die Drosselarterie,
2. die obere Schilddrüsenarterie,
3. die Zungenarterie,
4. die innere Kinnbackenarterie,
5. die große Ohrarterie,
6. die Hinterhauptsarterie,
7. die hintere Schläfenarterie,
8. die querlaufende Gesichtsarterie (beide abgeschnitten),
9. die Unterzahnhöhlenarterie (a. alveolaris inferior),
10. die Wangenarterie,
11. die Augenarterie, ein Netz bildend,
12. der Stamm für die Thränen-, hintere Nasen-, Unteraugenhöhlen- und Gaumenarterie.

Figur 6. Die linke Nasenhälfte des Schafes, von der inneren Seite gesehen.

a. Die obere, b. die untere Nasenmuschel, c. das Siebbein.
1. Die hintere Nasenarterie (art. nasalis posterior) verzweigt sich an der unteren Muschel und im unteren Nasengange;
2. die Gaumenarterie.

Tabula 141.

Figur 1. Die oberflächlichen Arterien und Venen am Kopfe des Schweines; von der rechten Seite.

1. Die Drossel= oder Kopfpulsader,
2. die große Ohrarterie,
3. die eigentliche Schläfenarterie,

3*. die Kaumuskelarterie, sie ist sehr klein.

4. Die letzten Zweige der Gesichts= oder Lippenarterie,
5. die Wangenarterie; sie ist bei dem Schweine stark und vertritt zum Theil die Gesichtsarterie;

6—6. Zweige der Unterzahnhöhlenarterie, welche durch drei Löcher im Unterkiefer heraustreten,

7. die Oberzahnhöhlenarterie ist hier ebenfalls stark und geht mit mehreren Zweigen an den Rüssel.
8. Die Drosselvene,
9. die innere Kinnbackenvene,
10. die äußere Kinnbackenvene,
11. die Gesichts= oder Lippenvene,
12. die Vene der Unterlippe,
13. die obere Verbindungsvene,
14. die Vene des Nasenrückens.

Figur 2. Die tiefen Arterien am Kopfe des Schweines; von der rechten Seite. (Der rechte Ast des Unterkiefers ist entfernt, und die Kaumuskeln sind zurückgeschlagen.)

1. Die Drossel= oder Kopfpulsader,
2. die Hinterhauptsarterie und
3. die innere Kopfarterie (Carotis cerebralis) entspringen vereinigt;

4.4. die Zungenarterie entspringt bei dem Schweine gesondert aus der äußern Kopfarterie, und nach ihr

5.5. die Gesichts= oder Lippenarterie, welche aber nur mit wenigen Zweigen an das Antlitz geht (4. Fig. 1.) und hier abgeschnitten ist.

6. Die große Ohrarterie (abgeschnitten),

7. die tiefe Schläfenarterie,
8. die Unterzahnhöhlenarterie (abgeschnitten),
9. die innere Kaumuskelarterie,
10. die Augenarterie,
11. der Stamm der Oberzahnhöhlen-, Gaumen- und hinteren Nasenarterie,
12. die Thränenarterie,
13. die Wangenarterie.

Figur 3. Das wunderbare Geflecht am Kopfe des Schweines, von unten gesehen.

1.1. Die innere Kopfarterie,
2. das wuderbare Geflecht (rete mirabile),
3. die Grundarterie (art. basilaris),
4.4. die innern obern Zweige der Hinterhauptsarterie, welche die Grundarterie bilden (wie bei dem Pferde).

Figur 4. Die oberflächlichen Arterien und Venen am Kopfe des Hundes, von der linken Seite.

1. Die große Ohrarterie,
2. der fortlaufende Stamm der inneren Kinnbackenarterie, welcher in die Tiefe dringt, vorher aber noch abgiebt:
2a. die eigentliche Schläfenarterie, die sehr klein ist, und
2b. die hintere Schläfenarterie, welche bis zur Stirn geht;
3. die Gesichts- oder Lippenarterie, sie versorgt nur die Wange und Unterlippe, indem
4. die Oberzahnhöhlenarterie bei dem Hunde auch so stark ist, daß sie allein die Oberlippe mit Blut versorgt.
5. Die Drosselvene,
6. die Gesichts- oder Lippenvene,
7. die Vene der Unterlippe,
8—8. die Venen der Oberlippe,
9. die Vene des Nasenrückens,
10. die Augenwinkelvene,
11. die innere Kinnbackenvene.

Figur 5. Die tiefen Arterien am Kopfe des Hundes, von der linken Seite. (Der linke Ast des Unterkiefers ist entfernt, und die Kaumuskeln sind zurückgeschlagen.)

1. Die Drossel- oder Kopfpulsader,
2. die Schilddrüsenarterie, welche die Kehlkopfarterie abgiebt,
3. die innere Kopfarterie,
4. die Hinterhauptsarterie,
5. 5. die Zungenarterie entspringt bei dem Hunde auch gesondert;
6. 6. die Gesichts- oder Lippenarterie giebt
6a. die Unterzungenarterie ab, und geht dann an's Antlitz;
7. die große Ohrarterie,
8. die gemeinschaftliche Schläfenarterie,
9. die Unterzahnhöhlenarterie (abgeschnitten),
10. die tiefe Schläfenarterie. Nachdem diese Arterie abgegangen ist tritt die innere Kinnbackenarterie durch das Flügelloch des Keilbeines (wie bei dem Pferde) in die Augenhöhle, und giebt dort noch ab:
11. die Augenarterie,
12. den Stamm der Gaumen- und hinteren Nasenarterie,
13. die Oberzahnhöhlenarterie.

Figur 6. Die oberflächlichen Arterien und Venen am Kopfe der Katze, von der linken Seite. Naturgröße.

1—7. wie bei Fig. 4.

Tabula 142.

Die Arterien des Magens, der Milz, Leber und Bauchspeicheldrüse des Rindes, von oben. Die Leber ist nach vorn zurückgelegt, und der rechte Lappen nach der linken Seite gekehrt.

a. Die Leber, b. die Gallenblase, c. der gemeinschaftliche Gallengang, dd. die Bauchspeicheldrüse, e. die hintere

Hohlader, f. die Pfortader, g. der Schlund, h. der linke und i. der rechte Sack des Wanstes, k. der Psalter, l. der Labmagen, m. der Zwölffingerdarm, n. die Milz.

1. Die Eingeweide- oder Bauchschlagader (art. coeliaca) hat einen längeren Stamm, als die des Pferdes; aus ihr entspringt
2. die Leberarterie, die
3. Zweige an die Bauchspeicheldrüse abgiebt (die übrigen Arterien dieser Drüse kommen von der vordern Gekrösarterie);
4. der Ast für den rechten Lappen der Leber,
5. der Ast für den linken Lappen,
6.6. der Ast für die Gallenblase,
7.7. die rechte Magen-Netzarterie. Die Magenarterie entspringt mit drei Aesten;
8. der linke Ast läuft an der obern Wand des Wanstes nach hinten, und tritt zwischen den beiden Blindsäcken hindurch an die untere Wand;]
9. der mittlere Ast giebt
10. die Milzarterie und
11. den Ast für die vorderen Säcke des Wanstes; er geht auch an die untere Fläche dieses Magens.
12. Der rechte Ast theilt sich wieder in zwei Aeste, nämlich in
13. den Ast für die Haube, den Psalter und den großen Bogen des Labmagens, und in
14. den Ast für den Psalter und den kleinen Bogen des Labmagens.

Tabula 143.

Figur 1. Die Arterien am Magen des Rindes, von unten.

a. Der Labmagen,
b. die Haube,
c. der linke und
d. der rechte Sack des Wanstes.
1. Die Arterie des großen Bogens des Labmagens (13. Tab. 142.),

2. die Arterie des Schlundes, der Haube und des linken Sackes des Wanstes;
3. die Fortsetzung des mittleren Astes (11. Tab. 142.)
4. die Fortsetzung des linken Astes der Magenarterie.

Figur 2. Die Arterien des Magens, der Milz, Leber und Bauchspeicheldrüse des Schweines, von oben. Die Bauchspeicheldrüse und der Zwölffingerdarm sind nach vorn gewendet.

a. Der Magen, bb. die Milz, cc. das große Netz, d. der Zwölffingerdarm, ee. die Bauchspeicheldrüse, f. die Pfortader.

1. Die Eingeweide- oder Bauchschlagader (arteria coeliaca),
2. die Milzarterie (art. lienalis) giebt Zweige an die Milz, an das große Netz und giebt ohngefähr in der Mitte der Milz
3.3. die linke Magen-Netzarterie (art. gastro-epiploica sinistra) ab, von welcher Arterien an den großen Bogen des Magens und an das große Netz gehen;
4. die Schlundarterie (art. oesophagea).
5. Die linke Kranzarterie des Magens (art. coronaria ventriculi sinistra), welche hier zugleich mit
6. der Leberarterie (art. hepatica) entspringt; diese theilt sich in
7. den linken Ast (ramus sinister) oder die eigentliche Leberarterie, die hier aus mehreren Zweigen besteht und Zweige an den Pförtner giebt, und in
8. die Magen-Zwölffingerdarmarterie (art. gastro-duodenalis). Diese Arterie theilt sich in zwei, nämlich in
9. die Bauchspeicheldrüsen-Zwölffingerdarmarterie (art. pancreatico-duodenalis), und
10. die rechte Magen-Netzarterie (art. gastro-epiploica dextra), die mit der linken (3.3.) einen Bogen bildet.
11. Ein Zweig der vorderen Gekrösarterie bildet mit der Bauchspeicheldrüsen-Zwölffingerdarmarterie (9.) einen Bogen.

Figur 3. Die Arterien am Magen, großen Netze und an der Leber des Schweines, von unten.

a. Der Zwölffingerdarm, b. der Magen, c. das große Netz, d. die Leber, e. die Gallenblase, f. der gemeinschaftliche Gallengang.
1. Die rechte Magen-Netzarterie (10. Fig. 2.),
2. die Leberarterie (6. Fig. 2.) geht mit drei Aesten an die Leber, der mittlere giebt
3. die Arterie der Gallenblase (art. cystica), und der linke
4. die rechte Kranzarterie des Magens (art. coronaria ventriculi dextra), die sich, wie die linke, büschelförmig zwischen den Magenhäuten vertheilt.

Tabula 144.

Figur 1. Die Arterien des Magens, der Milz, Leber- und Bauchspeicheldrüse des Hundes, von oben und hinten gesehen.

aa. Die Leber, b. die Gallenblase, cc. der Magen, d. die Milz, ee. die Bauchspeicheldrüse, ff. der Zwölffingerdarm, g. das große Netz.
1. Die Eingeweide- oder Bauchschlagader,
2. die linke Kranzarterie des Magens,
3. die Milzarterie,
4. die linke Magen-Netzarterie,
5. die Leberarterie,
6. der linke Ast,
7. der rechte Ast oder die Magen-Zwölffingerdarmarterie,
8. die rechte Magen-Netzarterie,
9. die Bauchspeicheldrüsen-Zwölffingerdarmarterie,
10. ein Zweig der vorderen Gekrösarterie, welcher mit jener anastomosirt.

Figur 2. Die Arterien am Darmkanale des Hundes.

a. Zwölffingerdarm, bbb. Leerdarm, c. Hüftdarm, d. Blinddarm, ee. Grimmdarm, f. ein Theil des Mastdarmes, g. große Gekrösdrüse, hh. Gekröse.

1. Die vordere Gekrösarterie (art. mesenterica superior),
2. die Hüft-Blinddarmarterie (art. ilio-colica),
3. die Hüftdarmarterie,
4. die Blinddarmarterie,

5.5. die Grimmdarmarterien (arteriae colicae),

6.6. Dünndarmarterien (rami intestinales).

7. Die hintere Gekrösarterie (arteria mesenterica inferior),
8. die hintere Mastdarmarterie (art. haemorrhoidalis interna),
9. die linke Grimmdarmarterie oder mittlere Mastdarmarterie (art. colica sinistra).

Figur 3. Die Arterien am Darmkanale des Rindes.

aa. Leerdarm, b. Hüftdarm, c. Blinddarm, d. Anfang des Grimmdarmes, ee. die concentrischen Windungen, ff. die excentrischen Windungen des Grimmdarmes (die Pfeile bezeichnen die Richtung, welche die Nahrungsstoffe nehmen), g—g. Gekröse, h—h. Gekrösdrüsen, i. Mastdarm.

1. Die vordere Gekrösarterie,

2.2. die Dünndarmarterien,

3. die obere Arterie des dicken Darmes,
4. die Hüft-Blinddarmarterie,
5. die Grimmdarmarterie; sie giebt an jede Windung einen Zweig ab, und macht viele Schlingen;
6. die untere Arterie des Grimmdarmes macht Anastomosen mit dem fortlaufenden Stamme für den Dünndarm, giebt an diesen selbst Aeste, und bildet bei
7. Anastomosen mit der Hüft-Blinddarmarterie;
8. die hintere Gekrösarterie.

Tabula 145.

Figur 1. Die Arterien am Darmkanale des Schweines.

aa. Leerdarm, b. Hüftdarm, c. Blinddarm, d—d. Grimmdarm, e—e. Gekrösdrüsen, f. Gekröse.

1. Die vordere Gekrösarterie,

2.2. Dünndarmarterien; die kleinen Zweige bilden unendlich viele zu ovalen Körpern vereinigte Netze, aus welchen die Zweige für den Dünndarm büschelförmig hervortreten.

3. Zwei Grimmdarmarterien, welche zwischen die Windungen dieses Darmes treten und hier durch Punkte bezeichnet sind;

4. die Hüft-Blinddarmarterie.

Figur 2. Die Arterien am rechten Vorderarme und Vorderfuße des Rindes, von der innern Seite.

1. Die Speichenarterie (art. radialis) giebt zuerst Muskelzweige ab, dann,

2. die äußere Zwischenknochenarterie (art. interossea externa); hierauf spaltet sie sich, bei den Widerkäuern sehr hoch oben, in

3.3. die hintere innere Zwischenknochenarterie (art. interossea volaris interna) und in

4.4. die große Schienbeinarterie (art. volaris sublimis), welche als fortlaufender Stamm der Speichenarterie zu betrachten ist. Beide Aeste bilden bei

5. den oberflächlichen Gefäßbogen (arcus volaris superficialis) aus welchem die vordere Zehen- oder Fingerarterie hervorgeht.

6. Die innere Seiten-Arterie der innern Zehe (art. digitalis volaris radialis),

7. die gemeinschaftliche Arterie der Zehen (art. digitalis volaris communis), welche sich an beide Zehen vertheilt.

Figur 3. Die Arterien am rechten Vorderfuße des Rindes, von hinten.

1. Die hintere innere Zwischenknochenarterie,
2. die große Schienbeinarterie,
3. die Anastomose zwischen beiden,
4. die Rückenarterie der Zehen (art. digitalis dorsalis communis) tritt durch das Loch des Vorder-Mittelfuß-knochens an die vordere Fläche der Zehen.
5. Die innere Seitenarterie der inneren Zehe,
6. die äußere Seitenarterie der äußeren Zehe (art. digitalis volaris ulnaris); beide gehen unter den Afterzehen hindurch;
7. die gemeinschaftliche Zehenarterie,
8. Anastomosen der drei Gefäße.

Figur 4. Die Arterien am rechten Vorderarme und Vorderfuße des Schweines, von der innern Seite.

1—6. wie bei Figur 2.

Figur 5. Die Arterien am rechten Vorderfuße des Schweines, von hinten.

1. Die hintere innere Zwischenknochenarterie,
2. die große Schienbeinarterie,
3. die hintere äußere Zwischenknochenarterie (art. interossea volaris externa),
4. der oberflächliche Gefäßbogen,
5.5. die Seitenarterien der Afterzehen,
6. die gemeinschaftliche Zehenarterie.

Figur 6. Die tiefen Arterien am rechten Vorderfuße des Schweines, von hinten.

1.1. Die hintere innere Zwischenknochenarterie,
2.2. die große Schienbeinarterie (abgeschnitten),
3. die hintere äußere Zwischenknochenarterie; sie ist ein Zweig der äußeren Zwischenknochenarterie (2. Fig. 4.).

4. der oberflächliche Gefäßbogen; aus diesem entspringt:
5. die mittlere hintere Zwischenknochenarterie (art. interossea volaris media), welche zurückläuft;
6. die Rückenarterie der Zehen (art. digitalis dorsalis communis) und die Arterien für die Zehen, welche durch Queräste anastomosiren.

Tabula 146.

Figur 1. Die Arterien am rechten Hinterschenkel des Rindes, von der innern Seite.

1.1. Die Schenkelarterie (art. cruralis),
2.2. die innere Hautarterie (art. subcutanea interna s. saphena); sie ist bei den Wiederkäuern stärker, als bei dem Pferde, und giebt
3.3. die hintere innere Zwischenknochenarterie (art. interossea plantaris interna) ab;
4. die gemeinschaftliche Zehenarterie.

Figur 2. Die Arterien am rechten Unterschenkel und Hinterfuße des Rindes, von vorn.

1. Die vordere Schenkelbeinarterie (art. tibialis antica),
2.2. die große Schienbeinarterie oder vordere Zwischenknochenarterie (art. interossea dorsalis),
3. ein Zweig zum Sohlenbogen, welcher durch das Loch an die hintere Fläche geht;
4. die gemeinschaftliche Zehenarterie.

Figur 3. Die Arterien am rechten Hinterfuße des Rindes, von hinten.

1. Die hintere innere Zwischenknochenarterie,
2. der Sohlenbogen (arcus plantaris),

3. Anastomosen,
4. die gemeinschaftliche Zehenarterie.

Figur 4. Die Arterien am rechten Hinterschenkel des Schweines, von der innern Seite.

1—3. wie bei Figur 1.

Figur 5. Die Arterien am linken Unterschenkel und Hinterfuße des Schweines, von vorn.

1. 2. 4. wie bei Figur 2.

Figur 6. Die Arterien am linken Unterschenkel und Hinterfuße des Schweines, von hinten.

1. Die Kniekehlenarterie (art. poplitea),
2. die hintere Schenkelbeinarterie (art. tibialis postica),
3. die hintere innere Zwischenknochenarterie (oben abgeschnitten),
4. der Sohlenbogen,
5. die gemeinschaftliche Zehenarterie.

Figur 7. Die Arterien am linken Vorderarme und Vorderfuße des Hundes, von hinten.

1. Die Speichenarterie,
2. Muskelast,
3. die Zwischenknochenarterie (3. Fig. 8.),
4. die hintere innere Zwischenknochenarterie,
5. die große Schienbeinarterie,
6. die hintere äußere Zwischenknochenarterie,
7. der oberflächliche Gefäß= oder Hohlhandbogen,
8. Verbindung des oberflächlichen und tiefen Hohlhandbogens, woraus
9. die Zehenarterien hervorgehen.

Fig. 8.

Figur 8. Die tiefen Arterien am linken Vorderarme und Vorderfuße des Hundes, von hinten.

1. Die Speichenarterie,
2. die Zwischenknochenarterie (art. interossea) geht bei den Fleischfressern nicht an die äußere Fläche des Vorderarmes, sondern giebt
3. die hintere äußere Zwischenknochenarterie, und
4. die zurücklaufende Zwischenknochenarterie (art. recurrens interossea) ab.
5. Der tiefe Hohlhandbogen (arcus volaris profundus),
6. die hinteren Zwischenknochenarterien (arteriae interosseae volares),
7. Verbindung des tiefen und oberflächlichen Hohlhandbogens.

Figur 9. Die Speichenarterie am rechten Vorderschenkel der Katze.

1. Die Speichenarterie,
2. der Speichennerv; beide gehen durch das Loch am unteren Ende des Armbeines.

Figur 10. Die Arterien am linken Hinterschenkel der Katze, von der innern Seite.

1—3. wie bei Figur 1.

Figur 11. Die Arterien am rechten Unterschenkel und Hinterfuße des Hundes, von vorn.

1. Die vordere Schenkelbeinarterie,
2. die große Schienbeinatrerie, sie tritt zwischen dem ersten und zweiten Hinter=Mittelfußknochen an die hintere Fläche.

Figur 12. Die Arterien am linken Hinterfuße des Hundes, von hinten.

1. Die große Schienbeinarterie theilt sich in

2. die drei hinteren Zwischenknochenarterien;
3. die hintere innere Zwischenknochenarterie (oben abgeschnitten),
4. der Sohlenbogen, aus welchem die Zehenarterien entspringen.

Tabula 147.

Figur 1. Die Nerven am linken Auge des Kalbes, von oben und innen gesehen. ⅔ der natürlichen Größe.

a. Thränendrüse (durchgeschnitten),
b. Augenvene (abgeschnitten),
c. oberes Augenlied.
1. Höhle des Riechnervenkolbens,
2. der Sehnerv,
3. der dritte Gehirnnerv,
4. der vierte Gehirnnerv oder Rollnerv, er theilt sich in
5. den äußeren, schwächeren Zweig, und in
6. den inneren, stärkeren Zweig.
7. Der fünfte Gehirnnerv,
8. der halbmondförmige oder Gasser'sche Knoten; von diesem Nerven gehen ab:
9. der Thränennerv, welcher bei dem Kalbe sehr stark ist;
10. 10. der Stirnnerv, ebenfalls stark und mehrästig,
11. der Nasennerv oder Nasen=Augennerv; er spaltet sich in
12. den Unterrollnerven und in
13. den Siebbeinnerven, verbindet sich durch
14. Fäden mit dem Stirnnerven.
15. Der sechste Gehirnnerv.

Figur 2. Die Nerven am linken Auge des Kalbes, von unten und innen gesehen.

1. Der Sehnerv,
2. der dritte Gehirnnerv; er spaltet sich in
3. den oberen Ast, und in
4. den unteren Ast, an welchem

5. der Ciliarknoten liegt;
6. die Ciliarnerven,
7. der Ast für den unteren schiefen Augenmuskel.
8. Der sechste Gehirnnerv,
9. der fünfte Gehirnnerv,
10. der Augenast,
11. der Oberkieferast,
12. der Wangenast oder Unteraugenliednerv,
13. Fäden vom Keilbein-Gaumenknoten (welcher entfernt ist).

Figur 3. Der Augenhöhlen- oder Ciliarknoten am rechten Auge des Schweines, von innen und oben. Naturgröße.

a. Der Augapfel.
1. Der Sehnerv,
2. der dritte Gehirnnerv,
3. der Augenhöhlen- oder Ciliarknoten,
4. Ciliarnerven.

Figur 4. Der Augenhöhlen- oder Ciliarknoten am linken Auge des Hundes, von der innern Seite. Naturgröße.

a. }
1—4. } wie bei Fig. 3.,
5. der vierte Gehirn- oder Rollnerv.

Figur 5. Der Augenhöhlen- oder Ciliarknoten am rechten Auge der Katze, von unten und innen gesehen. Naturgröße.

a. }
1—4. } wie bei Fig. 3.

Figur 6. Die rechte Hälfte eines Kuhkopfes mit den Nerven an der Schleimhaut der Nasenscheidewand.

a. Der Stenson'sche Kanal (geöffnet),
b. der Jacobson'sche Kanal (noch geschlossen).

1. Zweige vom Riechnerven,
2. der innere Ast vom hinteren Nasennerven oder Gaumen-Nasennerven;
3. Zweige, welche in beide Kanäle treten,
4. der Zweig zum harten Gaumen.

Figur 7. Die Nerven am Antlitz der Kuh, von der rechten Seite.

1. Der Stirnnerv (10. Fig. 1.),
2. der äußere Ast des Thränennervens (9. Fig. 1.) geht rückwärts an die Gefäßhaut des Hornzapfens,
3. 3. der oberflächliche Schläfennerv; alle drei sind Aeste des fünften Gehirnnervens.
4. Der siebente oder Antlitznerv; er giebt ab:
5. den innern ⎫
6. den hintern ⎬ Ohrnerven,
7. den untern ⎭
8. den Schläfen-Joch-Nerven,
9. 9. den unteren und
10. 10. den oberen Backennerven.
11. Der Unteraugenhöhlennerv,
12. der Kinnast des Unterkiefer- oder Unterzahnhöhlennervens.

Figur 8. Die Nerven am Antlitz des Schafes, von der linken Seite.

Wie bei Fig. 7.

Tabula 148.

Figur 1. Die Nerven am Antlitz des Schweines, von der linken Seite.

1. Der Unteraugenhöhlennerv, er ist bei dem Schweine stärker, als bei allen übrigen Hausthieren;
2—2. die Kinnäste des Unterzahnhöhlennervens,

2a. Stirnnerven,
2b. Thränennerv,
3. der oberflächliche Schläfennerv, sämmtlich Aeste des fünften Gehirnnervens;
4. der siebente oder Antlitznerv,
5. der innere, untere und hintere Ohrnerv,
6. der Schläfen-Joch-Nerv,
7.7. drr untere Backennerv,
8. der Hals-Hautnerv,
9. der Griffel-Zungenbeinnerv,
10.10. der obere Backennerv; er bildet mit dem unteren (7.7.) ein Geflecht.

Figur 2. Die Nerven am Antlitz des Hundes, von der linken Seite. Naturgröße.

1. Der Antlitznerv,
2. die drei Ohrnerven,
2a. die Griffelzungenbeinnerven,
3. der Schläfen-Joch-Nerv; er macht auf dem Schläfenmuskel
4. ein Geflecht, und reicht bis unter das Auge herab.
5.5. Aeste des Thränennervens vom fünften Gehirnnerven.
6.6. Der untere Backennerv,
7.7. der obere Backennerv,
8. Verbindungszweig vom oberflächlichen Schläfennerven zum Antlitznerven,
8a.8a. der oberflächliche Schläfennerv, ein Ast des fünften.
9. Halshautnerven, die an den zweiten Halsnerven gehen,
10. der Unteraugenhöhlennerv.

Figur 3. Die rechte Hälfte des Hirnschädels mit den Gehirnnerven und dem sympathischen Nerven des Rindes, von der innern Seite. Naturgröße.

a. Schlundkopf (durchgeschnitten),
b. Kehlkopf,
c. Kopfpulsader.

1. Der dritte
2. der vierte
3. der fünfte
4. der sechste
5. der siebente
6. der achte
} Gehirnnerv,
7. Verbindungsnerv zwischen dem 7ten und 8ten.
7a. 7a. Der neunte
8. 8. der zehnte
} Gehirnnerv,
9. 9. der eilfte Nerv oder Beinerv,
10. der zwölfte Nerv,
11. der Schlundkopfast des zehnten Nervens,
11a. der obere Kehlkopfnerv desselben (abgeschnitten und zurückgelegt).
12. Die Keil-Gaumenbeinknoten,
13. 13. der Vidi'sche Nerv,
14. Zweig vom sympathischen Nerven,
15. Zweig vom sympathischen Nerven zum 5ten,
16. Zweige — — — — 6ten,
17, das Kopfpulsadergeflecht des sympathischen Nervens (plexus caroticus),
18. der obere Halsknoten desselben,
18a. ein Faden zum 9ten Nerven,
19. Fäden zum 10ten Nerven,
20. Fäden zum 12ten Nerven,
21. Fäden zum ersten Halsnerven,
22. der Stamm des großen sympathischen Nervens,
23. das Rachengeflecht.

Figur 4. Die rechte Hälfte des Hirnschädels mit den Gehirnnerven und dem sympathischen Nerven des Schweines, von der innern Seite. Naturgröße.

a. Die Schädelhöhle,
b. das Felsenbein (zur Hälfte entfernt),
c. der erste Halswirbel,
d. der Paukenknochen,
e. die Kopfpulsader,
f. die äußere,
g. die innere Kopfpulsader,
h. die Hinterhauptsarterie.

1. Der dritte
2. der vierte
3. der fünfte
4. der sechste } Gehirnnerv,
5. der siebente
6.6. der neunte
7.7. der zehnte
7a. der Schlundkopfast,
7b. der obere Kehlkopfast des zehnten Nervens;
8. der Beinerv,
9. der zwölfte Nerv.
10. Der erste Halsnerv,
11. der Stamm des großen sympathischen Nervens,
12. der obere Halsknoten. Aus diesem entspringen:
13. das Schlundkopf- oder Rachengeflecht,
13a. Fäden zum oberen Kehlkopfnerven,
14. Fäden zum ersten Halsnerven,
15. Fäden zum zwölften Nerven,
16. ein Faden zum zehnten,
17. ein Faden zum neunten Nerven,
18. das Kopfpulsadergeflecht,
19. Fäden zum sechsten,
20. Fäden zum fünften Nerven.
21. Der Vidi'sche Nerv,
22. der Paukenhöhlennerv vom neunten,
23. der Faden desselben zum Ohrknoten (Tab. 150. Fig. 1.),
24. der Faden zum sympathischen Nerven.

Figur 5. Die rechte Hälfte des Hirnschädels mit den Gehirnnerven und dem sympathischen Nerven des Hundes, von der innern Seite. Naturgröße.

Wie bei Figur 4.

Tabula 149.

Figur 1. Darstellung des großen sympathischen, Zwerchfells- und Lungen-Magen-Nervens des Hundes, von der linken Seite.

a. a. Die Luftröhre (die linke Lunge ist abgeschnitten),

b. b. der Schlund, c. das Herz im Herzbeutel, d. der Magen, e. das große Netz, f. die Milz, g. ein Theil der Leber sichtbar, h. der Grimmdarm, i. i. der Dünndarm, k. der Mastdarm, l. die Harnblase, m. die linke Niere, n. die linke Nebenniere.

1. 1. Der linke Lungen-Magen-Nerv,
2. der rechte — — —
3. der obere Halsknoten des großen sympathischen Nervens, der Stamm ist mit dem Lungen-Magen-Nerven innig verbunden;
4. der untere Halsknoten,
5. das untere Lungen- und Herzgeflecht,
6. 6. der zurücklaufende oder Stimmnerv,
7. das obere Lungengeflecht,
8. der erste Brustknoten,
9—9. der Brusttheil des sympathischen Nervens.
10. der fünfte
11. der sechste
12. der siebente
13. der achte } Halsnerv,
14. der erste Rückennerv,
15. 15. der Zwerchfellsnerv,
15a. Verbindungen desselben mit dem sympathischen Nerven.
16. Die Eingeweidenerven,
17. die halbmondförmigen Knoten oder das Sonnengeflecht,
18. das Bauch- und vordere Gekrösgeflecht,
18a. das Magengeflecht,
18b. das Milzgeflecht,
19. das Nierengeflecht,
20. das hintere Gekrösgeflecht,
21. das Beckengeflecht.

Figur 2. Der linke halbmondförmige Knoten eines jungen Schweines, in natürlicher Größe.

a. Die linke Niere, b. die linke Nebenniere, c. die Bauchaorta, d. die Bauchschlagader, e. die vordere Gekrösarterie, f. die linke Nierenarterie, g. Lendenarterie.

1. Der Eingeweidenerv,
2. der halbmondförmige Knoten,
3. das Eingeweide- oder Bauchgeflecht,

4. das vordere Gekrösgeflecht,
5. das Nierengeflecht.

Figur 3. Der linke halbmondförmige Knoten und seine Geflechte von der Ziege, in natürlicher Größe.

a—g. wie bei Fig. 2.
1. Der große sympathische Nerv, wo er in die Bauchhöhle tritt,
2.2. Zweige der Lendennerven zum sympathischen,
3. der halbmondförmige Knoten; er ist hier nur ein dichtes Geflecht,
4. das Bauchgeflecht,
5. das vordere Gekrösgeflecht; es vereinigt sich mit dem Bauchgeflechte;
6. Nierenzweig,
7. der fortlaufende Stamm des sympathischen Nervens,
8. Nervenknoten im Stamme,
9. Verbindungsfaden vom halbmondförmigen Knoten.

Figur 4. Der erste Brustknoten der Ziege, von der linken Seite. Naturgröße.

1. Das Ende des Halstheiles vom sympathischen Nerven,
2. der erste Brustknoten,
3. Zweige, die in die Wirbellöcher treten und die Wirbelarterie begleiten,
4. der Brusttheil des sympathischen Nervens,
5. Zweig zum Herzgeflecht.

Figur 5. Der erste Brustknoten eines jungen Schweines, von der linken Seite. Naturgröße.

1—5. wie bei Fig. 4.

Figur 6. Der linke obere Halsknoten des großen sympathischen Nervens der Ziege. Naturgröße.

1. Der obere Halsknoten,

2. der sympathische Nerv,
3. der Lungen-Magen-Nerv,
4. Kopfpulsader.

Tabula 150.

Figur 1. Der rechte Ohrknoten am fünften Nerven des Rindes, von der innern Seite. Naturgröße.

a. Der Paukenfellspanner,
b. der Hammer und Amboß,
c. der Paukenknochen.
1. Der Stamm des fünften Nervens,
2. der Oberkiefer- und Augenast,
3. der Unterkieferast,
4. der Flügelnerv oder innere Kaumuskelnerv (nerv. pterygoideus),
5. der Ohrknoten (ganglion oticum Arnold); er ist durchgeschnitten, um
6. 6. den Nerven für den Paukenfellspanner bei seinem Ursprunge aus dem Flügelnerven zu sehen,
7. zwei Zweige aus dem Ohrknoten an den Paukenhöhlennerven des 9ten.

Figur 2. Die Nerven am linken Vorderarme und Vorderfuße des Rindes, von hinten und innen gesehen.

1. Der Speichennerv; er giebt über der Vorder-Fußwurzel
2. einen kleinen Hautnerven ab, und spaltet sich in der Mitte des Vorder-Mittelfußes in zwei Aeste für die Zehen, nämlich in
3. den innern Ast der innern Zehe, und in
4. den gemeinschaftlichen Ast für beide Zehen.
5. 5. Der innere Hautnerv vom Speichennerv,
6. der Hautast vom Mittelnerven, beide verbinden sich unter der Vorder-Fußwurzel.
7. Der Ellenbogennerv giebt unten den äußeren Ast der äußeren Zehe ab, der aber hier nicht sichtbar ist.

Figur 3. Die Nerven am rechten Vorderarme und Vorderfuße des Schweines, von hinten gesehen.

1. Der Speichennerv giebt an der Vorder-Fußwurzel
2. den Verbindungszweig zum Ellenbogennerven und unten
3. die Nerven an drei Zehen ab.
4. Der Ellenbogennerv giebt unten
5. einen Verbindungszweig zum äußeren Aste der äußeren Zehe, und
6. den inneren Ast der äußeren Afterzehe ab.

Figur 4. Die vorderen Hautnerven am linken Vorderarme und Vorderfuße des Hundes.

1. Der untere Ast des Mittelnervens; dessen Hautast giebt
2. Hautzweige an alle Zehen ab.

Figur 5. Die Verzweigung des Wadenbeinnervens am linken Hinterbeine des Hundes, von vorn gesehen.

1. Der Wadenbeinnerv,
2. der oberflächliche Ast; er giebt
3. die vorderen Nerven an die drei äußeren Zehen ab.
4. 4. Der tiefe Ast geht an die innere Zehe, zu welcher auch
5. ein Zweig des inneren Hautnervens kommt.

Figur 6. Der Wadenbeinnerv am linken Hinterbeine des Rindes, von der äußern Seite gesehen.

1. Der Wadenbeinnerv,
2. Muskelzweige,
3. 3. der tiefe Ast,
4. 4. der oberflächliche Ast; beide gehen bis zu den Zehen herab, und theilen sich in die vorderen Nerven der Zehen.
5. Der äußere Hautnerv vom Schenkelbein- oder Schienbeinnerven,
6. der äußere Sohlennerv von demselben.

Die vorliegende zweite Auflage der anatomischen Abbildungen der Haus-Säugethiere ist ihrem Inhalte nach der ersten gleich, aber es sind alle Platten neu gezeichnet, zum Abdruck ist besseres Papier genommen und die Gefäße sind bunt gedruckt worden, so daß das Ganze ein gefälligeres Aeußeres erhalten hat, ohne daß eine wesentliche Erhöhung des Preises eingetreten ist.

Dem Texte sind einige Veränderungen und Verbesserungen beigefügt worden.

Berlin, im October 1844.

Dr. Gurlt.

Text

zu den

anatomischen Abbildungen

der

Haus-Säugethiere.

Von

Dr. E. F. Gurlt,
Professor an der Königlichen Thierarzneischule zu Berlin.

Supplement.

Berlin, 1848.
Druck und Verlag von G. Reimer.

Vorwort.

Bei der Herausgabe der anatomischen Abbildungen der Haus-Säugethiere war die Zahl der Tafeln so groß geworden, daß ich damals das Werk schließen mußte, obgleich es nicht beendigt war. Ich habe das Fehlende auf den vorliegenden 26 Tafeln nachgetragen, und durch ökonomische Einrichtung, daß nämlich Arterien und Venen zusammen, oder diese mit den Nerven zugleich dargestellt sind, ist es möglich geworden, das Wichtigste auf diesen Tafeln zu liefern.

Berlin, im Januar 1848.

Gurlt.

Tafel 1.

Figur 1. Die Bauchspeicheldrüse mit dem Zwölffingerdarm der Ziege, von unten und in natürlicher Größe.

Zur Ergänzung von Tab. 66, Fig. 2, wo der Ausführungsgang der Drüse nicht dargestellt ist.

1. Die Schlinge des Zwölffingerdarms, welche den gemeinschaftlichen Gallengang aufnimmt.
2. Die Bauchspeicheldrüse, in welcher
3. der Wirsung'sche Gang mit verschiedenen Aesten entspringt; dieser mündet bei
4 in den gemeinschaftlichen Gallengang.

Figur 2. Die Bauchspeicheldrüse mit dem Zwölffingerdarm des Hundes, von unten und in Naturgröße dargestellt.

Zur Ergänzung von Tab. 67, Fig. 2.

1. Das rechte Ende des Magens.
2. 2. Der Zwölffingerdarm.
3. Das linke Ende oder der Kopf,
4. das rechte Ende oder der Schwanz der Bauchspeicheldrüse. Von beiden Enden kommt ein Ausführungsgang, und beide Gänge vereinigen sich in
5. dem Wirsung'schen Gange, welcher in den Zwölffingerdarm mündet (vergl. 5. auf Fig. 4). Mit diesem Darm ist die Drüse durch
6. 6. das Gekröse verbunden.

Figur 3. Dieselben Theile von oben gesehen.

1. Das rechte Ende des Magens.
2. Ein Theil des Zwölffingerdarmes.
3. Der mittlere Theil der Bauchspeicheldrüse, aus welchem
4. der kleine Ausführungsgang zum Theil, aber auch bei
5. aus dem vom hintern Ende kommenden
6. großen Gange entspringt.
7. Das Gekröse.
8. Der gemeinschaftliche Gallengang.

Figur 4. Ein Theil des aufgeschnittenen Magens und Zwölffingerdarmes des Hundes.

1. Das rechte Ende des Magens.
2. Der vordere Theil des Zwölffingerdarmes.
3. Mündung des gemeinschaftlichen Gallenganges (enthält eine Sonde).
4. Die Mündung des kleinen Ausführungsganges der Bauchspeicheldrüse (4. Fig. 3), und
5. die Mündung des großen oder Wirsung'schen Ganges (5. Fig. 2); in jenem steckt eine Borste in diesem eine Sonde.

Figur. 5. Zwölffingerdarm und Bauchspeicheldrüse der Katze, von oben in Naturgröße.

1. Das rechte Ende des Magens.
2. Der vordere Theil des Zölffingerdarmes.
3. Das linke,
4. das rechte Ende der Bauchspeicheldrüse.
5. Der Wirsung'sche (bei der Katze einzige) Gang ist im linken Lappen der Drüse stärker, als im rechten, und mündet mit
6. dem gemeinschaftlichen Gallengange zusammen (beide enthalten Borsten).

Figur 6. Das vordere Ende der männlichen Ruthe mit der Eichel des Pferdes; von unten in Naturgröße.

Zur Ergänzung von Fig. 3. Tab. 69.

1. Die Eichel.
2. Die Mündung der Harnröhre.
3. Ein Theil der hinten abgeschnittenen Harnröhre.

4. Der mittlere,
5. 5. die seitlichen Fortsätze des Zellkörpers der Ruthe;
6. die Rinne, in welcher die Harnröhre liegen soll.

Figur 7. Kitzler mit der Eichel der Stute, in Naturgröße.

1. Die Eichel des Kitzlers.
2. Der mittlere,
3. 3. die seitlichen Fortsätze des Zellkörpers des Kitzlers;
4. die Rinne zwischen beiden; sie nimmt aber die Harnröhre nicht auf.
5. Die hinteren Schenkel des Zellkörpers;
6. 6. die seitlichen Fortsätze des Aufrichtemuskels des Kitzlers.

Figur 8. Der Kitzler der Kuh, in Naturgröße.

1. Die Eichel des Kitzlers.
2. Das vordere Ende,
3. Der mittlere, gewundene Theil,
4. die beiden hinteren Schenkel des Zellkörpers des Kitzlers.

Figur 9. Männliche Ruthe des Hundes, ohne die Vorhaut; in Naturgröße und von oben dargestellt.

1. Die Eichel,
2. die ringförmige, an Schleimdrüsen reiche Wulst der Vorhaut.
3. Der linke wulstige Theil der Eichel, noch mit Haut bedeckt;
4. die rechte Hälfte dieser Wulst, an welcher die Haut abgenommen ist, um das schwammige Gewebe zu sehen.
5. Die beiden Venen am Rücken der Ruthe,
6. der Zellkörper derselben.

Figur 10. Der Kitzler der Hündin, in Naturgröße.

1. Die Vorhaut,
2. die Eichel des Kitzlers.
3. Der mittlere, dickste Theil und
4. die hinteren Fortsätze des Zellkörpers des Kitzlers.

Tafel 2.

Figur 1. Ein 40 Tage alter Pferde-Fötus, in Naturgröße.

Er ist von der rechten Seite und von unten dargestellt. Bauch- und Brusthöhle sind noch nicht geschlossen, die Gliedmaaßen sind kurze Stümpfchen.

Figur 2. Pferde-Fötus, 49 Tage alt, in Naturgröße.

Er ist von der rechten Seite dargestellt, die Gliedmaaßen zeigen noch keine Gliederung.

Figur 3. Pferde-Fötus, 33 Wochen alt, $\frac{1}{8}$ der natürlichen Größe.

Die Haare zeigen sich an den Lippen, der Nase, den Augenlidern, am Kamme und an der Schwanzspitze.

Figur 4. Derselbe Fötus von hinten und in halber Naturgröße gezeichnet,

um die Haare am Kamme zu zeigen.

Figur 5. Ein 35 bis 36 Tage alter Rinds-Fötus mit den Eihäuten, in Naturgröße.

Der Fötus ist von der rechten Seite dargestellt, der Kopf liegt daher rechts.

a. Der weiteste Theil des Nabelbläschens, welches in zwei dünne Fortsätze ausgeht.

b. b. Die übrigen Eihäute, nur im Umriß dargestellt, um besonders die absolute Länge des Ei's zu zeigen.

Figur 6. Rinds-Fötus, 52 Tage alt, von der linken Seite und in Naturgröße dargestellt.

Die Augenlider haben sich mit ihren Rändern noch nicht erreicht, das äußere Ohr erscheint als Wärzchen, die Gliedmaaßen sind deutlich gegliedert, und die Zehen fangen an sich zu spalten.

Figur 7. Ein Rinds-Fötus von 63 Tagen, ebenso dargestellt.

Die Augenlider berühren sich mit ihren Rändern, das äußere Ohr ist schon deutlicher, unmittelbar hinter
a. der Nabelschnur ist
b. die nach hinten gekrümmte männliche Ruthe, noch ohne Vorhaut, sichtlich.

Tafel 3.

Alle Figuren auf dieser Tafel sind in natürlicher Größe dargestellt.

Figur 1. Ein 11 Wochen 6 Tage alter weiblicher Rinds-Fötus, von der linken Seite gesehen.

Figur 2. Weiblicher Rinds-Fötus, 13 Wochen 3 Tage alt, von der linken Seite gesehen.

Figur 3. Weiblicher, 16 Wochen 6 Tage alter Fötus vom Rinde, von der linken Seite.

Figur 4. Männlicher Rinds-Fötus, 18 Wochen 6 Tage alt, von der linken Seite dargestellt.

a. Die Ruthe ist ganz in die Vorhaut eingeschlossen.
b. Der Hodensack ist im Verhältniß sehr groß.

Tafel 4.

Auch auf dieser Tafel sind die Fötus, mit Ausnahme von Fig. 3, und die Eihäute in natürlicher Größe und Ausdehnung gezeichnet.

Auf die Lagerung und Sonderung der einzelnen Häute des Ei's ist hier keine Rücksicht genommen, sondern es ist vorzüglich auf die absolute Länge des ganzen Ei's gesehen.

Alle sind vom Schaf.

Figur 1. Das Ei von 16 Tagen nach der Empfängniß.

a. Der Fötus zeigt sich in der Anlage und liegt noch auf der Keimblase, die sich

b. b. als Nabelbläschen zu verlängern anfängt.

Figur 2. Ei und Fötus von 19 Tagen.

a. Der Fötus ist von unten und von der linken Seite gesehen, noch ohne eine Spur von Gliedmaaßen.

b. Das Nabelbläschen ist vom Ei getrennt und noch in der ganzen Länge mit dem Rumpfe des Fötus verbunden.

c. Die Harnhaut, zusammengefallen.

Figur 3. Derselbe Fötus dreimal vergrößert.

Figur 4. Ei und Fötus, 21 Tage alt.

a. Der von der rechten Seite gesehene Fötus zeigt die Visceral- oder Kiemenbogen und Spalten, so wie die Anlage zum Vorderbein deutlich; das Hinterbein ist noch kaum zu erkennen.

b. Das Nabelbläschen geht schon weit in das Ei hinein: eben so

c. die Nabel-Blutgefäße; die jedoch ihrer Feinheit wegen nicht bis an's Ende zu sehen sind.

d. Das Ei, hier aus Leder- und Harnhaut bestehend, dann die Schafhaut, welche den Fötus enger umgiebt, ist nicht besonders dargestellt.

Figur 5. Ei und Fötus, 22 Tage alt.

a. Der Fötus ist von der linken Seite dargestellt, die Anlage zu den Hinterbeinen ist jetzt deutlich.
b.—d. wie Fig. 4.

Figur 6. Ei und Fötus, 23 Tage alt.

a. Den Fötus sieht man von der rechten Seite.
b.—d. wie Fig. 4.

Figur 7. Ei und Fötus von 24 Tagen.

a. Der Fötus ist ebenfalls von der rechten Seite dargestellt.
b. Das Nabelbläschen fängt schon an zu verkümmern, besonders an den Enden.
c.—d. wie Fig. 4.

Figur 8. Ei und Fötus, 25 Tage alt.

a. Der Fötus auch von der rechten Seite, das Auge zeigt sich deutlich.
b.—d. wie Fig. 7.

Figur 9. Ei und Fötus von 26 Tagen nach der Empfängniß.

a.—d. wie bei Fig. 8.

Tafel 5.

Alle Fötus sind in natürlicher Größe abgebildet.

Figur 1. Ein 30 Tage alter Schaf-Fötus, von der linken Seite gesehen.

Die Spaltung der Zehen fängt jetzt an.

Figur 2. Ziegen-Fötus, 40 Tage alt; von der rechten Seite gezeichnet.

Figur 3. Schaf-Fötus, ungefähr 45 Tage alt; von der linken Seite.

a. Aeußere, im Haken gebogene Geschlechtstheile; ob es die männliche Ruthe, oder der Kitzler ist, läßt sich äußerlich nicht unterscheiden.

Figur 4. Ziegen-Fötus von 50 Tagen, von der linken Seite gesehen.

Die Augenlider bedecken den Augapfel ganz, die Gliedmaaßen sind deutlich gegliedert.

Figur 5. Weiblicher Ziegen-Fötus, 65 Tage alt; von der linken Seite gesehen.

a. Ein Zitzchen am Euter.
b. Die Scham.

Figur 6. Weiblicher Ziegen-Fötus, ungefähr 75 Tage alt und von der rechten Seite gesehen.

Figur 7. Männlicher, 108 Tage alter, Ziegen-Fötus; von der rechten Seite gezeichnet.

Die männliche Ruthe ist ganz in der Vorhaut, der Hodensack sehr groß.

Tafel 6.

Auch auf dieser Tafel sind alle Figuren in natürlicher Größe gezeichnet.

Alle Fötus sind vom Schweine.

Figur 1. Ei und Fötus, ungefähr 25 Tage alt.

a. Der Fötus von der linken Seite.
b. Die aus dem Bauche hervorragende Darmschlinge, die durch
c. den Nabelblasen-Darmgang (Ductus omphalo-entericus) mit
d. dem Nabelbläschen verbunden ist; an diesem sind die dünnen Enden nicht gezeichnet.
e. Das Ei im Umriß.

Figur 2. Ei und Fötus, ungefähr 31 Tage alt.

a—e wie bei Fig. 1.

Figur 3. Ein ungefähr 33 Tage alter Fötus, von der rechten Seite gesehen.

Das Gesicht ist noch wenig entwickelt, die Zehenspaltung hat noch nicht begonnen.

Figur 4. Ein ungefähr 34 Tage alter Fötus, von der rechten Seite.

Der Schweinerüssel ist noch nicht deutlich, die Zehen der Vorderbeine sind schon etwas gespalten, die der hinteren nur eingekerbt.

Figur 5. Ei und Fötus von 35 Tagen.

Der Rüssel ist deutlicher, die Gliederung an den Vorderbeinen ist weiter vorgeschritten, als an den hinteren.
a. Die Nabelschnur fängt an sich zu verlängern, und
b. das Nabelbläschen ist im Verschwinden.
Das Ei ist wieder nur im Umriß gezeichnet.

Figur 6. Weiblicher Fötus 37 Tage alt, von der linken Seite gesehen.

Figur 7. Ein ungefähr 45 Tage alter weiblicher Fötus, von der rechten Seite.

Der Kitzler bildet noch einen Haken außerhalb der Scham.

Figur 8. Das Hintertheil eines männlichen Fötus von demselben Alter.

Die hakenförmige Ruthe hat schon die Nabelschnur erreicht.

Figur 9. Weiblicher Fötus von 54 Tagen, von der rechten Seite.

Der Kitzler ist beinahe von der Scham eingeschlossen.

Figur 10. Ein 60 Tage alter männlicher Fötus, von der rechten Seite.

Die männliche Ruthe ist ganz in die Vorhaut eingeschlossen.

Figur 11. Das Hintertheil eines weiblichen Fötus desselben Alters.

Die Scham ist geformt und der Kitzler in ihr verborgen.

Tafel 7.

Figur 1. Die Brusthöhle der Ziege, von der linken Seite geöffnet.

a. Die Luftröhre,
b. b. der Schlund, beide sind vorn abgeschnitten.
c. Das vordere Mittelfell.
d. Der geöffnete Herzbeutel.
e. Das Herz mit dem linken Herzohre.
f. Die linke Lunge; der vordere Lappen ist zurückgeschlagen.
g. Das Zwerchfall.
h. Der innere Beuger des Halses.
1. Die Lungenarterie.
2. Der (obliterirte) Botalli'sche Gang.
3. Der Bogen oder Stamm der Aorta.
4. Die vordere oder aufsteigende Aorta.
5. Die linke Schlüsselbeinarterie.

6. Die vordere Zwischenrippen-Arterie und Vene.
7. Die querlaufende Nacken-Arterie und Vene.
8. Die vereinigte tiefe Nacken- und Halswirbel-Arterie.
9. Die linke Achsel-Arterie (abgeschnitten).
10. Die linke innere Brust-Arterie und Vene.
11. Die unbenannte Arterie (A. anonyma).
12. Die beiden Kopf- oder Drossel-Arterien.
13. Die hintere oder absteigende Aorta.
14. Einige Zwischenrippen-Arterien.
15. Die halbunpaarige Vene (Vena hemiazygea), welche bei den Wiederkäuern die unpaarige mit ersetzt.
16. Die vordere Hohlvene.
17. Die beiden Drosselvenen.
18. Die linke Achselvene (abgeschnitten).
19. 19. Der Milchbrustgang (Ductus thoracicus).

Figur 2. Die Blutgefäße in der Bauchhöhle der Ziege, von unten gesehen.

a. Linke Niere.
aa. Linke Nebenniere.
b. Der linke Harnleiter.
c. Rechte Niere.
cc. Rechte Nebenniere.
d. Der rechte Harnleiter.
e. Die Harnblase, sie ist nach der rechten Seite gelegt.
f. Die Harnröhre.
g. Der rechte Eierstock.
h. Dessen Muttertrompete.
i. i. Die trächtige Gebärmutter, welche ganz auf die rechte Seite gelegt, daher von oben zu sehen ist.
k. k. Der Mastdarm (unterbunden).
l. Die Scham.
m. Das Euter.
1. Die Bauch-Aorta (hinter der Bauchschlagader abgeschnitten).
2. Die abgeschnittene vordere Gekrös-Arterie.
3. 3. Lenden-Arterien.
4. Die abgeschnittene hintere Gekrös-Arterie.
5. Die linke,
6. die rechte innere Samen-Arterie.
7. 7. Die linke Schenkel-Arterie.

8. Der Stamm der beiden Becken-Arterien.
9. Die linke Bauch-Arterie und Vene.
9a. Die tiefe Oberschenkel-Arterie und Vene.
10. Die äußere Scham-Arterie und Vene.
11. Stamm der Nabel-Arterie; sie theilt sich in
12. die Gebärmutter-Arterie, und
13. die eigentliche Nabel-, jetzt Blasen-Arterie.
14. Die mittlere Kreuzbein-Arterie und Vene.
15. Die innere Scham-Arterie und Vene.
16. Die innere Mastdarm-Arterie und Vene.
17. Die hintere Hohlvene.
18. Die rechte,
19. Die linke innere Samen- und Gebärmutter-Vene.
20. 20. Die Nieren-Arterien und Venen.

Nerven:

18b. Darmbein-Bauchnerv.
19b. Darmbein-Leistennerv.
20b. Aeußerer Hautnerv.
21. Aeußerer Samennerv.

Tafel 8.

Figur 1. Die Brusthöhle des Schweines, von der linken Seite geöffnet.

Die linke Lunge ist abgeschnitten.

a. Die Luftröhre.
b. Der linke Luftröhrenast (abgeschnitten).
c. Die Schilddrüse, die beim Schweine sehr weit hinten liegt.
d. Die noch vorhandene Thymus.
e. Das vordere Mittelfell.
f. Das Herz mit dem Herzbeutel.
g. Das hintere Mittelfell.
h. Der Brusttheil des Schlundes.
i. Das Zwerchfell.
1. Die Lungen-Arterie, nur durch Punkte angedeutet.
2. Der Stamm oder Bogen der Aorta.
3. Die linke Schlüsselbein-Arterie.
4. Der Stamm der vordern Zwischenrippen und querlaufenden Nacken-Arterie.

5. Die

5. Die tiefe Nacken-Arterie.
6. Die Halswirbel-Arterie.
7. Die Achsel-Arterie,
8. die querlaufende Schulter-Arterie und
9. die äußere Brust-Arterie sind alle drei abgeschnitten.
10. Die innere Brust-Arterie und Vene.
11. Die unbenannte oder Arm-Kopf-Arterie.
12. Die rechte Schlüsselbein-Arterie.
13. Die linke,
14. die rechte gemeinschaftliche Kopf- oder Drossel-Arterie.
15. Die Arterie der Schilddrüse und Thymus.
16. Die vordere Hohlvene.
17. Die linke und rechte Drosselvene.
17a. Die linke Achselvene.
18. Die Vene der Schilddrüse.
19. Die halb ungepaarte Vene, wie bei der Ziege.
20. Die hintere Hohlvene.
21. 21. Der zehnte oder Lungen-Magen-Nerv der linken Seite.
22. 22. Der linke zurücklaufende oder untere Kehlkopfsnerv.
23. Ein Herznerv.
24. 24. Der Zwerchfellsnerv.
25. 25. Der große sympathische Nerv; er giebt einen Nervenfaden (zwischen 7 und 14) an den Lungen-Magen-Nerven ab.
26. Der erste Brustknoten.
27. Die hintere oder absteigende Aorta.
28. 28. Die Stämmchen der Zwischenrippen-Arterien, die an den Wirbelkörpern sich erst in die linke und rechte Zwischenrippen-Arterie spalten.
29. 29. Der Milchbrustgang.

Figur 2. Der hintere Theil der Bauch-Aorta und Hohlvene, und die Beckengefäße des Schweines, von unten gesehen.

a. a. Die Bauchdecken.
b. Die Harnblase, nach der rechten Seite gelegt.
c. Die Harnröhre.
d. Der Mastdarm.
e. Die männliche Ruthe, mit der sogen. trompetenförmigen Windung.
f. f. Die großen und kleinen Lendenmuskeln beider Seiten.

1. Die Bauch-Aorta.
2. Eine Lenden-Arterie (die übrigen sind verdeckt).
3. Die hintere Gekrös-Arterie, abgeschnitten.
4. 4. Die innern Samenarterien.
4a. 4a. Die äußern Samenarterien.
5. 5. Die Schenkel-Arterie und Vene.
6. Die tiefe Oberschenkel-Arterie und Vene.
7. Die Bauchdecken-Arterie.
8. Die vordere Oberschenkel-Arterie und Vene.
9. Die innere Haut-Arterie und Vene.
10. Die Bauch-Arterie und Vene.
10b. Die unteren Aeste dieser Gefäße, welche am Spanner der breiten Schenkelbinde herablaufen.
11. Der Stamm der Becken-Arterien.
11a. 11a. Die linke Becken-Arterie.
11b. Die Verstopfungs-Arterie.
11c. Die Sitzbein-Arterie.
12. Die mittlere Kreuzbein-Arterie. Sie spaltet sich in
13. die mittlere Schwanz-Arterie, und in
14. das Stämmchen der seitlichen Schwanz-Arterien.
15. Die seitliche obere,
16. die seitliche untere Schwanz-Arterie. Diese Gefäße sind nicht weiter ausgeführt.
17. Die Nabel-Arterie.
18. Die innere Mastdarm-Arterie.
19. 19. Die innere Scham-Arterie, sie geht mit mehren Aesten an die männliche Ruthe.
20. Die äußere Scham-Arterie.
21. Die hintere Hohlvene.
22. Die rechte Darmbeinvene.

Figur 3. Die Brusthöhle des Hundes, von der rechten Seite geöffnet; die rechte Lunge ist abgeschnitten.

a. a. Luftröhre, der rechte Luftröhrenast ist abgeschnitten.
b—b. Der Schlund, von welchem das Stück über dem Herzen ausgeschnitten ist.
c. Das Herz mit dem Herzbeutel.
d. Das Zwerchfell.
e. Der innere Benger des Halses.
1. Der Bogen der Aorta.
2. Die linke Schlüsselbein-Arterie.
3. Die unbenannte oder Arm-Kopf-Arterie.

4. Die linke,
5. die rechte gemeinschaftliche Kopf- oder Drossel-Arterie.
6. Das Stämmchen für die tiefe Nacken- und Halswirbel-Arterie.
7. Das Stämmchen für die querlaufende Nacken- und vordere Zwischenrippen-Arterie.
8. Die innere Brustarterie; sie giebt die dünne
9. Herzbeutel-Zwerchfell-Arterie ab.
10. Die querlaufende Schulter-Arterie, und
11. die Achsel-Arterie sind beide abgeschnitten.
12. 12. Die hintere oder absteigende Aorta.
13. Die Luftröhrenast-Arterie kommt aus der sechsten Zwischenrippen-Arterie.
14. 14. Zwischenrippen-Arterien.
15. Die rechte Vorkammer des Herzens.
16. Die hintere Hohlvene.
17. Die ungepaarte Vene.
18. Die vordere Hohlvene.
19. Die innere Brustvene, liegt von der Arterie entfernt.
20. Das Venenstämmchen, welches Halswirbel-, tiefe Nacken-, querlaufende Nacken- und vordere Zwischenrippen-Vene aufnimmt.
21. Rechte Drosselvene.
22. Rechte Achselvene.
23. 23. Der Milchbrustgang.
24. 24. Der Zwerchfellnerv.
25. Der große sympathische Nerv.
26. 26. Der große Eingeweide-Nerv.

Figur 4. Die Blutgefäße in der Bauchhöhle des Hundes, von unten gesehen.

a. b. Rechte Niere und Nebenniere.
c. d. Linke Niere und Nebenniere.
e. e. Die beiden Harnleiter.
f. Die zur Seite gelegte Harnblase.
g. Die Vorsteherdrüse.
h. Der Mastdarm.
i. i. Die männliche Ruthe.
k. Der linke Saamenleiter.
l. Das Zwerchfell.

1. Die Bauch-Aorta.
2. Die Bauchschlagader (A. coeliaca).
3. Die vordere Gekrös-Arterie, beide abgeschnitten.
4. Hintere Zwerchfell-Arterien.
5. 5. Die beiden Nieren-Arterien und Venen.
6. 6. Die beiden inneren Samen-Arterien und Venen.
7. Die hintere Gekrös-Arterie, abgeschnitten.
8. 8. Die beiden Bauch-Arterien (Arteriae abdominales) und Venen.
9. 9. Die linke Schenkel-Arterie und Vene.
10. Die tiefe Oberschenkel-Arterie und Vene.
11. Das Stämmchen der Bauchdecken-Arterie und Vene.
12. Der Stamm der Becken-Arterien.
12a. Die Nabel-Arterien.
13. Die mittere Kreuzbein-Arterie.
14. Die linke Becken-Arterie und Vene.
15. 15. Die innere Scham-Arterie und Vene.
16. Die innere Mastdarm-Arterie und Vene.
17. Die Sitzbein-Arterie.
18. Die äußere Scham-Arterie und Vene (entspringt aus 11).
19. Die hintere Hohlvene.
20. 20. Die beiden Darmbein-Venen.

Tafel 9.

Figur 1. Die Venen und Lymphgefäße am Darmkanal des Rindes.

a—a. Der Dünndarm (Leerdarm).
b. Der Hüftdarm.
c. Der Blinddarm.
d. d. Die Windungen des Grimmdarmes.
e. e. Das Gekröse (es liegt in Falten).
f—f. Lymphdrüsen des Gekröses.
1. Die große oder vordere Gekrös-Vene.
2. 2. Die beiden Stämme der Dünndarm-Venen.
3. Die Hüft-Blinddarm-Vene.
4. Der Stamm der Grimmdarm-Venen.

5. Der Gekrösstamm der Lymphgefäße.
6. 6. Die aus den Drüsen kommenden Lymphgefäße.

Figur 2. Darstellung der Pfortader und der Lymphgefäße des Gekröses der Ziege.

a.—f. wie bei Figur 1.
g. Der am Magen abgeschnittene Zwölffingerdarm.
h. Der Mastdarm.
i. Die Bauchspeicheldrüse.
k. Die Leber mit
l. der Gallenblase.
m. Der gemeinschaftliche Gallengang.
1. Der Stamm der Pfortader, vor der Verästelung in d. Leber.
2. Der Stamm der Magen- und Milzvenen (abgeschn.).
3. Die kleine oder hintere Gekrösvene.
4. 4. Der Stamm der Dünndarm-Venen.
5. Das Stämmchen der Grimmdarm-Venen.
6. Die Hüft-Blinddarm-Vene.
7. Drei Stämme der Gekrös-Lymphgefäße.
8. Ein Netz der Lymphgefäße, die
9. aus den Gekrösdrüsen kommen.
10. Einige Lymphgefäße, die vom Darme kommen.

Tafel 10.

Figur 1. Die Pfortader und die Lymphgefäße des Gekröses des Schweines.

a.—f. wie bei Fig. 2. Taf. 9.
g. Der Magen.
h. Die Milz.
i.i. Die Leber.
k. Die Bauchspeicheldrüse.
l.l. Zwölffingerdarm.
1. Der Stamm der Pfortader.
2. Die Milz-Magen-Vene.
3. Die große oder vordere Gekrös-Vene.
4. 4. Die Dünndarmvenen, welche ein großes Wundernetz durch das ganze Gekröse bilden.

5. Hüft-Blinddarm-Vene.
6. Grimmdarm-Vene.
7. Vordere Gekrös-Arterie.
8. Lymphgefäßstamm des Gekröses.
9. 9. Die von den Lymphdrüsen kommenden Lymphgefäße.

Tafel 11.

Figur 1. Die Blutgefäße am linken Unterschenkel und Fuße des Rindes, von vorn gesehen.

Als Ergänzung von Fig. 2. Tab. 146.

1. Die vordere Unterschenkel-Arterie und die zwei Venen.
2. Verbindungs-Arterie und Vene zur hintern inneren Zwischenknochen-Arterie und Vene.
3. 3. Große Schienbein-Arterie und Vene.
4. Vordere Zwischenknochen-Vene.
5. 5. Zweig aus dem vordern Venennetz zur vordern Unterschenkelvene und äußern Hautvene.
6. Arterien- und Venenzweig zum Sprunggelenke.

Figur 2. Die Arterien am linken Vorderschenkel des Schweines, von der innern Seite, in halber Naturgröße.

1. Achsel-Arterie.
2. 2. Unterschulter-Arterie.
3. Umschlungene Schulter-Arterie.
4. Vordere Schulter- oder Schulterhöhen-Arterie.
5. Vordere umschlungene Armbein-Arterie.
6. Hintere umschlungene Armbein-Arterie.
7. Tiefe Arm-Arterie (aus der Unterschulter-Arterie entspringend).
6. Dieselbe Arterie, aus der Arm-Arterie entsprungen.
8. Der lange Muskelast.
9. 9. Die Arm-Arterie.
10. Seiten-Arterie des Ellenbogens.
11. Untere Seiten-Arterie der Speiche.

12. Aeußere Zwischenknochen = Arterie.
13. Collateral = Aeste zwischen Arm =, Speichen = und Ellenbogen = Arterie.
14. 14. Die Speichen = Arterie.
15. 15. Die Ellenbogen = Arterie, beide vereinigen sich über den Zehen im oberflächlichen Bogen. Aus diesem entspringen:
16. Die Arterie für die äußere Afterzehe,
17. die Arterie für die beiden mittleren Zehen, und die Arterie für die innere Afterzehe.

Figur 3. Die Blutgefäße am oberen Theile des linken Vorderschenkels des Hundes, von der inneren Seite.

Zur Ergänzung von Fig. 7. Tab. 146.

1. Die vordere Schulter = Arterie.
2. Die vordere Schulter = Vene.
3. 4. } Die Achsel = Arterie und Vene.
5. Die äußere Brust = Arterie und Vene.
6. 6. Die Unterschulter = Arterie und Vene.
7. Vordere umschlungene Armbein = Arterie.
8. Hintere umschlungene Armbein = Arterie.
9. Umschlungene Schulter = Arterie.
10. Der lange Muskelast.
11. 11. Tiefe Arm = Arterie.
12. 12. Die Arm = Arterie und Vene.
13. Muskelast, der aus der Armarterie entspringt, wo bei den Einhufern die tiefe Arm = Arterie abgeht.
14. Seitenvene des Ellenbogens.

Figur 4. Arterien und Venen am rechten Hoden und Samenstrange des Hundes, von innen und unten in Naturgröße dargestellt.

a. Der Saamenleiter.
6. (statt b.) Der Hode und Nebenhode.
1. Innere Samen = Arterie, der Hauptast.
2. 2. Die Windungen derselben, welche zwischen dem Venengeflecht hervortreten.

3. } Nebenäste der innern Samen-Arterie, welche in den
4.—4. } Häuten des Samenstranges Netze bilden, die größere Arterie begleitet den Samenleiter.
6. Zwei innere Samen-Venen. Sie kommen aus
7. 7. dem rankenförmigen Venengeflecht, und diese nimmt
8. die Venen des Hodens auf.

Figur 5. Die Wundernetze in der Schädel- und Augenhöhle der Katze, von links und oben in Naturgröße gezeichnet.

a. Die Thränendrüse.
b. Die Augenhöhlenhaut.
1. Die innere Kinnbacken-Arterie.
2. Das Wundernetz der Augenhöhle, aus welchem
3. Augen-Arterien und Zweige zum
4. Wundernetz der innern Kopf-Arterie gehen. Aus diesen gehen kleine
5. Arterien mit den Sehnerven zu den Augen, und in der Mitte
6. eine Siebbein-Arterie hervor.

Figur 6. Die Arterien am linken Vorderschenkel der Katze, von der inneren Seite in Naturgröße.

1. Die vordere Schulter-Arterie.
2. Achsel-Arterie.
3. Eine Arterie für die Brustmuskeln.
4. Die äußere Brust-Arterie.
5. 5. Unterschulter-Arterie.
6. Hintere umschlungene Armbein-Arterie.
7. 7. Tiefe Arm-Arterie.
8. Der lange Muskelast.
9. Die Arm-Arterie geht am untern Ende des Armbeins durch ein Loch.
10. Vordere umschlungene Armbein-Arterie.
11. Seiten-Arterie des Ellenbogens.
12. 12. Obere Seiten-Arterie der Speiche.
13. Untere Seiten-Arterie der Speiche.
14. 14. Speichen-Arterie.
15. Aeußere Zwischenknochen-Arterie.
16. 16. Ellenbogen-Arterie.

17. Der tiefe Bogen zwischen der Speichen- und Ellenbogen-Arterie. Aus ihm entspringen
18. Vier Zehen-Arterien.

Tafel 12.

Figur 1. Die oberflächlichen Lymphgefäße am linken Vorderschenkel des Rindes, von der äußern Seite.

1. Eine große Nackendrüse (Glandula cervicalis), die hier beinahe am vorderen Rande des Schulterblattes, unter dem Oberarmheber, liegt. In diese Drüse gehen:
2. die von der Schulter und dem Rücken kommenden Lymphgefäße;
3. die inneren und vorderen Lymphgefäße vom Vorderarme und Armbeine, und
4. die inneren, vom Fuße und Vorderarme heraufkommenden Lymphgefäße.

Figur 2. Die Lymphgefäße am Arme und Fuße des Rindes, von der inneren Seite.

1. Die Lymphgefäße am Vorderarme.
2. Die vom Fuße heraufkommenden Lymphgefäße.

Figur 3. Die oberflächlichen Lymphgefäße am linken Hinterschenkel der Kuh, von der inneren Seite.

a. Das Euter, von unten.
b. Eine große Leistendrüse, die vom Euter gedeckt wird.
c. Eine ebenfalls große Drüse der Kniefalte.
d. Der Bauchhautmuskel.
1. Die oberflächlichen Lymphgefäße von der inneren und äußeren Seite des Hinterschenkels, und
2. die starken Lymphgefäße des Euters endigen in der Leistendrüse.
3. Die Lymphgefäße des Bauches endigen in der Drüse der Kniefalte, und von dieser gehen
4. starke Stämmchen zur Leistendrüse.

Tafel 13.

Figur 1. Die tieferen Lymphgefäße am oberen Theile des linken Hinterschenkels und am Rumpfe des Rindes, von innen und unten dargestellt.

a. Die Bauch-Aorta.
b. die hintere Hohlvene.
c—c. Lendendrüsen.
d. Die Drüse der Kniefalte.
e. Eine Kniekehlendrüse.
1. Ein Lymphgefäß von der äußern Fläche des Oberschenkels.
2. Lymphgefäße, die von der Kniefaltendrüse zu den Lendendrüsen führen.
3. Lymphgefäßstämmchen, welches von der Kniekehlendrüse zu den Lendendrüsen geht.

Figur 2. Lymphgefäße am linken Unterschenkel und Fuße des Rindes, von außen und von vorn gesehen.

1. Die vordere Zwischenknochenvene, welche in die äußere Hautvene übergeht.
2. 2. Oberflächliche und tiefe Lymphgefäße des Fußes, welche diese Vene begleiten und in der Kniekehlendrüse (e. Fig. 1.) endigen.

Figur 3. Oberflächliche Lymphgefäße am linken Vorderschenkel des Schweines, von der äußern Seite.

a. Der Gelenkkopf des Armbeins.
1. Die große Nackendrüse; in diese endigen
2. die oberflächlichen Lymphgefäße vom Oberschenkel.

NB. Nicht immer sind diese Lymphgefäße so stark geschlängelt, wie sie hier und am Hinterschenkel gezeichnet sind.

Figur 4. Die oberflächlichen Lymphgefäße am rechten Hinterschenkel des Schweines, von der innern Seite.

a. Leistendrüse.
b. Lendendrüse.

Die oberflächlichen Lymphgefäße (nur ein Theil derselben) laufen sehr gedrängt nach der Leistendrüse hin. Aus dieser gehen
c. Verbindungsstämmchen zu den Lendendrüsen.

Tafel 14.

Figur 1. Die oberflächlichen Lymphgefäße am rechten Vorderschenkel des Hundes, von außen und vorn dargestellt.

1. 1. Die innere Hautvene.
2. Die von den Zehen kommenden Lymphgefäße begleiten diese Vene, das Stämmchen spaltet sich bei
3. am Armbeine in mehre Aeste und diese bilden
4. ein Geflecht an der Schulter, um in
5. den Nackendrüsen zu endigen. Aus diesen gehen
6. stärkere Stämmchen zu den Achseldrüsen.

Figur 2. Das Lymphgefäßgeflecht von 4. Fig. 1. in Naturgröße, und von jenem etwas abweichend, es ist von einem andern Hunde.

Figur 3. Lymphgefäße am rechten Hinterschenkel des Hundes, von der innern Seite.

1. Die innere Hautvene.
2. 2. Oberflächliche Lymphgefäße am Ober- und Unterschenkel.
3. Oberflächliche Lymphgefäße, die von der äußern Seite des Oberschenkels kommen und mit den übrigen (2. 2.) in
4. den Leistendrüsen endigen.
5. Die tieferen Lymphgefäße der innern Seite begleiten die innere Hautvene, kommen bei
6. wieder hervor und gehen mit
7. den Stämmchen aus den Leistendrüsen in
8. die Beckenlymphgefäße über, welche in den Lendendrüsen (hier nicht gezeichnet) endigen.

Figur 4. Lymphgefäße am rechten Hinterschenkel des Hundes, von vorn und außen gesehen.

1. Die von den Zehen kommenden Lymphgefäße gehen in
2. die Kniekehlendrüsen über, aus welchen
3. die Stämmchen, in Begleitung der tiefen Venen, zu den Lendendrüsen führen.
4. Ein tieferes Lymphgefäß, welches nach der innern Seite geht.

Figur 5. Arterien am Vorderarme und Fuße der Katze von vorn; Naturgröße.

Vergl. Fig. 6. Taf. 11.

12. 12. Die obere Seitenarterie der Speiche.
14. Das untere Ende der Speichen-Arterie, die zwischen dem 2ten und 3ten Vorder-Mittelfußknochen wieder an die hintere Fläche geht.
16. 16. Der oberflächliche Ast der Ellenbogen-Arterie.

Figur 6. Die innere Haut-Arterie am linken Hinterschenkel der Katze, von innen und vorn und in Naturgröße dargestellt.

1. Die innere Haut-Arterie.
2. Der hintere,
3. der vordere Ast derselben.
4. Verbindung des letzten mit der Wadenbein-Arterie.
5. Vorderes Arterien-Netz, woraus die Arterien für die Zehen entspringen.

Tafel 15.

Alle Figuren sind in Naturgröße dargestellt.

Figur 1. Das Gehirn mit den Arterien vom Rinde, von unten gesehen.

a. Die zitzenförmige Erhabenheit oder der mittlere Gehirnlappen.

b. Der Hirnknoten.
c. Das kleine Gehirn.
d. d. Das verlängerte Mark.
e. Das Markkügelchen.
f. Trichter und Schleimdrüse (hier nur punktirt).
g. Durchkreuzung der Sehnerven.
1. Riechnerv.
2. Sehnerv.
3. Gemeinschaftlicher Augenmuskel-Nerv.
4. Rollnerv.
5. Dreiästiger Nerv.
6. Aeußerer Augenmuskel-Nerv.
7. Antlitz-Nerv.
8. Hör-Nerv.
9. Zungen-Schlundkopf-Nerv.
10. Lungen-Magen-Nerv.
11. Beinerv.
12. Unterzungen-Nerv.
13. Das Stämmchen der Gehirn-Arterie (nachdem sie aus dem Wundernetz hervorgegangen ist).
14. Die vordere Arterie des Adergeflechts.
15. Die Arterie der Grube des Sylvius.
16. Die Arterie des Hirnbalkens.
17. Die tiefe Hirnarterie.
18. Die obere Arterie des kleinen Gehirns.
19. Die untere Arterie des kleinen Gehirns.
20. Die Grund-Arterie des Gehirns.
21. Die untere Rückenmarks-Arterie.

Figur 2. Das Gehirn des Rindes, von der linken Seite.

1. Das große Gehirn.
2. Das kleine Gehirn.
3. Das verlängerte Mark.

Figur 3. Das Gehirn der Ziege, von unten.

a. — g.
1. — 12. } wie bei Figur 1.

Figur 4. Das Gehirn der Ziege, von oben.

Die Halbkugeln sind bis auf die halbdurchsichtige Scheidewand abgetragen, die Seitenkammern daher offen.

1. Gestreifter Körper.
2. Halbdurchsichtige Scheidewand.
3. Adergeflecht.
4. Ammonshorn.
5. Vierhügel.
6. Kleines Gehirn.
7. Verlängertes Mark.

Figur 5. Der von oben geöffnete Wirbelkanal eines Ziegenfötus.

a. Ein Theil des Rückenmarkes, zurückgeschlagen.

Die Rückenmarkszweige der Halswirbelarterie, und die von den Seiten herein tretenden Zweige der Zwischenrippen-, Lenden- und Kreuzbein-Arterien bilden im Wirbelkanal das Arterien-Netz (Rete mirabile spinale), aus welchem die Arterien erst an das Rückenmark gehen.

Figur 6. Das Gehirn mit den Arterien, vom Schwein; von unten gesehen.

a. — g. }
1. — 21. } wie bei Figur 1.

22. 22. Aeste der Hinterhauptsarterien, welche die Grundarterie des Gehirns bilden.

Figur 7. Das Gehirn mit den Arterien des Hundes, von unten.

a. — g. }
1. — 21. } wie bei Figur 1.

22. 22. wie bei Figur 6.

Figur 8. Das Gehirn des Hundes, von oben;

Hirnbalken, halbdurchsichtige Scheidewand und Gewölbe sind mit den Halbkugeln abgetragen.

1. Gestreifter Körper.

2. Vordere Gehirnöffnung.
3. Sehnervenhügel.
4. Hintere Gehirnöffnung.
5. Zirbel.
6. Vierhügel.
7. Kleines Gehirn.
8. Verlängertes Mark.

Figur 9. Der Hirnschädel und die drei ersten Halswirbel des Hundes, von unten geöffnet.

a. Durchkreuzung der Sehnerven.
b. Hirnanhang, beides noch von den Häuten bedeckt.
c. Rückenmark, frei gelegt.
d. Hinterhauptsbein.
e. f. g. Erster, zweiter, dritter Halswirbel.
1. Die innere Kopf-Arterie mit dem Knie, ehe sie in den Hirnschädel tritt.
2. Dritter Ast der Halswirbel-Arterie, der durch das vordere innere Loch des Atlas in den Wirbelkanal tritt.
3. Zweiter Ast derselben Arterie; er geht zwischen dem zweiten und dritten Halswirbel in den Wirbelkanal, und sie bilden zusammen die Grund-Arterie des Gehirns.
4. Untere Rückenmarks-Arterie.

Figur 10. Das Gehirn der Katze, von der rechten Seite.

1. Großes Gehirn.
2. Kleines Gehirn.
3. Verlängertes Mark.

Tafel 16.

Figur 1. Der Beinerv und die Haut=Nerven am Halse und Widerrüst des Rindes, von der linken Seite.

a. Gesichts=Hautmuskel.
b. Die äußere Drosselvene.
c. Der dreieckige Muskel der Schulter.
1. 1. Der Beinerv (Nervus accessorius Willisii) kommt unter dem Atlas hervor und endigt im dreieckigen Schultermuskel.
2.—5. Die oberflächlichen Nervenzweige vom unteren Aste des zweiten Halsnervens.
2. Der Ohr=Hautnerv.
3. Hautzweig an die Backe.
4. Hautnerven des Kehlganges, wovon zwei über die äußere Drosselvene laufen und einer unter ihr hindurchgeht.
5. Verbindungszweig zum dritten Halsnerven.
6. Hautzweige vom dritten Halsnerven.
7. 7. Hautnerven vom vierten Halsnerven, die am Halse herablaufen.
8. Hautzweig vom fünften Halsnerven.
9. Der Schulter=Hautnerv, vom sechsten Halsnerven.
10. Hautzweige von den oberen Aesten der Hals= und vorderen Rücken=Nerven.

Figur 2. Die Hautnerven am Brustkasten des Rindes, von der linken Seite.

a. Der dreieckige Schultermuskel.
b. Der Bauch=Haut=Muskel.
c. Der große Brust=Muskel.
10. 10. Die Hautzweige der Rücken=Nerven.
11. 11. Ein unterer Brust=Nerv aus dem Armgeflechte.
12.} 13.} Oberflächliche Zweige der Zwischenrippen=Nerven, welche zum Theil unter dem Hautmuskel liegen, daher ist dieser eingeschnitten.

14. Zwei äußere Zweige der hinteren Zwischenrippen-Nerven.
15. 15. Hautzweige vom unteren Brust-Nerven.

Tafel 17.

Figur 1 Die tiefen Nerven am Halse des Rindes, von der linken Seite gesehen.

a. Ein Theil der Ohrspeicheldrüse.
b. b. Brust-Kinnbackenmuskel.
c. Brust-Zungenbeinmuskel.
d. Brust-Schildmuskel.
e. Schulter-Zungenbeinmuskel (der obere Theil).
f. f. Die Nackenmuskeln, zurückgeschlagen und getrennt von
g. dem Nackenbande.
h. Eine Lymphdrüse.
i. Luftröhre.
1. Die äußere Drosselvene (abgeschnitten).
2. Die innere Drosselvene.
3. Die Carotis.
4. Lungen-Magen- und großer sympathischer Nerv.
5. 5. Der zurücklaufende Nerv.
6. Stamm des Beinervens.
6a. 6a. Aeste für den Brust-Kinnbackenmuskel.
7. Verbindungsast vom ersten Hals- zum Beinerven.
8—8. Unterer Ast vom ersten Halsnerven, der in den Muskeln des Zungenbeins und Kehlkopfes endigt.
8a. Der obere Ast des ersten Halsnervens.
9. Der untere,
9a. der obere Ast des zweiten Halsnervens.
10. Der untere,
10a. der obere Ast des dritten Halsnervens.
11. Der untere,
11a. der obere Ast des vierten Halsnervens.
12. Der untere,
12a. der obere Ast des fünften Halsnervens.
13. Obere Aeste des sechsten Halsnervens.

Figur 2. Die tiefen Nerven am Halse und an der Brust des Schweines, von der rechten Seite gesehen.

a. Der dreieckige,
b. der ungleich viereckige Muskel der Schulter.
c. Der Oberarmheber.
d. d. Der Brust-Kinnbackenmuskel (das mittlere Stück ist herausgeschnitten).
e. Der Schulter-Zungenbeinmuskel.
f. Brust-Schildmuskel.
g. Brust-Zungenbeinmuskel.
h. h. Gesichts-Hautmuskel (hinten abgeschnitten).
1. Die äußere Drosselvene.
2. Die innere Drosselvene.
3. Die Carotis.
4. Der eilfte Nerv oder Beinerv.
5. Der Ast für den Brust-Kinnbackenmuskel.
6. 6. Der lange Ast für den dreieckigen Muskel der Schulter.
7. Der Hals-Hautnerv vom Antlitznerven.
8. Verbindung desselben mit dem dritten Halsnerven.
9. Der untere Ast des ersten,
10. der untere Ast des zweiten Halsnervens; sie bilden
11. den Nerven für die Muskeln des Zungenbeins und Kehlkopfes.
12. Der dritte Halsnerv; er giebt ab:
13. den Hautnerven des Ohres,
14. 14. den Kehlgangs-Hautnerven.
15. Der untere Ast vom vierten und
16. der untere Ast vom fünften Halsnerven.
17. 17. Einige Zwischenrippen-Nerven.

Figur 3. Die Nerven am Kehlkopfe des Schweines, von der linken Seite und hinten dargestellt. Naturgröße.

a. Der Kehldeckel.
b. b. Der Schildknorpel, es ist ein Stück herausgeschnitten.
c. Die Santorinischen Knorpel.
d. Schild-Gießkannen-Muskeln.
e. Der seitliche Ring-Gießkannen-Muskel.
f. Quer-Gießkannen-Muskel.
g. g. Der linke und rechte hintere Ring-Gießkannen-Muskel.

h. Der Ringknorpel.
i. Die Luftröhre.
1. Der obere Kehlkopfnerv.
2. Aeste für die Schleimhaut.
3. Verbindungszweige zum
4. unteren Kehlkopfsnerven. Dieser giebt ab:
5.} 6.} Zwei Zweige zum hintern Ring-Gießkannen-Muskel,
7. den Zweig zum Quer-Gießkannen-Muskel,
8. zwei Zweige zum seitlichen Ring-Gießkannen-Muskel,
9. zwei Zweige zu den Schild-Gießkannen-Muskeln.

Tafel 18.

Figur 1. Die oberflächlichen Nerven am Halse des Hundes, von der linken Seite.

a. Der dreieckige Muskel der Schulter; in diesem endigt
1. 1. der Beinerv.
2. Der zweite Halsnerv; er giebt ab:
3. den Hautnerven des Ohres,
4. den Kehlgangs-Hautnerven.
4a. 4a. Hautzweige vom dritten Halsnerven.
5. Der vierte Halsnerv giebt
6. einen am Nacken hinauf laufenden, und
7. einen am Halse herab laufenden Hautzweig.
8. Der untere Ast des fünften Halsnervens.
9. Der Schulter-Hautnerv (vom fünften Halsnerven).
10. 10. Hautzweige von den oberen Aesten einiger Halsnerven.

Figur 2. Die tiefen Nerven am Halse des Hundes, von der linken Seite.

a. Eine Lymphdrüse.
b. Schild-Zungenbeinmuskel.
c. Brust-Zungenbeinmuskel.
d. Brust-Schildmuskel.
e. Luftröhre.

f. Oberarmheber.
g. Nackenband.
h. h. Zurückgeschlagene Nackenmuskeln.
1. Der zwölfte oder Unter-Zungennerv.
2. Sein absteigender Ast (Ramus descendens).
3. Der Beinerv (der Stamm ist abgeschnitten).
4. Aeste für den Oberarmheber und den Brust-Zitzenmuskel; der letzte Ast ist abgeschnitten, auch der Muskel.
5. Der untere Ast des ersten Halsnervens; er geht bei
6. über die Carotis hinweg, verbindet sich bei
7. mit dem absteigenden Aste des Unter-Zungennervens und giebt
8. den langen Ast ab, welcher an der Luftröhre herabläuft und für den Brust-Zungenbein- und Brust-Schild-Muskel bestimmt ist. Oben geht noch
9. ein Verbindungszweig zum Beinerv ab.
10. Der obere Ast des ersten Hals-Nervens.
Der zweite Halsnerv bildet bei seinem Austritt
12. ein Ganglion, dann giebt der Nerv ab:
13. den untern Ast (3. 4. Fig. 1.),
14. 14. den Hinterhaupts-Nerven,
15. einen Muskelast für die Nackenmuskeln.
6. (statt 16.) Der obere Ast des dritten Halsnervens,
17. der obere Ast des vierten,
18. der obere Ast des fünften,
19. der obere Ast des sechsten Halsnervens; alle gehen zu den Nackenmuskeln und zur Haut (10. 10. Fig. 1.).

Figur 3. Die Nerven am Kehlkopfe des Hundes, von der linken Seite und von hinten, in Naturgröße dargestellt.

a. Der Kehldeckel.
b. Der Schildknorpel; es ist ein Stück davon ausgeschnitten.
c. Schild-Gießkannenmuskeln.
d. Der seitliche Ring-Gießkannenmuskel.
e. Schild- und Ring-Schlundkopf-Muskeln (abgeschn.).
f. Schleimhaut des Schlundkopfes.
g. Der Schlund.
h. Die Luftröhre.
1. Der obere Kehlkopfnerv.

2. Zweige für die Schleimhaut.
3. 3. Der untere Kehlkopfnerv.
4. Der Verbindungsast zum oberen Kehlkopfnerven, auch dieser giebt
5. Zweige an die Schleimhaut.
6. Der Muskelast des unteren Kehlkopfnervens; aus ihm entspringen:
7. der Zweig für den hinteren Ring-Gießkannenmuskel,
8. der Zweig für den Quer-Gießkannenmuskel,
9. der Zweig für den seitlichen Ring-Gießkannenmuskel, und
10. der Zweig für die Schild-Gießkannenmuskeln.

Figur 4. Die Hautnerven am Rumpf des Hundes, von der linken Seite dargestellt.

1. Ein unterer Brustnerv, welcher unter dem Bauch-Hautmuskel (a) hervorkommt, sich dann
2. in Zweige spaltet, die über die ganze Seite sich verbreiten und mit
3.—3. den Hautzweigen der Zwischenrippen- und Lenden-Nerven kreuzen.

Tafel 19.

Figur 1. Gefäße und Nerven am linken Vorderschenkel des Rindes, von der innern Seite gesehen.

1. Die Achsel-Arterie und Vene.
2. Die vordere Schulter-Arterie und Vene.
3. Die Unterschulter-Arterie und Vene.
4. Die Arm-Arterie und Vene.
5. Die Speichen-Arterie und Vene.
6. Die Ellenbogen-Arterie und Vene.
7. Die große Schienbein-Arterie.
8. Der sechste,
9. der siebente,
10. der achte Halsnerv,

11. der erste Rückennerv; sie bilden das Armgeflecht.
12. Ein Nerv für den Oberarmheber.
13. Ein unterer Brustnerv.
14. 14. Der Muskel-Hautnerv.
15. 15. Der Mittelnerv; er giebt ab:
16. den Muskelast für den kurzen Beuger des Vorarms,
17. den äußern Hautnerven.
18. 18. Der Ellenbogen-Nerv, er ist oben mit dem Mittelnerven verbunden.
19. Der vordere Schulternerv.
20. Der Speichennerv.
21. Obere oder hintere Brustnerven.
22. Untere Brustnerven.
23. Unter-Schulternerven.
24. Der Achselnerv.

Figur 2. Gefäße und Nerven am linken Mittelfuße und Fuße des Rindes, von hinten gesehen.

1. Speichen-Arterie und Vene.
2. Ellenbogen-Arterie und Vene.
3. Aeußere Seiten-Arterie und Vene der äußern Zehe.
4. Mittelnerv,
5. Ellenbogennerv;
6. Verbindungszweig zwischen beiden.
7. Zweig für die Afterzehe.
8. Der innere Seitennerv der innern Zehe.
9. Ast für den Zehenspalt.
10. Zweig für die äußere Afterzehe.
11. Der äußere Seitennerv der äußern Zehe.

Figur 3. Gefäße und Nerven am rechten Vorderschenkel und Brustkasten der Ziege, von innen und links gesehen.

1. Achsel-Arterie und Vene.
2. Unterschulter-Arterie und Vene.
3. 3. Arm-Arterie und Vene.
4. Speichen-Arterie und Vene.
5. Ellenbogen-Arterie.
6. Die Vereinigung beider Arterien, woraus die große Schienbein-Arterie hervorgeht.

7. Mittlere Arterie der Zehen.
8. Der sechste,
9. der siebente,
10. der achte Halsnerv,
11. der erste Rückennerv, die züsammen das Armgeflecht bilden.
12. Der Zwerchfellnerv.
13. Der Nerv des breiten gezahnten Muskels oder Bell's Athmungsnerv.
14.—14. Durchdringende Aeste der Zwischenrippen-Nerven, von den Brustmuskeln abgeschnitten.
15. Der vordere Schulternerv.
16. Untere Brustnerven.
17. Der Muskel-Hautnerv.
18. 18. Der Mittelnerv.
18a. Der äußere Hautnerv, abgeschnitten.
18b. Verbindungszweig zum Ellenbogennerven.
18c. Der innere Seitennerv der innern Zehe.
18d. Der mittlere Nerv, für beide Zehen.
19. 19. Der Ellenbogennerv.
20. Der Achselnerv.
21. Der Speichennerv.
21a. Der obere Ast,
21b. der untere Ast desselben.
21c. 21c. Der Hautnerv vom Speichennerven.
22. Unterschulternerven.
23. Obere und untere Brustnerven.

Figur 4. Die Nerven am rechten Vorderschenkel, vom Ellenbogen abwärts, der Ziege; von hinten und außen gesehen.

18. Der Mittelnerv.
18b. Der Verbindungszweig zum Ellenbogennerven.
18d. Der mittlere Ast für beide Zehen.
19. Der Ellenbogennerv.
19a. 19a. Der oberflächliche oder Hautast desselben.
19b. Der tiefe Ast von demselben.
19c. Der äußere Seitennerv der äußern Zehe.

Tafel 20.

Figur 1. Nerven am rechten Vorderschenkel und Brustkasten des Schweines, von der innern Seite dargestellt.

1. Der sechste,
2. der siebente,
3. der achte Halsnerv, und
4. der erste Rückennerv, in der Vereinigung zum Armgeflecht.
5. Der Zwerchfellsnerv.
6. Der Nerv des breiten Brustmuskels.

6a.—6a. Aeußere Aeste der Zwischenrippen-Nerven, abgeschnitten.

7. Untere Brustnerven.
8. Der vordere Schulternerv.
9. Der Muskel-Hautnerv.
10. Der Achselnerv.
11. Unterschulternerven.

12. 12. Der Mittelnerv.

12a. Der äußere Hautnerv von demselben.

13.—13. Der Ellenbogennerv.

14. Der Speichennerv.

15. Obere Brustnerven.

Figur 2. Die Nerven am rechten Fuße des Schweines, von hinten gesehen.

12. Der Speichennerv; er giebt ab:
 a. einen Hautzweig,
 b. den Nerven der innern Afterzehe,
 c. den innern Nerven der innern größeren Zehe,
 d. die Nerven für die beiden größeren (mittleren) Zehen,
 e. den Verbindungszweig zum

13. Ellenbogennerven. Aus diesem entspringen:
 f. der oberflächliche oder Haut-Ast,
 g. der tiefe Ast; dieser giebt wieder ab:
 h. den Nerven der äußern Afterzehe,

i. den äußern Nerven der äußern größeren Zehe,
k. den Zweig für die Zwischenknochenmuskeln ꝛc.

Figur 3. Die Nerven am linken Vorderschenkel und Brustkasten des Hundes, von der innern und rechten Seite dargestellt.

1—7. wie bei Fig. 1.
7a. Ein langer unterer Brustnerv (durchgeschnitten und mit ** bezeichnet), welcher zum Hautnerven wird (1. Fig. 4. Taf. 18.).
7b. Zweig für den Oberarmheber.
8. Der vordere Schulternerv.
9. 9. Der Muskel-Hautnerv.
9a. Der von ihm abgehende äußere Hautnerv.
10 Der Achselnerv.
11. Der Unterschulternerv.
12. 12. Der Mittelnerv.
12a. Der Verbindungsnerv mit dem Muskel-Hautnerven.
13. 13. Der Ellenbogennerv.
13a. Sein Hautast.
14. Der Speichennerv.
15. Obere Brustnerven.

Figur 4. Nerven am linken Vorderarm und Fuße des Hundes, von hinten gesehen.

12. Der Mittelnerv.
12b. Zweig für die innerste Zehe.
12c. Radial-Zweig für die zweite Zehe.
12d. Doppelzweig für die zweite und dritte Zehe, sämmtlich aus dem Mittelnerven hervorgegangen.
13. Der Ellenbogennerv.
13a. Der obere Hautzweig desselben (s. Fig. 3.).
13b. Der oberflächliche,
13c. 13c. der tiefe Ast, vom Ellenbogennerven; er schlägt sich um das Erbsenbein (a) herum und geht unter dem untern Bande (b) dieses Knochens hindurch, giebt aber vorher
13d. den Ulnarzweig der fünften Zehe ab, dann
13e. den stärkeren Muskel- und Hautast. Aus diesem entspringen:

13f. der Doppelzweig für die fünfte und vierte Zehe,
13g. 13g. der tiefere Verbindungszweig zu diesem,
13h. der Doppelzweig für die vierte und dritte Zehe,
13i. 13i. der tiefere Verbindungszweig zu ihm,
13k. 13k. der tiefere Verbindungszweig zum Doppelzweige 12d. vom Mittelnerven.

Tafel 21.

Figur 1. Gefäße und Nerven am linken Hinterschenkel des Rindes, von der innern Seite.

a. Der kleine,
b. der große Lendenmuskel.
c. Der Mastdarm, zurückgelegt.
1. Ein Theil der Bauch-Aorta.
2—2. Die beiden Schenkel-Arterien.
3. Die Bauch-Arterie und Vene.
3a. Der untere,
3b. der obere Ast derselben.
4. Die äußere Samenarterie.
5. Die tiefe Oberschenkel-Arterie und Vene.
6. Die äußere Scham-Arterie und Vene (jene ist bei der Kuh sehr stark).
7. Die hintere Bauchdecken-Arterie mit zwei Venen.
8. 8. Die innere Haut-Arterie und Vene.
9. 9. Die beiden Becken-Arterien.
10. Die mittlere Kreuzbein-Arterie und Vene.
11. Die Nabel-Arterie (abgeschnitten).
12. 12. Die innere Scham-Arterie und Vene.
13. Die Gesäß-Arterie und Vene.
14. Der Darmbein-Bauchnerv.
15. Der Darmbein-Leistennerv.
16. Der äußere Samennerv.
17. Der äußere Hautnerv des Oberschenkels.
18. Der innere Hautnerv.
19. Der Verstopfungsnerv.
20. Der zweite,
21. der dritte,

22. der vierte Kreuznerv,
23. der innere Schamnerv und hintere Mastdarmnerv bilden zusammen ein Geflecht.

Figur 2. Die tiefer liegenden Nerven am linken Hinterschenkel und Schwanze des Rindes, von der innern Seite gesehen.

a. Die Lymphdrüse der Kniefalte.
b. Der rechte Rand des Kreuzbeines.
1. Schenkel-Arterie und Vene.
2. Tiefe Oberschenkel-Arterie und Vene.
2a. Ein Zweig der tiefen Oberschenkel-Arterie und Vene.
2b. 2b. Die sehr kleine Verstopfungs-Arterie.
3a. Der untere Ast der Bauch-Arterie und Vene.
4. 4. Der äußere Hautnerv des Oberschenkels.
5. Der untere Ast des vierten,
6. der untere Ast des fünften Lendennervens; sie setzen
7. den Schenkelnerven zusammen, und dieser giebt ab:
8. Einen Muskelzweig für den dünnen Einwärtszieher des Unterschenkels, und den langen Einwärtszieher des Oberschenkels,
9. die Muskeläste für die Strecker des Unterschenkels,
10. den innern Hautnerven.
11. 12. } Die Wurzeln aus den letzten Lendennerven für
13. den Verstopfungsnerven, welcher
14. den Zweig für den innern Verstopfungsmuskel,
15. den Ast für den äußern Verstopfungsmuskel, dicken Einwärtszieher des Oberschenkels 2c. und
16. den längsten Ast für den breiten Einwärtszieher des Unterschenkels abgiebt.
17. Der sechste Lendennerv,
18. der erste,
19. der zweite Kreuznerv; alle drei bilden
20. den Hüftnerven,
21. den Sitzbeinnerven.
22. Der dritte Kreuznerv giebt, mit einem Aste vom zweiten verbunden, ab:
23. den innern Scham- und hinteren Mastdarmnerven (22. Fig. 1.),
24. den hinteren Hautnerven des Oberschenkels.

25. Der fünfte Kreuznerv.
26. 26. Die Schwanznerven; sie kommen einfach aus dem Kanal und bilden dann
27. 27. den fortlaufenden oberen, und
28. 28. den fortlaufenden unteren Schwanznerven, die durch
29. 29. die schiefen Verbindungsäste vereinigt, aber durch die Querfortsätze (c.) der Schwanzwirbel getrennt sind.

Tafel 22.

Figur 1. Gefäße und Nerven am rechten Hinterschenkel des Schweines, von der innern Seite dargestellt.

a. Der kleine,
b. der große Lendenmuskel.
c. Die schiefen und der Quer-Bauchmuskel.
d. Der gerade Bauchmuskel.
e. Harnröhre.
f. Mastdarm, beide unterbunden.
g. Der linke Schenkel des Zellkörpers
h. der männlichen Ruthe.
i. Der After-Ruthenmuskel.
1.
2. } Die drei ersten Lendennerven, die unteren Aeste.
3.
4—4. Der vierte Lendennerv oder äußere Samennerv.
5. Verbindungszweig zum
6. fünften Lendennerven, welcher den äußern Hautnerven des Oberschenkels abgiebt.
7. Der Verstopfungsnerv;
8. dessen Zweige an den innern Verstopfungsmuskel.
9. Der sechste und siebente Lendennerv.
10. Der innere Schamnerv mit seinen Zweigen.
11. 11. Der innere Hautnerv.
12. Die innere Haut-Arterie und Vene.
13. Einige tiefe Lymphgefäße.

Figur 2. Die tieferen Nerven am rechten Hinterschenkel des Schweines, von der inneren Seite gesehen.

a. Der große Lendenmuskel (der kleine ist entfernt).
b. Lymphdrüse der Kniefalte.
1.
2. } Die drei ersten Lendennerven (abgeschnitten).
3.
4. Der äußere Hautnerv des Oberschenkels.
5. Die Wurzel aus dem vierten,
6. die Wurzel aus dem fünften Lendennerven zum
7. Schenkelnerven; dieser giebt ab:
8. die Muskeläste,
9. den innern Hautnerven.
10. Die Wurzel aus dem vierten,
11. die Wurzel aus dem fünften Lendennerven zum
12. Verstopfungsnerven.
13. Muskelzweige zum innern Verstopfungs- und birnförmigen Muskel.
14. Zweige zum langen Einwärtszieher des Oberschenkels,
15. zum breiten Einwärtszieher des Unterschenkels,
16. zu den tieferen Oberschenkelmuskeln.
17.
18. } Die Wurzeln aus dem fünften, sechsten und siebenten
19. } Lendennerven und aus dem ersten Kreuznerven, zum
20.
21. Hüftnerven.
22. Verbindungszweige vom ersten zum
23. zweiten Kreuznerven oder innern Schamnerven,
24. dessen Zweige (im Becken abgeschnitten).
25. Der dritte Kreuznerv.
26.
27. } Hintere Mastdarmnerven.
28. 28. Schwanznervenwurzeln, daraus entsteht
29. der untere,
30. der obere Schwanznerv, welche durch die Querfortsätze (c.) der Schwanzwirbel getrennt sind.

Tafel 23.

Figur 1. Der Hüftnerv am linken Hinterschenkel des Rindes, von hinten gesehen.

1. Der Hüftnerv.
2. Der Gesäßnerv.
3. Der Sitzbeinnerv.
4. 4. Muskelzweige für die kleinen drehenden Muskeln des Oberschenkels.
5. Zweige für die Einwärtszieher des Unterschenkels.
6. Zweige für die Auswärtszieher des Unterschenkels.
7. 7. Der Wadenbeinnerv (die weitere Verbreitung ist schon Tab. 150. Fig. 6. dargestellt).
8. Der Schenkelbeinnerv.
9. 9. Der lange hintere Hautnerv.
10. Der äußere Sohlennerv.
11. 11. Die äußere Haut-Arterie und Vene.

Figur 2. Darstellung des Schenkelbeinnervens am linken Unterschenkel und Fuße des Rindes, von hinten.

1. Die Kniekehlen-Arterie und Vene.
2. Die hintere innere Zwischenknochen-Arterie und Vene.
3. 3. Der Schenkelbeinnerv.
4. Muskeläste für die Zwillinge rc.
4a. Der äußere,
5. der innere Sohlennerv.
6. Der innere Nerv der innern Zehe.
7. Der Ast für beide Zehen, welcher in den Klauenspalt tritt.

Figur 3. Der Hüftnerv am rechten Hinterschenkel des Schweines, von hinten gesehen.

1. Der Hüftnerv.
2. Gesäßnerven.
3. Sitzbeinnerven.
3a. 3b. Hintere Hautnerven des Oberschenkels.

4. Verbindungszweig zum dritten Kreuznerven.
5. Zweige für die Einwärtszieher des Unterschenkels.
6. Zweige für die Auswärtszieher des Unterschenkels.
7. 7. Der Wadenbeinnerv.
8. Der Schenkelbeinnerv.
9. 9. Der lange hintere Hautnerv.
10. 10. Der äußere Sohlennerv; er giebt ab:
10a. den Muskelast für die Zwischenknochenmuskeln rc.,
11. den Nerven der äußern Afterzehe,
12. den äußern Nerven der äußern größeren Zehe.
13. 13. Der innere Sohlennerv; aus ihm entspringen:
14. der Nerv der innern Afterzehe,
15. der innere Nerv der innern größeren Zehe,
16. der Ast für beide größere Zehen, geht in den Zehenspalt.

Tafel 24.

Figur 1. Oberflächliche Nerven am Rumpfe und linken Hinterschenkel des Hundes, von der innern Seite gesehen.

a. Der kleine,
b. der große Lendenmuskel.
c. Die Vorhaut und Ruthe.
1.–4. Der erste bis vierte Lendennerv.
5. Der fünfte oder äußere Hautnerv des Oberschenkels.
6. 6. Der äußere Samennerv.
7. 7. Der innere Hautnerv.

Figur 2. Die tieferen Nerven am Rumpfe und am linken Hinterschenkel des Hundes, von der innern Seite.

1.–3. Die drei ersten Lendennerven (abgeschnitten).

4. Der äußere Samennerv (abgeschnitten).
5. Der äußere Hautnerv des Oberschenkels.
6. Verbindungsast vom vierten zum
7. fünften Lendennerven;
8. Zweig vom sechsten Lendennerven; diese drei bilden
9. den Schenkelnerven.
10. Dessen Muskeläste für die Strecker des Unterschenkels.
11. Der innere Hautnerv (abgeschnitten).
12. Die erste Wurzel vom vierten (die zweite und stärkste kommt vom fünften) und
13. die dritte vom sechsten Lendennerven zum
14. Verstopfungsnerven.
15. Dessen Zweig zum innern Verstopfungsmuskel;
16. Zweig zum langen Einwärtszieher des Oberschenkels;
17. Zweige zu den tieferen Muskeln am Becken,
18. Zweig zum breiten Einwärtszieher des Unterschenkels.
19. Der sechste und
20. der siebente Lendennerv bilden den Haupttheil
21. des Hüftnervens, und zuletzt kommt
22. der erste Kreuznerv hinzu.
23. Der zweite Kreuznerv bildet mit jenem
24. ein Nervengeflecht, woraus
25. der hintere Hautnerv des Oberschenkels,
26. der hintere Mastdarmnerv und
27. 27. der innere Schamnerv, auf dem Rücken der Ruthe verlaufend, entspringen.
28. Der dritte Kreuznerv,
29. 29. die Wurzeln der Schwanznerven,
30. 30. der obere,
31. 31. der untere Schwanznerv.

Figur 3. Der Hüftnerv am linken Hinterschenkel des Hundes, von hinten gesehen.

1. Der Hüftnerv.
2. Der hintere Hautnerv des Oberschenkels.
2a. } Gefäßnerven.
3. }
4. Verbindungsast von 2. zu 1.
5. Muskelzweig für die kleinen Zwillinge 2c.
6. Der Sitzbeinnerv.
7. 7. Der Wadenbeinnerv.

8. Nervenstamm für die Ein- und Auswärtszieher des Unterschenkels,
9. Zweige für die Auswärtszieher.
10. 10. Der Schenkelbeinnerv.
11. Muskelast für die Zwillinge zc.
12. 12. Der lange äußere Hautnerv.
13. Der äußere,
14. der innere Sohlennerv.
a. a. Die äußere Hautvene.

Figur 4. Nerven am linken Hinterfuße des Hundes, von hinten und unten dargestellt.

10. Der Schenkelbeinnerv.
13. Der äußere (stärkere) Sohlennerv giebt ab:
13a. 13a. den äußern Nerven der vierten (letzten) Zehe; dann geht
13b. der Nerv ungetheilt herab bis an den Mittelfuß, dort giebt er
13c. die Nervenzweige für die Zwischenknochenmuskeln zc.,
13d. einen Doppelast für die vierte und dritte,
13e. einen Doppelast für die dritte und zweite Zehe und
13f. einen Verbindungsast zum Doppelast 14d.
14. Der innere (schwächere) Sohlennerv giebt folgende Zweige ab:
14a. einen Hautzweig,
14b. einen Nerven für den Sohlenballen,
14c. den Nerven der ersten und zweiten Zehe, nämlich
14d. 14d. den Doppelast für die zweite und erste Zehe,
14e. 14e. den innern Nerven der ersten Zehe,
14f. einen Zweig für den innern Sohlenballen.

Tafel 25.

Figur 1. Die Thränenorgane des Rindes, von der linken Seite dargestellt.

a. Die Augenlider.
b. Der eingeschnittene Nasenflügel, durch einen Haken zurückgehalten.

1. Die Thränendrüse.
2. Ihre Ausführungsgänge.
3. Die Thränenröhrchen, die sich im Thränensack vereinigen.
4. 4. Der Thränenkanal.
5. Untere Mündung desselben.

Figur 2. Die linken Augenlider und der Blinzknorpel des Rindes, von der Seite des Augapfels in Naturgröße dargestellt.

1. Das obere,
2. das untere Augenlid.
3. 3. Mündungen der Ausführungsgänge der Thränendrüse.
4. Der obere,
5. der untere Thränenpunkt.
6. Thränenkarunkel.
7. Die Blinzhaut.
8. Die Harder'sche Drüse.
9. Ihre Ausführungsgänge.

Figur 3. Der Blinzknorpel mit der Harder'schen Drüse vom Rinde, Naturgröße.

1. Der vordere Theil des Blinzknorpels.
2. Die Harder'sche Drüse, von der innern (Augenhöhlen-) Fläche.

Figur 4. Der geöffnete Augapfel des Rindes, von vorn in Naturgröße.

1. Der Sehnerv.
2. Die durchsichtige,
3. die undurchsichtige Hornhaut.
4. Die Aderhaut,
5. die Regenbogenhaut,
6. die Pupille.

Figur 5. Glaskörper und Krystall-Linse vom Rindsauge, in Naturgröße und von vorn dargestellt.

1. Der Glaskörper.
2. Das Strahlenplättchen,

3. der Petit'sche Kanal.
4. Die Krystall-Linse.

Figur 6. Die Gefäße der Netzhaut im Auge des Kalbes, in Naturgröße.

1. Eintrittsstelle der Gefäße.
2. Arterie und Vene der Netzhaut.
3. Der Sehnerv.

Figur 7. Die Thränenorgane vom Schweine, von der linken Seite gezeichnet.

Der linke Ast des Unterkiefers und die Jochbrücke sind entfernt worden.

a. Das Ergänzungsband der Augenhöhle.
b. Eine große Lymphdrüse.
c. Die Augenhöhlenhaut.
d. Das geöffnete linke Nasenloch.
e. Zunge.
f. Unterlippe.
1. Die Thränendrüse.
2. Die Thränenröhrchen.
3. 3. Der Thränenkanal.
4. Untere Mündung desselben.

Figur 8. Augenlider und Blinzhaut vom linken Auge des Schweines. Naturgröße.

1—4. wie Fig. 2. Der untere Thränenpunkt muß sehr früh verwachsen, denn er ist bei dem reifen Fötus nicht mehr sichtbar.
5. Die Thränenkarunkel.
6. Die Blinzhaut mit dem Blinzknorpel.

Figur 9. Der geöffnete Augapfel des Schweines, in Naturgröße und von vorn gesehen.

1—6. wie bei Fig. 4.

Figur. 10. Der Blinzknorpel mit der Harder'schen Drüse vom Schweine. Naturgröße.

Wie Fig. 3.

Figur 11. Glaskörper und Krystall-Linse vom Schweine, in Naturgröße, von vorn.

1. Glaskörper.
2. Strahlenplättchen.
3. Krystall-Linse.

Figur 12. Die Krystall-Linse des Schweines, Naturgröße.

1. Vordere Fläche.
2. Peripherie.
3. Hintere Fläche.

Tafel 26.

Figur 1. Die Thränenorgane des Hundes, von der rechten Seite in Naturgröße.

a. Ergänzungsband der Augenhöhle.
b. Augenlider.
1. Thränendrüse.
2. Thränenkanal.
3. Aeußere Mündung desselben (mit einer Borste).

Figur 2. Augenlider und Blinzhaut vom linken Auge des Hundes, Naturgröße.

1—8. wie Fig. 2. Taf. 25.

Figur 3. Blinzknorpel und Harder'sche Drüse vom Hunde.

1. Blinzknorpel.
2. Harder'sche Drüse.

Figur 4. Der geöffnete Augapfel des Hundes, Naturgröße.

1—6. wie Fig. 4. Taf. 25.
7. Das Strahlenbändchen.

Figur 5. Die Krystall-Linse des Hundes, Naturgröße.

1—3. wie Fig. 12. Taf. 25.

Figur 6. Augenlider und Blinzhaut vom rechten Auge der Katze, Naturgröße.

1—5. wie Fig. 2. Taf. 25.
6. Die Blinzhaut und der Blinzknorpel.

Figur 7. Blinzknorpel und Harder'sche Drüse der Katze.

Wie Fig. 3.

Figur 8. Der geöffnete Augapfel der Katze, in Naturgröße.

1—5. wie 2—6. bei Fig. 4. Taf. 25.

Figur 9. Die Regenbogenhaut und Pupille der lebenden Katze, Naturgröße.

1. Pupille.
2. Regenbogenhaut.

Figur 10. Krystall-Linse der Katze, von vorn, in Naturgröße.

1—3. wie Fig. 12. Taf. 25.

Figur 11. Eingeweide-Nerven des großen sympathischen Nervens des Schweines, von der linken Seite.

a. a. Leber,
b. Magen,
c. Milz, nach vorn zurückgelegt,
d. Bauchspeicheldrüse.
e. Ein Theil des Dünndarmgekröses,
f. Mastdarmgekröse.
ff. Linke Nebenniere.
g. Linke Niere.
h. Ihr Harnleiter.
i. Harnblase.
1—1. Stamm des großen sympathischen Nervens.
2. Eingeweidenerv.
3. Der halbmondförmige Knoten.
4. Bauchschlagadergeflecht, begleitet diese Arterie.
5. Der vordere Gekrösflechte umspinnt die vordere Gekrös-Arterie.
6. Nierennerven.
7.
8. } Verbindungszweige des vordern mit
9.
10. dem hintern Gekrösknoten und
11. dem hintern Gekrösgeflechte.
12. Der innere Samennerv.
13. Nerven zum Beckengeflecht.
14. Ein kleines Ganglion auf der Aorta.

www.ingramcontent.com/pod-product-compliance
Lightning Source LLC
La Vergne TN
LVHW092111300926
849161LV00002B/107